高职高专教育"十二五"规划建设教材

调味品生产技术

尚丽娟　主编

中国农业大学出版社

·北京·

内 容 提 要

本书共分9个项目:食品发酵的认知、微生物与调味品、食醋生产技术、酱油生产技术、发酵豆制品生产技术、酱品生产技术、味精生产技术、腌制菜品生产技术、复合调味品生产技术。在本书的编写中,打破了理论教材与实验实训教材分开的格局,根据职业情境和职业能力的同一性原则,在每一个教学项目中编排相对应的实验实训项目,构建融教、学、做于一体的"一体化"模式。

图书在版编目(CIP)数据

调味品生产技术/尚丽娟主编.—北京:中国农业大学出版社,2012.9
ISBN 978-7-5655-0584-3

Ⅰ.①调… Ⅱ.①尚… Ⅲ.①调味品-生产技术 Ⅳ.①TS264

中国版本图书馆 CIP 数据核字(2012)第183777号

书　名　调味品生产技术
作　者　尚丽娟　主编

责任编辑　陈　阳　张　蕊　　　责任校对　王晓凤　陈　莹
封面设计　郑　川
出版发行　中国农业大学出版社
社　址　北京市海淀区圆明园西路2号　　　邮政编码　100193
电　话　发行部 010-62818525,8625　　　读者服务部 010-62732336
　　　　编辑部 010-62732617,2618　　　出　版　部 010-62733440
网　址　http://www.cau.edu.cn/caup　　　**e-mail** cbsszs @ cau.edu.cn
经　销　新华书店
印　刷　涿州市星河印刷有限公司
版　次　2012年9月第1版　2012年9月第1次印刷
规　格　787×1 092　16开本　25印张　540千字
定　价　42.00元

编写人员

主　编　尚丽娟（黑龙江农垦科技职业学院）

副主编　王丽杰（辽宁医学院食品科学与工程学院）
曲彤旭（黑龙江农垦职业学院）
李威娜（黑龙江生物科技职业学院）
曲　艺（黑龙江职业学院）
曹凤云（黑龙江农业工程职业学院）

参　编　杨俊峰（内蒙古农业大学职业技术学院）
刘　虹（黑龙江农业工程职业学院）
范文广（黑龙江职业学院）
姚　微（黑龙江农垦职业学院）

前 言

调味品生产技术是人类利用微生物的结晶。随着人类文明的逐步发展，科学技术的不断进步，调味品生产技术在近几个世纪得到了迅速发展，生产出了丰富多样的发酵新产品。长期以来，这些产品形成了独特的生产工艺和产品特征，如食醋、酱油、发酵酱品、发酵豆制品、各种酱腌制品等，深受各国人民的喜爱。

根据教育部高职高专培养目标和要求，本书在编写过程中，重点介绍各种传统调味品和新型发酵调味品，以期对其理论及工艺过程有一个较为详尽的了解，使学生初步具有探索新工艺、新技术的科学研究能力和设计能力，努力体现以职业岗位为导向、以职业技能培养为重点的高等职业教育特色，突出应用性和针对性，加强实践能力的培养，同时反映本行业技术领域的新知识、新技术、新工艺、新方法，并注意以够用为度，学以致用，面向实践，注重实操，符合工学结合发展需求。

本书是基于工作过程和就业岗位的需求分析，按照发酵产品生产项目下的任务驱动、配合实训项目导向模式来进行编写的。即以发酵产品生产工艺流程为主线，以生产“工序”为载体，通过解剖工艺流程，将教学项目和实训项目对应，对项目的目的、内容、知识综合应用程度、实用性、创新性及达成目标提出要求，融入了食品发酵行业的发展动态及最新工艺技术应用和研究成果，重新序化了教学内容。

本书共分9个项目：食品发酵的认知、微生物与调味品、食醋生产技术、酱油生产技术、发酵豆制品生产技术、酱品生产技术、味精生产技术、腌制菜品生产技术、复合调味品生产技术。在本书的编写中，打破了理论教材与实验实训教材分开的格局，根据职业情境和职业能力的同一性原则，在每一个教学项目中编排相对应的实验实训项目，构建融教、学、做于一体的“一体化”模式。全书还设计实验实训和调味品检测，并以附录A和附录B的形式放在全书的最后。

本书由黑龙江农垦科技职业学院尚丽娟、辽宁医学院食品科学与工程学院王丽杰、黑龙江农垦职业学院曲彤旭、黑龙江生物科技职业学院李威娜、黑龙江职业学院曲艺、黑龙江农业工程职业学院曹凤云、内蒙古农业大学职业技术学院杨俊峰、黑龙江农业工程职业学院刘虹、黑龙江职业学院范文广、黑龙江农垦职业学院姚微编写。全书由尚丽娟统稿。具体编写分工如下：尚丽娟(项目二、项目四)、王丽杰(项目一、项目六)、曲彤旭(项目九中前四个任务)、李威娜(附录B)、曲艺(项目八、实训A中实训七至实训十)、曹凤云(项目九中任务五及必备知识等、实训A中实训十一至实训二十)、杨俊峰(项目三中知识目标、技能目标、解决问题、科苑导读、任务一和必备知识等)、刘虹(项目五、实训A中实训二十一、实训二十二)、范文广(项目七、实训A中实训一至实训六)、姚微(项目三中任务二、任务三、任务四)。

本书在编写中参考了很多资料、文献,在此对有关作者表示感谢。本书的编写得到了编者所在单位领导和中国农业大学出版社编辑人员的大力支持,在此表示衷心感谢。

限于编者的学识和水平,书中难免存在不妥和疏漏之处,恳请读者提出宝贵意见。

编　者

2012年8月

目　录

项目一　食品发酵的认知

知识目标

1. 知道食品发酵与酿造的有关概念。
2. 能陈述食品发酵过程及其特点。
3. 知道食品发酵产品的分类。
4. 了解食品发酵、酿造的发展历程和发展趋势。

技能目标

能够运用基本概念对部分发酵食品生产进行分析说明。

解决问题

1. 发酵技术、发酵工程与生物技术三者之间的关系是怎样的？
2. 目前，发酵食品生产工艺有哪些创新性？

科苑导读

古老的发酵与酿造技术是人类利用微生物的开始。随着人类文明的发展，科学技术的不断进步，食品发酵与酿造技术在近几个世纪得到了迅速发展，尤其是 20 世纪 50 年代，随着 DNA 双螺旋结构模型及 DNA 半保留复制假说的确立，70 年代实现了体外 DNA 重组技术，并迅速形成了以基因工程为核心内容，包括细胞工程、酶工程、发酵工程和生化工程的生物技术。生物技术突飞猛进的发展，大大推动了发酵技术、酶工程技术和生化技术，而这些工程技术又强有力地推动了食品工业的发展。利用生物技术提高食品的产量与产值至今仍占生物技术的首位。与食品工业化不可分割的微生物发酵成了现代生物工程不可缺少的重要组成部分，同时也是实现现代生物技术产业化，服务于国民经济所必需的环节。世界各国都把发酵与酿造技术作为农产品与食品加工的最重要手段之一，并且认为食品领域是 21 世纪最可能获得突破性进展的一个分支。总之，食品发酵与酿造技术具有巨大的发展潜力，将为解决世界面临的粮食、能源等问题提供美好的前景。

我国是食品发酵与酿造基础较好的国家，传统酿酒和传统酿造在我国历史悠久，现代发酵技术在酿酒工业、酿制工业和抗生素工业的带领下，在我国已形成一个完整的工业体系，规模和产量在世界上都占有相当的比重。总之，食品发酵与酿造工业在我国已有相当的产业基础、较好的技术力量及广阔的市场和需求，只要给予足够的投资，保证基本的研究条件，加大力量培养相关人才，食品发酵与酿造工业一定能取得辉煌的成就。

必备知识

一、发酵与酿造技术的历史

发酵的英文“fermentation”是从拉丁语“*ferver*”即“发泡”、“翻涌”派生而来的，因为发酵发生时有鼓泡和类似沸腾翻涌的现象。如中国黄酒的酿造和欧洲啤酒的发酵就以起泡现象作为判断发酵进程的标志。可以说，人类利用微生物进行食品发酵与酿造已有数千年的历史，发酵现象是自古以来就已被人们发现并掌握的，但由于对发酵与酿造的主角——微生物缺乏认识，发酵与酿造的本质长时间没有被揭示，始终充满神秘色彩。因而在19世纪中叶以前，发酵与酿造业的发展极其缓慢。

在微生物的发现上做出重大贡献的是17世纪后叶的列文虎克(Leewehoch)，他用自制的手磨镜，成功地制成了世界上第一台显微镜，在人类历史上第一次通过显微镜用肉眼发现了单细胞生命体——微生物。由于当时“自然发生说”盛极一时，他的发现并没有受到应有的重视。在随后的100多年里，对各种各样微生物的观察一直没有间断，但仍然没有发现微生物和发酵的关系。直到19世纪中叶，巴斯德(Pasteur)经过长期而细致的研究之后，才有说服力地宣告发酵是微生物作用的结果。

巴斯德在瓶中加入肉汁，发现在加热情况下不发酵，不加热则产生发酵现象，并详细观察了发酵液中许多微小生命的生长情况等，由此他得出结论：发酵是由微生物进行的一种化学变化。在连续对当时的乳酸发酵、酒精发酵、葡萄酒酿造、食醋制造等各种发酵进行研究之后，巴斯德认识到这些不同类型的发酵，是由形态上可以区别的各种特定的微生物所引起的。但在巴斯德的研究中，进行的都是自然发生混合培养，对微生物的控制技术还没有很好掌握。

其后不久，科赫(Koch)建立了单种微生物分离和纯培养技术，利用这些技术研究炭疽病时，发现动物的传染病是由特定的细菌引起的。从而得知，微生物也和高等植物一样，可以根据它们的种属关系明确地加以区分，从此以后，各种微生物纯培养技术获得成功，人类靠智慧逐渐学会了微生物的控制，把单一微生物菌种应用于各种发酵产品中，在产品防腐、产量提高和质量稳定方面起到重要作用。因此，单种微生物分离和纯培养技术的建立，是食品发酵与酿造技术发展的一个转折点。

这一时期，巴斯德、科赫等为现代发酵与酿造工业打下坚实基础的科学巨匠们，虽然揭示了发酵的本质,但还是没有认识发酵的化学本质。直到1897年,布赫纳(Buchner)才阐明了微生物的化学反应本质。为了把酵母提取液用于医学,他用石英砂磨碎酵母菌细胞制成酵母汁,并加入大量砂糖防腐,结果意外地发现酵母汁也有发酵现象,任何生物都具有引起发酵的物质——酶,从此以后,人们用生物细胞的磨碎物研究种种反应,从而促成了当代生物化学的诞生,也将生物化学和微生物学彼此沟通起来,大大扩展了发酵与酿造的范围,丰富了发酵与酿造的产品。

但这一时期,发酵与酿造技术未见有特别的改进,直到20世纪40年代,借助于抗生素工业的兴起,建立了通风搅拌培养技术。因为当时正值第二次世界大战,由于战争需要,人们迫切需要大规模生产青霉素,于是借鉴丙酮丁醇的纯种厌氧发酵技术,成功建立起深层通气培养法和一整套培养工艺,包括向发酵罐中通入大量无菌空气、通过搅拌使空气均匀分布、培养基的灭菌和无菌接种等,使微生物在培养过程中的温度、pH、通气量、培养物的供给都受到严格的控制。这些技术极大地促进了发酵与酿造工业的发展,各种有机酸、酶制剂、维生素、激素都可以借助于好气性发酵进行大规模生产,因而,好气性发酵工程技术成为发酵与酿造技术发展的第二个转折点。

这一时期的发酵与酿造技术主要还是依赖对外界环境因素控制来达到目的,这已远远不能满足人们对发酵产品的需求,于是一种新技术——人工诱变育种和代谢控制发酵工程技术应运而生。人们以动态生物学和微生物遗传学为基础,将微生物进行人工诱变,得到适合于生产某种产品的突变株,再在人工控制的条件下培养,有选择地大量生产人们所需要的物质。这一新技术首先在氨基酸生产上获得成功,而后在核苷酸、有机酸、抗生素等其他产品得到应用。可以说,人工诱变育种和代谢控制发酵工程技术是发酵与酿造技术发展的第三个转折点。

随着矿产物的开发和石油化工的迅速发展,微生物发酵产品不可避免地与化学合成产品产生了竞争,矿产资源和石油为化学合成法提供了丰富而低廉的原料,这对利用这些原料生产一些低分子有机化合物非常有利。同时,世界粮食的生产又非常有限,价格昂贵。因此,有一阶段,发达国家有相当一部分发酵产品改用合成法生产。但是由于对化工产品的毒性有顾虑,化学合成食品类的产品,消费者是无法接受的,也是难以拥有广阔的市场的;另外,对一些复杂物质,化学合成法也是无能为力的。而生产的厂家既想利用化学合成法降低生产成本,又想使产品拥有较高的质量,于是就采用化学合成结合微生物发酵的方法。如生产某些有机酸,先采用化学合成法合成其前体物质,然后用微生物转化法得到最终产品。这样,将化学合成与微生物发酵有机地结合起来的工程技术就建立起来了,这形成了发酵与酿造技术发展的第四个转折点。

这一时期的微生物发酵除了采用常规的微生物菌体发酵,很多产品还采用一步酶法转化法,即仅仅利用微生物生产的酶进行单一的化学反应。例如,果葡糖浆的生产,就是利用葡萄糖异构酶将葡萄糖转化为果糖的。所以,准确地说,这时期是微生物酶反应生物合成与化学合成相结合的应用时期。

随着现代工业的迅速发展，这一时期食品发酵与酿造工程技术也得到了迅猛的发展。如植物细胞的融合，可以得到多功能植物细胞，通过植物细胞培养生产保健品和药品。近年来得到迅猛发展的基因工程技术，可以在体外重组生物细胞的基因，并克隆到微生物细胞中去构成工程菌，利用工程菌生产原来微生物不能生产的产物，如胰岛素、干扰素等，使微生物的发酵产品大大增加。可以说，发酵和酿造技术已经不再是单纯的微生物的发酵，已扩展到植物和动物细胞领域，包括天然微生物、人工重组工程菌、动植物细胞等生物细胞的培养。随着转基因动植物的问世，发酵设备、生物反应器也不再是传统意义上的钢铁设备，昆虫的躯体、动物细胞的乳腺、植物细胞的根茎果实都可以看做是一种生物反应器。因此，随着基因工程、细胞工程、酶工程和生化工程的发展，传统的发酵与酿造工业已经被赋予了崭新内容，现代发酵与酿造已开辟了一片崭新领域。

二、发酵与酿造技术特点以及与现代生物技术的关系

(一)食品发展与酿造的特点

发酵这一概念对不同的领域有不同的含义，对微生物学家来说，是个广义的概念，微生物进行的一切活动都可以称为发酵；而对生物化学家来说，发酵仅仅是指厌氧条件下有机化合物进行不彻底的分解代谢释放能量的过程，本书中的发酵都是广义的概念。

酿造则是我国人民对一些特定产品进行发酵生产的一种叫法，通常把成分复杂、风味要求较高，诸如黄酒、白酒、啤酒、葡萄酒等酒类以及酱油、酱、食醋、腐乳、豆豉、酱腌菜等副食佐餐调味品的生产称为酿造。将成分单一、风味要求不高的产品，如酒精、柠檬酸、谷氨酸、单细胞蛋白等的生产称为发酵。

发酵与酿造工业和化学工业最大的区别，在于它是利用生物体或生物体产生的酶进行的化学反应，其主要特点如下。

1.安全简单

食品发酵与酿造过程绝大多数是在常温下进行的，生产过程安全，所需的生产条件比较简单。

2.原料广泛

食品发酵与酿造通常以淀粉、糖蜜或其他农副产品为原料，添加少量营养因子，就可以进行反应了。目前，发酵与酿造的原料范围已大大扩展，矿产资源和石油产品都可以作为发酵与酿造的原料，甚至生产中的废水、废料都可以作为发酵与酿造的原料。

3.反应专一

食品发酵与酿造过程是通过生物体的自动调节方式来完成的，反应专一性强。因而，可以得到较为单一的代谢产物，避免不利或有害副产物混杂其中。

4.代谢多样

由于各种各样生物体代谢方式、代谢过程的多样化，以及生物体化学反应的高度选择性，

即使是极其复杂的高分子化合物，也能在自然界找到所需的代谢产物。因而，发酵与酿造适应的范围非常广。

5.易受污染

由于发酵培养基营养丰富，各种来源的微生物都很容易生长，发酵与酿造过程要严格控制杂菌污染，有许多产品必须在密闭条件下进行发酵，在接种前设备和培养基必须灭菌，反应过程中所需的空气或添加营养物必须保持无菌状态。发酵过程避免杂菌污染是发酵成功的关键。

6.菌种选育

发酵与酿造最重要的因素是菌种，通过各种菌种选育手段得到高产的优良菌种，是能否创造显著经济效益的关键。另外，生产过程中菌种会不断地变异，因此，自始至终都要进行菌种的选育和优化工作，以保持菌种的基本特征和优良性状。

(二)食品发酵与酿造和现代生物技术的关系

现代生物技术应用生物体（微生物、动物细胞、植物细胞）或其组成部分（细胞器、酶），在最适合的条件下，生产有价值的产物，或进行有益过程的技术。它是一门涉及分子生物学、细胞生物学、遗传学、微生物学、化学、物理学、工程学的多学科、综合性的科学技术。生物技术是靠基因工程、细胞工程、发酵工程、酶工程和生化工程这五大技术体系支撑起来的。这五大工程是互相依赖、相辅相成的。基因工程是主导，虽然细胞工程、发酵工程、酶工程各有其自身的技术内容和发展领域，但只有用基因工程改造微生物细胞或动植物细胞，才能真正按照人类意志，产生出特定的物品。而发酵工程又常常是基因工程、酶工程的基础和必要条件，生化工程则是其他工程转化为生产力必不可少的重要环节。

食品发酵与酿造主要以发酵工程和酶工程为支撑，是利用微生物细胞或动植物细胞的特定性状，通过现代工程技术生产食品或保健品的一种技术，现代食品发酵与酿造技术，是将传统的发酵与现代的细胞融合、DNA重组等新技术结合在一起并发展起来的现代发酵技术。实质上，现代发酵技术处于生物技术的中心位置，绝大多数生物技术的目标都是通过发酵工程来实现的。因此，生物技术的主要应用领域往往就是发酵工程的应用、研究或生产的对象，如生物技术的一些新领域，环境工程、再生资源工程等，都是以发酵工程为主要手段的。发酵技术由两个核心部分组成：一是涉及获得特殊反应或过程所需的最良好的生物细胞或酶；二是选择最精良的设备，采用最优技术操作，创造充分发挥生物细胞或酶作用的最佳环境。

首先看发酵技术的第一核心部分——生物催化剂。迄今，所研究的大部分实例中，用于发酵技术过程最有效、最稳定和最方便的生物催化剂形式是整体生物细胞，目前最广泛采用的是微生物细胞。因此，发酵工程一度被称为微生物工程，许许多多的发酵技术都是围绕着微生物过程进行的。随着现代生物技术的发展，尤其是基因工程的发展，越来越多的携带着高等动植物基因的“工程菌”或经过基因改造的动植物细胞在发酵技术中发挥着日益重要的作用，因此，现代发酵技术已超越了微生物工程的范畴。由此可见，基因工程、细胞工程得到的最良好的细胞(或酶)必须要经过发酵工程(包括酶工程)才能实现其价值。

发酵技术第二个核心部分——生物反应系统。若采用的生物催化剂是酶、休止细胞、死细胞或固定化细胞，则反应系统比较简单，只需考虑温度、pH 等容易控制的条件。若采用的是生物活细胞，则要为该细胞提供最优生长、最优形成产物的可控系统和环境，使温度、pH、通气、搅拌、罐压、溶解氧、二氧化碳含量等物理、化学条件得到有效的维持和控制，从而使该生物细胞呈现最佳的性能，生成并积累大量产物。这就充分反映出生化工程是发酵工程转化为生产力必不可少的重要环节。

总而言之，食品发酵与酿造和现代生物技术关系密切，传统的发酵与酿造技术只有采用现代生物技术加以改造才被赋予新的内涵，才会有新的突破性进展。

三、发酵与酿造技术的研究对象

食品发酵与酿造业是一个门类众多、规模宏大、与国民经济各部分密切相关，充满发展前途的产业。食品发酵与酿造的研究对象有各种不同的分类方法，下面介绍两种分类方法。

(一)按产业部门来分

食品发酵与酿造的研究对象：

(1)酿酒工业(黄酒、啤酒、白酒、葡萄等)。

(2)传统酿造工业(酱、酱油、食醋、腐乳、豆豉、酸乳等)。

(3)有机酸发酵工业(柠檬酸、苹果酸、葡萄糖酸等)。

(4)乳制品工业产品(酸奶、干酪等)。

(5)酶制剂发酵工业(淀粉酶、蛋白酶等)。

(6)氨基酸发酵工业(谷氨酸、赖氨酸等)。

(7)核苷酸发酵工业(ATP、IMP、GMP 等)。

(8)功能性食品生产工业(低聚糖、真菌多糖、红曲等)。

(9)食品添加剂生产工业(黄原胶、海藻糖等)。

(10)菌体制造工业(单细胞蛋白、酵母等)。

(11)维生素发酵工业(维生素 B_2、维生素 B_{12} 等)。

(12)其他新型发酵食品工业产品(如发酵饮料、生理活性物质等)。

(二)按产品性质来分

1.生物代谢产物发酵

生物细胞将外界物质吸收到体内，一面进行分解代谢(异化作用)，一面又利用分解代谢中间代谢产物及能量合成(同化作用)体内所需成分，这一过程称为新陈代谢。在代谢过程中，生物体进行着复杂的生物合成，获得了许多重要的代谢产物。以生物体代谢产物为产品的发酵与酿造工业是该工业中数量很多、产量最大，也是最重要的部分，产品包括初级代谢产物、中间代谢产物和次级代谢产物。

通常发酵与产物的不同类型是和生物的生长过程密切相关的，下面以发酵与酿造中应用最多的微生物发酵为例。根据微生物的生长特点，经过最初的迟滞期进入对数生长期，细胞迅速生长，使发酵很快开始并能在短时间内结束。一般认为，微生物对数生长期形成的产物往往是细胞自身生长所必需的，如各种氨基酸、核苷酸、蛋白质、核酸、脂类及糖类等，称为初级代谢产物或中间代谢产物。由于初级代谢产物是供菌体生长繁殖使用的，所以野生菌株合成产物的量在满足自身需要后，就受到许多调节机制的控制而停止合成。为了提高产量，就要了解菌株在合成产物中所受到的调节机制，研究修饰菌体的遗传基因，改良培养条件，设法予以解除菌株自身的调节机制。

随着对数生长期的结束，细胞增长停止，进入稳定期，这时细胞数量大致保持不变，一部分细胞继续繁殖，一部分细胞则自溶消失。这个时期有些微生物合成的化合物，在对数生长期是没有的，而且对细胞代谢也没有明显的意义，虽然生长速率很低，但代谢产物却具有明显的优势，这类自发产物的化合物被称为次级代谢产物。只有在继续培养过程中，细胞处于不生长或缓慢生长状态时，才能实现次级代谢。因此，可以推断，微生物在自然界中，是以生长速率相对较低的稳定期占主要地位的。

次级代谢产物是由初级代谢的中间体或产物合成的。初级代谢途径往往是大多数微生物代谢不常见的途径，而次级代谢产物是只有少数微生物才能合成的。通常，丝状菌、真菌和产芽孢的细胞能进行次级代谢，而肠道细菌则不能。按生理学作用来研究，许多次级代谢产物具有拮抗微生物的活性，有些是特殊的酶抑制剂，有些是生长促进剂，许多具有药物功效。次级代谢产物发酵与初级代谢产物发酵一样，受到许多代谢调节机制的控制，如诱导调节、分代谢产物阻遏和反馈调节等。因此，要提高产量，就要设法解除其控制，或提高合成基因的量。

总之，食品发酵与酿造研究中最重要部分是生物细胞的代谢研究，要判定所需的发酵产品是初级代谢产物还是次级代谢产物，其代谢调节的机制如何，如何解除菌株自身的代谢调节，实现人为调节等。

2.酶制剂发酵

酶普遍存在于动植物细胞和微生物细胞内，可以说，所有生物细胞都含有酶。开始时，人们主要是从动植物组织中提取酶的，自1894年日本高峰(Takamin)利用米曲霉制备淀粉酶以来，用发酵法制备酶并提取微生物产生的各种酶，已是当今发酵工业的重要组成部分。这与从动植物组织提取酶相比，既易于进行大规模生产，又便于改善工艺，提高产量。

目前，工业用酶大多来自于微生物发酵生产的酶，如α-淀粉酶、β-淀粉酶、葡萄糖苷酶、支链淀粉酶、转化酶、葡萄糖异构酶、纤维素酶、碱性蛋白酶、酸性蛋白酶、中性蛋白酶、果胶酶、脂肪酶、凝乳酶、过氧化氢酶、青霉素酰化酶、胆固醇氧化酶、葡萄糖氧化酶、氨基酰化酶等。

生产上所用的酶，大部分是利用微生物生产的胞内酶和胞外酶加以分离提取得到的酶制剂。现在已有很多酶制剂被加工成固定化酶，使酶制剂行业前进一大步，促进发酵工业和酶制剂在工业的应用范围发生了重大变化。

另外，酿酒工业、传统酿造工业等生产中应用的各种曲的生产也相当于酶制剂的生产，培养多种微生物并使其分泌多种酶，在生产中发挥其分解淀粉和蛋白质等原料的作用。因此，曲的生产也可以看成是复合酶制剂生产。

3. 生物转化发酵

生物转化是指利用生物细胞中的一种或多种酶，作用于一些化合物的特定部位（基团），使它转变成结构相似但具有更大经济价值化合物的生化反应。生物转化的最终产物并不是生物细胞利用营养物质经代谢而产生的，而是生物细胞的酶系作用于底物某一特定部位（基团），进行化学反应形成的。生长细胞、休止细胞、孢子或干细胞均能进行转化反应，为提高转化效率，降低成本，减少产物中的杂质。现在越来越多地采用固定化细胞或固定化酶。在转化反应中，生物细胞的作用仅仅相当于一种特殊的生物催化剂，只引起特定部位（基团）发生反应。

可进行的转化反应包括脱氢、氧化、脱水、缩合、脱羧、羟化、氨化、脱氨、异构化等，生物转化反应与化学反应相比具有许多优点，如工艺简单，操作方便，反应条件温和，对环境污染小等。生物转化反应最明显的特点就是反应的特异性强，包括反应特异性（反应类型），结构位置特异性（分子结构中的位置）和立体特异性（特殊的对映体），其中反应的立体特异性尤为重要。

4. 菌体制造

这是以获得具有特定用途的生物细胞为目的产品的一种发酵，包括单细胞蛋白，藻类，食用菌和人、畜防治疾病用的疫苗，生物杀虫剂等的生产。细胞物质发酵生产的特点是细胞的生长与产物积累呈平行关系，生长速率最大时期也是产物合成速率最高阶段。刚进入生长稳定期时细胞物质浓度最大，同时也是产量最高的收获时期。

传统的菌体发酵业主要有用于面包工业的酵母培养和用于人类食品或动物饲料的微生物菌体发酵（单细胞蛋白）。现代发酵技术则大大扩展了应用范围。如藻类、食用菌的发酵，人、畜防治疾病用的疫苗，生物杀虫剂的发酵等。

属于食品发酵与酿造范围的发酵为酵母培养、单细胞蛋白培养和藻类、食用菌的发酵。酵母菌既可用于酿造工业，又可用于作为人类或动物的食物。早在第一次世界大战时，面包酵母就曾作为德国人的食物。直到1960年以后，人们对微生物菌体作为食用蛋白的来源才有较广泛的研究。目前，利用微生物同化石油烷烃（该技术既可以用于生产微生物菌体，又可用于消除石油污染），以及利用甲烷、甲醇、乙酸等制造微生物菌体蛋白的研究（可以利用废弃物质进行沼气发酵来保护环境，又可以得到微生物菌体作饲料）也较被重视。

藻类是含有丰富的维生素和较高必需氨基酸的蛋白质，其营养价值超过农作物，可用作食物饲料，因有些藻类含有许多活性物质，现大多用来制作保健品。食用菌的营养保健状况与藻类类似，但食用菌菌丝体发酵很少被用于作为食物和饲料，主要被用来制备保健品或用来作为生产菌种。如冬虫夏草、蜜环菌、灵芝、茯苓、香菇、云芝等，都已大规模发酵生产。

四、发酵与酿造技术的发展趋势

食品发酵与酿造技术是随着工业技术的进步而不断发展的。随着生物技术的高速发展，发酵工程也得到迅速发展。发酵工程是生物技术的必由之路，许许多多通过生物技术发展起来的新产品必须用发酵方法来生产。因此可以说，发酵工程的潜力几乎是无穷的，随着科学技术的进步，发酵工程也必将取得长远的进步。

从生物技术发展的趋势、食品发酵与酿造和生物技术的关系来分析，现代食品发酵与酿造的发展主要集中在以下几方面。

(一)利用基因工程技术，人工选育和改良菌种

基因工程已不再是一种神秘而高深的技术，在世界各国、我国各地已全面展开。基因工程是一种将目的基因从 DNA 上切割下来(或人工合成)，在体外将该基因连接到载体上，通过转化或转导等手段将重组的基因组导入受体细胞，使后者获得复制该基因的能力，从而达到定向改变菌种遗传特性或创造新菌种的目的。这种带有目的基因的受体细胞，具有我们所希望的新的遗传性能和生产性能，这是常规育种方法无法做到的。基因工程已迅速在动植物细胞、微生物中得到应用。我们已能使微生物获得只有动植物细胞才有的生产特性，就是说采用微生物发酵技术就能获得价格昂贵的动物性蛋白质，如胰岛素、干扰素等。可以说，基因工程为发酵与酿造技术提供了无限的潜力，掌握了基因工程技术，就可以根据人们的意愿来创造新的物种，利用这些物种为人类做出不可估量的贡献。

(二)结合细胞工程技术，用发酵技术进行动植物细胞培养

细胞原生质体融合技术使动植物细胞的人工培养技术进入了一个新的阶段。借助于微生物细胞培养的先进技术，大量培养动植物细胞的技术日臻完善，有很多已经进行大规模生产。

动植物细胞有产生许多微生物细胞所不具备的特有的代谢产物，进行动植物细胞的培养，就能生产这些特有物质。如动物细胞可生产生长激素、疫苗、免疫球蛋白等；植物细胞可生产生物碱类、色素、类黄酮、花色苷、苯酚、固醇类、萜烯类、植物生长激素类、调味品、香料等。植物细胞培养还可以用于种苗生产，名贵的植物、花卉种苗可在实验室得以培育。

(三)应用酶工程技术，将固定化酶和细胞广泛应用于发酵与酿造工业

将酶固定在不溶性膜状或颗粒状聚合物上，以聚合物作为载体的固定化酶在连续催化反应过程中不再流失，从而可以回收并反复利用，这样就改善了反应的经济性；酶也不会混杂在反应产物中，可大大简化提取纯化工艺；另外，有些酶在游离状况下容易失活，固定后稳定性得以提高。固定化细胞则是将具有一定生理功能的生物体(如微生物、植物细胞、动物组织或细胞、细胞器)用一定方法固定，作为生物催化剂使用。固定化细胞除具有固定化酶的一些优点外，还有以下优点：可以省去酶提取纯化工艺，使酶的损失降到最低限度；有

时可利用细胞的复合酶系统(多酶体系)催化多个反应,可以将某些产物的发酵法改为固定化酶连续反应。这是发酵法生产的巨大革新,固定化酶或细胞的生产和应用领域必然将会不断扩大。

(四)重视生化工程在发酵与酿造业的应用

生化工程指的是生化反应器、生物传感器和生化产品的分离提取纯化等下游工程。自1960年以来,一直是生物技术中发展较快的工程技术体系。

生化反应器是生物化学反应得以进行的场所,其中涉及了流体力学、传质、传热和生物化学反应动力学等学科。生物技术从实验室成果转变成经济效益,是通过各种类型、规模的生化反应器来实现的。发酵与酿造中绝大多数反应器属于非均相反应器,基本分为机械搅拌式、鼓泡式、环流式三大类。进行工艺设计时应考虑:①选择特异性高的酶或特殊产物产量高的细胞,以减少副产物的生成,提高原料利用率;②尽可能提高产物浓度,以尽量减少投资和产品回收的支出。反应器设计时尽可能考虑生物工艺过程的程序控制、反应器的散热、提高反应效率等问题。对于非牛顿流体的发酵液(如丝状菌发酵液)和高黏度的多糖(如黄原胶)发酵液等,缺乏其流变特性数据,是反应器设计和放大的困难所在。

生物传感器是发酵与酿造过程控制的关键,要实现反应器的自动化、连续化,生物传感器是必不可少的。因此,生物传感器的研究和设计是今后发酵与酿造工业发展的方向之一。

生物代谢产品的分离、提取、纯化工作是生物技术产品产业化必不可少的环节,下游工程水平的高低将对该项目是否能取得较高的经济效益起到至关重要的作用。

因此,研究适应发酵与酿造工程的生化工程技术,并应用于发酵与酿造工程,仍将是今后发展的方向。

(五)发酵法生产单细胞蛋白

当今世界面临着三大问题:食物、能源和环境。开发单细胞蛋白是解决人类食物问题的重要途径。单细胞蛋白最主要的用途是作为动物饲料,作为高蛋白供人食用已不多见。由于微生物的代谢方式各种各样,各种资源都可以利用,而且微生物繁殖速度惊人,比动物要快上百倍,因此,发展单细胞蛋白不失为一种解决废水、废料、保护环境、节约粮食资源的好方法。

(六)加强代谢研究,进一步搞好代谢控制,开发更多代谢产品

由于生物代谢的多样性,至今只研究透彻代谢途径中的一小部分,更多的代谢途径,代谢调节的机制有待研究,以便开发出更多有价值的生物代谢产品。

拓展知识

食品发酵与酿造经历了天然发酵时期、纯培养技术的建立时期、深层培养技术时期、开拓新型发酵原料时期和基因工程阶段几个不同的发展历程,随着现代生物技术的迅猛发展,食品

发酵技术将获得新的生命力，未来发酵食品的发展方向：

(1)发酵食品及生产中使用微生物的安全性与稳定性。

(2)发酵食品及生产中使用微生物的个性化。

(3)发酵食品的功能性。

(4)发酵食品的工艺创新性。

项目二　微生物与调味品

知识目标

1. 了解制备各种调味品所用的微生物的种类与特点。

2. 掌握细菌、酵母菌、霉菌在食品工业中的应用。

3. 学会并掌握微生物与食醋、酱油以及酱的关系。

技能目标

1. 能够完成面酱、豆酱生产中原料处理、制曲管理、发酵控制等基本操作。

2. 熟悉并掌握各种微生物的形态特点，并了解各种微生物在调味品中所起的作用。

3. 学会各类调味品的制作工艺和操作步骤。

解决问题

如何控制工厂制曲温度和时间，在制曲过程中应注意哪些问题？如何缩短制曲时间？

科苑导读

近些年，中国的调味品工业获得了迅猛发展，总产量已超过 1 000 万 t，成为食品行业中新的经济增长点。

调味品行业具有发展速度快、产量大、品种多、销售面广、经济效益好等特点。近年来，中国调味品行业有了较大发展，企业依靠科学技术，通过研究，不断采用新工艺、新设备，创造新产品。严格的质量管理，保证了产品质量，在增加品种的同时也使产品达到规模化生产。在全国各地调味品厂的共同努力下，先后创造了一大批优质产品和新品种。名、特、优、新产品的不断涌现，加速了产品的更新换代。调味品目前最为主要的销售渠道，就是餐饮，餐饮业的快速发展带动了调味品的发展，也使得调味品市场飞速发展。

一、发展趋势

自2003年以来，调味品行业进入了高速发展的阶段，近5年行业年增长率达20%左右，已连续10年实现年增长幅度超过10%以上。目前，调味品行业总产量已超过1 000万t。2007年，调味品和发酵制品的规模企业实现总产值914亿元，同比增长27.9%，预示着调味品行业的品牌时代已经来临。中国调味品市场经过几轮的行业整合和国内、国际资本整合之后，已经从一个相对滞后的行业，大跨越地转型为激烈的市场竞争行业。随着消费的不断升级，市场竞争的加剧，调味品表现出向高档化发展的趋势，中高档调味品市场容量在进一步扩大，品牌产品的市场份额进一步提高。随着国家对调味品行业的不断规范，使得门槛逐步提高，加上国际化、专业化的并购重组相继上演，调味品行业集中度将逐步提高，中小企业的优胜劣汰也将加速。传统调味品生产企业纷纷投资进行技术改造，调味品产品的技术含量日益增强，产品质量进一步提高。外资对国内调味品市场的渗透力度加大，但由于我国调味品消费的区域性特色明显，在未来相当长时期内，国内名优品牌仍将占据主导地位。

二、行业"洗牌太极化"

日本最大的酱油生产企业龟甲万，年产量占日本国内总产量的1/4，排名第二到第五的企业占1/4，市场集中程度非常高。我国酱油市场规模500万t，而最大的酱油类调味品生产企业海天只占全国产量的4%。又如"四大名醋"，主要是在各自的根据地呈主流消费。

由于中国地域广阔运输成本高、区域消费口味差异性、企业传统经营思路的影响，我国调味业目前仍主要以地方品牌居多，随着改革开放的不断深入和市场经济的发展，一些企业已逐步发展为区域性品牌，产品辐射到邻近的省外市场，但真正意义上的全国性品牌并不多。

去年，海天斥资10亿元在广东建立酱油基地，通过扩大企业规模，使其总成本大大降低，并将市场占有率的目标锁定为20%。但有业内人士认为，虽然海天靠产量居于第一的位置，但是，我国调味品行业区域混战的局面，让海天在短期内扩大市场占有率，并不那么容易实现。目前，国内调味制造业主要集中在上海、广东、山东、北京、山西、四川等省、市，其中上海的市场份额达30%以上。从品牌结构来看，在全国市场知名的品牌比例不到1%。"长期局部作战、市场范围不广、品牌知名度弱"是调味品行业一个严峻的现实问题。

上海淘大食品有限公司销售总监关志荣分析认为，随着国际化、专业化的并购重组，调味品行业集中度将逐步提高，中小企业的优胜劣汰也将加速，但是由于区域性强势品牌的长期存在，全国性品牌的扩张道路依然非常艰难。

三、品类经营专业化

调味品的高密度覆盖性、品类的多元性、需求的差异性以及通路的复杂性，在快速消费品中也难逢对手。形态袖珍、市场广袤、收益稳定、卷入度高、品类庞杂、渠道丰满——这一切属性的聚集,使得这个行业呈现出一种"活着容易、长大困难、山头林立、一盘散沙"的态势。

调味品行业的全国性品牌可谓凤毛麟角,少之又少。酱油只有海天全国知名,而大部分调味品品牌还立足于区域市场的断杀争夺。如何在区域市场中出人头地,如何走出家门实现市场的迅速扩张呢?这是许多调味品企业面临的市场困惑。

目前的调味品业还处于粗放式营销时代,低成本、低门槛、低附加值、消费周期长是调味品行业的显著特点,这导致了企业不可能在成长期投入大量的广告成本。调味品品牌之间的竞争还局限于价格、品类、渠道等单个营销环节上,但从市场竞争发展趋势看,整合品牌营销是调味品竞争的必然阶段。

小型调味品企业想稳固并立足本地区域市场,中型调味品企业想寻求更大的市场覆盖面,大型调味品企业更想占领全国市场,而要达成这样的企业经营目标,靠的是什么?品牌建设是必然的趋势,整合品牌营销是不得不考虑的问题。

四、品项创新细分化

根据各种菜系或特色菜专门设计的调味品,在沃尔玛、好又多等超市可以看到,目前调味品的种类极其丰富,在超市都能占据一整排货柜,有酱油、醋、酱等,包括淘大、味事达、优豪、李锦记、海天、B. B 等在内的各个品牌都对各自的产品进行了细分。如酱类就分为六七种,有排骨酱、饺子酱、叉烧酱、柱候酱、拌饭酱等。据介绍,每种酱适合的食物都不同,如排骨酱适合烧烤食物,叉烧酱适合腌制食物,柱候酱适合焖煮肉和蔬菜等。

任务一 微生物与发酵调味品

一、微生物与食醋

食醋是我国劳动人民在长期的生产实践中制造出来的一种酸性调味品。它能增进食欲,帮助消化,在人们饮食生活中不可缺少。在中国的中医药学中,醋也有一定的用途。全国各地生产的食醋品种较多。著名的山西陈醋、镇江香醋、四川麸醋、东北白醋、江浙玫瑰米醋、福建红曲醋等都是食醋的代表品种。

(一)醋酸细菌

(1)形态特征。醋酸细菌从椭圆形到杆状,单生或呈链状排列,无芽孢,属革兰氏阴性菌。周生鞭毛或极生鞭毛。在高温、高盐浓度或营养不足等培养条件下,菌体会伸长,变成线形、棒形或管状膨大等形状。

(2)生理生化特性。醋酸菌为化能异养型,合适的碳源是葡萄糖、果糖、蔗糖和麦芽糖,不能直接利用淀粉等多糖。

酒精也是很适宜的碳源,生长繁殖最适温度为28～33℃。醋酸细菌不耐热,60℃ 10 min即死亡。醋酸细菌生长最适pH为3.5～6.5。醋酸细菌为好氧菌,必须供给充足的氧气才能进行正常发酵。醋酸细菌具有相当强的醇脱氢酶、醛脱氢酶等氧化酶系活性,因此,除氧化酒精生成醋酸外,也有氧化其他醇类和糖类的能力,生成相应的酸、酮等物质。醋酸菌还有生成酯的能力,如接入产生芳香酯的醋酸菌种,可以使食醋的香味倍增。

(3)醋酸细菌分类。

①醋酸杆菌属 可以在比较高的温度下(39～40℃)发育;增殖最适温度高于30℃;主要作用是将酒精氧化为醋酸,也能氧化葡萄糖生成少量的葡萄糖酸,并可将醋酸进一步氧化成二氧化碳和水。

②葡萄糖氧化杆菌属 能在比较低的温度下(7～9℃)可以发育。

醋酸菌又分成两类,一类是不产生鞭毛的细菌,另一类是产生极生鞭毛的细菌,它们不能进一步氧化醋酸。增殖最适温度低于30℃;主要作用是将葡萄糖氧化为葡萄糖酸,将酒精氧化为醋酸的能力较弱,不能将醋酸氧化为CO_2和H_2O。

(二)酿醋工业常用和常见的醋酸菌

(1)许氏醋酸杆菌。它是国外的速酿醋菌种,也是目前制醋工业较重要的菌种之一,产酸量可高达11.5%。最适生长温度为28～30℃,达到37℃即不再产醋酸。它对醋酸没有进一步的氧化作用。

(2)恶臭醋酸杆菌。它是中国醋厂使用的菌种之一。该菌种在液面形成菌膜,并沿容器壁上升,菌膜下液体不浑浊。一般能产酸6%～8%,有的菌株的副产品为2%葡萄糖酸,能把醋酸进一步氧化为CO_2和H_2O。

(3)攀膜醋酸杆菌。它是葡萄酒酿造过程中的有害菌。在醋醅中常能被分离出来。最适生长温度为31℃,最高生长温度44℃。在液面形成易破碎的膜,菌膜沿容器壁上升很高,菌膜下液体很浑浊。

(4)奥尔兰醋酸杆菌。它是法国奥尔兰地区用葡萄酒生产醋的主要菌株。生长最适温度为30℃。该菌产生少量的酯,产醋酸的能力弱,能由葡萄糖产5.3%的葡萄糖酸,耐酸能力较强。

(5)AS1.41醋酸菌。它属于恶臭醋酸杆菌,是中国酿醋工业长远的菌株之一。该菌细胞杆状,常呈链状排列。液体培养时形成菌膜。生长最适温度为28～30℃,生成醋酸的最适温度为28～33℃,耐酒精浓度为8%(体积分数)。最高产醋酸7%～9%,产葡萄酸能力弱。能进一步将醋酸氧化为CO_2和H_2O。

(6)胶膜醋酸杆菌。它是一种特殊的醋酸菌,若在酿酒醪液中繁殖,会引起酒酸败,变黏。该菌生成醋酸的能力弱,又会氧化分解醋酸,因此是酿醋的有害菌。在液面会形成一层皮革状类似纤维样的厚膜。

(7)沪酿 1.01 醋酸菌。它是从丹东速酿醋中分离得到的,是中国食醋工厂长远菌种之一。在含酒精的培养液中形成淡青色的薄层膜。该菌由酒精产醋酸的转化率为 93%～95%。

(三)食醋酿造用微生物类群及其作用

传统工艺制醋是利用自然界中的野生菌制曲、发酵。因此,涉及的微生物种类多而复杂。在众多的微生物中,有对酿醋有益的菌种,也有对酿醋有害的菌种。新法酿醋,均采用人工选育的菌种,进行制曲、酒精发酵和醋酸发酵。

(1)曲霉菌。曲霉菌有丰富的淀粉酶、糖化酶等酶系。因此,常用曲霉菌制糖化曲,其主要作用是将制醋原料中的淀粉水解糊精及葡萄糖;蛋白质被水解为肽、氨基酸。常用的有黑曲霉和黄曲霉类群。

(2)酵母菌。在食醋酿造过程中,淀粉质原料经曲的糖化作用产生葡萄糖,酵母菌则通过其酒化酶系将葡萄糖转化为酒精和二氧化碳,完成酿醋过程中的酒精发酵阶段。除此之外,酵母菌还有麦芽糖酶、蔗糖酶、乳糖分解酶等,在酵母酒精发酵中,除生产酒精外,还有少量的有机酸、杂醇油、酯类等物质,这些对形成醋的风味有一定的作用。因而,有的厂还添加产酯能力强的产酯酵母进行混合发酵。酿制食醋用酵母菌与生产酒类使用的酵母菌相同。

(3)醋酸菌。醋酸菌可将酵母菌产生的酒精进一步氧化成醋酸,是食醋生产的关键菌种。酿醋用的醋酸菌最好是氧化酒精速度快、产醋酸产率高、不再分解醋酸、耐酸性强、制品风味好的菌种。在目前发现和使用的醋酸菌种中,有些醋酸菌虽然不会分解醋酸,但产醋酸能力弱;有些醋酸菌醋酸产率高,但具有将醋酸氧化成二氧化碳和水的能力强。因而目前国内外有些工厂用混合醋酸菌生产食醋,除能快速完成醋酸发酵,提高醋酸产率外,还能形成其他有机酸和酯类等成分,能增加成品的香气和固形物含量。

二、微生物与酱油

酱油是一种常用的咸味调味品,它是以蛋白质原料和淀粉原料为主的经微生物发酵酿制而成。酱油中含有多种调味成分,有酱油特殊的香味、食盐的咸味、氮基酸钠盐的鲜味、糖及其醇甜物质的甜味、有机酸的酸味等,还有天然的红褐色色素。

(一)酱油酿造中的微生物

酱油酿造是半开放式的生产过程,环境和原料中的微生物都可以参与到酱油的酿造中来。但在酱油特定的工艺条件下,只有人工接种或适合酱油生态环境的微生物才能生长繁殖,并发挥其作用。主要有米曲霉、酵母菌、乳酸菌和其他微生物。

(1)米曲霉。米曲霉是曲霉属的一个种,它的变种很多,由于它与黄曲霉十分相似,所以同属于黄曲霉群。但米曲霉不产黄曲霉毒素。成熟后的米曲霉菌丛呈黄褐色或绿褐色,分生孢子呈放射状,为球形或近球形。

米曲霉是好气微生物,最适合生长的培养基水分为 45%,pH 为 6.5～6.8。米曲霉的最适生长条件与酶的产生和积累条件往往不一致。

米曲霉能分泌复杂的酶系，可分泌胞外酶（如蛋白酶、α-淀粉酶、糖化酶、谷氨酰酶、果胶酶、纤维素酶等）和胞内酶（如氧化还原酶等）。这些酶类和酱油品质和原料利用率关系最密切的是蛋白酶、淀粉酶和谷氨酰胺酶。

米曲霉可以利用的碳源有单糖、双糖、淀粉、有机酸等。可利用的氮源为铵盐、硝酸盐、蛋白质和酰胺等。米曲霉生长还需要磷、钾、硫、钙等。因为米曲霉分泌的蛋白酶和淀粉酶是诱导酶，在制酱油曲时要求原料中有较高的蛋白质和淀粉含量，而大豆或脱脂大豆富含蛋白质，小麦含有淀粉，这些农副产品具有较丰富的维生素、无机盐等营养物质，以适当的比例混合作制曲原料，能满足米曲霉生长需要。

酿造酱油对米曲霉的要求：不产黄曲霉毒素、蛋白酶和淀粉酶活力高、有谷氨酰酶活力、生长快速、培养条件粗放；抗杂菌能力强、不产异味、酿造酱油香气好。

(2)酵母菌。鲁氏酵母是酱油酿造中的主要酵母菌。最适生长温度为28～30℃，在38～40℃生长缓慢，42℃不生长，最适 pH 4～5。生长在酱醅这一特殊环境中的鲁氏酵母是一种耐盐性强的酵母，抗高渗透压，在含食盐5%～8%的培养基中生长良好，在18%食盐浓度下仍能生长。维生素、泛酸、肌醇等能促进它在高食盐浓度下生长。

(3)乳酸菌。酱油乳酸菌也是生长在酱醅这一特定环境中的耐盐乳酸菌，其代表菌有嗜盐片球菌、酱油微球菌等。这些乳酸菌耐乳酸能力弱，因此，不会因产过量的乳酸使酱醅中的pH过低而造成酱醅质量变坏。适量的乳酸是构成酱油风味的因素之一。

(4)其他微生物。在酱油酿造中除上述优势微生物外，从酱油曲和酱醅中还分离出其他一些微生物。如毛霉、青霉、产膜酵母、枯草芽孢杆菌、小球菌等。当制曲条件控制不当或种曲质量差时，这些菌会过量生长，不仅消耗曲料的营养成分，原料利用率下降，而且使成曲酶活力降低，产生异臭，造成酱油浑浊，风味不好。

三、微生物与腐乳

目前的豆腐乳生产大多采用纯菌种接在豆腐坯上，然后置于敞口的自然条件下培养。在培养过程中不可避免地有外界微生物的入侵，而且发酵的配料可能带入其他菌类，因而豆腐乳的发酵过程中的微生物种类十分复杂。

中国酿造的微生物大多为丝状真菌，如毛霉属、根霉属等，其中以毛霉菌酿造的腐乳占多数。

(一)腐乳制作中所需的微生物

(1)五通桥毛霉。该菌种为目前我国推广应用的优良菌株之一。菌丝白色，老后稍黄，孢子梗不分支，孢子囊呈圆形，色淡，厚垣孢子很多。最适生长温度10～25℃，低于4℃下能勉强生长，高于37℃不能生长。

(2)腐乳毛霉。该菌种的菌丝初期为白色，后期为灰黄色；孢子囊呈球形，灰黄色；孢子轴为圆形；孢子椭圆形，表面光滑。它的最适生长温度为29℃。

(3)总状毛霉。该菌种菌丝初期为白色,后期为黄褐色;孢子梗不分枝;孢子囊为球形,褐色;孢子较短,为卵形。厚垣孢子数量很多,大小均匀,为无色或黄色。该菌种的最适生长温度为23℃,在低于4℃和高于37℃环境下都不能生长。

(4)根霉。根霉生长温度比毛霉高,在夏季高温情况下也能生长,而且生长速度又快,因此利用根霉酿造腐乳,不仅打破季节对生产的限制,而且缩短了发酵周期。

(5)细菌和酵母菌。它们都具有产蛋白酶的能力,某些代谢产物在豆腐乳的特色风味的形成过程中起作用。

(6)米曲霉。米曲霉能分泌产生淀粉酶、蛋白酶、脂肪酶、氧化酶、转化酶及果胶酶等,不仅能使原料中的淀粉转化为糖、蛋白质分解为氨基酸,还可形成具有芳香气味的酯类。最适培养温度37℃。

(7)羊肚菌。该菌是世界著名的食、药两用真菌,它营养丰富,菌丝体内含有17种氨基酸,其中有8种是人体必需氨基酸,另外含有特殊风味的氨基酸,因此用该菌酿制的腐乳香味独特。

(二)腐乳

腐乳是我国的传统豆制发酵食品,在我国有1 000多年的历史。根据腐乳坯中是否含有微生物,可将腐乳分为腌制型和发霉型两大类。发霉型腐乳是利用特定有益菌种,在适宜条件下于豆腐坯表面形成菌体,再利用这些菌体分泌的蛋白酶等各种有益胞外酶使豆腐经发酵后内部化学成分发生变化,从而赋予产品独特的色、香、味、形。相比于腌制型,发霉型腐乳发酵期短,受季节影响小,蛋白酶源充足,氨基酸含量高,我国目前大多数腐乳都为发霉型。

发霉型腐乳又可分为天然接种型和纯种培养型两大类。天然接种型生产周期长,受季节限制,无法大量长期生产,产品质量不稳定,逐渐被纯种型所取代。纯种培养型所用生产菌种因产地而异。目前,从典型地区所生产的腐乳得到的微生物已知的就有20多种。但主要发酵菌种有霉菌类如毛霉、根霉,细菌类如藤黄微球菌、枯草杆菌,还有鲁氏酵母等。毛霉是我国腐乳生产使用量最大、覆盖面最广的生产菌种,占腐乳菌种的90%~95%。用于腐乳生产的毛霉有五通桥毛霉、腐乳毛霉、总状毛霉、雅致放射毛霉、高大毛霉、海会寺毛霉、布氏毛霉、冻土毛霉等。其中,前4种为我国腐乳培菌最常用的毛霉菌种。

五通桥毛霉是20世纪40年代我国著名微生物学家方心芳从四川五通桥德昌酱园腐乳坯上分离出来的,菌号是AS 3.25。它是我国目前应用最广的优良菌种。腐乳毛霉是从浙江绍兴等地的腐乳中分离而得的。总状毛霉是从四川牛华溪等地的腐乳中分离出来的,此外,台南腐乳也是以总状毛霉为生产菌种的。雅致放射毛霉是由北京王致和食品厂的腐乳中分离,菌号为AS3.2778。除北京外,中国台湾许多腐乳也是以雅致放射毛霉为生长菌种的。根霉型腐乳是用耐高温根霉来生产腐乳的。南京腐乳即采用根霉菌种进行发酵。用于腐乳生产的根霉主要有米根霉、华根霉、无根根霉等。米根霉常见于我国酒药和酒曲中。华根霉耐高温。无根根霉常作为南京腐乳的生产菌种。

我国的生产菌种大多数为低温毛霉属,不适于夏季高温生长,使许多腐乳厂不得不在夏季停产。同时，采用毛霉作为发酵菌种易在腐乳表面产生“白点”，严重影响了产品的外观。而根霉型腐乳虽然能耐37℃的温度，但蛋白酶活力相对比较低。虽然一些厂家通过筛选和诱变得到一些耐高温的生产菌株，但这些诱变得到的新菌株由于受到环境理化因子的影响随时可能发生变异和衰退。因此，对我国腐乳菌种研究要进行选育优良菌株，对其生理及代谢规律进行深入研究，利用现代生物技术构建一菌多能或酶活力高的菌种；要研发酶法工艺，对腐乳生产用菌的酶学特性进行深入研究，利用其产生酶液取代培菌发酵来简化生产、缩短生产周期、提高生产效率并减少污染。

四、微生物与酱类

酱类包括大豆酱、蚕豆酱、面酱、豆瓣酱、豆豉及其加工制品，都是由一些粮食和油料作物为主要原料，利用以米曲霉为主的微生物经发酵酿制的。酱类发酵制品营养丰富，易于消化吸收，既可作小菜，又是调味品，具有特有的色、香、味，价格便宜，是一种受欢迎的大众化调味品。用于酱类生产的霉菌主要是米曲霉，生产上常用的有沪酿3.042，黄曲霉Cr-1菌株(不产生毒素)，黑曲霉等。所用的曲霉具有较强的蛋白酶、淀粉酶及纤维素酶的活力，它们把原料中的蛋白质分解为氨基酸，淀粉变为糖类，在其他微生物的共同作用下生成醇、酸、酯等，形成酱类特有的风味。

必备知识

一、用于发酵食品中的细菌

用于发酵食品中的细菌，主要有醋酸杆菌、非致病棒杆菌和乳酸菌3种。

(1)醋酸杆菌。常见于腐烂的水果、蔬菜、酸果汁、醋和饮料酒中。属革兰氏阴性无芽孢杆菌，兼好氧性，但易出现退化型。退化型菌体出现枝状、丝状等弯曲状。老培养物中的菌株革兰氏染色也常常出现变化。醋酸杆菌能氧化乙醇使之成为乙酸，因而是制造食醋的主要菌种。

(2)非致病棒杆菌。经常从土壤、水、空气和被污染的细菌培养皿或血平板中分离得到。非致病棒杆菌中的谷氨酸棒杆菌、力士棒杆菌、解烃棒杆菌经常用于味精(*L*-谷氨酸盐)的生产。它们能将糖分解成有机酸，并将含氮物质分解成铵离子，再进一步合成谷氨酸并积累于发酵液中。

(3)乳酸菌。能产生乳酸，是发酵乳制品制造过程中起主要作用的一类菌。按其对糖发酵特性可分为同型发酵菌和异型发酵菌。同型发酵菌在发酵过程中，能使发酵液中80%～90%的乳糖转化成乳酸，仅有少量的其他副产物。常用的菌种有干酪乳杆菌、保加利亚乳杆菌、嗜酸乳杆菌、瑞士乳杆菌、乳酸乳杆菌、乳链球菌、嗜热链球菌及丁二酮乳链球菌新品种。异型发酵菌在发酵过程中，能使发酵液中50%的乳糖转化为乳酸，另外50%的糖转变为其他有机酸、醇、二氧化碳、氢等。在食品中使用的菌种有葡聚糖明串珠菌和乳脂明串珠菌。

二、酵母菌

食品工业中常用的酵母菌有酿酒酵母、椭圆酵母、卡尔酵母和异常汉逊酵母 4 种。

(1)酿酒酵母。此酵母菌大多呈椭圆形,长与宽之比为 2∶1。对酒精有较大的耐力,能发酵葡萄糖、麦芽糖、半乳糖、蔗糖及 1/3 棉籽糖,不能发酵乳糖和蜜二糖。不能同化硝酸盐。常存在于酒曲、果皮、发酵的果汁以及果园的土壤中。它是酿酒工业中最常用的菌,也是啤酒酿造中典型的上面发酵酵母;还可发酵制面包;它的转化酶可以转化糖,也可用于巧克力的制作。

(2)椭圆酵母。它的细胞为卵圆形,其他生化特性与酿酒酵母相似,除能耐较高浓度的乙醇外,还能耐较高的葡萄汁酸度和较低浓度的二氧化硫,因而常用于葡萄酒的酿造。

(3)卡尔酵母。它是啤酒酿造中典型的底面酵母。它的形态与生化特性都与酿酒酵母相似,不同之处是它具有完全发酵棉籽糖的能力。

(4)异常汉逊酵母。它的细胞呈圆形、椭圆形或腊肠形。在特定条件下能生成发达的假菌丝。此酵母能发酵葡萄糖、蔗糖、麦芽糖、半乳糖、棉籽糖;不能发酵蜜二糖和乳糖。能同化硝酸盐,分解杨梅苷。由于能产生乙酸乙酯,因而在改善食品风味中能起一定作用。如白酒和无盐发酵酱油的增香都可采用此菌。

三、霉菌

它不是分类学上的名称,是丝状真菌的统称。凡在营养基质上长有菌丝体的真菌统称为霉菌。它包括分类上很不同的许多真菌,如藻状菌纲、子囊菌纲、担子菌纲和半知菌纲。

食品工业中常用的霉菌有毛霉属、曲霉属和地霉属、根霉属 4 个属。

(一)毛霉属

具有毛状的外形,无假根和匍匐枝,菌丝无横隔,孢子囊梗直接由菌丝体生出。繁殖方式可以由子囊孢子直接萌发,也可由接合孢子进行繁殖。毛霉能产生蛋白酶,因而有分解大豆的能力。中国在制作豆腐乳、豆豉时即利用毛霉分解蛋白质产生鲜味。某些种毛霉还具有较强的糖化力,能糖化淀粉。中国酒药中的毛霉就属此类。毛霉还可用于酒精和有机酸工业原料的糖化和发酵过程。

(二)曲霉属

菌丝体分支并具有横隔,分生孢子从分化了的菌丝(具有厚壁的足细胞)上直立长出。分生孢子的形状、大小、颜色和纹饰都是鉴别曲霉种的重要依据。

曲霉具有分解有机物质的能力。在酿造等工业中得到广泛应用。它具有多种强活性的酶系。例如,应用于酿酒的糖化菌具有液化、糖化淀粉的淀粉酶,同时还有蔗糖转化酶、麦芽糖酶、乳糖酶等;有些菌能产生较强的酸性蛋白酶,可用来分解蛋白质或用作食品消化剂。黑曲霉所产生的果胶酶,常用于果汁澄清,柚苷酶和陈皮苷酶用于柑橘类罐头去苦味或防止产生白色沉淀,葡萄糖氧化酶则用于食品的脱糖和除氧。

曲霉能产生延胡索酸、乳酸、琥珀酸等多种有机酸,其中草酰乙酸和乙酰辅酶 A 通过缩合成为柠檬酸在食品工业中应用较多的曲霉属的菌有宇佐美曲霉、黄曲霉、米曲霉和黑曲霉等。这些曲霉在中国的传统食品豆酱、酱油、白酒、黄酒中起着重要的作用。

(三)地霉属

其菌落类似于酵母,故为酵母状霉菌。但它有真菌丝,菌丝有横隔,成熟后菌丝断裂成裂生孢子。裂生孢子多为长筒形,也有方形或椭圆形。一般多呈白色。地霉常见于泡菜、腐烂的果蔬以及动物粪便中。白地霉的菌体蛋白质营养丰富,可供食用或作饲料用。

(四)根霉属

霉菌分布广,约 10 种以上。通常对人无害,食用甜酒药及糖化饲料就是选用此菌制备的。根霉菌为条件致病菌。可引起食品霉变。有匍枝根霉、小孢根霉、少根根霉和米根霉等。

拓展知识

发酵剂

根据不同产品的要求,各菌种以不同的组合形式制成发酵剂,用于发酵乳制品的生产。常见的产品有酸性奶油、干酪、酸奶等。

酵母属真菌,酵母细胞多为单细胞,有球形、卵圆形、圆柱形、柠檬形、梨形等。在特定条件下某些菌种形成延长的细胞长链,形状与霉菌菌丝相似,称为假菌丝。酵母细胞的大小因培养基成分及菌龄的不同而异,一般是(8～10) μm×(1～5) μm。

利用酵母的菌体或酵母的发酵作用能制造酒类、馒头、面包、单细胞蛋白等多种食品。

酵母细胞中含有蛋白质、碳水化合物、脂肪、维生素、酶和无机盐等。其中蛋白质含量(按干基计)一般为 51%～55%,有的甚至更高。组成此蛋白质的氨基酸有 13 种以上,营养价值高且易于消化吸收。维生素含量也很丰富,已知有 14 种以上,而且绝大多数是水溶性的。因此,酵母是良好的蛋白质资源。

食用过量的核酸会引起人体发生痛风和肾结石症等疾病。因此,供食用的酵母必须加以精制以除去核酸。酵母的浸出液可用于生物营养及营养食品的调味,滋补剂及填充剂等。

问题探究

1. 你日常生活中哪些食品是微生物的发酵产品?请你就某一种产品提出改进的建议。

2. 与调味品相关的各种酶类的特性是什么?

3. 各种酶与调味品有哪些关系?

项目小结

本项目主要介绍了与食品微生物的发展趋势和一些与食品相关的微生物,重点介绍了微生物与食醋、微生物与酱油、微生物与腐乳、微生物与酱类的相互关系，同时介绍了发酵食品中的一些细菌。

习题

1. 简要说明细菌、酵母菌、霉菌在食品工业中的利用。
2. 列表说明微生物在食品制造方面的作用。
3. 微生物在食品制造方面中菌种扩大培养有哪些共同特点？
4. 在酱油生产中对生产原料有什么要求？
5. 简述生产酶制剂过程中所需要的条件。

项目三　食醋生产技术

知识目标

1. 掌握食醋的概念并了解其营养价值。
2. 了解食醋的分类及特点。
3. 了解酿醋的主要原料，主要生化机制及参与的主要微生物。
4. 学会食醋生产的主要类型、工艺流程。
5. 掌握食醋原辅料的选择及处理。
6. 掌握食醋的生产机理及操作要点。

技能目标

1. 能够完成食醋生产工艺操作及工艺控制。
2. 具备食醋质量的基本检验与鉴定能力。
3. 能够制定食醋生产的操作规范、整理改进措施。
4. 掌握常用的酿醋方法及我国几种传统的酿醋工艺。

解决问题

1. 学会运用相关知识解决食醋生产过程中常见的质量问题。
2. 新型醋的制备需要注意哪些工艺操作。

科苑导读

食醋是我国劳动人民在长期生产实践中创造出来的一种酸性调味品，历史悠久，古谚有“开门七件事，柴米油盐酱醋茶”，醋也是其中之一。它能增进食欲，帮助消化，在人民生活中不可缺少。

我国酿醋自周朝开始，已经有 2 500 年历史。醋自古以来就被认为具有增强食欲、促进消化的作用，这在我国历代医学文献中多有记载，如唐代陈藏器著《本草拾遗》，清代王士雄著《随息居饮食谱》等，都称醋能“开胃、消食”。我国民间亦有用“醋茶”来医治消化不良。

德国的比凯尔博士曾经用犬进行过下述的关于胃液的实验研究，其方法是分别给 3 条空腹的犬以水、柠檬橘子水(稀释 10 倍)、食醋(稀释 13 倍)各 200 mL，然后考察每条犬的胃液分泌量。在各自持续了 2 h 之后，发现 3 条犬中喝醋的胃液分泌量最多，其次是喝柠檬橘子水，而喝水的犬胃液分泌量最少。200 mL 经过稀释的醋水能很明显地促进胃液的分泌。唾液和胃液分泌旺盛可以增进食欲，同时也可以促进食物的消化。现代医学研究证实，醋中所含的挥发性物质和氨基酸等能刺激人的大脑神经中枢，使消化器官分泌大量消化液，消化功能大大加强，从而增进食欲，促进食物消化吸收，保证人体健康。当你感到胃口不太好，没有食欲的时候，可以采用一种有效方法，就是多吃一些用醋来调味的膳食。

全国各地生产食醋的品种很多，著名的有山西陈醋、镇江香醋、四川麸醋、浙江玫瑰米醋、福建红曲醋及东北白醋等。我国是世界上最早用谷物酿醋的国家，酿醋有 3 000 多年的历史，公元 5 世纪的著名农学家贾思勰在《齐民要术》中对醋等发酵制品的工艺方法有详细记述，对当今本行业的研究与生产发展有一定的参考价值。

食醋是以大米或高粱等为原料，先将碳水化合物糖化，利用酵母菌进行酒精发酵，酒精在细菌的作用下完成醋酸发酵而制成的一种传统调味品。食醋是醋酸的主要产品。主要成分为醋酸，还含有对身体有益的其他营养成分，如乳酸、葡萄糖酸、琥珀酸、氨基酸、糖、钙、磷、铁、维生素 B_2 等。它是烹饪中一种不可缺少的调味品，不仅味酸而醇厚，液香而柔和，而且有软化血管、帮助消化、杀菌消炎、促进食欲、抗衰老、美容等功效，如食醋能抑制血糖浓度的快速变化，可控制餐后的高血糖；食醋能促进体内钠的排泄，改善钠的代谢异常；黑醋可以抑制肠管吸收脂质，抑制肝脏质的合成及末梢组织脂质利用的升高，具有限制肥胖的作用；米醋能减少过氧化脂质的量，加速皮肤的新陈代谢，减少雀斑、皮肤松弛和皱纹，具有抗氧化、抗衰老的作用；陈醋可起到防癌的功效；此外，食醋还具有预防骨质疏松症、抗疲劳等作用。根据产地品种的不同，食醋中所含醋酸的量也不同，一般在 5%～8%之间，食醋的酸味强度的高低主要是其中所含醋酸量的大小所决定。

任务一　固态发酵法酿醋

我国食醋生产的传统工艺，大都为固态发酵法。即醋酸发酵时物料呈固态的酿醋工艺。以粮食为原料，加入小曲、块曲、麸曲、酒母等为发酵剂，再加入稻壳为疏松剂酿造食醋。采用这类发酵工艺生产的产品，在体态和风味上都具有独特风格。其特点是发酵醅中配有较多的疏松料，使醋醅呈蓬松的固态，创造一个利于多种微生物生长繁殖的环境。固态发酵培养周期长，发酵方式为开放式，发酵体系中菌种复杂。我国著名的大曲醋如山西老陈醋，小曲醋如镇江香醋，药曲醋如四川保宁醋和福建红曲醋等，都是用固态发酵法生产的。采用该酿醋工艺，一般每 50 kg 甘薯粉能产含 5%醋酸的食醋 700 kg。

一、固态发酵工艺酿制食醋的特点

采用固态发酵工艺酿制的食醋，色、香、味、体俱佳，通常呈琥珀色或红棕色，具有浓郁的醇香和酯香，酸味柔和，回味醇厚，体浓澄清。总酸、不挥发酸和还原糖等主要理化指标优异。还因含有多种氨基酸所具有的缓冲、调和作用，以及菌体自溶后产生的各种风味物质的作用，使产品醋酸含量虽高，却无尖锐刺激感，给人以柔和、醇厚、绵长和协调的舒适感，其优良品质远非其他工艺所能及。

固态发酵食醋由于其工艺的可变动性，只需稍经调整、变更或延伸，就可派生出无数的独特创新工艺，如麦麸既作辅料又作填充料，各具特色的大曲、小曲、麸曲、糖化剂和百余种中草药制备的药曲等。工艺的创新造就了丰富多彩的优秀食醋品牌。

二、固态发酵法制麸曲醋

工艺流程如下：

麸曲、酒母
↓
高粱（碎米）或甘薯干粉碎→混合→润水→蒸熟→摊晾过筛→拌匀入缸→

醋酸菌、粗谷壳
↓
糖化、酒精发酵→拌匀→醋酸发酵（倒醅）→加食盐→后熟→淋醋→陈酿→灭菌→配制→检验→包装→成品

（一）原料配比

高粱粉或薯干 100 kg，酒母 40 kg，醋酸菌种子 40 kg，食盐 4～7 kg，麸曲 20～30 kg，麸皮 30～60 kg，谷壳 120～150 kg。

（二）原料处理

1. 粉碎和润水

薯干粉碎至 2 mm 以下，高粱粉碎为粗细粉状，比例约为 1∶1。按每 100 kg 高粱粉粒与 100 kg 谷壳的比例配合，拌匀。加入 50%的水润料 3～4 h，使原料充分吸收水分。润料时间夏天宜短，冬天稍长。用手握成团，指缝中有水而不滴为宜。

2. 蒸料

蒸料分常压蒸料和加压蒸料。常压蒸料是把润好水的原料用扬料机打散，装入常压蒸锅中。注意边上气边轻撒，装完待上大气后计时，蒸 1 h，停火焖 1 h。加压蒸料常采用旋转式蒸

煮锅,在 140～150 kPa 的蒸煮压力下蒸料 30 min。

3. 摊晾

过筛熟料出锅后立即用扬料机打散过筛、摊晾降温。冬、春季晾至 30～32℃,夏季晾至比室温低 1～2℃,撒入麸曲、泼下酒母,翻拌均匀,加入冷水 25%～30%,使入池料醅含水量达 65%～68%。再通过扬料机打散料团入缸进行糖化和酒精发酵。

(三)糖化、酒精发酵

原料入缸后,压实,赶走醅内空气,用无毒塑料布密封缸口发酵。糖化和酒精发酵应做到低温下曲、低温入缸、低温发酵。品温过高容易烧曲降低糖化力,所以,把下曲温度控制在30～32℃。入缸温度低是低温发酵的前提,冬季把入缸温度控制在 18～25℃,夏季入缸温度不超过 28℃,夏季气温高,可在凉爽的时刻入缸;酒精发酵期间采用降低室温和倒缸的方法使发酵温度控制在 28～32℃。夏季多采用严密封缸减少氧气控制品温,采用倒缸降温的效果不理想,使发酵期间品温不超过 36℃。冬季发酵 6～7 d,夏季发酵 5～6 d,品温自动下降,抽样检查酒精含量 6°～8°时,酒精发酵基本结束。

(四)醋酸发酵

酒精发酵结束后的醅拌入谷壳、粗谷糠,麸皮和醋酸菌种子液,调制好的醅料松装入缸或池中进行醋酸发酵。传统酿醋一般不接种醋酸菌,利用自然落入的醋酸菌在醅内繁殖。醋酸发酵过程中品温的变化总是由低到高,再逐渐降低。醋酸发酵室温控制在 25～30℃,品温一般为 39～42℃。每天按时检查温度,定温定时翻醅倒缸。倒缸操作要迅速倒醅,要分层,缸底缸壁要扫尽,做到倒散、倒匀,倒彻底,倒后表面摊平,严封缸口。经过 12～15 d 醋酸发酵,品温开始下降,每天应抽样检查醋酸和酒精的含量。当相连两次化验结果醋酸含量不再增长、残留酒精量甚微、品温降至 36℃以下,醋酸发酵基本结束,醋酸含量能达到 7%～7.5%。

(五)加食盐

食盐一定要在醋酸发酵结束时及时加入,目的是为了防止成熟醋醅过度氧化。通常夏季加盐量为醋醅的 2%;冬季稍少一些,加盐量为醋醅的 1.5%。加盐操作先将应加的食盐一半与上半缸醋醅拌匀移入另一空缸,次日再将剩下的一半盐与下半缸醋醅拌匀,再与上半缸醋醅并为一缸。加盐后盖紧放置 2～3 d,有时更长的时间,以作后熟或陈酿,使食醋的香气和色泽得到改善。

(六)淋醋

淋醋采用淋缸三套循环法,循环萃取。淋醋设备有陶瓷淋缸或有涂料耐酸水泥池,缸或池内安装木篦,下面设漏口或阀门。淋头醋需浸泡 20～24 h,淋二醋浸泡 10～16 h,用清水浸泡淋三醋,浸泡的时间可更短些。三醋淋完后,醋渣中含醋 0.1%。最后得到醋渣可作饲料。淋醋具体工艺如下:

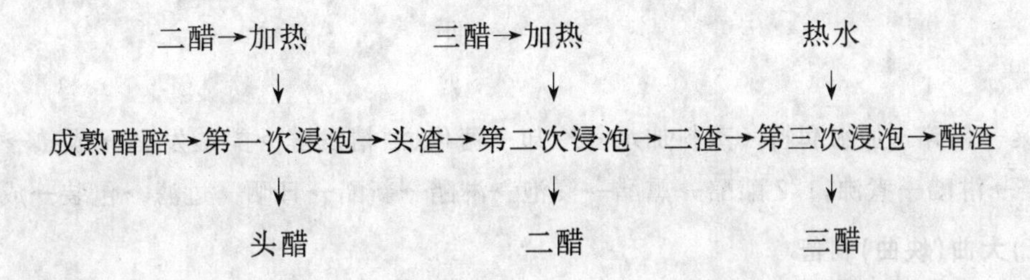

(七)陈酿

品质较好的醋要在约 20℃的室温下放置 1 个月或数月，来提高醋的品质、风味、色泽。陈酿分醋醅陈酿和醋液陈酿两种。醋醅陈酿是将加盐后熟的醋醅移入缸内砸实，加盖面盐压层，以泥密封缸口，经过 15～20 d 即行淋醋，并放入室外陶瓷缸内，加盖竹编的尖顶帽，每隔 1～2 d 揭开缸帽晒 1 d，促进酯化并提高固形物浓度，增加香气，调和滋味，使之澄清透明，色泽鲜艳。醋液陈酿是将淋出的头醋放入缸中，加盖放置 1～2 个月，注意头醋含酸量应在 5%以上。经过陈酿的醋叫陈醋，镇江香醋陈酿期一般为 30 d，山西老陈醋陈酿期一般为 9～12 个月。

(八)灭菌

食醋的灭菌又称煎醋。煎醋是通过加热的方法把陈醋或新淋醋中的微生物杀死，并破坏残存的酶，使醋的成分基本固定下来。同时经过加热处理，醋中各成分也会变化，香气更浓，口感更湿润。灭菌常用的方法有直火加热和盘管热交换器加热等，直接加热法应防止焦煳，灭菌温度应控制在 85～90℃，灭菌时间为 40 min 左右。

(九)配制

灭菌后的食醋应迅速冷却，加入 0.1%的苯甲酸钠或山梨酸钾起到防腐的作用，注意高档醋一般不加防腐剂。澄清后装坛封口即为成品。

三、大曲醋的制备

大曲醋是以高粱为原料、大曲为糖化发酵剂，现在我国几种主要名特食醋的生产仍多采用大曲，由于原料、生产工艺等不同，使不同品牌具有不同特色。

(一)原料及配比

大曲醋的原料及其配比如表 3-1 所示。

表 3-1　大曲醋原料及配比　kg

原料名称	高粱	大曲	麸皮	谷糠	食盐	水			香辛料
						润料	焖料	后水	
数量	100	62.5	70	100	8	60	210	60	0.15

注：香辛料包括花椒、大料、桂皮、丁香、生姜等。

(二)生产工艺

工艺流程如下：

曲
↓
高粱→粉碎→加水润料→蒸料加水→冷却→糖化、酒精发酵→醋酸发酵→成熟→加盐→1/2醋醅→淋醋—煮沸；1/2醋醅→熏醋→浸泡→淋醋→新醋→日晒→过滤→包装→成品

（三）大曲（块曲）制备

1. 大曲生产工艺如图3-1所示

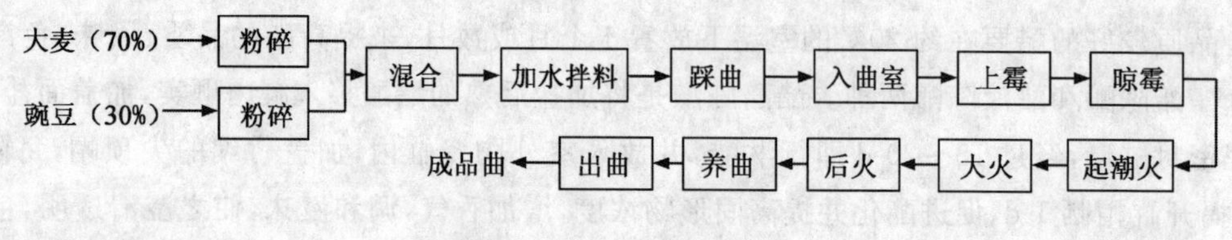

图3-1 大曲生产工艺流程图

2. 生产工艺操作要点

（1）原料粉碎。将原料按比例混合。冬季粗细料比为2∶3，夏季为9∶11。

（2）拌料踩曲。每50 kg混合料加温水25 kg。踩好的曲块应厚薄均匀、外形平整、四角饱满无缺、结实坚固，每块曲3.5 kg以上。

（3）入曲室。入曲室将曲摆成2层，地上铺谷糠，层间用苇杆间隔撒谷糠，曲间距离15 mm，四周用席蒙盖，冬季围席2层，夏季1层，蒙盖时用水将席喷湿。曲室温度冬季为14～15℃，夏季为25～26℃。

（4）上霉。上霉期间要保持曲室暖和，待品温升到40～41℃时上霉良好，揭去席片。冬季需4～5 d，夏季需2 d。

（5）晾霉。晾霉时间12 h，夏季晾到32～33℃，冬季晾到23～25℃，然后翻曲成3层，曲间距离40 mm，使品温上升到36～37℃，不得低于34～35℃，晾霉期为2 d。

（6）起潮火。晾霉待品温回升到36～37℃，将曲块由3层翻成4层，曲间距离50 mm，品温上升到43～44℃，曲块4层翻成5层，品温上升至46～47℃，需3～4 d。

（7）大火。进入大火阶段拉去苇秆，翻曲成6层，曲块间距105 mm，使品温上升至47～48℃，再晾至37～38℃，坡架翻曲成7层，曲块间距130 mm，曲块上下、内外调整，品温再回升至47～48℃，晾至38℃左右，此后每隔2 d翻1次。共翻曲3～4次，大火时间7～8 d，曲的水分要基本排除干净。

（8）后火。曲在后火时有余水，品温高达42～43℃，晾至36～37℃，翻曲7层，上层间距50 mm，曲块上下、内外调整，因曲块较厚，尚有一点生面，用温火烘之，需2～3 d。

（9）养曲。等曲块全部成熟，进入养曲期，翻曲成7层，间距35 mm，品温保持为34～35℃，曲以微火温之，养曲时间2～3 d。全部制曲周期为21 d。

（10）出曲。成曲出曲前，尚需大晾数日，使水汽散尽以利于存放。成曲出曲室后，贮于阴

凉通风处，垛曲时保留空隙，以防返火。如制红心曲，则应在曲将成之日，保温坐火，使曲皮两边向中心夹击，两边温度相碰接火，则红心即成。

（四）大曲醋生产工艺操作要点

1.原料处理

（1）选料。除去有霉坏、变质、有邪杂味的原料，并测定原料的淀粉、水分含量。

（2）原料粉碎。高粱粉碎成四六瓣，细粉不超过 1/4，最好不要带面粉。

（3）润料。加高粱重量 50%～60%的水进行润料，冬天最好用 80℃以上的水润料。把原料铺在凉场上，先把原料挖成边沿高、中间凹状，然后把备好的润料水洒入其中，再用木锨从内圈向四周把高粱糁和润料水慢慢混合，翻拌均匀，放入木槽内或缸中，静止润料 8～12 h。做到夏季不要发热，冬季不能受冻，让原料充分润透，含水 60%～65%，手捻高粱糁为粉状，无硬心和白心。

（4）蒸煮糊化。蒸料前检查甑桶是否清理干净，甑锅内的水是否加足，把甑箅放好放平，铺上笼布，再铺一层谷糠。开始火要烧旺，待锅沸腾后开始上料。从润料池内或缸内取出高粱糁翻拌均匀（打碎块状物），先在甑底轻轻地撒上一层，待上气后往冒气处轻轻撒料，一层一层上料，要保持料平、均匀。待料上完，盖上麻袋开始计时，蒸 2 h，停火再焖 30 min。气压保持在 1.5～2 MPa。

（5）焖料。将蒸好的高粱糁趁热取出，直接放入焖料槽内或缸中，按高粱糁和开水比为1∶1.5（质量比）混合搅拌，均匀打碎。静置，焖料 20 min，高粱糁充分吸水膨胀后，进行冷却。

（6）冷却。把焖好的高粱糁摊到晾场上，越薄越好，在冷却过程中要不停地用木锨翻拌，并随时打碎块状物，要求冷却的速度越快越好，防止细菌感染，影响整个发酵。

2.拌曲

提前 2 h 按大曲和水比为 1∶1（质量比）的比例焖上，翻拌均匀备用。待高粱糁冷却到 28～30℃时开始拌曲，将曲均匀地撒到冷却好的高粱上，先把曲料收成丘形，再翻拌 2 次打碎块状物，使曲和蒸熟的原料充分混匀。

3.酒精发酵

将拌好曲的料送到酒精发酵室内的酒精缸中。先在酒精缸中加水 40 kg，再加入主料 50 kg。发酵室温度控制在 20～25℃，料温在 28～32℃，原料入缸后第二天开始打耙，每天上下午各打耙 1 次，块状物需打碎，开口发酵 3 d 后搅拌均匀并擦净缸口和缸边，用塑料布扎紧缸口，再静止发酵 15 d。

4.醋酸发酵

（1）拌醋醅。把发酵好的酒精缸打开。先把麸皮和谷糠放于搅拌槽内，翻拌均匀后再把酒精液倒在其上翻拌均匀，不准有块状物（酒精液、麸皮、谷糠的比例为 13∶6∶7）。然后移入醋酸发酵缸内，每缸放 2 批料，把缸里的料收成锅底形备用。

（2）拌好醋醅的质量要求。水分 60%～64%；酒精体积 4.5%～5%。

(3)接火。取已发酵的、醅温达到38～45℃的醅子10%作为火种接到拌好的醋醅缸内,用手将火醅和新拌的醋醅翻拌几下,同时把四周的凉醋醅盖在上边,收成丘形,盖上草盖,保温发酵。待12～14 h后,料温上升到38～43℃时要进行抽醅,再和凉醅酌情抽搅1次。如发现有的缸料温高,有的缸料温低时要进行调醅,使当天的醋酸发酵缸在24 h内都能有适宜的温度,而且各处温度比较均匀,为给下批接火打下基础。

(4)移火。接火经24 h培养后称为火醅,醅温达到38～42℃就可以移火,取火醅10%按上法给下批醅子进行接火。移走火的醅子,根据温度高低进行抽醅,如温度高则抽得深一些,温度低抽得浅一些,尽量采取一些措施使缸内的醋醅升温快且均匀。

(5)翻醅。翻醅时要做到有虚有实,虚实并举,注意调醅。争取3 d内90%的醋醅都能达到38～45℃。根据醅温情况,掌握灵活地翻醅方法。即料温高的翻重一些,料温低的翻轻一些,醅温高的要和醅温低的互相调整一下,争取所有的发酵醋醅温度均匀一致;以免有的成熟快,有的成熟慢,影响成熟醋醅的质量和风味。

接火后第3～4天醋酸发酵进入旺盛期,料温可超过45℃,而且80%～90%的醅子都能有适宜温度,当醋酸发酵9～10 d时,料温自然下降,说明酒精氧化成醋酸已基本完成。

(6)成熟醋醅的陈酿。把成熟的醋醅移到大缸内装满踩实,表面少盖些细面盐用塑料布封严,密闭陈酿10～15 d后再转入下道工序。

(7)成熟醋醅的质量要求。水分62%～64%;酸度4.5～5 g/100 g(以醋酸计);残糖:0.2%以下;基本上无酒精残留。

5.熏醅

把陈酿好的醋醅40%入熏缸熏制,每天按顺序翻1次,熏火要均匀,所熏的醅子闻不到焦煳味,而且色泽又黑又亮。熏醅可以增加醋的色泽和醋的熏香味,这是山西老陈醋色、香、味的主要来源。

熏醅的质量要求:水分55%～60%;酸度5～5.5 g/100 g(以醋酸计)。

6.淋醋

把成熟陈酿后的白醋醅和熏醋醅按规定的比例分别装入白淋池和熏淋池。

(1)淋醋要做到浸到、焖到、煮到、细淋、淋净,醋溮量要达到当天淋醋量的4倍,头溮、二溮、三溮要分清,还要做到出品率高。

(2)对醋糟含酸的要求。白醋糟0.1 g/100 g(以醋酸计);熏醋糟0.2 g/100 g(以醋酸计)。

(3)老陈醋半成品的要求。总酸5 g/100 mL(以醋酸计);浓度7～8°Bé;色泽为红棕色、清亮、不发乌、不浑浊;味道为酸、香、绵、微甜、微鲜、不涩不苦;出品率按每100 kg高粱出600 kg醋(醋酸浓度50 g/L)。

7.老陈醋半成品陈酿

把淋出的半成品老陈醋,打入陈酿缸内,经夏日晒、冬捞冰及半年以上陈酿的时间,使半成品醋的挥发酸挥发、水分蒸发,即为成品醋,其浓度、酸度、香气等方面都会有大幅度提高。

四、小曲醋的制备

小曲醋以大米、糯米为原料，小曲为糖化发酵剂。不同品牌的小曲醋有各自特色。

(一)小曲醋的原料

糯米 500 kg，小曲 2 kg，麦曲 30 kg，麸皮 850 kg，砻糠(稻壳)470 kg。此外，生产 1 000 kg 一级香醋耗用辅助材料为炒米色 135 kg(折成大米 40 kg 左右)，食盐 20 kg，糖 6 kg。

(二)小曲醋生产工艺

小曲醋的生产工艺流程如图 3-2 所示。

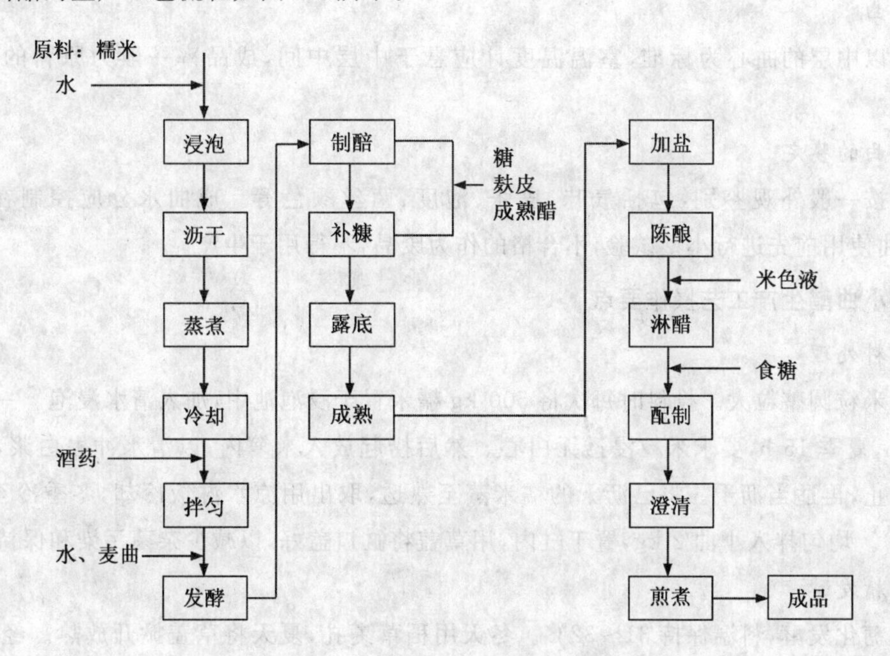

图 3-2 小曲醋的生产工艺流程图

(三)小曲的制备

1. 原料处理及配料

先将统糠碾细，因为粗料难以保持水分。根据经验，制曲时需要 20%～50%的淀粉才能得到必需的发热量。其他氮源、B 族维生素、无机盐足以够用。为增加氮源宜加入少量碎米。碎米粉碎成粉，并加碎米量 25%的清水。加水后的碎米粉应立即使用，以免变质。

配料为统糠 87%～92%，米粉 5%～10%，曲种 3%，最后加入曲母共同碾碎。用少量冷水将所需碎米泡湿，待水沸腾后将碎米粉倾入锅内，不等煮得过熟即取出与原料统糠混合，以增加黏着力，每 100 kg 混合粉加水量应在 64～70 kg。要求入室曲坯水分掌握在 45%～48%。

2. 制坯

先在拌料场将曲母、碎米、统糠按比例拌和均匀，再过秤装入料盒，掺水时边掺边和，要和得快，和得散，和得匀，和3～4遍，要求达到无生粉、无疙瘩，并仔细检验水分。踩坯要踩紧、踩干，用切刀按紧、磨平，切块3.7 cm^3。切曲要切断，团曲要无棱角，光滑。表面提浆，曲皮光润，能够保持水分，并有松心紧皮的效果，以有利于霉菌生长匀壮。团曲时每100 kg撒粉0.3 kg(在3%曲母中扣出)，要撒均匀。当天拌好的原料必须当天用完，绝对不能剩到第二天使用。工具要清洗。团曲成型后送入曲室，由上而下，由边角到中央进行摆放，曲与曲的间隔以保持不靠拢即可。

3. 培曲

品温以中层的曲心为标准，室温温度计应悬于中层中间，成品率一般为原料的80%～84%。

4. 成曲的鉴定

成品按一般外观鉴别，包括气味、皮张、泡度、菌丝颜色等。成曲水分应控制在9%～11%，小曲使用前先进行小型试验，不合格的作为废品，不得用于生产。

(四)小曲醋生产工艺操作要点

1. 原料处理

要求米粒圆整粒大。投料时每次将500 kg糯米置于浸泡池中，加入清水浸泡。一般冬季浸泡24 h，夏季15 h，要求米粒浸透无白心。然后捞起放入米箩内，以清水冲去白浆，淋到出现清水为止，再适当沥干。将已沥干的糯米蒸至熟透，取出用凉水淋饭冷却，冬季冷至30℃，夏季25℃。均匀拌入小曲2 kg，置于缸内，用草盖将缸口盖好，以减少杂菌污染和保持料温。

2. 酒精发酵

低温糖化发酵，料温保持31～32℃。冬天用稻草裹扎，夏天将草盖掀开放热。经过60～72 h后，饭粒从缸底浮起，糖化液增多，此时已有酒精及CO_2气泡产生，糖分为30%～35%，酒精体积分数4%～5%。

在拌小曲4 d后，添加水和麦曲。加水量为糯米的140%，麦曲量为6%即30 kg。控制料温在26～28℃，这被称为“后发酵”。此时，应注意及时开耙，一般在加水后24 h开头耙，以后3 d中每天开耙1～2次，以降低温度。发酵时间自加入小曲算起，总共为10～13 d。

经过上述工艺，每50 kg糯米，冬天产酒醪165 kg，酒精体积分数13%～14%，酸度0.5%以下；夏季产150 kg酒醪，酒精体积分数10%以上，酸度0.8%以下。

3. 醋酸发酵

(1)拌料接种。制醋采用固态分层发酵法。以前用大缸为发酵容器，缸容量350～400 kg，现在以发酵池代之，1池相当于15缸的容量。取165 kg酒醪盛入大缸，加85 kg麸皮拌成固态；取发酵优良的成熟醋醅2～3 kg，再加少许砻糠和水，用手充分搓拌均匀，放置缸内醅面中心处。每缸上盖5 kg左右砻糠，不必加盖，任其发酵，时间3～5 d。

(2)倒缸翻醅。次日将上面覆盖的砻糠揭开,并将上面发热的醅料与下部表层未发热的醅料及砻糠充分拌和,移入另一缸,称为“过杓”。1缸料醅分10层逐次过完,过杓料温43～46℃,一般经24 h,再添加砻糠并向下翻拌。每次加砻糠约4 kg,根据实际情况补加一些温水。这样经过10～12 h,醋醅全部制成,原来半缸酒醅变成全缸醋醅,每缸共加砻糠47.5 kg,先前装酒醪的缸已全部过杓完毕,变成空缸,称为“露底”。

(3)露底。过杓完毕,醋酸发酵到达最高潮。此时需天天翻缸,即将一缸内全部醋醅翻倒入另一缸,此也叫露底。露底需掌握温度变化,使面上温度不超过45℃。每天1次,共7 d。此时发酵温度逐步下降,酸度达到高峰,发现酸度不再上升时,立即密封陈酿。

4.陈酿

(1)封缸。醋醅成熟后,每缸立即加盐2 kg,然后并缸,10缸并成7～8缸,并将醋醅压实,缸口用塑料布盖实,布面沿缸口用食盐盖压紧,使不透气。过去用泥土、醋和20%盐水或盐卤混合物调制成泥浆密封缸面。

(2)伏醅。醋醅封缸1周后换缸1次,进行翻缸,并重新封缸。封缸时间总共3个月左右。技术改进后只需换缸1次,整个陈酿期为20～30 d。陈酿时间愈长,风味愈好。

5.淋醋

取陈酿结束的醋醅,置于淋醋缸中,根据缸的容积大小决定投料数量,一般装醅80%,再按比例加入炒米色[优质大米经适当炒制后溶于热水即为炒米色,用于增加镇江香(陈)醋色泽和香气]和水,浸泡数小时,然后淋醋。

醋汁由缸底管子流至地下缸,第一次淋出的醋汁品质最好。淋毕,再加水浸泡数小时,淋出的醋汁可作为第一次淋醋的水用。第二次淋毕,再加水泡之,第三次淋出的醋汁作为第二次淋醋的水用。如此循环浸泡,每缸淋醋3次。

6.灭菌及配制成品

将第一次淋出的醋汁加入食糖进行调配,澄清后,加热煮沸,趁热装入贮存容器,密封存放。每500 kg糯米可产一级香醋1 750 kg。

五、固态发酵法酿醋质量标准

以粮食为原料酿造的食醋其质量指标如下:

1.感官指标

(1)色泽。琥珀色或棕红色。

(2)气味。具有食醋特有香气,无不良气味。

(3)口感。酸味柔和,稍有甜味,不涩,无异味。

(4)澄清。无悬浮物及沉淀物,无霉花浮膜,无醋鳗及醋虱。

2.理化指标

一级醋:总酸5.0 g/mL以上(以醋酸计),氨基酸态氮0.12 g/100 mL以上,还原糖(以葡萄糖计)1.5 g/mL,比重 5.0°Bé 以上。

二级醋:总酸 3.5 g/mL 以上,氨基酸态氮 0.08 g/100 mL 以上,还原糖(以葡萄糖计)1.0 g/mL,比重 3.5°Bé 以上。

3. 卫生指标

砷(以 As 计)不超过 0.5 mg/kg,铅(以 Pb 计)不超过 1 mg/kg,游离矿酸不得检出;黄曲霉毒素不得超过 5 μg/kg;杂菌总数不得超过 5 000 个/mL;大肠杆菌最近似值不超过 1 个/100 mL,致病菌不得检出。

任务二 固稀发酵法酿醋

固稀发酵法酿醋是在食醋酿造过程中酒精发酵阶段采用稀醪发酵,在醋酸发酵阶段采用固态发酵的一种制醋工艺。其特点是出醋率高,并具有固态发酵的特点。北京龙门米醋及现代应用的酶法通风制醋工艺都属于固稀发酵法制醋。酶法液化通风回流制醋的产生,运用了细菌 α-淀粉酶对原料处理、液化,提高了原料利用率;以通风回流代替了倒醅,减轻工人劳动,改善了生产条件,使原料出醋率提高。一般每 1 kg 碎米可得 8 kg 成品食醋。

一、固稀发酵法制醋

下面以酶法液化通风回流制醋为例,介绍固稀发酵法制醋。

工艺流程如下:

麸曲(↓糖化)、酒母(↓液体酒精发酵)、麸皮、谷糠、醋酸菌(↓搅拌入池)

碎米浸泡→磨浆→调浆→加热→液化→糖化→冷却→液体酒精发酵→搅拌入池→固态醋醅发酵→加盐→淋醋→加热灭菌→装坛→成品

1. 原料配比

碎米 1 200 kg,碳酸钠 1.2 kg(碎米的 0.1%),氯化钙 2.4 kg (0.2%),细菌 α-淀粉酶 3.75 kg(以每克碎米 125 单位,淀粉酶活力为 40 000 U),麸曲 60 kg(50%),酒母液 500 kg (4%),麸皮 1 400 kg,砻糠 1 650 kg,醋酸菌种子液 200 kg,水 3 250 kg,食盐 100 kg。

2. 磨浆、调浆

将碎米浸泡 1~2 h,使米粒充分膨胀,再将米与水按 1∶1.5 比例均匀送入磨浆机,磨成 70 目以上细度的粉浆(浓度为 18~20°Bé)用泵输入粉浆桶调浆。

加入 Na_2CO_3,溶液调至 pH 6.2~6.4,再加入 $CaCl_2$ 充分搅拌,最后加入 α-淀粉酶,这样可保护细菌 α-淀粉酶不被高温破坏。搅拌均匀,缓慢放入液化及糖化设备进行糖化。

3.液化、糖化

液化品温控制在85～90℃。待粉浆全部进入液化及糖化桶后维持10～15 min,以碘液检查呈棕黄色时,表示已达液化终点,再缓慢升温。将温度升至100℃,保持10 min,达到灭菌和使酶失活的目的。

液化完毕,开启冷却管将品温迅速冷却至63℃左右,加入麸曲保温糖化3～4 h。用碘液检查糖化醪无显色反应时,表明糖化完全。再开冷却管使糖化醪冷却至50℃左右,泵入酒精发酵罐。

4.酒精发酵

糖化醪泵入酒精发酵罐后,加入水,调节pH至4.2～4.4,醪液温度28～30℃,投入酒母,控制醪温30～33℃。发酵64～72 h,酒醪的酒精含量达到8.5%左右,残糖0.5%左右就可以转入醋酸发酵。

5.醋酸发酵

成熟的酒醪进入池后,添加麸皮、谷糠及醋酸菌种子,拌匀,过粗筛入发酵池,入池品温以35～38℃为宜。值得注意的是,料醅应拌匀拌散,疏松一致,装池宜轻撒,避免急卸猛倒造成醅料部分紧实和池内各处醅料松紧不一,最好采用扬醅法装池;可将料醅各成分按比例分次定量拌入,最后一次要加大醋酸菌种比例,这样可提高出醋率。醅料入池完毕,将醅面耙平,盖上塑料布,即开始醋酸发酵。

现代应用的酶法液化通风回流制醋中通风和回流是控制发酵的重要手段。开启发酵池通风口,使空气自然进入,在发酵池中缓慢地穿过料层逐渐上升,并和料醅中的气体进行交换,增加料醅中的含氧量,带走醅中的部分热量,还有疏松醅料的作用。抽吸醋醅下渗的醋液从面层淋浇回流,淋浇的淡醋液经过料层缓慢下渗,解吸醅中的物质并起回流降温作用。用控制通风口启闭和回流次数及回流量来达到控制发酵的目的。通风自下而上,回流从上而下,两个方向使料醅发酵趋向均一平衡。

料醅入池后,面层醋酸菌繁殖较快,升温也快,24 h品温可升至40℃,中层醅温较低,这就造成醅料发酵温度不均匀,此时应揭去塑料布开启通风口通风松醅1次,以供给新鲜空气并使上、中、下层温度趋向一致,促进全池醋酸菌的繁殖。松醅后,每逢醅温升至40℃就进行回流,使料温降低至36～38℃。发酵前期的控温可在42～44℃,后期控制在36～38℃。若降温速度快,可关闭通风口。如冬季回流醋液温度很低,可导出醋液预热至38～40℃再回流。一般每天回流6次,每次放出100～200 kg醋汁回流,发酵30～35 d,总共回流120～160次。当酸度达到6.5%～7.0%不再上升时,可视为发酵成熟。

6.加盐、淋醋

醋醅成熟后立即加盐,以抑制醋酸菌的氧化作用。将食盐撒在醅面,借回流醋液使其全部溶解渗入醅中,加盐后应立即淋醋。

淋醋仍在醋酸发酵池中进行。先开醋汁管阀门,再将二醋分次缓缓地浇于醋醅面层。从池下收集头醋，当淋出的醋液其醋酸含量降至 5 g/100 mL 时停止。以上淋出的头醋是半成品，可用以配制成品。头醋收集完毕，再在醋醅面层分次添加三淋醋，下面收集的叫二淋醋。最后浇清水，收三淋醋。二淋醋和三淋醋循环使用。头醋经煎醋调配即为成品。

二、固稀发酵法制醋的优点

采用先液后固的工艺酿醋时会产生大量富含纤维的废渣，该废渣具有很好的固态发酵特性。可以作为培养基，利用两种康氏木霉菌种固态发酵生产纤维素酶，并在此基础上水解醋渣中的纤维素获取还原糖，可以取得可观的经济效益。

任务三　液态发酵法酿醋

液态发酵法生产的食醋风味不及传统发酵的食醋风味好，但比固态发酵法酿醋工艺生产周期短，便于连续化和机械化生产，原料利用率高，产品质量也较稳定。现代液态发酵酿醋有液体回流发酵法和液体深层发酵法、酶法静置速酿法、连续浅层发酵法等多种方法。适用生产原料可以是淀粉质原料，也可以酒精、糖蜜、果蔬类等为原料。下面主要介绍液体回流发酵法制醋和液体深层发酵法制醋。

一、液体回流发酵法

液体回流发酵法又称淋浇发酵法，又叫速酿法。常用的原料为白酒或酒精或酒精生产后的酒精残液。整个发酵过程都在醋塔中完成，食醋卫生条件好，不易污染杂菌，生产稳定，成品洁白透明，质量高。

塔内填充料要疏松多孔，比表面积大，纤维质具有适当硬度，经醋液浸渍不变软、无影响醋品质的物质溶出。一般采用木刨花、玉米芯、甘蔗渣、木炭、多孔玻璃等。在使用前，先用清水洗净，再用食醋浸泡。

丹东白醋就是以 50℃白酒为原料，在速酿塔中淋浇发酵酿制而成。下面以它为例介绍速酿法工艺过程。

(一)工艺流程

酵母液、热水（↓）；循环液（醋液→混合配制）

白酒→混合配制→喷淋发酵→醋液→配兑→成品

(二)制作方法

将酸度为 9%～9.5%的醋液，分流出一部分作为循环醋液，加入白酒、酵母液和热水，混合均匀，使混合液酸度为7.0%～7.2%，酒度为2.2°～2.5°，酵母液用量为1%，配制出混合液的温度为32～34℃，入速酿塔进行醋酸发酵。发酵室温为28～30℃，用玻璃喷射管每隔1 h至塔顶喷洒1次，每天喷洒16次。每次喷洒的时间和喷洒量依据具体生产而定，丹东醋厂每次喷洒量为4.5 kg。夜间停止喷洒8 h，促使醋酸菌繁殖。从塔底流出的即为半成品醋液，其酸度回复到原来的9.0%～9.5%，分流一部分入成品罐，加水稀释调配为成品醋出厂，其余部分继续循环配料使用。

二、液态深层发酵法

液态深层发酵法生产原料可采用淀粉质原料、糖蜜、果蔬类原料先制成的酒醪或酒液，然后在发酵罐中完成醋酸发酵。该方法具有操作简便、生产效率高、不易杂菌污染等优点。液态深层发酵法是多采用自吸式发酵罐。该罐既能满足醋酸发酵需要气泡小，溶氧多，避免酒精和醋酸挥发的要求，又省去用压缩机和空气净化设备，有醋酸转化率高、节约设备投资、降低动力消耗的优点。它于20世纪50年代初期被联邦德国首先用于食醋生产，称为弗林斯醋酸发酵罐，并在1969年取得专利。日本、欧洲诸国相继采用。中国自1973年开始使用。

(一)工艺流程

酒母、乳酸菌 ↓（加入酒精发酵）；醋酸菌 ↓（加入液体深层醋酸发酵）

大米→浸泡→磨浆→调浆→液化→糖化→酒精发酵→酒醪→液体深层醋酸发酵→醋醪→压滤→灭菌→配制→成品

(二)制作方法

1. 液化、糖化

大米浸泡磨浆，将浓度为18～20°Bé的粉浆置于液化、糖化桶内，在30℃左右下加入为米重0.1%～0.2%的Na_2CO_3，0.2%的$CaCl_2$，粉浆调至pH 6.2～6.4。通蒸气升温至50℃时，加入为米重0.25%的细菌α-淀粉酶，搅拌均匀，升温，达到液化品温90℃，保持15 min，之后再升温至100℃，煮沸20 min，使淀粉充分液化，以碘液测试为红黄色，表示液化完全。开启冷却管，使醪液冷却至63～65℃，此时再按1 g淀粉加入100 U糖化酶制剂，糖化1～1.5 h。

2. 酒精发酵

将糖化醪液泵入酒精发酵罐中，加水使醪液浓度为8.5°Bé，并使温度降至32℃左右。向醪液中接种酒母液10%，并添加占酒母量2%的乳酸菌液及20%的生香酵母，共同进行酒精发酵，发酵时间为5～7 d。适量的乳酸菌与酒精酵母混合进行酒精发酵，对酵母产酒精影响不大，当乳酸含量在0.9%以下时，对酵母还有一定的促进作用。接入的酒精酵母、生香酵母、乳酸菌等多菌共同发酵的目的是使酒醪中的不挥发性酸、香味成分增加，同时也延长了酒精发酵时间，使酒液变得比较澄清，也是改善深层发酵醋风味的有效措施。

3.醋酸发酵

发酵成熟的酒醪可直接进行醋酸发酵，也可将酒醪过滤后，再用以进行醋酸发酵。以酒精发酵醪为原料的，在醋酸发酵结束后，还须经过滤才能得到澄清醋液。酒醪或酒液泵入醋酸发酵罐，通入蒸汽，在150 kPa压力下灭菌30 min。将6°～7°的酒醪或酒液泵入发酵罐中，装入量为发酵罐容积的70%。当料液淹没自吸式发酵罐转子时，再启动转子让其自吸通风搅拌，装完料后，接入醋酸菌种子液10%，此时要求料液酸度在2%以上，保持品温32～35℃进行醋酸发酵。发酵前期通风量为1∶0.08。在正常情况下，发酵24 h产酸在1.5%～2.0%，每隔2 h取样测定醋酸1次，后期每隔1 h测定1次。当醋酸不再增加，酒精基本无残留时，发酵结束。发酵时间为40 h～3 d，发酵时间的长短取决于菌种、酒精浓度、发酵温度、搅拌通风情况等。在生产上可采取分割发酵法、半连续化发酵法，这样可使发酵迅速，节约醋酸菌种子液用量，缩短生产周期，简化生产工序，提高出醋率。

为了改善液态发酵醋的风味，可采用熏醅增香、增色；也有把液态发酵醋和固态发酵醋勾兑，来弥补液态发酵醋的不足；也可以通过陈酿来提高液态发酵醋的风味。最后将生醋加热至85～90℃，并加入0.1%的苯甲酸钠，同时加入炒米色，并调整到成品要求的酸度即为成品。

任务四　食醋的检测及质量控制

一、食醋的检测(以g/100 mL表示结果)

1.感官检验

记录外观、颜色、气味和味道。用NaOH溶液中和一份样品，并记下气味和味道。用乙醚提取中和的醋，蒸发乙醚提取液，记下残余物的气味和味道。

2.固体

量取10 mL样品，转移到称量过的50 mm直径的平底铂碟上，在沸水浴上蒸发30 min，再在烘箱中以沸水的温度准确干燥2.5 h，在干燥器内冷却，称重。

3.灰分

量取25 mL样品，转移到称量过的铂碟中，在水浴上蒸发至干，然后在500～550℃加热30 min。压碎焦块，加入热水，用无灰滤纸过滤，然后用水洗涤。将滤纸及内容物转回到铂碟中，干燥，在约525℃下加热30 min，加入滤液，蒸发至干，在约525℃下加热15 min。在干燥器内冷却并称重(质量为m)。再在525℃下加热5 min，然后在干燥器内冷却，时间少于1 h。在干燥器内一次放一个碟。在将碟从干燥器内取出之前，将质量为m的样品放在天平盘上，迅速称量到毫克位。以最后的质量计算总灰分。

4.总酸

用刚煮沸并冷却的水稀释 10 mL 样品，以酚酞为指示剂，用 0.5 mol/L 碱滴定。1 mL 0.5 mol/L 碱相当于 0.030 0 g 乙酸。

5.非挥发性酸

量取 10 mL 醋置于 200 mL 瓷勺皿中，蒸发至刚干，加 5～10 mL 的水，再次蒸发；重复蒸发 5 次以上。加约 200 mL 刚煮沸并冷却的水，以酚酞作指示剂，用 0.1 mol/L 的碱滴定。1 mL 0.1 mol/L 碱相当于 0.006 g 乙酸。

6.挥发性酸

从总酸量中减去不挥发酸。

7.非挥发的还原性物(糖)

(在计算非糖固体时使用)。在水浴上蒸发 50 mL 样品至糖浆稠度，加 10 mL 水，再次蒸发。再加入 10 mL 水，重复蒸发。用约 50 mL 温水将残余物转移到 100 mL，用 10 mL HCl 转化，再用 NaOH 溶液中和。冷却，用水稀释至刻度，然后测定 20 mL 或 40 mL 溶液中的还原性物质，溶液体积的大小视还原性物质的量而定。按转化的糖的形式计算结果。

8.颜色

在反射得很好的日光下用罗维邦色调计测定颜色的度。

9.硫酸盐

向 100 mL 样品中加入约 2 mL HCl(1 mol/L)，加热至沸腾，逐滴加入 10 mL 热 $BaCl_2 \cdot 2H_2O$ 溶液(g/100 mL)。继续沸腾 5 min，按需要加入热水使溶液体积保持不变。让混合物静置至上层液体清晰，在无灰滤纸上过滤。用热水洗涤至无氯，干燥，在红热(700～800℃)状态下灼烧。冷却，称重。结果以 100 mL 醋中含有的 SO_4^{2-} 的毫克数表示。

10.糊精(定性试验)

将 100 mL 样品蒸发至约 15 mL，在不断搅拌下缓慢地加入 200 mL 酒精，放置过夜。分离沉淀，最好用离心法，用 80％的酒精洗涤。用最小体积的水溶解，测定旋光性。明显的旋光性表示有糊精。用几滴相同色度的碘溶液处理溶液，出现红棕色表示有糊精。

二、食醋的质量控制

采用不同的酿造原料、不同的酿造工艺都会对食醋酿造的内外生态环境产生影响，从而使成品中色、香、味成分的种类和比例发生变化。以速酿法制醋时，醋化反应较慢，制出醋香味较差，需要再经陈酿来提高醋类含量。醋醅的水分含量等生态因子对微生物的增殖和发酵有很大的影响，而微生物发酵产物是香气成分的主要来源，所以发酵工艺与成品品质的优劣有直接关系。

不同的原料会赋予食醋成品不同的风味。如原料淀粉含量高，有利于生成足够的葡萄糖进行酒精发酵，而酒精及发酵副产物的生成为香味物质的形成创造了条件。用野生植物原料和酒类为原料时，由于淀粉量少而使食醋的风味不足。糯米酿制的食醋残留的糊精和低聚糖较多，口味浓甜；大米蛋白质含量低、杂质少，酿制出的食醋纯净；高粱含有一定量的单宁，由高粱酿制的食醋芳香；坏甘薯含有甘薯酮，常给甘薯醋留下不愉快的异味；玉米含有较多的植酸，发酵时能促进醇甜物质的生成，所以玉米醋甜味突出。不同的水果会赋予果醋各种果香。

为了与国际标准接轨，生产出高品质的食醋，一方面，要加紧实施新颁布的食醋国家标准，提高食醋生产企业的技术水平；另一方面，政府职能部门与科研院所要发挥各自的专业优势，提高企业的管理水平，为企业培训技术型管理人才，大力推行 GMP 和 HACCP 质控体系。对原料来源、微生物菌种选育、制曲、醋醅发酵、产品调制等关键质量控制点进行物理、化学和生物学的多向调控，从而有效地保证有益微生物的生长，抑制有害微生物的生长繁殖，防止有害副产物的形成。

必备知识

一、食醋的分类及酿造原料

(一)食醋分类

我国酿造醋历史悠久，品种繁多，由于酿造的地理环境、原料与工艺不同，也就出现许多不同地区及不同风味的食醋。

按制醋的工艺来分，可分为酿造醋和人工合成醋。酿造食醋是以粮食、果实、酒精等含有淀粉、糖类、酒精的原料单独或混合使用，经过微生物酿造而成的一种酸性调味品。人工合成醋是以酿造食醋为主体，与冰乙酸、食品添加剂等混合配制而成的调味食醋。按原料处理方法分类，粮食原料不经过蒸煮糊化处理，直接用来制醋，称为生料醋；经过蒸煮糊化处理后酿制的醋，称为熟料醋。若按制醋用糖化曲分类，则有麸曲醋、老法曲醋之分。若按醋酸发酵方式分类，则有固态发酵醋、液态发酵醋和固稀发酵醋之分。若按原料分类，则有谷物醋、蔬菜醋、糖醋、酒醋、果醋；若按食醋的颜色分类，则有浓色醋、淡色醋、白醋之分。若按风味分类，陈醋的醋香味较浓；麻辣食醋具有麻辣味；熏醋具有特殊的焦香味；甜醋则添加有中药材、植物性香料等。若按食醋的用途又可分为食用醋、保健醋及饮料醋。按产品形态分为液态醋和粉末醋。按产地命名有山西陈醋、镇江香醋、四川保宁醋、上海香醋等。

(二)食醋酿造原料

酿醋原料一般分为主料、辅料、填充料和添加剂四类。

1. 主料

酿造食醋的主要原料有淀粉质原料如谷物、薯类、野生植物，糖质原料如果蔬、糖蜜，酒质原料如酒精、酒糟等。长江以南习惯采用大米和糯米为酿醋原料，长江以北多以高粱、玉米、小米为酿醋原料，而制曲原料常用小麦、大麦、豌豆等；东北地区以酒精、白酒为主料酿制酒醋的较多。

采用原料不同，酿造出食醋成品的风味也有所不同。比如，高粱含有一定量的单宁，由高粱酿制的食醋芳香；糯米酿制的食醋残留的糊精和低聚糖较多，口味浓甜；大米蛋白质含量低、杂质少，酿制出的食醋纯净；玉米含有较多的植酸，发酵时能促进醇甜物质的生成，所以玉米醋甜味突出。

(1)粮食类。我国目前制醋多以含淀粉质的粮食为基本原料。粮食原料中淀粉含量丰富，还含有蛋白质、脂肪、纤维素、维生素和矿物质等成分。常用于制醋的粮食主要有高粱、玉米、大米(糯米、粳米、籼米)、小米、青稞、大麦、小麦等。

(2)薯类。薯类作物产量高，块根或块茎中含有丰富的淀粉，并且原料淀粉颗粒大，蒸煮易糊化，是经济易得的酿醋原料。用薯类原料酿醋可以大大节约粮食。常用的薯类原料有甘薯、马铃薯、木薯等。日本人把马铃薯制作的醋称为“命醋”，被认为比米醋更有利于人体健康，其生理保健功用显著。

(3)农产品加工副产物。一些农产品加工后的副产物，含有较为丰富的淀粉、糖或酒精，可以作为酿醋的代用原料，以节约粮食。常用有碎米、麸皮、细谷糠、米糠、高粱糠、淀粉渣、甘薯、糖蜜等。生产中要注意其成分，要很好的进行调整。

(4)果蔬类原料。可以利用水果和含有较多糖分和淀粉的蔬菜为原料酿醋。常用的水果有柿子、苹果、菠萝等的残果、次果、落果或果品加工后的皮、屑、仁等。能用于酿醋的蔬菜有番茄、山药、瓜类等。

(5)野生植物原料。橡子、酸枣、蕨根等野生植物目前也可用于酿醋。

(6)酒类。如白酒、酒精等可用于酿醋。

2.辅料

酿醋需要较多的辅助原料，它们不但含有碳水化合物，而且还有丰富的蛋白质和矿物质，能为微生物提供营养物质，并增加食醋中的糖分和氨基酸含量，形成食醋的色、香、味成分。一般采用细谷糠、麸皮、豆粕等作为辅助原料。在固态发酵中，辅料还起着吸收水分、疏松醋醅、贮存空气的作用。

3.填充料

固态发酵酿醋及速酿法制醋都需要填充料，其主要作用是疏松醋醅，使空气流通，以利醋酸菌好氧发酵。填充料要求疏松，有适当的硬度和惰性，没有异味，表面积大。酿醋常使用的填充料一般有谷壳、稻壳、粗谷糠、高粱壳、木刨花、玉米秸、玉米芯、木炭、瓷料、多孔玻璃纤维等。

4.添加剂

添加剂能不同程度地提高固形物在食醋中的含量，同时对食醋的色、香、味、体的改善有益。酿制食醋的添加剂主要有以下几种。

(1)食盐。起到调和食醋风味的作用，醋醅发酵成熟后加入食盐能抑制醋酸菌的活动，防止醋酸菌分解醋酸。

(2)砂糖。砂糖有增加甜味的作用。

(3)香辛料。茴香、桂皮、生姜等香辛料赋予食醋特殊的风味。

(4)炒米色。增加成品醋的色泽及香气。

二、名特优食醋品质特性

我国食醋的种类很多,生产在世界上也独树一帜,其名、特产品如山西老陈醋、镇江香醋、北京熏醋、福建红曲醋、浙江玫瑰醋、上海米醋、广东糖醋等。

(一)山西老陈醋

山西老陈醋是以优质高粱为主要原料,经蒸煮、糖化、酒化等工艺过程,然后再以高温快速醋化,温火焙烤醋醅和伏晒抽水陈酿而成。典型风味特征:色泽棕红,有光泽,体态均一,较浓稠;有特有的醋香、酯香、熏香、陈香相互衬托、浓郁、协调、细腻;食而绵酸,醇厚柔和,酸甜适度,微鲜,口味绵长,具有山西老陈醋"香、酸、绵、长"的独特风格。

(二)镇江香醋

镇江香醋是以优质糯米为主要原料,采用独特的加工技术,经过酿酒、制醅、淋醋三大工艺过程,40 多道工序,前后需 50～60 d,才能酿造出来。具有"色、香、酸、醇、浓"的特点,"酸而不涩,香而微甜,色浓味鲜",江南使用该醋最多。存放时间越久,口味越香醇。与山西陈醋相比,镇江醋的最大特点在于微甜。

(三)福建红曲醋

福建红曲老醋是选用优质糯米、红曲芝麻为原料,采用分次添加,液体发酵并经过多年(3年以上)陈酿后精制而成。这种醋的特点是色泽棕黑,酸而不涩、酸中带甜,加入芝麻进行调味调香,故香气独特,十分诱人。

(四)浙江玫瑰醋

浙江玫瑰醋是以优质大米为酿醋原料,酿造出独具风格的米醋。其最大特点是醋的颜色呈鲜艳透明的玫瑰红色,具有浓郁的能促进食欲的特殊清香,并且醋酸的含量不高,故醋味不烈,非常适口,尤其适用于凉拌菜、小吃的作料。

三、食醋酿造基本原理

酿醋采用淀粉质原料要先经蒸煮、糊化、液化及糖化,使淀粉转变为糖,再由酵母使酒精发酵生成乙醇,然后在醋酸菌作用下发酵产生醋酸,将乙醇氧化生产醋酸。以糖质原料酿醋,可使用葡萄、苹果、柿子、枣等酿制各种果汁醋,也可使用蜂蜜及糖蜜为原料,需经酒精发酵和醋酸发酵两个生化阶段制醋。以酒类为原料,加醋酸菌经醋酸发酵产生醋酸。食醋生产中的醋酸发酵大多数是敞口操作的,酿醋过程中由于微生物的活动,发生着复杂的生化作用,这些复杂性反应形成了食醋的主体成分和色、香、味、体。

(一)酿醋中的生化作用

1.糖化作用

淀粉质原料经润水、蒸煮糊化及酶的液化成为溶解状态，由于酵母菌缺少淀粉水解酶系，因此，需要借助糖化的作用使淀粉转化为葡萄糖供酵母菌利用。成曲中起糖化作用的酶主要有属于内切酶的小淀粉酶(淀粉-1,4-糊精酶)，又称液化酶。液化酶能将淀粉分子的α-1,4-键在任意位置上切断的，迅速形成糊精及少量的麦芽糖和葡萄糖，使淀粉糊的黏度很快下降，流动性上升，但该酶对α-1,6-键不起作用；属于外切酶的淀粉-1,4-葡萄糖苷酶(又称糖化酶)以及淀粉-1,6-糊精酶和淀粉-1,6-葡萄糖苷酶，淀粉-1,6-糊精酶专一性地作用于分支淀粉的分支点，即专一性切断α-1,6键，将整个侧支劈掉，而淀粉-1,6-葡萄糖苷酶仅对分支淀粉中带有一条多糖直链的分支的α-1,6-键有作用，形成一条单独的多糖直链和去掉直链的残余部分。糖化酶则是从淀粉链的非还原端顺次逐个切开α-1,4-键，水解成葡萄糖分子。由于以上酶的共同作用，淀粉被水解成葡萄糖：

$$\underset{\text{淀粉}}{(C_6H_{10}O_5)_n}+\underset{\text{水}}{nH_2O}\xrightarrow{\text{淀粉酶系}}\underset{\text{葡萄糖}}{n(C_6H_{12}O_6)}$$

用曲对淀粉质原料进行糖化时，淀粉浓度对糖化效果有很大影响，淀粉浓度越高，糖化效果越差。这是因为酶与底物结合，当底物浓度低时，底物糖化完全；当底物浓度高时，因为底物不能完全与酶结合，所以就会出现底物过剩。只有当产物移去或被消耗时，余下的底物与酶结合再生成产物。因此，进行固态发酵时，一般采取边糖化边发酵的方法，而进行液态发酵时，则可将糖化和发酵分开，目的都是为了提高糖化和发酵效果。

糖化曲用量公式：

$$m_1=\frac{m_2}{0.9\times\frac{A}{1\,000}}$$

式中：

m_1——糖化曲用量，g；

m_2——投料淀粉总量(以纯淀粉计)，g；

A——曲糖化力(1 g曲在60℃下对淀粉作用1 h产生出葡萄糖的质量数)；

0.9——将葡萄糖折算为淀粉的系数；

1 000——将mg换算为g。

糖化曲用量应适当，并非越多越好。曲使用过量会使醋产生苦涩味，并造成酵母增殖过多而增加耗糖量，导致原料利用率下降。糖化速度过快，糖积累过多时，容易招致生酸细菌生长繁殖，从而影响酒精发酵。另外，用曲量大会使生产成本上升，但用曲量过少时，糖化速度变慢，糖的生成速度跟不上酵母菌对糖的需求，会使酿醋周期延长。

采用固态发酵法酿醋，每100 kg酷料用麸曲量为5～7 kg。如使用大曲酿醋，由于大曲糖化力低，则用量就要加大。有些醋厂使用酶制剂替代曲作糖化剂；α-淀粉酶用量为 4～6 U/g 淀粉，糖化酶用量为 100～300 U/g 淀粉。

2. 酒精发酵

酵母菌是兼性厌氧菌，酒精发酵是酵母菌在厌氧条件下，经细胞内一系列酶的催化作用，把可发酵性糖转化成酒精和 CO_2，然后排出体外。把参与酒精发酵的酶称为酒化酶系，它包括糖酵解(EMP)途径的各种酶以及丙酮酸脱羧酶、乙醇脱氢酶。由葡萄糖发酵生成酒精的反应如下：

$$C_6H_{12}O_6+2NAD+2H_3PO_4+2ADP \xrightarrow{\text{EMP 途径的酶}} 2CH_3COCOOH+2NADH_2+2ATP$$

$$CH_3COCOOH \xrightarrow[\text{Mg}^{2+}]{\text{丙酮酸脱羧酶}} CH_3CHO+CO_2$$

$$CH_3CHO \xrightarrow[\text{NADH}_2 \quad \text{NAD}]{\text{乙醇脱氢酶}} CH_3CH_2OH$$

总反应式为：

$$C_6H_{12}O_6+2ADP+2H_3PO_4 \xrightarrow{\text{酒化酶系}} 2C_2H_5OH+2ATP+2CO_2$$

在酒精发酵中约有 94.8%的葡萄糖被转化为酒精和 CO_2，酵母菌的增殖和生成副产物消耗 5.2%葡萄糖。发酵后除生成酒精和 CO_2 外，每 100 g 葡萄糖还可生成醛类物质 0.01 g，甘油 2.5～3.6 g，高级醇 0.4 g，有机酸 0.5～0.9 g，酯类微量。采用边糖化边发酵的酿醋工艺，发酵结束后会有较多的糊精和残糖，成为食醋固形物的组分，它们使醋的甜味足、体态好。

3. 醋酸发酵

酒精在醋酸菌氧化酶的作用下生成醋酸的过程，总反应式：

$$CH_3CH_2OH+O_2 \xrightarrow{\text{氧化酶系}} CH_3COOH+H_2O$$

根据上述反应式可知，醋酸与乙醇的质量比为 1.304∶1。但由于发酵过程中醋酸的挥发、再氧化以及形成酯等原因。实际得到的醋酸与酒精的质量比仅为 1∶1。有些醋酸菌之所以能将醋酸分解为 CO_2 和水，是因为它们有极强的乙酰辅酶 A 合成酶活力，该酶能催化醋酸生成乙酰辅酶 A，然后进入三羧酸(TCA)循环，经呼吸链氧化，进一步生成 CO_2 和水。

$$\underset{\text{辅酶 A}}{CH_3COOH+CoASH} \xrightarrow[\text{ATP AMP+Pi}]{\text{乙酰辅酶 A 合成酶}} \underset{\text{乙酰辅酶 A}}{CH_3CO\text{-}SCoA+H_2O}$$

$$CH_3CO\text{-}SCoA+2O_2 \xrightarrow{\text{TCA 循环}} 2CO_2+H_2O+CaASH$$

用醋酸菌进行醋酸发酵，除生成醋酸外，也会有少量其他有机酸和酯类物质生成。

(二)食醋色、香、味、体的形成

食醋的品质取决于本身的色、香、味三要素，而色、香、味的形成经历了错综复杂的过程。除了发酵过程中形成风味外，很大一部分还与成熟陈酿有关。

1. 色

食醋的"色"来源于原料本身的色素带入醋中，原料预处理时发生化学反应而产生的有色物质进入食醋中，发酵过程中由化学反应、酶反应而生成的色素，微生物的有色代谢产物，熏醅时产生的色素以及进行配制时人工添加的色素。醋中的糖分与氨基酸结合发生美拉德反应是酿造食醋过程中色素形成的主要途径。熏醅时产生的主要是焦糖色素，是多种糖经脱水、缩合而成的混合物，能溶于水，呈黑褐色或红褐色。

2. 香

食醋的"香"来源于食醋酿造过程中产生的酯类、醇类、醛类、酚类等物质。有些食醋还添加香辛料，茴香、桂皮、陈皮等。酯类以乙酸乙酯为主，其他还有乙酸异戊酯、乳酸乙酯、琥珀酸乙酯、乙酸异丁酯、乙酸甲酯、异戊酸乙酯等。酯类物质一部分是由微生物代谢产生的，另一部分是由有机酸和醇经酯化反应生成的，但酯化反应速度缓慢，需要经陈酿来提高酯类含量，所以速酿醋香气较差。食醋中醇类物质除乙醇外，还含有甲醇、丙醇、异丁醇、戊醇等；醛类有乙醛、糠醛、乙缩醛、香草醛、甘油醛、异丁醛、异戊醛等；酚类有4-乙基愈创木酚等。发酵产生的双乙酰、3-羟基丁酮等成分一旦过量会造成食醋香气不良甚至异味等问题。

3. 味

食醋的味道主要是由"酸、甜、鲜、咸"构成。

(1)酸味。食醋是一种酸性调味品，其主体酸味是醋酸。醋酸是挥发性酸，酸味强，有刺激性气味。此外，食醋还含有一定量的不挥发性有机酸，如琥珀酸、苹果酸、柠檬酸、葡萄糖酸、乳酸等，它们的存在可使食醋的酸味变得柔和，假如缺少这些不挥发性有机酸，食醋口感会显得刺激、单薄。

(2)甜味。食醋中的甜味主要是发酵后的残糖。另外，发酵过程中形成的甘油、二酮等也有甜味，对于甜味不够的醋，可以添加适量蔗糖来提高其甜度。

(3)鲜味。原料中的蛋白质水解产生氨基酸；酵母菌、细菌的菌体自溶后产生出各种核苷酸，如：5′-鸟苷酸、5′-肌苷酸，它们是强烈助鲜剂；钠离子是由酿醋过程中加入食盐提供；食醋中的鲜味就是因为存在氨基酸、核苷酸的钠盐而呈鲜味。

(4)咸味。酿醋过程中添加食盐，可以使食醋具有适当的咸味，从而使醋的酸味得到缓冲，口感更好。

4. 体

构成食醋的体态主要是由固形物含量决定的。固形物包括有机酸、酯类、糖分、氨基酸、蛋白质、糊精、色素、盐类等。采用淀粉质原料酿制的醋因固形物含量高，所以体态好。

四、食醋酿造的主要微生物及糖化发酵剂

酿醋工艺多种多样，如果使用淀粉质原料，一般要经过淀粉糖化、酒精发酵、醋酸发酵三道工序。参与这些工序的微生物主要有曲霉菌、酵母菌和醋酸菌。曲霉菌能使淀粉水解成糖，使

蛋白质水解成氨基酸;酵母菌能使糖转变成酒精;醋酸菌能使酒精氧化成醋酸。食醋发酵就是这些菌群参与并协同作用的结果。

(一)食醋酿造的主要微生物特点

1. 曲霉菌

曲霉属中有些种含有丰富的淀粉酶、糖化酶、蛋白酶等酶系,因此常用以制糖化曲。该属可分为黑曲霉群和黄曲霉群两大类。从酶系种类活力而言,以黑曲霉更适合酿醋工业的制曲。

(1)黑曲霉。黑曲霉为半知菌亚门、丝孢纲、丝孢目、丛梗孢科,曲霉属真菌中的一个常见种。生长适宜温度37℃,最适pH 4.5～5。广泛分布于世界各地的粮食、植物性产品和土壤中,是重要的发酵工业菌种。分生孢子穗呈黑色或紫褐色,故菌丛呈黑褐色,顶囊大,球形,有二层小梗,着生球形分生孢子。除分泌较强的糖化酶、液化酶、蛋白酶、单宁酶外,还有果胶酶、纤维素酶、脂肪酶、氧化酶的活性。常用于酿醋的优良菌株有下列几种:

①乌沙米曲霉　又称宇佐美曲霉,为日本选育的糖化力较强的菌株,我国常用菌株为As. 3.758。菌丛黑色至褐色,生酸能力较强。富含糖化型淀粉酶,糖化力较强,且耐酸性也较强。还含有较强的单宁酶,对生产原料的适应性较广。

②黑曲霉　菌丛黑褐色,顶囊呈大球形,小梗分枝,孢子球形,多数表面有刺,有的为光滑形。其特点是酶系较纯,糖化酶活力很强,耐酸,但液化力不高,适于固体和液体法制曲。固体糖化力达3 000 U/g以上,液体曲糖化力已达5 000 U/g以上。该菌株适宜低温生长,培养最适温度为32℃。菌丝纤细,分生孢子柄短。在制曲时,前期菌丝生长缓慢,当出现分生孢子时,菌丝迅速蔓延。温度急剧上升至37℃时,易发生"胃灼热",导致曲的糖化力下降,故应加强控温管理,在孢子未大量形成前宜于出曲。

③甘薯曲霉　常用菌株为As. 3.324,该菌培养初期菌丝为白色,繁殖后菌丛黑褐色,生长适温37℃,含有单宁酶及酸性蛋白酶,适于甘薯及野生植物酿醋用菌。易于培养,故应用较广。

(2)黄曲霉。黄曲霉为半知菌类,一种常见腐生真菌。最适生长温度为37℃。多见于发霉的粮食、粮制品及其他霉腐的有机物上。菌落生长较快,结构疏松,表面灰绿色,背面无色或略呈褐色。菌体有许多复杂的分枝菌丝构成。营养菌丝具有分隔;气生菌丝的一部分形成长而粗糙的分生孢子梗,顶端产生烧瓶形或近球形顶囊,表面产生许多小梗(一般为双层),小梗上着生成串的表面粗糙的球形分生孢子。黄曲霉的分生孢子穗呈黄绿色,发育过程中菌丛由白色转为黄色,最后变成黄绿色,衰老的菌落则呈黄褐色。分生孢子梗、顶囊、小梗和分生孢子合成孢子头,可用于产生淀粉酶、蛋白酶和磷酸二酯酶等。黄曲霉群的菌株还有纤维素酶、转化酶、菊糖酶、脂肪酶、氧化酶等,是酿造工业中的常见菌种。黄曲霉群包括黄曲霉和米曲霉。它们的主要区别是前者小梗多为双层,而后者小梗多数是一层,很少有双层的。黄曲霉中的某些菌株会产生对人体致癌的黄曲霉毒素,为安全起见,必须对菌株进行严格检测,确证无黄曲霉毒素时方能使用。米曲毒常用菌株:沪酿3.040,沪酿3.042(As. 3.951),As. 3.863等。黄曲霉菌株:As. 3. 800,As. 3. 384 等。

2.酵母菌

子囊菌、担子菌等几科单细胞真菌的通称。在食醋酿造过程中,淀粉质原料经糖化曲的作用产生葡萄糖,酵母菌则通过其酒化酶系将葡萄糖转化为酒精和二氧化碳,完成酿醋过程中的酒精发酵阶段。除酒化酶系外,酵母菌还有麦芽糖酶、蔗糖酶、转化酶、乳糖分解酶及脂肪酶等。在酵母菌的酒精发酵中,除生成酒精外还有少量有机酸、杂醇油、酯类等物质生成,这些物质对形成醋的风味有一定作用。酵母菌培养和发酵的最适温度为 25~30℃,酿醋用的酵母菌与生产酒类使用的酵母菌相同。北方地区常用 1 300 酵母,上海香醋酿制使用黄酒酵母工农 501。南阳混合酵母(1308 酵母)适合于高粱原料及速酿醋生产;K 氏酵母适用于高粱、大米、甘薯等多种原料酿制普通食醋;适用于淀粉质原料酿醋的有 As. 2. 109、As. 2. 399;适用于糖蜜原料的有 As. 2. 1189、As. 2. 1190。另外,为了增加食醋香气,有的厂还添加产酯能力强的产酯酵母进行混合发酵,使用的菌株有 As. 2. 300、As. 2. 338 以及中国食品发酵科研所的 1295 和 1312 等产酯酵母。

3.醋酸菌

醋酸菌属于醋酸单胞菌属,能将酒精氧化生成醋酸。按照醋酸菌的生理生化特性,可将醋酸菌分为醋酸杆菌属和葡萄糖氧化杆菌属两大类。前者在 39℃温度下可以生长,增殖最适温度在 30℃以上,主要作用是将酒精氧化为醋酸,在缺少乙醇的醋醅中,会继续把醋酸氧化成 CO_2 和 H_2O,也能微弱氧化葡萄糖为葡萄糖酸;后者能在低温下生长,增殖最适温度在 30℃以下,主要作用是将葡萄糖氧化为葡萄糖酸,也能微弱氧化酒精成醋酸,但不能继续把醋酸氧化为 CO_2 和 H_2O。酿醋用醋酸菌菌株,大多属于醋酸杆菌属,仅在老法酿醋醋醅中发现葡萄糖氧化杆菌属的菌株。

常用的醋酸菌有以下几种。

①沪酿 1. 01 醋酸菌　由上海醋厂从丹东速酿醋中分离而得,是我国食醋工厂常用菌种之一。该菌细胞呈杆形,常呈链状排列,菌体无运动性,不形成芽孢。在酵母膏、葡萄糖、淡酒琼脂平板上菌落为乳白色。在含酒精的培养液中于表面生长,形成淡青灰色薄层菌膜。在不良条件下,细胞伸长,变成线状或棒状,有的呈膨大状、分枝状。该菌由酒精产醋酸的转化率平均达到 93%~95%。能氧化葡萄糖为葡萄糖酸。氧化醋酸为 CO_2 和 H_2O。

②恶臭醋酸杆菌　它是我国醋厂使用的菌种之一。该菌在液面形成菌膜,并沿容器壁上爬,菌膜下液体不混浊。一般能产酸 6%~8%。有的亚种能产 2%葡萄糖酸,还能进一步氧化醋酸为 CO_2 和 H_2O。

③As. 1. 41 醋酸菌　属于恶臭醋酸杆菌,是我国酿酒醋常用菌株之一,该菌细胞杆状,常呈链状排列,大小为(0. 3~0. 4) μm×(1~2) μm,无运动性,无芽孢。在不良条件下,细胞会伸长,变成线形或棒形,管状膨大。平板培养时菌落隆起,表面平滑,菌落呈灰白色,液体培养时形成菌膜。该菌生长适宜温度为 28~33℃,最适 pH 为 3. 5~6. 0,耐受酒精浓度 8%(V/

V)，最高产醋酸 7%～9%，产葡萄糖酸能力弱。能氧化分解醋酸为 CO_2 和 H_2O。

④许氏醋酸杆菌　它是国外有名的速酿醋菌种，也是目前制醋工业较重要的菌种之一。该菌产酸高达 11.5%，在液体中生长的最适温度为 25～27.5℃，固体培养的最适温度为 28～30℃，最高生长温度为 37℃。它对醋酸不能进一步氧化。

(二)酿醋用糖化发酵剂

1.糖化剂

淀粉质原料要经过经糖化、酒精发酵、醋酸发酵三个生化阶段。糖化剂就是把淀粉转变成可发酵性糖所用的催化剂。我国食醋生产采用的糖化剂，主要有以下六种类型：

(1)大曲。大曲也作为生产大曲白酒的糖化发酵剂，我国一些名优食醋生产企业采用大曲作为糖化发酵剂来酿醋。它是以根霉、毛霉、曲霉和酵母为主，兼有其他野生菌杂生而培制成的糖化剂。大曲作为糖化剂优点是微生物种类多，成醋风味佳，香气浓，质量好，也便于保管和运输；其缺点是制作工艺复杂，糖化力弱，淀粉利用率低，用曲量大，生产周期长，出醋率低，成本较高。

(2)小曲。小曲酿制的醋品味纯净，颇受江南消费者欢迎，小曲也是我国的传统曲种之一。小曲是以碎米、统糠为制曲原料，有的添加中草药、利用野生菌或接入曲母制曲。曲中主要的微生物是根霉及酵母。小曲的优点是糖化力强，用量少，便于运输和保管；其缺点是对原料的选择性强，适用于糯米、大米、高粱等原料，对于薯类及野生植物原料的适应性差。

(3)麸曲。麸曲是国内酿醋厂普遍采用的糖化剂。它是以麸皮为制曲原料，接种纯培养的曲霉菌，以固体法培养而制得的曲。其优点是糖化力强，出醋率高，生产成本低，对原料适应性强，制曲周期短。

(4)液体曲。液体曲就是经发酵罐内深层培养制得的霉菌培养液，含有淀粉酶及糖化酶，可直接代替固体曲用于酿醋。液体曲的优点是生产机械化程度高，生产效率高，出醋率高；缺点是生产设备投资大，技术要求高，酿制出的醋香气较淡，醋质较差，这也是还需改进和提高的方向。

(5)红曲。红曲是我国特色曲之一。红曲被广泛用于食品增色剂及红曲醋、玫瑰醋的酿造。红曲是将红曲霉接种培养于米饭上，使其分泌出红色素和黄色素，并产生较强活力的糖化酶。

(6)酶制剂。采用酶制剂作为生产食醋的糖化剂，还是比较新型的生产技术。酶制剂在酿醋中作为单一糖化剂应用不多，常用作辅助糖化剂以提高糖化质量。淀粉酶制剂是从深层培养法生产中提取的微生物酶制剂，比如用于淀粉液化的枯草杆菌，α-淀粉酶及用于糖化的葡萄糖淀粉酶即可加工成酶制剂。

2.发酵剂

(1)酒母。酵母菌来完成将糖化醪进行酒精发酵的任务。酒母就是含有大量发酵力酵母菌的酵母培养液，在酿酒、酿醋中被使用。传统的酿醋工艺是在醋生成之前的酒精发酵依靠曲中以及空气中落入物料的酵母菌自然接种、繁殖后进行生产的。由于依靠自然接种，菌种多而杂，优点是酿制出的食醋风味好、口味醇厚复杂，缺点是质量很难保持稳定，而且出醋率低。现在常采用人工选育优良酵母菌菌种用于酿醋，大大提高了生产效率，出醋率提高，产品质量稳定性好。在菌种的选择方面，酿醋常用的酵母基本上与酿酒相同。发酵性能良好的酵母有拉斯 2 号、拉斯 12 号、K 氏酵母、南阳 5 号(1300)等菌株，还有一些产醋酵母，如 As. 2300，As. 2. 338，汉逊酵母等。

(2)醋母。醋母原意是"醋酸发酵之母"，就是含有大量醋酸菌的培养液，是完成将酒精发酵生成醋酸的任务。传统法酿醋，是依靠空气、原料、曲子、用具等上面附着的野生醋酸菌，自然进入醋醅进行醋酸发酵的，因此，生产周期长、出醋率低。现在多使用人工选育的醋酸菌，通过扩大培养得到醋酸菌种子即醋母，再将其接入醋醅或醋醪中进行醋酸发酵，使生产效率大为提高。目前国内生产厂家应用的纯种培养大多为沪酿 1.01 和中科 1.41。

五、食醋酿造工艺

食醋发酵工艺主要分固态发酵醋、固稀发酵醋和液态发酵醋三种类型。

(一)原料处理

生产前原料要经过检验，霉变等不合格的原料不能用于生产。无论选用何种原料、何种工艺酿造食醋，对原料都要进行处理。

1. 除去泥沙杂质

制醋原料多为植物原料，在收割、采集和储运过程中，往往会混入泥土、沙石、金属之类杂物。除去泥沙杂质常用处理方法为谷物原料在投产前采用风选、筛选等方式处理，使原料中的尘土和轻质杂物吹出，并经过几层筛网把谷粒筛选出来。鲜薯要经洗涤除去表面附着的沙土，洗涤薯类多用搅拌棒式洗涤机。

2. 粉碎与水磨

为了扩大原料同糖化曲的接触面积，使有效成分被充分利用，因此，粮食原料应先粉碎，然后再进行蒸煮、糖化。常用设备有锤击式粉碎机、刀片轧碎机和钢磨等。采用酶法液化通风回流制醋工艺时，用水磨法粉碎原料，淀粉更容易被酶水解，并可避免粉尘飞扬。磨浆时，先浸泡原料，再加水，原料与水比例为 1：(1.5～2)之间为宜。

3. 原料蒸煮

原料蒸煮的目的是使原料在高温下灭菌，使粉碎后的淀粉质原料，润水后在高温条件下蒸煮，使植物组织和细胞破裂，细胞中淀粉被释放出来，淀粉由颗粒状转变为溶胶状态，在糖化时更易被淀粉酶水解。

蒸煮方法随制醋工艺而异，一般分为煮料发酵法和蒸料发酵法两种。蒸料发酵法是目前固态发酵酿醋中用得最广的一种方法，为了便于蒸料糊化，以利于下一步糖化发酵，必须在原料中加入定量的水进行润料，并搅拌均匀，然后再蒸料。润料所用水量，视原料种类而定。高粱原料用水量为50%左右，时间约12 h。大米原料可采用浸泡方法，夏季6～8 h，冬季10～12 h，浸泡后捞出沥干。蒸料一般在常压下进行。如采用加压蒸料可缩短蒸料时间。许多大型生产厂采用旋转加压蒸锅，使料受热均匀又不致焦化。例如，制造麸曲时将麸皮、豆粕和水拌和，装入旋转蒸锅，以0.1 MPa（表压）加压蒸料30 min即可达到要求。传统的固态煮料法是先将主料（如高粱）浸泡于其重量的3倍水中约3 h，然后煮熟达到无硬心，呈粥状，冷却后进行糖化，再进行酒化。

蒸煮中淀粉在蒸煮或浸泡时，先吸水膨胀，随着温度升高，分子运动加剧，至60℃以上时，其颗粒体积扩大几倍至几十倍，黏度大大增加，呈海绵糊状（即糊化），温度继续上升至100℃以上时，淀粉分子间的氢键被破坏，分子变成疏松状态，最后与水分子组成氢键而被溶于水，因而黏度下降，冷却至60～70℃，能有效地被淀粉酶糖化；糖分在高温条件下也会发生分解，如醛糖变成酮糖，己糖脱水生成羟甲基糠醛，后者容易与氨基酸作用生成黑色素，色素积累的速度与还原糖、氨基酸浓度成正比。为抑制色素的大量生成，在原料蒸煮时可适当增加水量，使底物浓度减小，这样蒸煮后物料的色泽就较浅。糖分在接近熔点的温度下加热，可形成红褐色的脱水产物，称为焦糖。焦糖不能被发酵，并有阻碍糖化及酒精发酵的作用，使酒精产率降低；在常压蒸煮时，蛋白质发生凝固变性，使可溶性态氮含量下降，不易分解。而原料中的氨态氮溶解于水，使可溶性氮有所增加；脂肪在高压下产生游离脂肪酸，易产生酸败气味，而常压下变化甚少；纤维素吸水后产生膨胀，但在蒸煮过程中不发生化学变化；半纤维素在碱性或酸性情况下加热时有一定程度的分解，生成物视成分中糖基不同而异。制醋原料一般在中性、较低温度下加热蒸煮，对半纤维素基本上无影响；果胶质薯类原料中含果胶质比谷类原料多，果胶质在蒸煮过程中加热分解形成果胶酸和甲醇，高压和长时间蒸煮后使成品产生有怪味的醛类、萜烯等物质；单宁在蒸煮过程中是形成香草醛、丁香酸等芳香成分的前体物质，能赋予食醋以特殊的芳香。

(二)食醋原料的选择原则

(1)原料价格低廉，可降低生产成本。

(2)原料内碳水化合物含量多，蛋白质含量适当，且适合微生物的需要和吸收利用。

(3)资源丰富，容易收集，原料产地离工厂要近，便于运输和节省费用。

(4)容易贮藏，并且最好选择经干燥的含水分极少的原料。

(5)无霉烂变质，符合卫生标准。

(三)生产工艺

我国目前各具特色的食醋生产工艺有60多种。食醋发酵可分为糖化、酒精发酵及醋酸发酵三大生物化学工程，这三大工程既可为液态，可为固态，也可为液固同用的，但均属于复式发酵，即糖化和酒精发酵同时进行。这与西方国家普遍采用的单式发酵是不一样的，这也是东西方酿造技术上的根本区别所在。

1. 固态法食醋生产工艺

食醋的整个生产工艺过程在固态下进行的叫固态发酵。这种方法制醋需拌入较多的疏松材料，如砻糠、小米壳、高粱壳及麸皮等，使醋醅疏松，能容纳一定量的空气。此法制得的醋香气浓郁、口味醇厚，色泽也好。我国采用此法制得的比较典型的产品有山西老陈醋、镇江香醋等。以甘薯干或碎米酿醋为例，其工艺流程如图 3-3 所示。

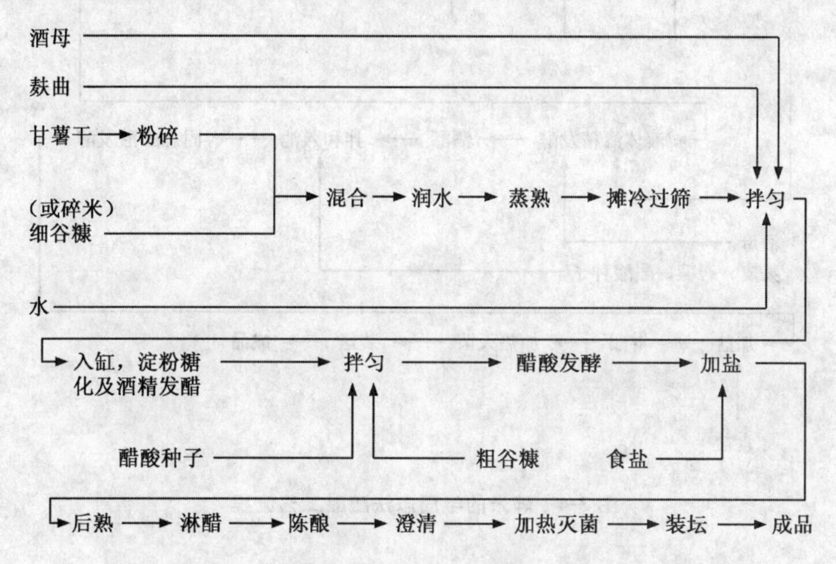

图 3-3 甘薯(或碎米)固态法酿醋工艺流程

2. 半固态法食醋生产工艺

半固态法亦称酵法液化通风回流制醋法，也称先液后固制醋法。即糖化及酒精发酵在液体状态下进行，而醋酸发酵是在固体状态下进行。此方法的特点是利用固态与液态发酵的优点，使得各种酶及微生物能够在较为理想的条件下作用底物。这样能够提高产醋率，而且产品质量优于固态法酿制的醋。半固态法利用醋汁回流代替了固态的倒醅操作，从而降低了劳动强度，提高了生产效率。以碎米酿醋为例，其工艺流程如图 3-4 所示。

3. 液态法食醋生产工艺

其主要特征是醋酸发酵是在液态条件下进行的。此法的特点：①不需辅助原料和填充料。既可大量节约麸皮、谷糠等，又能使生产环境及场地的利用得到改善。②改善产品卫生。如深层发酵工艺整个生产过程是在密闭条件下进行操作，减少了杂菌污染的机会。③降低劳动强度，提高劳动生产率，有利于实现管道输送、仪表控制，提高机械化程度。④生产周期比固态发酵工艺缩短。除表面发酵法外，其他液态发酵工艺较固态发酵工艺短。一般固态发酵工艺需要 1 个月左右，而液态发酵工艺有的只需 6～7 d。⑤深层发酵工艺生产的食醋，其风味、色泽及体态较固态发酵工艺生产的食醋要差一些。这与辅料的应用与否有一定的关系。此外，液态法酿醋工艺设备投资大。

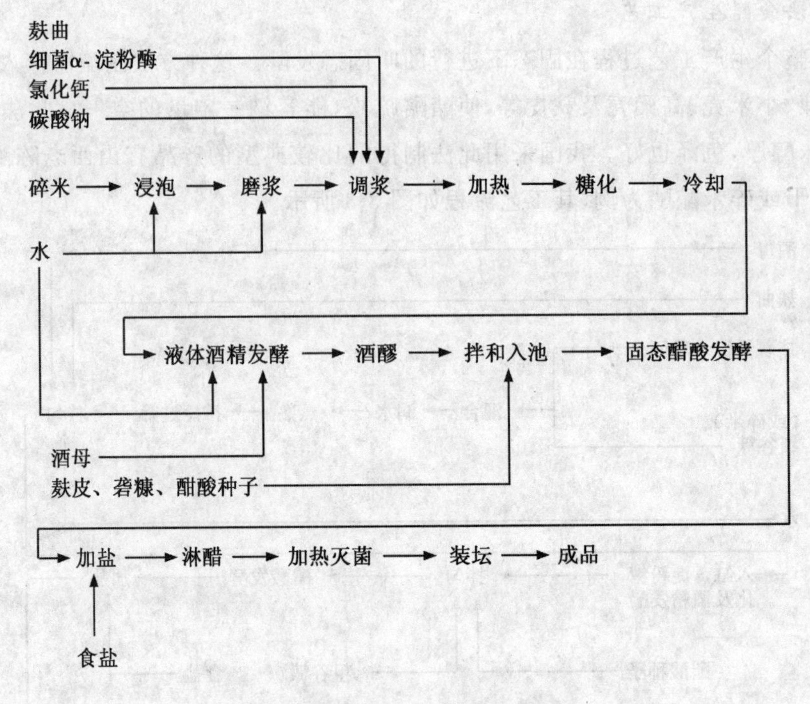

图 3-4 碎米的半固态法酿醋工艺流程

液态法食醋主要分为表面发酵法、淋浇发酵法和深层发酵法。

(1)表面发酵法生产工艺。其工艺流程如下。

大米→浸泡→洗净→沥干→煮熟→发化(培菌)→加水→入缸发酵→成熟→压榨→配制→灭菌→包装→成品

(2)淋浇发酵法生产工艺。淋浇发酵法又称为液体回流发酵法,因此法生产周期短,生产出的食醋称为速酿醋。淋浇发酵是在发酵塔中进行的,此法也属于固定化菌体连续发酵工艺的一种方法。淋浇发酵法的基本原理是让稀酒液淋浇于负载有醋酸菌的物料上,自上而下流过,空气自下而上流通使酒精很快被氧化成醋酸。一次淋浇若不能使酒精全部转化为醋酸,可经几次回流。

根据所用原料不同,淋浇发酵法有两种工艺,一种是以酒精或白酒为原料,另一种是以淀粉质为原料。前者工艺简便,后者先进行液化、糖化和酒精发酵制成酒液。下面以淀粉物质原料为例进行简单介绍。

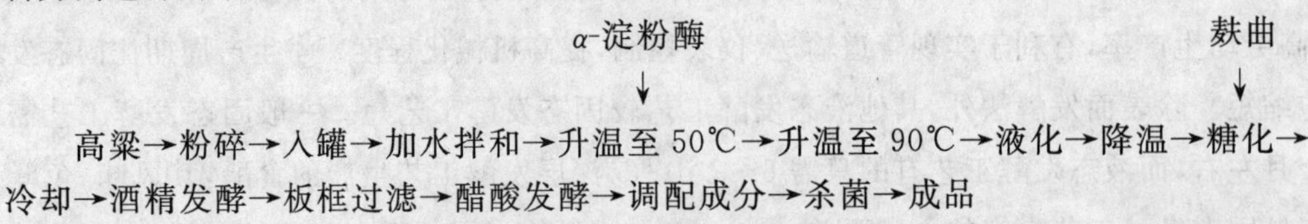

(3)深层发酵生产工艺。深层发酵法是在醋酸发酵阶段采用深层发酵罐进行发酵。它可使发酵周期缩短。劳动生产率高,占地面积小,不用填充料,生产机械化程度高,但产品风味差。此法是酿造工业发展的方向。其工艺流程如下。

淀粉质原料→调浆→液化→糖化→灭菌→降温→酒精发酵→醋酸发酵→灭菌→过滤→配制→成品

六、新型制醋技术

我国目前新型制醋工艺,有酶法液化通风回流制醋、生料制醋、浇淋法制醋、醋塔法制醋(也称速酿法)、液态深层发酵制醋和新固态发酵法制醋,在这些制醋工艺中为了稳定风味,改善产品质量,提高原料出品率,已经开始不同程度应用酶制剂。在这些工艺的原料处理中已采用α-淀粉酶来液化淀粉质原料、用纯粹曲霉菌来培养糖化曲,并采用技术措施来提高糖化酶、酸性蛋白酶的含量等。

(一)酶法液化通风回流固态制醋生产工艺

酶法液化通风回流固态制醋工艺,是利用自然通风和醋汁回流代替倒醅,在发酵池靠近底层处设假底,并开设通风洞,让空气自然进入,运用固态醋醅的疏松度使全部醋醅都能均匀发酵。该工艺利用醋汁与醋醅的温度差,调节发酵温度,保证发酵正常进行,同时运用酶法将原料液化处理,以提高原料利用率。

1. 工艺流程如图 3-5 所示

2. 生产工艺

(1)配料。碎米 1 200 kg,麸皮 1 400 kg,砻糠 1 650 kg,碳酸钠 1.2 kg,氯化钙 2.4 kg,α-淀粉酶以每克碎米 130 酶活力单位计 3.9 kg,麸曲 60 kg,酒母 500 kg,醋酸菌种子 200 kg,食盐 100 kg,水 3 250 kg(配发酵醪用)。

(2)水磨与调浆。将碎米浸泡使米粒充分膨胀,将米与水 1∶1.5 的比例送入磨粉机,磨成 70 目以上的细度粉浆。使粉浆浓度在 20%~23%,用碳酸钠调至 pH 6.2~6.4,加入氯化钙和α-淀粉酶后,送入糖化锅。

(3)液化和糖化。粉浆在液化锅内应搅拌加热,在 85~92℃下维持 10~15 min,用碘液检测显棕黄色表示已达到液化终点,再升温至 100℃维持 10 min,达到灭菌和使酶失活的目的,然后送入糖化锅。将液化醪冷至 60~65℃时加入麸曲,保温糖化 35 min,待糖液降温至 30℃左右,送入酒精发酵容器。

(4)酒精发酵。将糖液加水稀释至 7.5~8.0°Bé,调 pH 至 4.2~4.4 接入酒母,在 30~33℃下进行酒精发酵 70 h,得出约含酒精 8.5%的酒醪,酸度在 0.3~0.4。然后将酒醪送至醋酸发酵池。

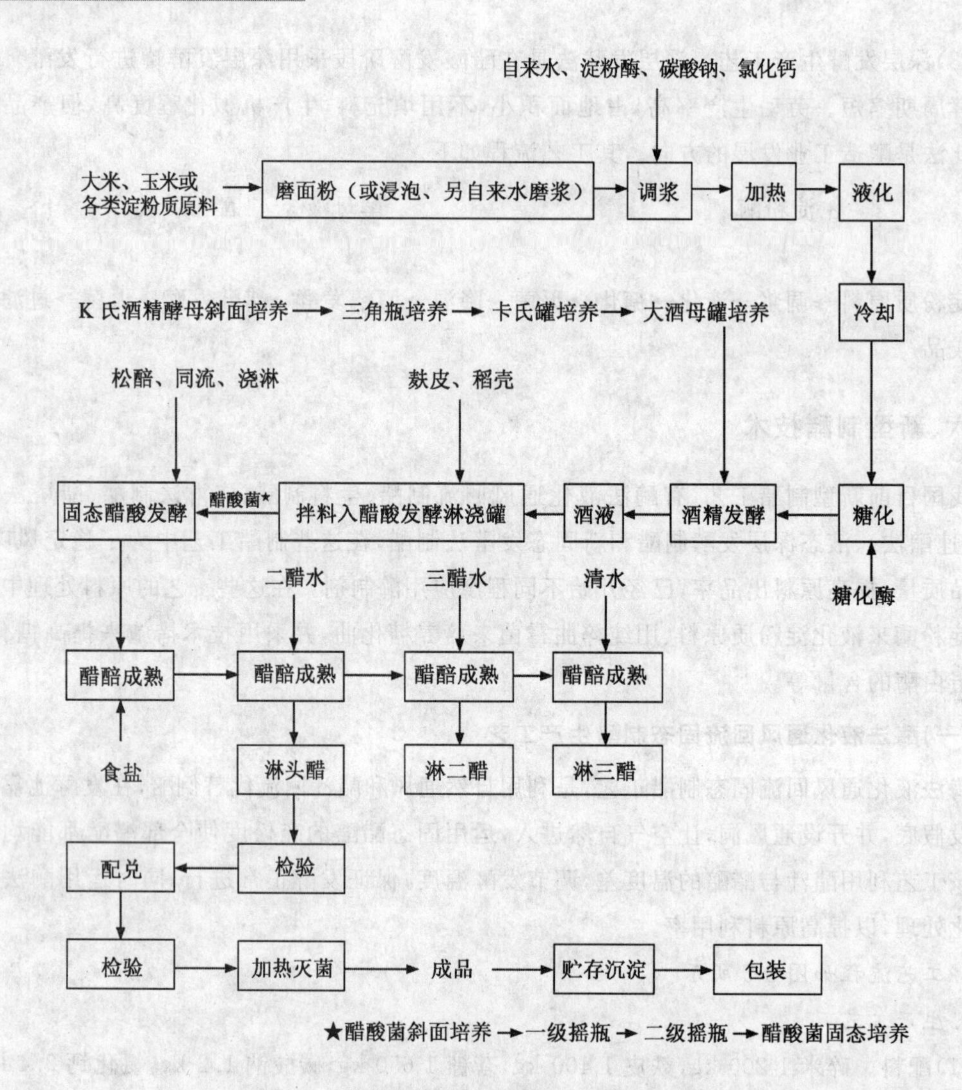

图 3-5 酶法液化通风回流固态制醋生产工艺

(5)醋酸发酵。将酒醪与砻糠、麸皮及醋酸菌种拌和，送入有假底的发酵池，扒平盖严。进池品温 35～38℃为宜，而中层醋醅温度较低，入池 24 h 进行一次松醅，将上面和中间的醋醅尽可能疏松均匀，使温度一致。

当品温升至 40℃时进行醋汁回流，即从假底放出部分醋液，再泼回醋醅表面，一般每天回流 6 次，发酵期间共回流 120～130 次，使醅温降低。醋酸发酵温度，前期可控制在 42～44℃，后期控制在 36～38℃。经 20～25 d 醋酸发酵，醋汁含酸达 6.5%～7.0%时，发酵基本结束。醋酸发酵结束，为避免醋酸被氧化成二氧化碳和水，应及时加入食盐以抑制醋酸菌的氧化作用。方法是将食盐置于醋醅的面层，用醋汁回流溶解食盐使其渗入到醋醅中。淋醋仍在醋酸发酵池内进行。再用二醋淋浇醋醅，池底继续收集醋汁，当收集到的醋汁含酸量降到 5%时，停止淋醋。此前收集到的为头醋。然后在上面浇三醋，由池底收集二醋，最后上面加水，下面收集三醋。二醋和三醋共淋醋循环使用。

(6)灭菌与配兑。灭菌是通过加热的方法把陈醋或新淋醋中的微生物杀死;破坏残存的酶;使醋的成分基本固定下来。同时经过加热处理,醋的香气更浓,味道更和润。

灭菌后的食醋应迅速冷却,并按照质量标准配兑。

3.工艺操作要点

与传统工艺比,此法主要工艺操作特色介绍如下。

(1)添加酶制剂。在淀粉液化、糖化中添加淀粉酶。在淀粉液化时,添加主料质量3‰的α-淀粉酶。淀粉液化后,需再添加一定量的糖化剂——糖化酶,将液化产物糊精进一步水解为葡萄糖等可发酵性糖类。

(2)回流淋浇。在醋酸发酵过程中,松醅后醋酸发酵升温达40℃时,要及时回流,即由缸底放出汁液淋浇在醅面上,使品温降至36～38℃。因为醋酸菌生长能产生热量,使品温不断上升,这时回流可降低品温,若品温上升过高,则可加大回流量或回流次数,使品温不超过40℃。发酵后则品温可以控制在35～37℃。回流淋浇应根据季节变化和料温升降情况而定,每天淋浇6～7次,每罐醋醅回流150～170次即可成熟,时间在25 d左右。

4.酶法液化通风回流固态制醋工艺的特点

(1)与旧工艺相比,具有降低劳动强度、减少工序、节约能源、改善卫生条件等优点。

(2)用酶量小,省工省时,节约了大量的麸皮,可直接降低生产成本,淀粉利用率明显提高,产品质量稳定。

(3)采用酶法制醋工艺,废除了技术较严的制曲工艺,可避免因成曲的质量不稳造成的损失。

生料制醋与一般的制醋工艺不同的是原料不需要蒸煮,粉碎之后加水进行浸泡,直接进行糖化和发酵。由于未经过蒸煮,淀粉糖化相对困难,所需的糖化时间也相对延长,故糖化时需大量的麸曲,一般为主料的40%～50%。此外,生料制醋在醋酸发酵阶段要加入较多的麸皮填充料,这样更利于醋酸菌发酵。

新型固态法酿醋采用自动酿醋设备,它结合了固态发酵和液态发酵酿醋的优点,翻醅自动化,回流自动化,回收酸气,产醋率高,发酵醋醅温度可控,实现10 d发酵,超高温灭菌,全年酿醋,达到稳产高产。

(二)醋塔法制醋

醋塔法也称速酿法,该法属于液体制醋工艺,是在醋化塔内装填附有大量醋酸菌的木炭,主要是以稀酒液为原料,在塔内流经附着大量醋酸菌的填充料,使酒精很快氧化成为醋酸。我国著名的丹东白醋就是以50°的白酒为原料,在速酿塔中发酵酿制而成。速酿塔一般由水泥浇铸,塔高2～5 m,直径1～1.3 m,塔身由耐酸陶瓷圆锥形塔节组装,内设假底,假底距塔底0.5 m,能贮藏一定体积的醋。假底上放一竹编垫,其上放填充料,如榉木刨花、木炭、玉米芯及浮石等,作为醋酸菌体固定的载体。塔顶装有喷淋管,可以自动回转,醋液沿填充料流下,积聚在假底的贮池中，接通离心泵，便可以循环间歇进行醋酸发酵。塔顶有木盖，将四周全部封闭，木盖上安装排气管，并包扎纱布过滤空气。塔身的上、中、下各部分都要插入温度计，以检查温度。

酒液制备：碎米经浸泡、磨浆、液化、糖化及液态发酵，酒精浓度以7%～8%（体积分数）为好。

醋酸发酵：将酒液一次加入醋塔内，再接入醋酸菌液10%，然后定时，定温循环回淋，约每隔90 min回淋一次，根据品温变化情况控制回淋间隔。

通过液态发酵制酒，固态发酵转酸，采用多种酶酿造食醋，是一种酿醋新工艺。该工艺不仅可提高产量和质量，而且由于工艺简单，占地面积小，操作易掌握，投资少，生产周期短，特别适于乡镇企业生产。采用本工艺，在酒精发酵完成后，可在酒醪内直接拌入麸皮进行醋酸发酵，而且醋渣可代替稻壳再次利用，从而大大节约辅料用量，原料出醋率高，只是风味较为单调。

1. 原料配方

高粱粉（或甘薯干粉）100 kg，水550 kg，麸皮150 kg，稻壳150 kg，3.324# 扩大曲30 kg，3.961# 扩大菌10 kg，2.109# 酒母液20 kg，1.41# 醋酸菌种子液20 kg，B. F. 7658淀粉酶0.30 kg，食盐5 kg。

2. 制作方法

在大型铁锅中加水275 kg，然后点火，再将高粱粉或甘薯干粉50 kg倒入锅内，升温至60℃。调节酸碱度至pH 6.2～6.4，投入淀粉酶150 g。继续升温至85～90℃，维持10 min，进行液化。然后继续升温，直至沸腾，并煮沸20 min，然后降温至60℃，调节酸碱度至pH为5.4左右，再投入3.324# 黑曲霉扩大曲7.5 kg，将火熄灭，木卷上盖麻袋保温糖化3 h，待降温至28℃时，将糖化液移到酒精发酵缸内，加入2.109# 酒母液10 kg进行酒精发酵，时间4 d。第1天敞口培养，繁殖菌体；第2天起，将缸盖密封，厌氧发酵产生酒精，第4天发酵结束。

发酵室温保持在25～28℃，将发酵成熟的酒精发酵液掺拌麸皮75 kg、稻壳75 kg、3.324# 扩大曲7.5 kg、3.951# 扩大曲5 kg、醋酸菌种子液10 kg，搅拌均匀后送入醋酸发酵菌室缸中，装满、摊平、加盖，使醋酸发酵。醋醅入缸的次日，品温若有上升，用手将上部醋醅翻动，如温度升到37～38℃时，可用铁锨倒醅，全部倒入另一空缸内。若品温超过42℃时，可两昼夜倒3次，一般维持1天倒1次。如品温过低（如在32℃左右），可隔日倒醅1次，醋酸发酵室的室温应控制在30～32℃，不可过高或过低。经过7 d左右时间，品温逐渐下降到32℃左右，经化验醋酸含量若达到7.5 g/100 mL左右，即可下盐，加盐后放置两天进行后熟，再行淋醋，化验配对，灭菌沉淀后即可出厂。

七、食醋生产新技术的成就

(一)菌种

(1)基因重组新技术改良醋酸菌的试验,目标:①选育耐高温醋酸菌;②提高产酸速度的产酸量;③改变食醋组分,提高风味。日本爱知县半田市食醋工厂与东京大学别府研究室协作正在做这方面的工作。

(2)国内有不少研究者努力于耐高温酵母菌的应用。将发酵起始温度提高到 38~42℃,旺盛期达到 43~44℃,进行边糖化、边酒化、边醋化的三边发酵,这样可以缩短发酵周期 5~6 d。

(3)英国研究者着手寻找醋酸生产新菌种,研究用热醋酸梭菌生成醋酸的条件,目前取得的成绩是在 pH 6~7 时,生成醋酸量达到 15~20 g/L。

(二)发酵

(1)奥地利研究者研制出一种营养醪液,用这种含有醋酸、酒精和能活跃醋酸菌营养成分的醪液进行深层发酵,得到含 12%醋酸的发酵醪,再取出部分成熟醪并补加同样数量营养醪液继续半连续发酵。

(2)日本研究者以红糖或甘蔗汁液为主要原料,再加入海带汁进行酿醋,用这种方法酿出的食醋含有多量天然钾元素,可用于饮料或调味品。

(三)醋的澄清

(1)日本以皂土、稻壳、甲基纤维素、甲壳质作澄清剂处理食醋,收到良好的澄清效果。

(2)日本研究者以果汁为制醋原料并加入果胶酶制剂,酿成的食醋澄清度好,同时提高了出醋率。

(3)英国研究者采用强酸性阳离子交换树脂进行食醋澄清。

(四)酯化

英国和荷兰的研究者试验在浓缩的酿造醋中加用发酵法制成的酒精,将此混合物静置2~5 d,结果发现其中乙酸乙酯含量得到提高。

(五)高浓度醋

(1)德国究者采用二阶段发酵法制醋,醋酸浓度可以达到 15%以上。第一阶段为菌体增殖和发酵阶段,醋酸浓度达到 12%,第二阶段为继续醋化阶段,使醋酸浓度达到 15%。

(2)美国研究者采用冷冻浓缩的方法,得到醋酸含量大于 20%的芳香醋。

(3)用真空浓缩装置在 45~50℃以对醋液进行浓缩,得到高浓度食醋,抽出的蒸汽冷凝后得到的醋液经调兑后制得白醋。

(六)固定化细胞法

1. 水合氧化钛固定化

用水合氧化钛或钛纤维素螯合物固定醋酸菌细胞，在发酵塔内，让培养液滞留时间超过13 h，结果最高生产能力为5.0 g/(L·h)，酸度为69 g/L，连续醋酸发酵可维持88 d。反应器中的醋酸菌聚集在水合氧化钛上。因为不溶性钛化合物能与醋酸菌细胞表面菌体纤维素发生反应，所以，醋酸菌可稳定地聚集和增殖，从而提高了醋酸生产能力，其醋酸生产能力高于普通深层发酵法。

2. 瓷料块固定化

用瓷料块作为固定化载体，在反应器中加入半合成培养基，接入醋酸菌，让醋酸菌附着在瓷块上。采用脉冲流动方式进行连续发酵，从培养开始起，经140 h以后，可以达到稳定生产能力为4.55 g/(L·h)，最大生产能力(在发酵11 h时)可以达到10.48 g/(L·h)，酸度为35 g/L。这种反应器可以连续使用9个月。

3. 棉絮状纤维固定化

将直径为40 μm的棉絮状聚丙烯纤维充填在反应器中，在流入培养基的同时空气也自上而下输入反应器中。发酵系统由反应器和培养液储存罐组成。发酵过程中培养液和空气在密闭状态下进行循环，气相中氧含量控制在12%～20%，由于反应器的体积与培养液储存罐体积相比很小，因此，总系统平均生产能力仅为2.6 g/(L·h)，酸度为75 g/L。

4. 卡拉胶固定化

卡拉胶具有良好的渗透性，醋酸菌在卡拉胶内可以增殖，因而卡拉胶作为醋酸菌载体是较理想的固定化材料。实验室试验中，将培养36 h的纹膜醋酸杆菌K1006细胞包埋于胶粒中，胶粒直径为3 mm，每1 mL胶粒含有10^7个活性细胞，在工作容积150 mL流动床反应器中，细胞培养液体积与胶粒体积之比为137∶13。细胞培养液配方：葡萄糖10 g，蛋白胨10 g，酵母粉10 g，乙醇40 mL，醋酸10 g，加蒸馏水至1 L。培养温度30℃，以230 mL/min流量供氧，灭菌的细胞培养液以137 mL/h流量输入流动床反应器，培养液在反应器内的滞留时间为1 h，目的是活化并让细胞增殖。为了使进出量维持平衡，反应器中的废液应以同样速率流出反应器。经70 h培养后，可开始进行醋酸发酵。

据报道，卡拉胶固定化细胞醋酸生产速率最高可达到6.0 g/(L·h)，反应器稳定运行时间最长达到460 d。

八、国内几种名特醋产品的酿制

我国生产的名醋很多，如用高粱为原料的山西老陈醋；用糯米为原料的镇江香醋；用麸皮为原料的四川麸醋；用大米为原料的浙江玫瑰米醋等。

(一)山西陈醋酿造工艺

山西老陈醋选用优质高粱、大麦、豌豆等五谷，经蒸、酵、熏、淋、晒的过程酿就而成，是中国四大名醋之一，至今已有300余年的历史，素有“天下第一醋”的盛誉，以色、香、醇、浓、酸五大特征著称于世。色泽呈酱红色，食之绵、酸、香、甜、鲜。含有丰富的氨基酸、有机酸、糖类、维生素和盐等。有软化血管、降低甘油三酯等功效。

1.酿造特点

(1)以曲带粮。山西老陈醋的高粱、麸皮的用量比高至1∶1，使用大麦豌豆大曲为糖化发酵剂，大麦豌豆比为7∶3，大曲与高粱的配料比高达55%～62.5%，名为糖化发酵剂，实为以曲代粮，其原料品种之多，营养成分之全，特别是蛋白质含量较高。经检测，山西老陈醋含有18种氨基酸，有较好的增鲜和融味作用。

(2)曲质优良。微生物种类丰富，山西老陈醋采用红心大曲酿造，红心大曲的微生物种群主要有根霉、酵母、黄曲霉、红曲霉等，使山西老陈醋形成特有的香气和气味。

(3)熏醅技术。熏香味是山西食醋的典型风味，熏醅是山西食醋的独特技艺，可使山西老陈醋的酯香、熏香、陈香有机复合；同时熏醅也可获得山西老陈醋的满意色泽，与其他名优食醋相比，不需外加调色剂。

(4)突出陈酿。山西老陈醋是以新醋陈酿代替醋醅陈酿，陈酿期一般为9～12个月，有的长达数年之久。传统工艺称为“夏伏晒，冬捞冰”，新醋经日晒蒸发和冬捞冰后，其浓缩倍数达3倍以上。山西老陈醋总酸在9°～11°，其比重、浓度、黏稠度、可溶性固形物以及不挥发酸、总糖、还原糖、总酯、氨基酸态氮等质量指标，均可名列全国食醋之首。并由于陈酿过程中脂酸转化，醇醛缩合，不挥发酸比例增加，使老陈醋陈香细腻，酸味柔和。

2.酿造工艺

工艺流程如图3-6所示。

(1)原料配比。高粱100 kg，大曲62.5 kg，麸皮3 kg，谷糠73 kg，食盐5 kg，水340 kg，香辛料0.05 kg(包括花椒、茴香、丁香、陈皮等)。

(2)原料处理。高粱粉碎后，加5%水拌匀，浸润6～12 h。水温高低与浸润时间成反比。将料放入常压蒸锅中蒸1.5～2 h，蒸后料要无硬心蒸透可出锅。出锅后，加2～2.5倍70～80℃热水，拌匀后焖20～30 min，使之充分吸水。将料冷却至25℃左右备用。

(3)酒精发酵。山西老陈醋发酵要经过四个阶段：前发酵、主发酵、后发酵、养醪阶段。山西老陈醋生产中大曲用量高达55%～62.5%，曲粉按比例加入冷却的高粱中，搅拌均匀入缸。入缸温度一般为20～26℃，立即加入60%的水，发酵采用固态细醪发酵法。入缸后18～24 h，酵母逐渐适应环境，进行生长繁殖，产生的CO_2逐步增加，此时要进行人工搅拌，调节料温。发酵处于旺盛阶段即为主发酵，一般持续2 d，品温一般控制在32～35℃。经过主发酵后，酵母活力逐渐减弱，品温回落，产生起泡越来越少进入后发酵。醪液液面处于平静状态，进行养醪。主要目的是利用养醪阶段使微生物产生醋酸及乙酸乙酯等风味物质。发酵周期一般为15～16 d。

(4)醋酸发酵。酒精发酵结束，及时拌入约1.5倍的麸皮、谷糠等辅料，搅拌均匀入缸，进

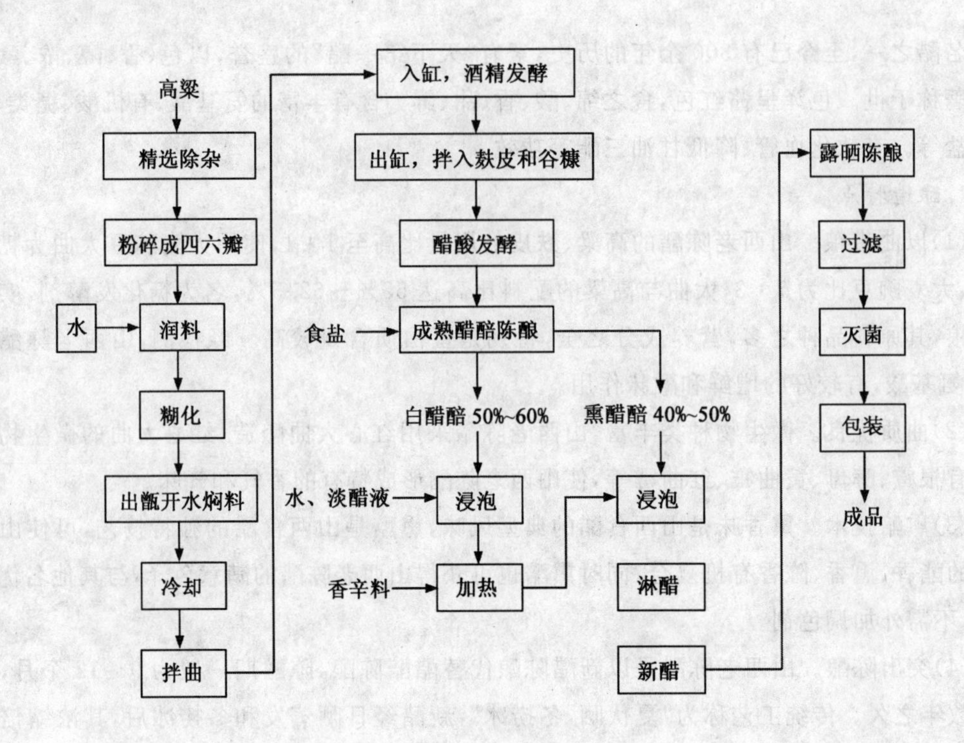

图 3-6 山西老陈醋酿造工艺流程

行固态醋酸发酵。入缸半天后，缸内醋醅呈凹形，接入已经发酵 3 d 的“火醅”，堆成凸型，然后在四周撒一层新醅，用草帘盖在上面。等待醋酸菌生长繁殖、发酵一段时间后，醋醅的温度会上升到 40℃，这时要及时翻醅。发酵第 2 天一般要翻醅两次。发酵第 3 天时，品温升高到 45℃左右，及时翻醅。这个阶段主要进行醋酸菌增殖，提高醋酸菌活力及其在醅中的浓度。第 4 天先取火醅，以备另一批新醅使用。余下的火醅翻拌均匀，顶部呈凸形，并盖好草盖。控制温度在 38℃左右，持续到第 7 天。第 8 天醋酸菌的发酵力明显减弱，醋醅温度显著下降，此时应该加入食盐。加入食盐抑制醋酸菌的活力，防止其继续氧化醋酸。加入醅料 5%的食盐，充分翻拌均匀，待第 9 天温度降至室温时，可出缸转入熏醋、淋醋工艺。此时醅中醋酸的含量可达 7 g/100 mL，此时醋醅称为“白醅”。

(5)熏醅。熏醅是山西食醋的独特技艺，可使山西老陈醋的酯香、熏香、陈香有机复合，同时也可获得山西老陈醋的满意色泽。

熏醅是在坑灶熏缸中进行的，周期为 4 d，其最高温度可达 85～100℃，熏醅要用温火，不易火力过猛。为了保证醋醅熏烤程度一致，每天要进行翻缸 1 次。熏好的醋醅呈黑紫色，此时醋醅称为“红醅”。

(6)淋醋。白醅送入淋醋池，加入原二醋浸泡，浸泡 12 h 后即可淋醋，淋出的醋称为白醅醋。将白醅醋煮沸，加入 0.1%的香辛料，煮沸后可放入红醅中浸泡 4 h，淋出的原醋即为新醋。红醅、白醅都要淋过 3 次才可出糟，第一遍淋出的是新醋，第二次、第三次淋出的醋称为淡醋，只能用来浸泡红醋和白醋。

(7)陈酿。新醋只是半成品，还要经过1年左右的陈酿才能成为老陈醋。新醋要经过“夏伏晒，冬捞冰”，日晒蒸发和冬捞冰后，其浓缩倍数达3倍以上。浓缩后的老陈醋经过过滤后方可包装出厂。

近几年山西老陈醋技术改造试验中，通过添加优良菌株优化微生物群落结构，总酸度提高了20.57%，乙酸乙酯产量提高了41.83%，酒精转化率提高了15.17%，口感品评良好。在山西老陈醋熏醅过程中香气成分变化的研究中，发现在熏醅过程中发生了美拉德反应，产生了糠醛。乙酸丙酯的含量在熏醅过程中由少到多，随后因挥发而有所减少；乙醇、乙酸乙酯的含量有明显的下降；乙醛、3-羟基 2-丁酮和乙酸的含量变化不大。因此，以一半醋醅进行熏醅、淋醋，另一半直接淋醋，然后混合的传统熏醅工艺具有合理性。它既产生了熏香味，又最大限度地保留了醋醅中原有粮食香气。

(8)质量标准

①感官指标　色泽黑紫，无沉淀，有特殊清香，质浓稠，酸味醇厚。

②理化指标　总酸含量(以醋酸计)7.5 g/100 mL，还原糖含量(以葡萄糖计)5 g/100 mL，氨基态氮含量(以氮计)0.4 g/100 mL。

(二)镇江香醋酿造工艺

镇江醋又称镇江香醋，享誉海外。具有“色、香、酸、醇、浓”的特点，“酸而不涩，香而微甜，色浓味鲜”，多次获得国内外的嘉奖。存放时间越久，口味越香醇。这是因为它具有得天独厚的地理环境与独特的精湛工艺。与山西陈醋相比，镇江醋的最大特点在于微甜。100多年来，香醋生产一直采用传统工艺，即在大缸内采用“固体分层发酵”。每100 kg糯米可产一级香醋300～350 kg。

工艺流程如图3-7所示。

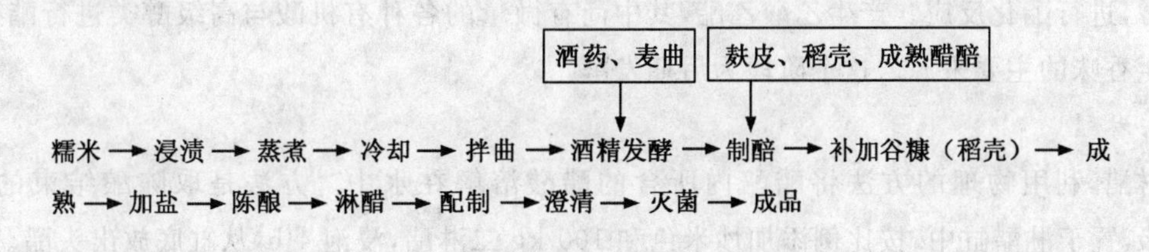

图3-7　镇江香醋酿造工艺

1.原料配比

糯米100 kg，麸皮150～170 kg，酒药0.3 kg，稻壳80～100 kg，麸曲6 kg，炒米色27 kg，食盐4 kg，糖1.2 kg，水300 kg。

2.原料处理

选用优质糯米，淀粉含量在72%左右，无霉变。加水浸渍糯米，使淀粉组织吸水膨胀，体积约增加40%，便于充分糊化。米与浸渍水的比例为1∶2。将料放入常压蒸锅中蒸1.5～

2 h，蒸后料要无硬心蒸透可出锅。使淀粉糊化，便于微生物利用。通过加热，淀粉发生膨胀黏度增大。应迅速用凉水冲淋，其目的是降温，其次使饭粒遇冷收缩，降低黏度，以利于通气，适合于微生物繁殖。温度降至28℃左右。

3. 糖化、酒精发酵

利用酒药中所含的根霉菌和酵母菌的作用，将淀粉糖化，再发酵成为酒精。发酵温度26～28℃，发酵时间为7～10 d。一般用量为原料的0.2%～0.3%。每100 kg糯米加200 kg清水浸泡，24 h后，用竹箩捞起，沥尽余水。蒸熟后用凉水冲淋到28℃，倒入缸中并加酒药300 g，拌匀，在26℃下糖化72 h，再加水150 kg，28℃下保温7 d，即得成熟酒醅。

4. 醋酸发酵

醋酸发酵是决定香醋产量、质量的关键工序。把传统的"固体分层发酵"工艺应用在水泥池发酵工艺中，整个醋酸发酵的时间为20 d。醋酸发酵阶段的主要生产设备为防腐、防漏水泥池，池长10 m、宽1.5 m，高0.8 m。整个醋酸发酵分三个阶段进行。

(1)接种培菌阶段。将醋酸菌接入混合料中，逐步培养、扩大，经过1 d时间，使所有原料中都含有大量的醋酸菌。为了使醋酸菌正常繁殖，必须掌握、调节让醋酸菌繁殖的各种适宜条件。根据实践经验，醋酸菌生长最适宜的环境是在固体混合料中，酒精含量6°左右；水分控制在60%左右，温度掌握在38～44℃，并供给足够的空气。这个阶段为前期发酵。

(2)产酸阶段。经过13 d培菌以后，混合料中所含的醋酸菌在7～8 d时间内逐步将酒精氧化成醋酸，接着，相应地减少空气供给，醋酸菌即进入死亡阶段，品温也每天下降，原料中酒精含量逐渐减少，醋酸含量上升。当醋酸含量不上升时，必须立即将醋醅密封隔绝空气，防止醋酸继续氧化从而转化成水和二氧化碳。此阶段为中期发酵，大约需20 d的时间。

(3)酯化阶段。接种培菌、产酸两个阶段结束后，将发酵成熟的醋醅表面撒入食盐2 kg，进行密封隔绝空气防止醋酸再度氧化。在常温下，历时30～45 d，使醋醅内酸类(乙酸)和少量的乙醇，进行酯化反应。产生乙酸乙酯，其中尚有微量的各种有机酸与高级醇类进行酯化，这是产生香味的主要来源。这个阶段为后期发酵。

5. 淋醋

淋醋，利用物理的方法将醋醅内所含的醋酸溶解在水中。方法是取陈酿结束的醋醅150 kg，置于淋醋缸中，按比例添加炒米色和100 kg二淋醋，浸泡4 h，从缸底放出头醋。再以100 kg三淋醋浸泡4 h，放出二淋醋。再用热水浸泡醋醅2 h，放出三淋醋。

6. 杀菌、配制

过滤淋下的生醋加入食糖配制，再用常压煮沸灭菌、温度降到80℃，灌坛、密封，即可长期贮存不变质。

(三)水果醋酿造工艺

随着食品科学和人们生活水平的提高，果醋的地位越来越受到广大消费者的重视。果醋是以水果，如苹果、葡萄、柿子等，或果品加工下脚料为主要原料，经过酒精发酵、醋酸发酵酿制而成的一种营养丰富、风味优良的酸味调味品。它兼有水果和食醋的营养保健功能，是集营养、保健、食疗等功能为一体的新型饮品。果醋中含有10种以上的有机酸和人体所需的多种氨基酸。它还含有的钾、锌等多种矿物元素在体内代谢后会生成碱性物质，能防止血液酸化，达到调节酸碱平衡的目的。它具有促进血液循环，消除疲劳，降低胆固醇，提高机体的免疫力，抗菌消炎、美容护肤、延缓衰老等功效。

以苹果醋的酿制为例工艺流程如下：

苹果→挑选→清洗→榨汁→果汁→酶处理（↓果胶酶）→调整成分→酒精发酵（↓酵母菌）→醋酸发酵（↓醋酸菌）→陈酿→过滤→杀菌→包装→成品

1.挑选、清洗

为了不影响苹果醋的色、香、味，以及防止微生物污染，必须将病虫害果、腐烂果除去。选果后，为了将果实表面的泥土，农药等洗净，要用40℃以下的流动清水冲洗。

2.添加果胶酶

添加果胶酶利于苹果中果胶物质溶出，利于提取色素和芳香物质。一般加入0.1%的果胶酶。

3.成分调整

酒精发酵前调整成分主要是调整糖分和酸度（调整标准可参考果酒生产）。糖度（用糖度计测定）10°～15°，pH 3.3～3.6。糖度不足时可补充浓缩苹果汁或者蔗糖。

4.酒精发酵

接种温度26～28℃，处于主发酵期时温度也应控制在30℃以内。现在常用活性干酵母进行发酵，将活化好的5%活性干酵母直接接种到果汁内，搅拌均匀。发酵时间为6～8 d。当酒精达到8%以上，残糖不再下降时，即可转入醋酸发酵。

5.醋酸发酵

将已经活化的10%的醋酸菌接种到已经完成酒精发酵的果酒中，控制品温32～35℃，发酵约6 d。醋酸发酵过程中要定期通入无菌空气，并随时监测发酵液中醋酸及酒精含量的变化情况，待酒精含量最小，醋酸含量不再增加立即停止发酵。

6.制醋坯

在酒精发酵的果品中，加入麸皮或谷壳、米糠等，为原料量的50%～60%，作为疏松剂，再加培养的醋母液10%～20%，充分搅拌均匀，装入醋化缸中，稍加覆盖，使其进行醋酸发酵，控制品温30～35℃。若温度升高达35～37℃时，取出醋坯翻拌散热，每日定时翻拌1次，供给空气，促进醋化。经10～15 d加入2%～3%的食盐，搅拌均匀，即成醋坯。

7.淋醋

淋醋器用一底部凿有小孔的瓦缸或木桶，距缸底5～10 cm处放置滤板，铺上滤布。从上面徐徐淋入约与醋坯量相等的冷却沸水，醋液从缸底水孔流出，这次淋出的醋称为头醋。头醋淋完以后，再加入凉水，再淋，即为二醋。二醋醋酸含量很低，供淋头醋用。

8. 陈酿

醋酸发酵结束后，将苹果醋泵入木桶或不锈钢罐内进行陈酿。陈酿可增强香味和提高澄清度，减少装瓶后发生混浊现象。一般陈酿1～2个月。

9. 澄清、包装

充分陈酿的苹果醋经过滤后，用水稀释到适当的浓度，为了避免装瓶后混浊，可在过滤、稀释前用明胶、硅藻土澄清。再经板式热交换器杀菌，杀菌温度在65～85℃范围，杀菌后可热灌装在玻璃瓶内，也可先包装玻璃瓶后再经巴氏灭菌。

10. 保藏

陈酿后用过滤设备进行精滤。在60～70℃下灭菌10 min，即可装瓶保藏。

(四)红薯制醋生产工艺

(1)工艺流程。原料处理→添加麸曲和酒母→糖化发酵→醋酸发酵→加盐和后熟→淋醋→陈酿→杀菌和配制→成品。

(2)工艺操作要点。①配料　红薯干100 kg，粗谷糖(砻糠)50 kg，酒母40 kg，细谷糠(统糠)175 kg，麸曲50 kg，醋酸菌种子40 kg，食盐3.75～7.5 kg。②原料处理　将红薯干粉碎成粉，与统糠拌和时，边拌边加275 kg水，使水与原料拌匀吸透。完毕后，装入蒸锅蒸1 h，再焖锅1 h。蒸煮以熟透为止。蒸煮结束后，取出放在干净的拌料场上，过筛，除去团粒，同时翻拌及排风冷却。③添加麸曲和酒母　夏季熟料降温至30～33℃，冬季降温至40℃以下后，第2次撒入冷水，加水约125 kg，翻拌1次，再行摊平。然后将经过细碎的麸曲铺于熟料表面层，再将经搅匀的酒母(即酵母培养液)均匀地撒上，翻拌均匀后，装入缸内。入缸醋醅的水分为60%～62%。④糖化发酵　原料糖化和酒精发酵是同时进行的。醋醅入缸后，摊平。每缸约装160 kg，以温度计测定醅温应在24～28℃(夏季不超过28℃，冬季不低于24℃)。缸口盖上草盖，室温应保持28℃左右。当醅温上升至38℃时进行倒醅，一般不应超过40℃。倒醅方法是每10～20个缸留出一个空缸，将已升温的醋醅移入空缸内，再将下一缸倒在新空出的缸内，依次翻倒一遍。经过5～8 h，醅温又上升至38～39℃，再行倒醅1次。此后，正常醅温在38～40℃之间，经48 h后，逐渐下降，每天倒醅1次。至第5天，醅温下降至33～35℃，表明淀粉糖化及酒精发酵完毕，此时酒精含量达8%左右。⑤醋酸发酵　糖化和酒精发酵过程结束后，在每缸中加入砻糠10 kg(夏季气温高，砻糠可减少至8 kg，冬季气温低，升温慢可增加至12 kg)，醋酸菌种子8 kg。拌和的方法，采取上、下分拌。先将砻糠和醋酸菌种子一半撒在缸内，用双手将上半缸醅料进行拌匀倒入另一空缸；再将余下一半的砻糠及醋酸菌种子加入下半缸醅料内，拌匀，合并成一缸。第1天醅温不会很快升温，第2、3天很快升温，这时醅温掌握在39～41℃，一般不超过42℃。每天倒醅1次，约经12 d，醅温逐渐下降。每天取样测定醋酸含量，冬季醋酸含量7.5%以上，夏季7%以上。当醅温下降至38℃左右时，醋酸发酵完毕。

⑥加盐①后熟 加入食盐的目的是抑制醋酸菌生长，避免烧醅。夏季每缸加盐 3 kg，冬季只需 1.5 kg。先把食盐用量的一半撒在醋醅上，用柄铲翻拌上半缸醅，移入另一缸内，次日把余下一半的食盐拌入剩下的半缸内，拌匀，合并成一缸。加盐后放 2 d 即后熟，把没有变成醋酸的酒精及中间产物进一步氧化为醋酸，同时进行酯化增进香气和色泽。⑦淋醋 所谓淋醋就是用水或稀薄的醋液将醋醅中的醋酸溶出。为避免醋酸混浊，一般不用压榨法淋醋。淋醋时，将醋醅放在醋池或木桶假底上，在假底上预先铺好 1～2 层芦席，然后加入上次淋醋时留下的稀薄醋液，浸没醋醅，浸 1～2 h 后，开放器底排水孔取得醋液。按照此法反复用稀醋液淋取，每次得到的稀醋液，供下次淋醋用。淋醋后，醋醅中的醋酸残留量以不超过 0.1%为标准，醋酸产量(以 5%醋酸计)为红薯干的 6～10 倍。⑧陈酿 陈酿的目的是提高醋的质量，使其色泽鲜艳，香味醇厚。醋酸含量在 5.5%以下的醋液，一般不能陈酿，否则容易变质。醋液的陈酿有两种方法，一种方法是醋醅陈酿，将下盐成熟的醋醅移入缸中压实，上铺一层食盐，加盖后用泥土封顶。放置 15～20 d 后倒醅 1 次，然后再封缸，通常再经 1 个月即淋醋。这种方法只适宜于冬季，在夏季因易发生烧醅现象，不宜采用。另一种方法是将淋出的醋液装缸，上口加盖，每隔 1～2 d 揭盖 1 次。揭盖的时间，夏季在夜间，其他季节在白天，陈酿的时间一般夏季为加 30 d，冬季约 60 d。⑨杀菌和配制 将醋液放入澄清池沉淀，调整质量标准，除现销产品及高档醋不加防腐剂外，一般食醋加入 0.1%的苯甲酸钠作为防腐剂。生醋需加热杀菌，杀菌的温度为 80～90℃，最后定量装坛或装瓶即为成品。

拓展知识

一、食醋的质量标准及检测

(一)固态发酵法酿醋质量标准

以粮食为原料酿造的食醋其质量指标如下。

1. 感官指标

(1)色泽。琥珀色或棕红色。

(2)气味。具有食醋特有香气，无不良气味。

(3)口感。酸味柔和，稍有甜味，不涩，无异味。

(4)澄清。无悬浮物及沉淀物，无霉花浮膜，无醋鳗及醋虱。

2. 理化指标

一级醋：总酸 5.0 g/mL 以上(以醋酸计)，氨基酸氮 0.12 g/100 mL 以上，还原糖(以葡萄糖计)1.5 g/mL，比重 5.0°Bé 以上。

二级醋：总酸 3.5 g/mL 以上，氨基酸态氮 0.08 g/100 mL 以上，还原糖(以葡萄糖计)1.0 g/mL，比重 3.5°Bé 以上。

3. 卫生指标

砷(以 As 计)不超过 0.5 mg/kg,铅(以 Pb 计)不超过 1 mg/kg,游离矿酸不得检出;黄曲霉毒素不得超过 5 μg/kg;杂菌总数不得超过 5 000 个/mL;大肠杆菌最近似值不超过 1 个/100 mL,致病菌不得检出。

(二)液态发酵法酿醋质量标准

参照我国液态法食醋质量标准(ZBX 66004—86),此标准适用于以粮食、糖类、酒类、果类为原料,采用液态醋酸发酵法酿造而成的酸性调味料。

1. 感官指标

具有本品种固有的色泽;有正常酿造食醋的滋味。

2. 理化指标

总酸(以醋酸计)3.5 g/100 mL 以上;无盐固形物:粮食醋 1.5 g/100 mL 以上,其他醋 1.0 g/100 mL 以上。

3. 卫生指标

砷不超过 0.5 mg/kg,铅不超过 1 mg/kg,游离矿酸不得检出;黄曲霉毒素不得超过 5 μg/kg;杂菌总数不得超过 5 000 个/mL;食品添加剂按 GB 2760—86 规定;大肠杆菌最近似值不超过 3 个/100 mL,致病菌不得检出。

问题探究

1. 如何改善速酿法生产的食醋口味单薄的缺点?

2. 食醋的传统生产工艺与现代生产工艺相比,各有哪些优缺点?

项目小结

本项目主要讲授食醋的种类、制备食醋的原料;食醋制备常用微生物的种类;酿造食醋制备方法;最后简单介绍食醋酿造的新工艺。

食醋是一种国际性的重要酸性调味品,我国食醋的品种很多,有酿造醋、合成醋、再制醋、酿造醋是以淀粉质、糖质、酒质为原料,经过醋酸发酵酿制而成的。酿造食醋的原料分为主料、辅助原料、填充料等。主料包括大米、高粱、小米、玉米、薯类、果蔬、糖蜜、酒类及野生植物等;辅助原料有细谷糠、麸皮、豆粕等;填充料有粗谷糠、小米壳、高粱壳、木刨花、玉米秸、玉米芯、木炭等。

食醋酿造的工艺有固态发酵法制醋、固稀发酵法制醋、液态发酵法制醋等。食醋酿造是一个复杂的生化过程,它包括淀粉糖化、酒精发酵、醋酸发酵三个阶段。糖化是指淀粉在酸或淀粉酶的水解下,生成葡萄糖、麦芽糖和糊精的过程。酒精发酵是指熟酵母在无氧条件下,把葡萄糖等可发酵性糖类在水解酶和酒化酶两类酶系作用下,分解为酒精和 CO_2 的过程;醋酸发酵是指酒精在醋酸菌氧化酶的作用下氧化生成醋酸的过程。固态法生产食醋在醋酸发酵结束要及时加盐，称加盐后熟处理，以防止成熟醋酸过度氧化；之后进行淋醋，淋醋采用三套循环法；最后进行陈酿等处理。经过陈酿的醋或新淋出的头醋称为半成品，出厂前需按质量标准进行配兑，醋酸含量＞5％的一级食醋不需加防腐剂，二级醋（醋酸含量＞3.5％）需加0.06％～0.1％的苯甲酸钠作为防腐剂。灭菌温度控制在80℃以上。

习题

1.食醋的定义是什么？食醋的种类有哪些？
2.食醋的生产原料有哪些？
3.熏醅的目的和作用是什么？
4.食醋生产主要利用的微生物有哪些？生产过程中主要生物化学变化是什么？
5.食醋的色、香、味、体是如何形成的？
6.食醋发酵工艺主要有哪些类型？
7.山西陈醋的酿造特点是什么？
8.请说明酿醋的几个关键的生物化学作用的原料、使用的菌剂或微生物、产物？
9.请比较大曲醋和小曲醋的工艺特点？

项目四　酱油生产技术

知识目标

1. 了解酱油的基本分类、发展趋势及生产新技术。
2. 了解酱油风味物质的形成机理，熟悉酱油酿造过程中的主要微生物。
3. 熟悉种曲制备及成曲制备的工艺及标准。
4. 熟悉低盐固态发酵法、高盐稀态发酵法酱油酿造工艺及酱油半成品与成品的处理方法。

技能目标

1. 熟悉并掌握酱油生产原辅料的选择及处理方法。
2. 能够完成酱油生产中原料处理、制曲管理、发酵控制及酱油的浸出、配制等基本操作。
3. 能够进行酱油质量的基本检验与品质鉴定。

解决问题

1. 能够运用相关知识解决酱油酿造中常见的质量问题。
2. 能分析出酱油生产过程中酱油生霉(长白)的原因。

科苑导读

酱油是从豆酱演变和发展而成的，因此又称“清酱”或“酱汁”。酱油是以粮食、谷物蛋白及淀粉为主要原料，经过微生物酶解发酵作用，生成多种氨基酸及糖类，并以这些物质为基础，再经过复杂的生物化学变化，形成的具有特殊香气、滋味、色泽和体态的传统发酵调味品。研究表明，酱油中不仅含有丰富的营养物质，而且含有许多生理活性物质，且有抗氧化、抗菌、降血压、促进胃液分泌、增强食欲、促进消化及其他多种保健功能，是人们日常生活中深受欢迎的调味品之一。此外，酱油含有异黄醇，这种特殊物质可降低人体胆固醇，降低心血管疾病的发病率。新加坡食物研究所发现，酱油能产生一种天然的抗氧化成分，它有助于防止自由基对人体的损害，其功效堪比常见的维生素 C 和维生素 E 等。

酱油酿造历史悠久，据史料记载，我国早在周朝就有了酱制品，最早使用“酱油”名称是在宋朝。我们勤劳智慧的祖先，不仅发明了酿造技术，并将它留给了后人，而且随着佛教的传播，公元8世纪由著名的鉴真和尚将其传入日本，后逐渐扩大到东南亚和世界各地。

传统酱油酿造的方法采用野生菌制曲、晒露发酵，生产周期长，原料利用率低，卫生条件差。20世纪60年代初，从前苏联传入无盐发酵法，由于该法摆脱了食盐对酶活力的抑制作用，酱醅在固态及较高温度(55～60℃)条件下，发酵周期仅56 h。但经过后来国内10余年的生产实践，无盐发酵法制成的酱油仍是缺乏酱香，风味较差，这一缺点未能解决。

随着科学技术的发展，现代酱油生产在继承传统工艺优点的基础上，在原料、工艺、设备、菌种等方面进行了很多改进，酱油的生产能力和品质有了很大的提高和改善。同时，机械化程度进一步提升，蒸料普遍采用了旋转式蒸料罐，制曲采用了厚层通风制曲，并大量采用翻曲机、抓酱机、拌曲机、扬散机等先进的机械设备。工艺上低盐固态发酵法已经被普遍采用，稀发酵法和固稀发酵法也有了长足的进步。设备的机械化、自动化，加上工艺的进步和生产管理的加强，酱油生产的原料蛋白质利用率有了较大提高，一般的企业可以达到70%～75%，较好的企业可高达80%以上。2009年，我国酱油总产量已突破500万t，酱油的品种和质量基本上满足了广大消费者的需求。

任务一 种曲的制备

种曲即种子。优良的种曲能使曲菌充分繁殖，不仅直接影响酱油曲的质量，而且影响酱醪的成熟速度和成品的质量。因此，对种曲制造的要求十分严格，以保证曲菌的纯正和具有良好的性能。制种曲的目的是要获得大量纯菌种，要求菌丝发育健壮、产酶能力强、孢子数量多、孢子的耐久性强、发芽率高、细菌的混入量少，为制成曲提供优良的种子。

一、菌种选择与培养

(一)菌种选择的标准

菌种选择十分重要，关系到酱油生产的成败和产品质量的好坏。在选择菌种时应该按照下列标准。

(1)酶的活力强，菌株分生孢子大、数量多、繁殖快的菌种。

(2)发酵时间短。

(3)适应能力强，对杂菌的抵抗能力强。

(4)产品香气和滋味优良。

(5)不产生黄曲霉毒素和其他有毒物质。

目前我国酱油生产上以使用米曲霉为主，常用的酿造菌株有沪酿3.042，即As3.951。该菌种具备上述特点，如分泌的蛋白酶和淀粉酶活力很强，本身繁殖非常快，发酵时间仅为24 h；对杂菌有非常强的抵抗能力；用其制造的酱油质量十分优良；不会产生黄曲霉毒素等；不易变异。此外，近年来还出现了一些性能优良的菌株，也逐渐地被酿造厂采用，如上海酿造科学研究所的UE336，重庆市酿造科学研究所的3.811，江南大学的961等。

(二)菌种的培养及保藏

1.试管菌种培养(以沪酿3.042米曲霉为例)

斜面培养基配方：豆汁1 000 mL，硫酸镁0.5 g，可溶性淀粉20 g，磷酸二氢钾1 g，硫酸铵0.5 g，琼脂20 g。

(1)豆汁制备。豆粕或豆饼加水5倍煮沸(小火煮)1 h，边煮边搅拌，然后过滤。每100 g豆粕或豆饼可制成5°Bé豆汁100 mL(多则浓缩，少则补水)。

(2)灭菌。采用0.1 MPa加压灭菌30 min，灭菌完毕，缓慢降压，灭菌后趁热将试管摆成斜面，冷却检验无菌后备用。

2.试管菌种保藏

(1)保藏每月接种一次，接种后置于30℃恒温箱内3 d，待菌株发育繁殖，长满孢子呈黄绿色后取出。

(2)菌株可保藏在冰箱内，维持4℃左右，接种时间就可延长至3个月移植1次。

二、纯种三角瓶培养

1.原料配比

麸皮80 g，面粉20 g，水80 mL。

2.混合

将上述原料混合均匀，并用筛子将粗粒筛去。

3.装瓶

一般采用容量为250 mL或300 mL的三角瓶。将瓶先塞好棉花塞，以150～160℃干热灭菌，然后将料装入，料层厚度以1 cm左右为宜。

4.灭菌

蒸汽加压灭菌，0.1 MPa，维持30 min，灭菌后趁热把曲料摇瓶。

5.接种及培养

待冷却后，在无菌接种橱内接入试管原菌。摇匀后置于30℃恒温箱内，18 h左右，三角瓶内曲料已稍发白结饼，摇瓶1次，将结块摇碎，继续置于30℃恒温箱内培养，再经4 h左右，有发白结饼，再摇瓶1次。经过2 d培养后，把三角瓶轻轻地倒置过来(也可不倒置)，继续培养1 d，全部长满黄绿色孢子，即可使用。若需放置较长时间，则应置于阴凉处，或置于冰箱中备用。

三、种曲的制造

(一)种曲的原料要求

(1)制种曲是为了培养优良的种子,原料必须适应曲霉菌旺盛繁殖的需求。曲霉菌繁殖时需要大量糖分作为热源,而豆粕含淀粉较少,因此原料配比上豆饼占少量,麸皮占多量,同时还要加入适当的饴糖,以满足曲霉菌的需要。

(2)为了使曲霉菌繁殖旺盛,大量着生孢子,曲料必须保持松散,空气要流通。如果麸皮过细影响通风,可以适当加入一些粗糠等疏松料,对改变曲料物理性质起着很大的作用,也是制好种曲不可缺少的因素。

(3)另外在制种曲时,原料中加入适量(0.5%～1%)的经过消毒灭菌的草木灰效果较好。

制种曲所用原料检验必须认真,发霉或气味不正的原料不应该使用。因为发霉的原料含有杂菌,虽然在蒸料时能够把杂菌杀死,但是杂菌在原料中所生成的有害物质(如毒素)却无法去除,仍存在于原料之中,这些微量有害物质对纯菌种的繁殖有抑制作用,会导致其在制曲过程中不能正常繁殖。

(二)种曲室及其主要设施

种曲室是培养种曲的场所,要求密闭、保温、保湿性能好,使种曲有一个既卫生又符合生长繁殖所需要条件的环境。种曲室的大小一般为 5 m×(4～4.5)m×3 m,四周以水泥为墙,以保持平整光滑,便于洗刷。房顶为圆弧形,以防冷凝水滴入种曲中,天棚上最好铺有一定厚度的保温材料,以利于种曲室保持一定的温度。种曲室必须安装有门、窗及天窗,并有调温、调湿装置和排水设施。

其他配备:蒸料锅(桶),种子桶(或盆),震荡筛及扬料机。

培养用具:木盘(45～48) cm×(30～40) cm×5 cm,盘底有厚度为 0.5 cm 的横木条 3 根。

(三)种曲制作方法(以盒曲为例)

1. 工艺流程(以培养沪酿 3.042 米曲霉为例)

麸皮、豆粕饼、水　试管原菌→三角瓶扩大培养

↓　　　　　　　　　　↓

混合→蒸料→过筛→摊冷→接种→装盒→第一次翻曲→第二次翻曲→揭去草帘→种曲

2. 灭菌工作

种曲制作必须尽量防止杂菌污染,因此曲室及一切工具在使用前需经洗刷后消毒灭菌。制种曲用的各种工具每次使用后要洗刷干净,然后放入曲室待灭菌,曲盘也应移入曲室品字形堆叠,灭菌前将曲室门窗及地沟等洞孔密闭好,按种曲室的空间计算出灭菌剂用量。具体灭菌方法如下。

(1)硫黄灭菌。硫黄量 25 g/m³,硫黄放于小铁锅内加热,使硫黄燃烧产生蓝色火焰,即二氧化硫(SO_2)气体。反应方程式如下:

$$S + O_2 \rightarrow SO_2 \uparrow$$

$$SO_2 + H_2O \rightarrow H_2SO_3$$

其中的 H_2SO_3 有灭菌作用,由上式可知采用硫黄灭菌时,曲室及木盒必须呈潮湿状态。燃烧硫黄时,为了产生足够多的 H_2SO_3,必须保持密封状态 20 h 以上。同时把曲室暖气开放,提高室温,可提高灭菌效果,又可将木盘烘干。

(2)蒸汽灭菌。草帘用清水冲洗干净,100℃蒸汽灭菌 1 h。

(3)使用甲醛。甲醛对细菌及酵母的杀灭力较强,但对霉菌的杀灭力较弱,甲醛或硫黄两者可混合使用或交替使用效果更佳。

(4)操作人员的手以及不能灭菌的器件。首先,清洗干净,然后,用 75%的酒精擦洗灭菌。

3. 原料处理

(1)种曲原料配比(水分占原料总量的百分比/%)。

①麸皮 80,面粉 20,水占前两者 70 左右。

②麸皮 85,豆粕 15,水占前两者 90 左右。

③麸皮 80,豆饼粉 20,水占前两者 100～110。

④麸皮 100,水占 95～100。

(2)原料处理方法

①浸泡　豆粕加水浸泡,水温 85℃以上,浸泡时间 30 min 以上,搅拌要均匀一致,然后加入麸皮拌匀,入蒸料锅蒸熟达到灭菌目的及蛋白质适度变性。

②灭菌　如采用常压蒸料,一般保持蒸汽从原料面层均匀地喷出后,再加盖蒸 1 h,再关汽焖 30 min。加压蒸料一般保持 0.1 MPa 蒸 30 min,蒸料出锅黄褐色,柔软无浮水,出锅后过筛使之迅速冷却,要求熟料水分为 52%～55%。

采用一次加润水法的熟料团块较多,过筛困难,耗劳动力大,可改用两次加润水法。在混合原料中,先加水 40%～50%,蒸熟后过筛,熟料疏松容易筛,过筛后再加 30%～45%的冷开水,为防止杂菌污染,可在此冷水中添加 0.2%～0.3%食用冰醋酸或 0.5%～1.0%醋酸钠拌匀。

4. 接种

接种温度夏天为 38℃,冬天在 42℃,接种量 0.1%～0.5%。接种时先将三角瓶外壁用 75%酒精擦拭,拔去棉塞后,用灭菌的竹筷(或竹片)将纯种去除,置于少量冷却的曲料上,拌匀(分 3 次撒布于全部曲料上)。如用回转式加压锅蒸料,可用真空直接冷却到接种温度,并在锅内接种及回转拌匀,以减少与空气中杂菌的接触。

5. 装盒入室培养

(1)堆积培养。将曲料摊平于盘中央,每盘装料(干料计)0.5 kg,然后将曲盘竖直堆叠放于木架上，每堆高度为8个盘，最上层应倒盖空盘一个，以保温、保湿。装盘后品温应为30～31℃，保持室温29～31℃（冬季室温32～34℃），干湿球温度计温差1℃，经6 h左右，上层品温达35～36℃可倒盘一次，使上下品温均匀，这一阶段为沪酿3.042的孢子发芽期。

(2)搓曲、盖湿草帘。继续保温培养6 h，上层品温达36℃左右。这时曲料表面生长出呈微白色菌丝，并开始结块，这个阶段为菌丝生长期。此时即可搓曲，即用双手将曲料搓碎、摊平，使曲料松散，然后每盘上盖灭菌湿草帘一个，以利于保湿降温，并倒盘一次后，将曲盘改为"品"字形堆放。

(3)第二次翻曲。搓曲后继续保温培养6～7 h，品温又升至36℃左右，曲料全部长满白色菌丝，结块良好，即可进行第二次翻曲，或根据情况进行划曲，用竹筷将曲料划成2 cm的碎块，使靠近盘底的曲料翻起，利于通风降温，使菌丝孢子生长均匀。翻曲或划曲后仍盖好湿草帘并倒盘，仍以"品"字形堆放。此时室温为25～28℃，干湿球温度计温差为0～1℃，这一阶段菌丝发育旺盛，大量生长蔓延，曲料结块，这个阶段称为菌丝繁殖期。

(4)洒水、保湿、保温。划曲后，地面应经常洒冷水保持室内温度，降低室温使品温保持在34～36℃，干湿球温度计温差达到平衡，相对湿度为100%，这期间每隔6～7 h应倒盘一次。这个阶段已经长好的菌丝又长出孢子，这个阶段称为孢子生长期。

(5)去草帘。自盖草帘后48 h左右，将草帘去掉，这时品温趋于缓和，应停止向地面洒水，并开天窗排潮，保持室温(30±1)℃，品温35～36℃，中间倒盘一次，至种曲成熟为止。这一阶段孢子大量生长并老熟，称为孢子成熟期。

自装盘入室至种曲成熟，整个培养时间共计72 h。在种曲制造过程中，应每1～2 h记录一次品温、室温及操作情况。

6.种曲制作过程中注意事项

(1)种曲室要经常保持清洁卫生，必要时需彻底消毒灭菌。

(2)设备及用具使用后要清洗干净，并妥善保管。

(3)严格按工艺操作要求生产，控制好温、湿度。

(4)加强生产联系，保证使用新鲜种曲。

(5)加强对种曲质量的检查并做好记录。

7.种曲质量检验

(1)感官特性检验。菌丝整齐健壮，孢子丛生。呈新鲜黄绿色并有光泽，无夹心，无杂菌，无异色。

(2)理化检验。

①孢子数　用血球计数板法测定米曲霉种曲，种曲中孢子数应在6×10^9个/g(以干基计)以上；米曲霉种曲中细菌数不超过10^7个/g。

②孢子发芽率　用悬滴培养法测定发芽率，要求达到90%以上。

③蛋白酶活力　新制曲在5 000 U以上，保存制曲在4 000 U以上。

④水分　新制曲水分35%～40%,保存制曲水分在10%以下。

种曲质量关系到生产用曲的质量,因此必须严格控制。如果发现种曲色泽不符,或杂菌丛生,或孢子数少,或细菌数多,或孢子发芽率低,必须停止使用该批种曲;彻底清洗一切工具与设施,并进行消毒灭菌;与此同时还应对菌种及三角瓶扩大曲进行认真检查,找出其中的原因。

任务二　制曲原料处理

制曲的目的在于通过米曲霉在原料上的生长繁殖,以取得酱油酿造上需要的各种酶,其中特别是蛋白酶和淀粉酶更为重要。选用原料时,必须充分考虑到原料对制曲的影响。也就是说,制曲原料的选用,既要以米曲霉能正常生长繁殖为前提,又一定要考虑到酱油本身质量的需要。因此,理想的制曲原料应具备制曲容易、曲酶活性强、来源广及不影响酱油质量等条件。

酱油的鲜味主要来源于原料中蛋白质分解成的氨基酸,所用原料必须有相当高的蛋白质含量,酱油的特殊香气的形成也与原料的种类有密切关系。豆粕蛋白质含量非常丰富,宜于作为主料;麸皮既适合于米曲酶的生长繁殖,又较其他原料适合于米曲霉分泌酶类,可以作为辅料,两者搭配使用,是一种较理想的制曲原料。

一、原料轧碎与润水、加水

原料处理包括两点:在原料上的杂菌,一是通过机械作用将原料粉碎成为小颗粒或粉末状;二是经过充分润水和蒸煮,使原料中蛋白质适度变性、淀粉充分糊化,以利于米曲霉的生长繁殖和酶类的分解作用。

原料的处理因设备、原料、工艺而不同,但原则上应做到颗粒细而均匀,润水充分,适当的蒸煮压力和时间,迅速地减压和冷却。

(一)豆饼(豆粕)轧碎

1.轧碎的作用和要求

豆饼坚硬而块大,必须予以轧碎。豆粕颗粒虽不太大,但不符合要求,也要适当进行破碎。

(1)轧碎的作用。轧碎为豆饼(豆粕)润水、蒸熟创造条件,使原料充分地润水、蒸熟,达到蛋白质一次变性,从而增加米曲霉生长繁殖及分泌酶的总面积,提高酶的活力。

(2)轧碎的要求。豆饼(豆粕)轧碎程度以细而均匀为宜,颗粒大小为2～3 mm,粉末量小于20%。

2.细碎度与制曲、发酵、原料利用率的关系

(1)颗粒太大,不但不易吸收水和蒸熟,减少曲霉生长繁殖的总面积,降低酶活力,而且影响发酵时酶对原料的作用程度,导致发酵不良,影响酱油的产量和质量。

(2)但粉碎过细,麸皮比例又少,则润水时易结块,蒸后难免产生夹心,制曲时曲料太实,会造成通风不畅,发酵时酱醅发黏,给控温和淋油带来一定难度,反而影响酱油质量和原料利用率。

因此,原料破碎细度要适当,特别要注意颗粒均匀。

(二)润水及加水

豆粕或豆饼由于其原形已被破坏,加水浸泡就会将其中的成分浸出而损失,因此必须有润水工序,使需要加入的水分充分而均匀地吸收入原料内部,以利于进一步加工处理。润水需要一定的时间。

1.润水的目的

使原料中蛋白质含有适量的水分,以便在蒸料时受热均匀,迅速达到蛋白质的一次变性;使原料中的淀粉吸水膨胀,易于糊化,以便溶解出米曲霉生长所需要的营养物质;供给米曲霉生长繁殖所需要的水分。

2.原料配比与加水量

目前各厂生产酱油,豆饼与麸皮的配比不同,有7∶3、6∶4或5∶5,麸皮用量越大,加水量越大;反之,则可适当减少。加水量的确定必须考虑到诸多因素,原料不同,其含水量不同,即使同一种原料因加工方法不同,含水量也不一样。加水量注意以下情况。

(1)夏季,风大,温度相对高,应多加水。一些地区气候干燥,加水量也应该相应增加;反之,则应减少用水量。

(2)蒸料方法。一般常压蒸料蒸汽流畅,原料增加水分较少,而加压蒸料时,水分较多。

(3)冷却和送料方式。在夏季,有时为了使蒸料迅速冷却,要大力翻扬或用风扇吹,水分散发较快、较多,应注意加水量的调节。

(4)曲室保温及通风情况。当曲室保温及通风设备良好,可以自由控制室温时,加水量应该适当增加。

生产上应严格控制加水量。生产实践证明,以豆粕数量计算加水量在80%~100%较合适。但加水量的多少主要依据曲料水分为准,一般冬天掌握在47%~48%,春天、秋天要求48%~49%,夏天以49%~51%为宜。

二、原料蒸煮

(一)蒸煮的目的和要求

蒸煮在原料处理中是个重要的工序,蒸煮是否适度,对酱油质量和原料利用率影响极为明显。

1.蒸煮的目的

(1)蒸煮使原料中的蛋白质完成适度的变性,便于被米曲霉发育生长所利用,并为以后酶分解提供基础。

(2)蒸煮使原料中的淀粉吸水膨胀而糊化,并产生少量糖类,这些成分是米曲霉生长繁殖的营养物质,而且易于被酶所分解。

(3)蒸煮能消灭附在原料上的微生物,提高制曲的安全性,给米曲霉正常生长发育创造有利条件。

2.蒸煮的要求

达到"一熟、二软、三疏松、四不粘手、五无夹心、六有熟料固有的色泽和香气"。加压蒸料操作时应注意:

(1)经常检查,压力不得超出规定范围。

(2)操作时要严格遵守操作规程。

(3)出料时锅内残余蒸汽必须排尽。

(4)装卸锅盖时,应对称地上紧螺栓,使各螺丝及锅盖承受比较均匀的力量。

(二)蒸熟程度与蛋白质变性

1.N性蛋白(原料未蒸熟)

未蒸熟的蛋白质称为N性蛋白,其不变性,能溶于盐水中,但不能被米曲霉中的酶系所分解。含有N性蛋白的酱油经稀释或加热后会产生浑浊物质(这是通过检验酱油,了解蒸料质量的简便方法)。

2.适度变性

适度变性的蛋白质能为米曲霉分泌的蛋白酶所分解。

3.过度变性(褐变)

蒸煮过度后,蛋白质色泽增深,蛋白质中氨基酸与糖结合,形成褐变,就很难被米曲霉分泌的蛋白酶所分解。

4.蒸料压力(温度)与时间的关系

生产实践表明,在一定范围内,蒸汽压力越高,时间越短,全氮利用率越高。

5.冷却速度和消化率的关系

冷却速度和消化率也有相当大的关系。生产实践证明,排气脱压冷却快,则消化率高;排气脱压冷却慢,则消化率低。

(三)旋转式蒸煮锅蒸料的方法

国内已采用旋转式蒸煮锅(简称转锅,日本称NK罐)蒸料,罐体以立式双头锥为主,也有球形的。容量一般为5～6 m^3,在蒸料式转锅可不断地做360°的旋转运动。新式的转锅附有减压冷却装置(水力喷射器)。水力喷射器配有离心水泵,利用高速水流从喷嘴喷出,在蒸料出料时,锅内形成减压,水分在低压下蒸发吸收热量,使曲料冷却,转锅的上端设有投料出口,锅身的下面设有接种绞龙和输送机，可直接送入曲池。罐的蒸料量以不超过70%的容量为宜，使转锅的原料能够混匀，压力、温度均衡。旋转式蒸煮锅蒸装置如图4-1如示，操作要点如下。

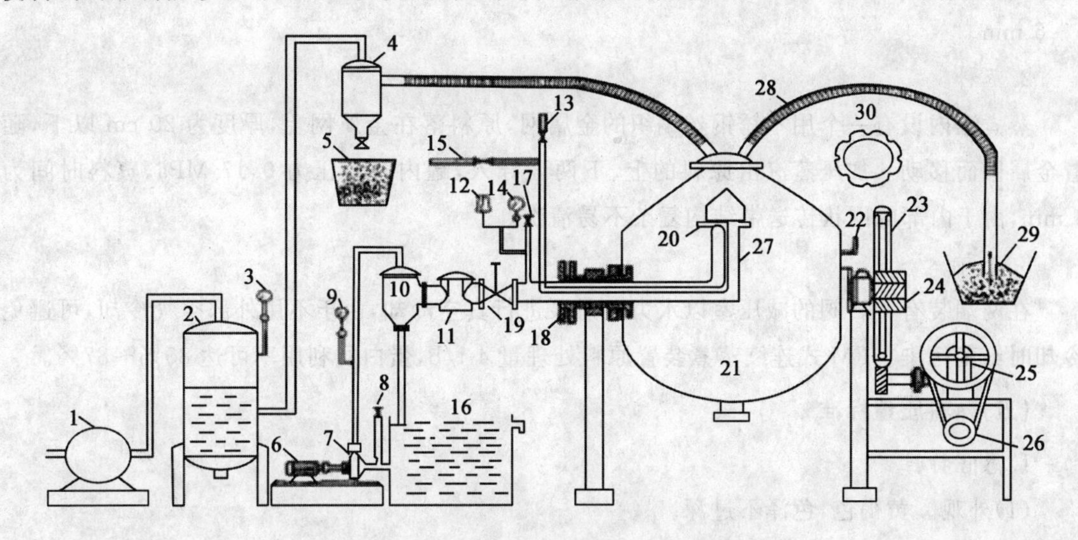

图4-1　旋转式蒸煮锅蒸装置示意图

1—真空泵　2—水过滤器　3—真空表　4—旋风分离器　5—贮尘桶　6—电动机　7—水泵　8—给水阀门　9—压力表　10—水力喷射器　11—单向阀　12—安全阀　13—加水管　14—真空表　15—蒸汽管　16—贮水池　17—排气管阀　18—空心轴及轴封　19—闸门阀　20—喷水及进气管　21—转锅体　22—温度计　23—正齿轮　24—实心轴　25—变速器　26—电动机　27—冷却排气管　28—进料软管　29—进料斗　30—蒸料锅盖

(1)开始蒸料时，先排出气管中的冷凝水，当升压时先用排气阀将空气排出，如锅内空气未排尽，会使锅内形成虚假气压，会降低蒸料温度和蒸料的效果。

(2)等排气阀连续喷出饱和蒸汽时，再关闭排气阀，使锅内压力升高，当压力升到0.03～0.05 MPa，再打开排气阀，将残余空气排除干净。

(3)然后关闭排气阀继续通入蒸汽使压力上升达到所规定的压力，一般为0.1～0.15 MPa，时间为30～40 min。在蒸熟过程中转锅不停旋转。

(4)蒸料完毕，开启排气阀使压力降到零位，然后关闭排气阀，开动水泵供给水力喷射器冷却水进行减压冷却，锅内形成真空蒸发，品温快速下降，达到接种温度即可出料，一般降至40℃。

(四)连续蒸煮装置蒸料方法

采用连续蒸煮装置蒸料的压力比旋转式蒸煮锅更高，蒸煮时间更短，蒸料结束可直接进行真空冷却。这种方法蒸料均匀，原料蛋白质利用率可提高到85%以上。常用的连续蒸煮装置为网络式(FM式)，其结构由给料槽、洒水绞龙、预热罐、蒸煮罐和连续冷却机等部分组成。操作步骤如下。

1. 加水和润水

在洒水绞龙中，原料和 70℃热水混合，润水 6 min，然后进入预热罐预热至 95℃，预热时间 5～6 min。

2. 蒸料

蒸煮罐内设有一个用不锈钢丝编织的金属网，原料落在金属网上，厚度为 20 cm 以下，随着金属网而移动。加压蒸汽由原料的上、下两面导入，罐内蒸汽压力 0.17 MPa，蒸料时间为 3 min，由于内部的网状传送带结构复杂不易清洗。

3. 冷却

在两端装有旋转阀的减压室以水力喷射泵进行真空冷却，由于不用外部空气冷却，可避免冷却时细菌污染。FM 式连续蒸煮装置原料处理量 4 t/h，蛋白质利用率可达 85%～87%。

(五)熟料质量标准

1. 感官特性

(1)外观。黄褐色，色泽不过深。

(2)香气。具有豆香味，无煳味及其他不良气味。

(3)手感。松散、柔软、有弹性、无硬心、无浮水，不黏。

2. 理化标准

(1)水分(入曲池取样)在 45%～50%为宜。

(2)蛋白消化率在 80%以上。

三、其他原料的处理

由于地区和条件的不同，还有许多蛋白质原料和淀粉原料被用来酿制酱油，因为原料性质不同，其处理方法也各不相同。

(一)以小麦、大麦、高粱做原料

用小麦、大麦、高粱做原料时，一般要先经过焙炒，使淀粉糊化增加色泽与香气，同时杀灭附在原料上的微生物。焙炒后含水量显著减少，便于粉碎，能增加辅料的吸水能力。要求焙炒后的小麦或大麦呈金黄色，其中焦煳粒不超过 5%～20%，每汤匙熟麦投水试验下沉，生粒不超过 4～5 粒，大麦爆花率为 90%以上，小麦咧嘴率为 90%以上。

为了节约用煤，减轻焙炒劳动强度和改善劳动条件，可直接将原料轧碎，与豆饼、豆粕原料混合拌匀(或分先后润水)后再进行蒸煮。日本使用小麦的处理如下。

1. 前处理

同大豆一样要进行筛选处理，目的是除去杂质，其方法与大豆基本相同。

2. 焙炒

由于焙炒小麦的水分被蒸发，同时小麦膨胀，变成易于破碎的状态。经过焙炒，除去了小麦的水分，在制曲时就能起到调节蒸煮大豆的水分的重要作用，同时还可以杀死附在生小麦表面的微生物。此外焙炒使小麦淀粉糊化,使之容易受到曲霉菌淀粉酶的作用。

最普通的炒麦机:在轴承上安装着一只两端直径不同的圆筒并可旋转,由圆筒直径小的一端投入原料小麦,圆筒在明火上旋转而使小麦得到焙炒,焙炒小麦的沙子与小麦一起送进去,由于小麦与加热的沙子是混合起来的,因此在流动中同时存在。沙子用金属网筛去,落入圆筒外面的螺旋状管内并回到入口,再次与进入的小麦混合。炒完的小麦温度约为 150℃,质量为原来的 80%~90%。

3. 破碎

经过焙炒的小麦冷却后进行破碎,目的是使之有利于曲霉菌的繁殖及容易受酶的作用,这样就需增大其表面积和调节蒸煮大豆表面的水分,以利于制曲。破碎的程度为四瓣,且需要拌有一定量的粉末。这样,当进行通风制曲的时候,小麦就将易于繁殖细菌的大豆表面覆盖住,从而将有助于曲霉菌丝的生长。

破碎机是滚柱式的,滚柱的直径为 100~150 mm,长 200~350 mm,是用硬铜制作的。在滚柱的表面上有沟槽,由于两个滚柱的旋转方向是不同的,因此小麦被粉碎。

(二)其他原料

1. 以其他饼粕类做原料

以其他油料作物榨油后的饼、粕类作为代用原料时,其处理方法基本上与豆饼相同。

2. 以米糠做原料

用米糠时,使用方法与麸皮相同,若用榨油后的米糠饼,要先经过粉碎。

3. 以面粉或麦粉做原料

以面粉或麦粉为原料时,除老法生产直接将生粉拌入制曲外,一般可采用酶法液化糖化,将淀粉水解成糖液后参与发酵,不需经过蒸料、制曲工艺操作。

四、液化及糖化

酿造酱油中应用液化和糖化方法是最近 10 年来才发展起来的一门新技术,是利用微生物酶制剂使淀粉水解成还原糖,再拌入成曲中发酵的一种方法,可以节约粮食、劳动力及制曲设备,达到增产节约的目的。液化糖化法应用于酱油生产中的优点如下。

(1)减少淀粉损耗,提高淀粉原料利用率。

(2)节约蒸料及制曲设备。

(3)有利于机械化、连续化生产,提高了原料在发酵前加工的劳动生产率。

(一)酶法的应用

在制曲过程中,米曲霉的生长发育需要消耗大量的淀粉,原料中加水量越大,淀粉消耗越多;制曲时间越长,淀粉消耗也越多。如果采用液化糖化工艺,在制曲时可大幅度地减少淀粉质原料用量,将所减少的淀粉质原料的一部分,利用酶解成糖后直接加入到发酵酱醅中,可使淀粉质原料较充分地被利用。

原料中的淀粉颗粒一般直径在0.002～0.15 mm。淀粉的化学结构是由很多葡萄糖分子连接起来形成的大分子。按连接的方式:一为直连淀粉,二为支链淀粉。淀粉颗粒在热水中能大大膨胀,水温达到一定温度时,淀粉颗粒比原来体积膨胀50～100倍,淀粉颗粒被解体而糊化。

α-淀粉酶能在一定条件下使逐渐已糊化的淀粉的化学结构破坏,将直连淀粉和支链淀粉都切成短分子的糊精和少量糖分,使淀粉发生液化。此时淀粉黏度显著降低,再利用麸皮中的β-淀粉酶(或其他糖化剂)进行糖化,继而可使短分子的糊精全部变成麦芽糖(或葡萄糖)。在酱油生产中,利用α-淀粉酶和β-淀粉酶可以取代淀粉质原料的制曲工序,从而大大节约粮食和方便生产。

(二)液化及糖化工艺

1.工艺流程

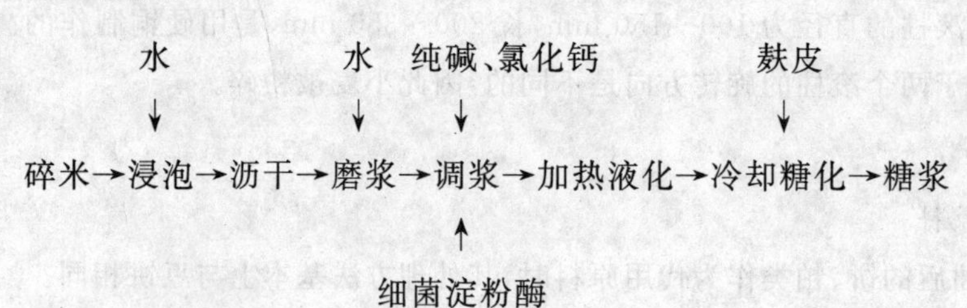

2.液化方法

(1)浸米。先将碎米(或其他淀粉质原料)准确过磅,然后倒入输送机中,运入储料桶内,加水浸泡冲洗,在常温下浸泡0.5～1 h,把水放掉沥干。

(2)磨浆。把冲洗干净的碎米,流入钢片式磨粉机中磨细。磨时一边投入碎米,一边加入适当的水。粉浆要求越细越好,一般每100 kg碎米磨成米浆约250 kg,米浆呈稠厚均匀乳浊状。

(3)调浆。米浆边磨边流入液化及糖化桶内。磨浆结束开始搅拌器,加水,使粉浆调节在18～20°Bé。再用碳酸钠(俗称纯碱,Na_2CO_3)溶液,调节至pH 6.2～6.4。然后加入0.2%氯化钙($CaCl_2$),最后加入细菌淀粉酶(每1 g原料使用淀粉酶10 U)。

(4)液化。调浆完毕后通入蒸汽,使浆温缓缓上升,至浆温达到85～90℃时,维持10～15 min,期间即进行糊化和酶的液化作用。以碘液检验呈金黄色时,即表示液化完成。最后再逐步升温至煮沸。

3.糖化方法

液化完成后,冷却管内不断通入冷水,将液化醪冷却至65～70℃,加入相当于碎米2%的麸皮作糖化剂,充分搅拌均匀,保持糖化温度在60～65℃之间,一般以62℃为宜,糖化时间为3 h,如能延迟至4 h则更好。糖化完毕后,可直接供发酵之用。

任务三 成曲制备

制曲是酱油生产的关键之处，是酿造酱油的基础。没有良好的曲子，就不能酿造出品质优良的酱油。制曲先要选择原料及适当的配比，经过蒸熟处理，然后在蒸熟原料中混合种曲，使米曲霉充分发育繁殖，同时分泌出多种的酶（蛋白酶、淀粉酶、氧化酶、脂肪酶、纤维素酶等）。制曲时，从米曲霉菌体中分泌出来的酶，不但使原料起了变化，而且也是以后发酵期间发生变化的根源。所以曲的好坏，直接影响酱油品质和原料利用率，因此，必须把好这一关。

一、制曲设备

(一)厚层通风制曲设施

1. 制曲室

曲室的种类很多，有地上曲室及楼上曲室两种。楼上曲室是应用较广的一种，楼上曲室，楼下是发酵，制成的曲由楼上直接送至楼下。设计曲室时，应根据下列条件选择适当的位置：即地形干燥，易于保持清洁，并接近原料处理场所与发酵室，然后再考虑曲室大小、形状及结构等。

(1)曲室的大小以宽 8 m，长 10～12 m，高约 3 m 为宜。如果过大，则保温、保湿都有困难；过小，则在操作时有困难。

(2)曲室的构造有砖木结构、砖结构和钢筋水泥结构两种。墙壁厚度应以地区寒暖情况及曲室的具体情况而加以调整，墙层厚不应少于 25 cm。需要有弧形平顶，平顶上铺隔热材料，以防滴水，内壁全部涂水泥，地面两边有排水沟。

(3)曲室的门窗设计，根据地区气候条件的不同而各异，不但要考虑冬季的保暖，同时还须考虑夏季的降温。门宜厚，做成夹层，中间衬垫隔热材料。严寒地区应有两道门，里面门可用推拉式的木板门，上开一个小玻璃窗。

天窗是换气或调节温湿度的重要设置，一般设于曲室中央线上，天窗大小以 11.5 m^2 为宜。由于天窗对冬天保暖有影响，目前采用机械排气。

2. 保暖、降温及保湿设施

(1)保温。室内沿墙脚安装直径为 40～50 mm 的蒸汽管或蒸汽散热片。

(2)降温。利用门窗进行自然通风或使用排风扇降温。

(3)保湿。采用空调箱，既能保温、降温，又能保湿。

3. 矩形通风曲池(曲箱)

此种曲池最普通，应用很广泛，建造简易，可用木材、钢板、水泥板、钢筋混凝土或砖石等材料制成。曲他(曲箱)可砌半地下式或地面式,长度为 8～10 m,宽度为 1.5～2.5 m,高为 0.5 m 左右。曲池(曲箱)底部的风道,有些斜坡,以便下水。通风道的两旁有 10 cm 左右的边,以便安装用竹帘或有孔塑料板、不锈钢板等制作的假底,假底上堆放曲料。矩形曲池通风制曲如图 4-2 所示。

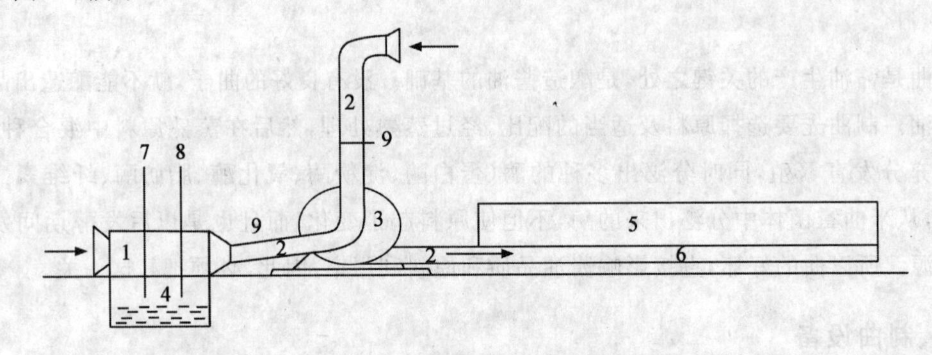

图 4-2 矩形曲池通风制曲示意图

1—温湿调节箱 2—通风管道 3—通风机 4—水池 5—曲池(曲箱) 6—曲池假底 7—水管 8—蒸汽管 9—阀门

(二)圆盘式自动曲料培养装置(圆盘制曲机)

圆盘制曲机是酿造行业近年来开发的先进设备。它是根据微生物的培养规律,为米曲霉的发芽、发育、成长、壮大到成熟提供一切必要条件,针对平床曲室曲料输送难度大,设备操作繁琐,生产环境差,劳动强度大,人和物料无法分离等不足,借鉴了国外先进技术,开发的全自动曲菌培养装置。最大的为直径 16 m,盛料 24 t。圆盘式自动制曲设备如图 4-3 所示。

1. 设备构成

(1)空气调节装置。采用回风道对吸入的空气进行温度、湿度、空气品质(含尘、含菌丝、含 CO_2 等)的调节,使其符合米曲霉培养要求。它由曲室回风管道、新鲜空气进口、排风口、调风量闸门、风过滤器、喷水喷雾段、蒸汽加温和冷冻降温装置、无级变速通风机、向曲池进风管道等组成。

(2)圆盘制曲机组。主要由上部曲室、曲床部分、翻曲机、出入曲螺旋推进器和下面通风箱池 5 部分组成。

2. 圆盘制曲机的操作程序

(1)入料。开动曲床圆盘,进行低速旋转,调节出入曲螺旋推进器,使其底面与曲床假底上平面为一定距离(事先量的曲层高度),开始旋转螺旋(其推料方向为向心)。曲料从曲室壁外进入后。经漏斗顺入曲床围栏内的假底上,待曲料堆积一定高度接触到螺旋,多余料即被螺旋叶片推向中心,直至入料布满曲床假底。

(2)通风制曲。入料完毕,圆盘停止转动,入料螺旋升至最高位置,开始静止培养;待米曲霉发芽、繁殖开始产热即开动空调进行通风培养,利用空调机供给曲菌生长所需的空气(温度、

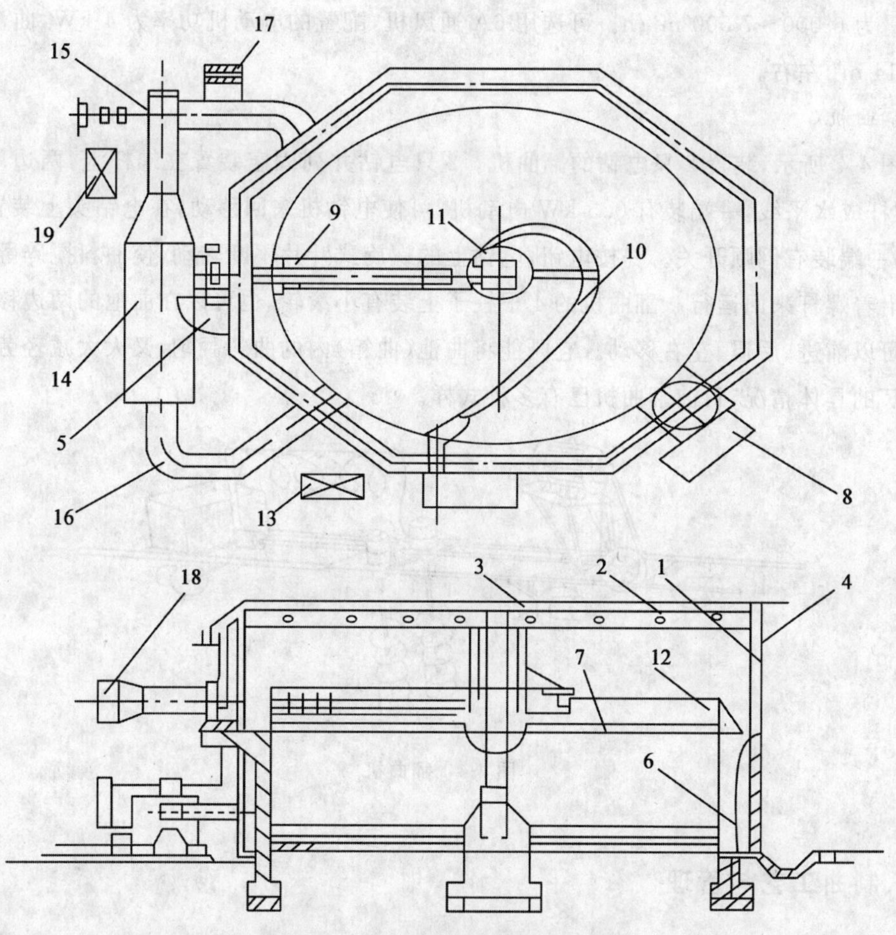

图 4-3 圆盘式自动制曲设备示意图

1—保温内壁 2—加热管 3—保温外壁 4—钢架 5—门 6—培养床基础 7—回转圆盘培养床 8—培养床驱动装置 9—翻曲机 10—入曲及出曲装置 11—中心圆筒 12—培养床侧壁 13—操作台 14—空调机 15—送风机 16—通风道 17—调节板 18—加热器 19—控制台

湿度可自动控制)。

(3)翻曲。当米曲霉繁殖旺盛、大量产热、曲料板结影响降温时应进行翻曲(正常全制曲过程翻两次)操作:空调机停止供风,转动圆盘,同时使翻曲耙齿在圆盘转动中慢慢降下,待降至最低点为止(耙齿下后与假底距离 5 mm)。圆盘转动 360°,翻曲结束,调节耙齿上升离开曲面,翻曲耙停止旋转,圆盘停止转动,开动空调,继续通风制曲。

(三)制曲辅助设备

1. 通风机

厚层通风制曲适用的风机是中压,一般要求总压头在 1 kPa 以上就可以。风量(m^3/h)以曲池(曲箱)内盛总原料量的 4～5 倍计算。例如,曲池(曲箱)内盛入的总原料为 1 500 kg,则需要风量为 6 000～7 500 m^3/h。可选用 6A 通风机，配置的电动机功率为 4 kW，曲池（曲箱）面积为 14 m^2 左右。

2. 翻曲机

如图 4-4 所示，装置 2 只电钻的翻曲机。2 只电钻并列固定装置在螺杆上，两边用铁管相托，与螺杆成水平线，一端装有 0.5 kW 电动机，可使电钻机来回移动，在电钻头上装置螺旋式叶片，另一端装有倒顺开关。一按电钮，电钻上的螺旋式叶片不断转动，使曲料搅碎翻动，同时电钻机沿着螺杆来回运行。翻曲机的 4 根柱子上装有小滚轮，也可以在曲池的两边移动，所以翻曲时可以前进、后退、左右移动。它既能将曲池（曲箱）内的曲料翻匀，又大大减轻劳动强度。结合各厂的具体情况，目前翻曲机已有多种式样。

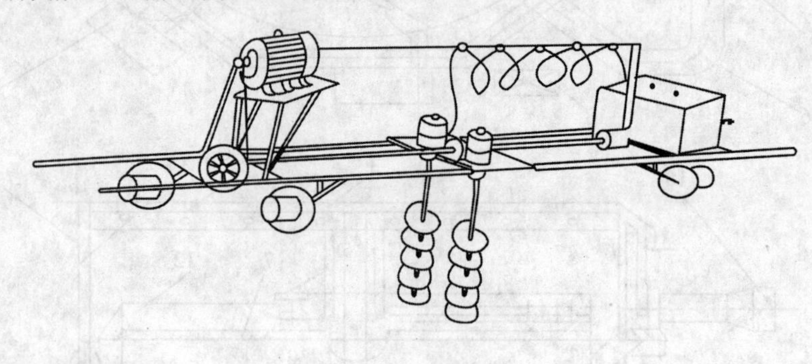

图 4-4 翻曲机

二、制曲工艺与管理

（一）制曲工艺

1. 工艺流程

种曲
↓
熟料→冷却→接种→入池培养→翻曲→铲曲→成曲

2. 操作步骤

（1）冷却、接种及入池。经过蒸煮的熟料必须迅速冷，并把结块的部分打碎，使用带有减压冷却设备的旋转式蒸煮锅，可在锅内直接冷却。出锅后迅速接种拌匀，立即用气力输送、绞龙或输送带送入曲池内培养。

没有冷却设备的蒸锅出料以后可用绞龙或其他吹风设备冲却至 40℃左右接种，接种量为 0.3%～0.5%。种曲先用少量麸皮拌匀后再掺入熟料中以增其均匀性。操作完毕应及时清洗各种设备，并搞好环境卫生，以免存积的物料受微生物污染而影响下次制曲质量。

（2）培养。

①曲料装池的厚度一般为 30 cm。为了保持均匀而良好的通风条件，必须做到堆积疏松

及平整。如果接种后料层温度较高,或者上下品温不一致,应及时开启通风机调节温度至32℃左右。

②在曲料的上、中、下及面层各插温度计1支。静置培养6 h左右,此时料层开始升温到37℃左右时即应开机通风,以后用间断通风的方法维持曲料品温为35℃左右。温度的调节还可以采取循环通风或以换气的方式控制,使上层与下层的温差尽量减少。

③接种12～14 h以后,品温上升迅速,米曲霉菌丝生长使曲抖结块,通风阻力增大。虽连续通风数小时,品温仍有超过35℃的趋势,此时应进行第一次翻曲,使曲料疏松以减少通风阻力,并保持温度34～35℃。继续培养4～6 h后,根据品温上升情况进行第二次翻曲。

注意:翻曲时间及次数是通风制曲的主要环节之一,必须认真掌握。根据原料配比的松实度、通风机的风压和风量以及操作方法等因素来统一考虑。如果用机械翻曲,则翻曲机的转速不宜过快(一般以200～250 r/min为宜),池底曲料要全部翻动,以免影响米曲霉的生长。

④翻曲后则继续连续通风培养,品温以维持30～32℃为宜。如果曲料出现裂纹收缩,则可用压曲或铲曲的方法将裂缝消除。

⑤培养20 h左右米曲霉开始着生孢子,蛋白酶活力大幅度上升,培养至30 h左右即可出曲。有时也可以在出曲前停风堆积约0.5 h,使曲温上升到40℃左右以利于拌曲后控制酱醅温度。但必须注意,勿使温度升高过多(应低于45℃),以防酶活损失。

(二)制曲过程曲料变化

1.霉菌在曲料上生长的变化

(1)孢子发芽期。曲料接种进入曲箱后米曲霉得到适当的温度及水分,开始发芽生长。一般地说,温度低于25℃以下,霉菌发芽缓慢;温度高于38℃以上,不适合霉菌发芽条件,此条件适合细菌的发育繁殖,容易污染杂菌,影响制曲。曲霉的最适发芽温度为30～32℃。在最初的4～5 h是米曲霉的孢子发芽阶段,所以称为孢子发芽期。

(2)菌丝生长期。孢子发芽后,接着生长菌丝。当静置培养8 h左右时,品温已逐渐上升至36℃,需要进行间歇或连续通风。一方面调节品温;另一方面调换新鲜空气,以利于米曲霉生长。继续维持品温在35℃左右,培养12 h左右,当肉眼稍见曲料发白时进行第一次翻曲,这一阶段是菌丝生长期。

(3)菌丝繁殖期。第一次翻曲后,菌丝发育更为旺盛,品温上升也极为迅速,需要加强管理,继续连续通风,严格控制品温为35℃左右。约再隔5 h,曲料面层产生裂缝,品温相应上升,进行第二次翻曲。此阶段米曲霉菌丝充分繁殖,肉眼可见曲料全部发白,称为菌丝繁殖期。

(4)孢子着生期。第二次翻曲完成后,品温逐渐下降,但仍宜连续通风维持品温30～34℃。一般情况下,曲料接种培养18 h后,曲霉逐渐大量繁殖菌丝,并开始着生孢子。培养24 h左右,孢子逐渐成熟,使曲料呈现淡黄色直至嫩黄绿色。在孢子着生期,米曲霉分泌的蛋白酶最为旺盛。

注意:在温、湿度控制适当时,米曲霉占绝对优势,可以抑制杂菌的生长,空气中杂菌只能少量繁殖，对成曲的质量无多大影响。当温度、湿度控制不当时，即制曲条件不适合米曲霉的繁殖，则其他细菌、酵母或霉菌乘机获得较好的繁殖条件，结果会抑制米曲霉的繁殖从而使成曲质量低劣，酶的活力受到影响，最终影响酱油质量和出品率。

2. 制曲过程中的化学变化

制曲过程中的主要化学变化是米曲霉分泌的淀粉酶分解部分淀粉为糖分，以及蛋白酶分解部分蛋白质为氨基酸。由于米曲霉在生长繁殖时需要耗用部分糖和氨基酸作为养料，并通过呼吸作用将糖分分解成二氧化碳及水分，同时产生大量的热，这就是制曲过程中产生热量的主要原因。

3. 制曲过程中的物理变化

制曲过程中的物理变化主要是由于米曲霉的生理活动产生的呼吸热和分解热。在通风的条件下，曲料中的水分大量蒸发。一般通风培养曲料进入曲池时的水分为 48%左右，培养 24 h 后、出曲时成曲水分已下降至 30%左右。

制曲时，淀粉质部分水解生成的葡萄糖，虽然其中有一部分残留在曲中，但大部分被进一步分解成二氧化碳及水分而消耗，粗淀粉等物质的下降率均在 10%以上。粗淀粉的减少，水分的蒸发，以及菌丝的大量繁殖使曲料紧实，料层收缩，以至发生裂缝，从而引起料温不均匀，如不及时处理就影响了通风、制不好曲。所以，在制曲过程中进行翻曲或者铲曲，可使曲料疏松，以利于米曲霉的正常生长繁殖。

(三)制曲时间的确定

厚层通风制曲多久为最适宜，主要以蛋白酶活力达到其最高点为依据。

(1)制曲时间过短，蛋白酶活力不足，影响对蛋白质的分解。实践证明，制曲时间超过一定限度，蛋白酶活力反而逐渐下降，也要影响对蛋白质的分解。同时通风制曲时间增长后，不但微生物的生长繁殖需要多消耗淀粉，无形中浪费粮食，而且影响通风制曲设备的周转，增加通风机电力的消耗。

(2)制曲时间的长短，因菌种、品温高低、制曲设备条件及发酵工艺的不同而有很大差异。日本用厚层机械通风制曲时间大多为 42～45 h，而我国用厚层机械通风制曲时间一般为 28～36 h。

据近几年研究，制曲时间延长至 30 h 以上才产生谷氨酰胺酶，但因我国目前采用的多为低盐固态发酵工艺，发酵温度较高，易使谷氨酰胺酶迅速失活而发挥不出作用。

三、通风制曲要点

通风制曲的操作要点归纳为“一熟、二大、三低、四均匀”。

1. 一熟

要求原料蒸得熟，不夹生，使蛋白质达到适度变性及淀粉质全部糊化的程度，可被米曲霉吸收，生长繁殖，适宜于酶类分解。

2.二大

即大水、大风。

(1)大水。曲料水分大,在制取好曲的前提下,成曲酶活力高。熟料水分要求在45%～51%。但若制曲初期水分过大,不适宜米曲霉的繁殖,而细菌则显著地繁殖。

(2)大风。通风制曲料层厚达30 cm左右,米曲霉生长时,需要足够的空气,繁殖旺盛期间又产生很多的热量,因此必须要通入大量的风并保持一定风压,才能够透过料层维持到适宜于米曲霉繁殖的最适温度范围。

通风小了,就会促使链球菌的繁殖,甚至在通风不良的角落处,会造成厌气性杆菌的繁殖。但若温度低于25℃,在通风量大的情况下,小球菌就会大量地繁殖。通风是制好曲的关键之一,需特别注意。

3.三低

即入池品温低,制曲品温低,进风风温低。

(1)入池品温低。熟料入池后,通入冷风或热风将料温调整至32℃左右,此温度是米曲霉孢子最适宜的发芽温度,能更迅速发芽生长,从而抑制其他杂菌的繁殖。

(2)制曲品温低。低温制曲能增强酶的活力,同时能抑制杂菌繁殖,因此,制曲品温要求控制在30～35℃之间,最适宜温度为33℃。

(3)进风风温低。为了保证在较低的温度下制曲,通入的风温要低些。一般在30℃左右。风温、风湿可以通过空调箱进行调节。

4.四均匀

原料混合及润水均匀,接种均匀,装池均匀,料层厚薄均匀。

(1)原料混合及润水均匀。原料混合均匀才能使营养成分基本一致。在加水量多情况下,更要求曲料内水分均匀,否则由于润水不匀,必然使部分曲料含水量高,易导致杂菌繁殖,而部分曲料含水分较低,使制曲后酶活力低。

(2)接种均匀。接种均匀对制曲来讲是一个关键性问题。如果接种不匀,接种多的曲料上,米曲霉很快发芽生长,并产生热量,迅速繁殖。接种少的米曲霉生长缓慢。没有接到种的曲料上,杂菌繁殖,品温也不一致,不易管理,对制曲带来极为不利的影响,为此一定要做到接种均匀。

(3)装池疏松均匀。装池疏松与否,对制曲时的空气温度及湿度有极为重要的影响。如果装料有松有紧,会影响品温不一致,易烧曲。因此,装池时原料要通过筛子,以减少团块,并达到料层疏松。

(4)料层厚薄均匀。因为通风制曲料层较厚,可根据曲池前后通风量的大小,对料层厚薄作适当的调整。如果通风量是均匀的,则要求料层也要均匀,否则会产生温差,影响管理。

四、制曲过程污染的危害与防治

(一)常见的杂菌污染及其危害

目前酱油生产中的制曲,是在曲料上添加沪酿3.042米曲霉后使之生长繁殖。由于是在敞口的条件下培养，全过程接触带菌的空气，酵母菌和细菌等微生物也混入生长，所以需要创造条件使米曲霉的生长占绝对的优势。

1.污染的危害

如果温度、湿度管理不善及通风不良，往往使曲霉菌的生长受到削弱，而杂菌却会大量繁殖起来，使成曲质量下降。

(1)尤其是非耐盐性的微球菌在制曲时过度增殖后，因其产酸性强，导致酱醅发酵初期的pH骤然下降而影响酶系的分解作用。

(2)这些小于1 μm的微球菌的死亡细胞，又会与蛋白质及其他有机物的粒子相互吸附形成细菌性混浊，使酱油难以澄清。

(3)细菌中的枯草杆菌增殖过多之后，会使成曲具有豆豉臭。马铃薯杆菌在酱醅中产生的酶会使谷氨酸焦化，减少酱油鲜味。这些杆菌还产生不愉快的臭味，发酵后又会影响酱油的风味，使成品质量明显下降。

2.制曲中常见的杂菌

制曲过程中常见的杂菌有霉菌、酵母和细菌，尤其以细菌为最多。一般正常生产的酱油曲每克含细菌几亿至几十亿个，而污染严重的可高达几百亿个。酱油酿造的制曲过程中，除曲霉外，分离出杂菌如下。

(1)霉菌。

①毛霉　繁殖后，除妨碍米曲霉繁殖外，还会降低酱油的风味。

②根霉　繁殖后，所造成的危害没有毛霉那样大。

③青霉　在较低温度下容易繁殖，菌丝呈灰绿色，繁殖后会影响米曲霉生长影响酱油的风味。

(2)酵母。

①鲁氏酵母　此菌能在18%食盐中繁殖；有酒精发酵力；能由醇生成酯；能生成琥珀酸，增加酱油的风味，能生成酱油香味成分之一的糠醇。

②球拟酵母　此菌能使酱油产生特殊风味。

③毕赤氏酵母　此菌不能生成酒精，能产生蹼，消耗酱油中的糖分。

④蹼酵母　此菌能在酱油表面形成蹼，分解酱油中的成分，降低风味，是酱油中较普遍存在的有害菌。

⑤圆酵母　此菌能生成丁酸及其他有机酸，使酱油变质，一般不如蹼酵母普遍。

(3)细菌。

①微球菌　此菌是制曲污染的主要细菌，它好气，在制曲的初期繁殖。

如繁殖得恰当，则产生少量的酸，使曲料的pH稍有下降，会起到抑制枯草杆菌的作用，在这点上它是有益的。如果它繁殖过多，则会妨碍曲霉的生长，而且它不耐食盐，当成曲拌和盐水后，会很快死亡，残留的菌体会造成酱油的混浊，这点又是有害的。

②粪链球菌　此菌嫌气，生酸力比微球菌强，在制曲前期繁殖旺盛，产生适量的酸，会抑制

枯草杆菌的繁殖。但是当它产酸过多时，又会影响米曲霉生长。

③枯草杆菌　它是制曲中污染的有害菌的代表。由于它的繁殖，消耗了原料中的蛋白质和淀粉，并生成氨，多了会造成曲子发黏，有异臭，影响米曲霉繁殖及酶的形成，致使制曲失败。同时，枯草杆菌对氨基酸的消耗量远比米曲霉、酵母和乳酸菌多，因此会导致全氮的利用率下降。

此外，还有与酱油风味有密切关系的耐盐性乳酸菌是细菌中的有益菌，具有代表性的如酱油片球菌、酱油四联球菌及植质乳杆菌。

（二）杂菌污染的来源

制曲中的杂菌，是指除了有目的培养的曲霉外，在曲料上生长繁殖的其他微生物，不论对酱油酿造是有益的，还是有害的，统称为杂菌。

1.从种曲及麸皮中引入

由于种曲是在敞口条件下培养的，所以难免不带杂菌。杂菌较多的种曲，本身孢子发芽力弱，发芽率又低，成曲质量要受到严重影响。因此，不合格的种曲，是制曲易受杂菌污染的最主要的传染源。此外，接种时拌和种曲所用的生麸皮，本身就带有很多杂菌。

2.从设备和工具的积料中来

直接接触曲料的设备和工具使用后，要洗刷清洁，并保持干燥，否则积料中会自然培养出微生物，与次日下一批曲料相接触，就接种入内，迅速地生长繁殖起来，尤其是平时不易受人注意的管道内积料更为严重。

3.从空气中带入

如果制曲室附近环境不清洁，则成为杂菌丛生的场所。如酱渣堆放在尘埃飞扬的场所，空气中杂菌密度高，通风制曲时空气中的杂菌连续接种于曲料上的机会就会增加。

（三）制曲中杂菌的防治方法

1.工艺上可以采取的措施

（1）使用质量合格的种曲（二级种子）。即要求孢子浓密而多，发芽率高，繁殖力强，杂菌含量少的种曲。由于优良的种曲在制曲开始时孢子发芽快，并迅速生长菌丝布满曲料颗粒的表面，故能以生长优势来抑制杂菌的繁殖。

（2）蒸煮料要求达到料熟、疏松、灭菌彻底。采用旋转式加压蒸煮锅蒸煮的熟料，由于锅内快速冷却，所以杂菌污染的机会少。而常压蒸煮后摊冷时间长，就要十分注意尽可能减少杂菌侵入。

（3）接种时种曲使用量不宜过少。麸皮最好先经干蒸灭菌，还要把握好接种温度，一般不超过40℃。米曲霉的孢子不耐热，它与细菌孢子不同，接种温度越高孢子发芽越受影响。接种后孢子与物拌和得越均匀越好。如果种曲未拌匀，则孢子多的曲料上菌丝生长旺盛后，会骤然使热度上升；相反，孢子少的曲料上，杂菌就趁机大量繁殖。

（4）加强制曲过程的管理。保持曲料适当的水分，掌握好温度、湿度、通风条件，创造曲霉菌生长的最适宜环境，抑制杂菌的污染。比如曲料含水分过多，制曲前期杂菌就会大量繁殖。

2.保持曲室、设备及工具的清洁卫生

(1)曲室、曲池、设备及工具每次使用完毕,要较彻底地清除散落的曲料及积垢。可以冲洗的场所和工具还要尽量清洗干净,使杂菌缺乏寄生繁殖的条件。

(2)制曲污染严重时,原料处理设备、曲池及其假底可用0.1%新洁尔灭液或用0.2%漂白精液喷洒灭菌。

(3)熟料风管可用甲醛灭菌。

3.添加冰醋酸或醋酸钠可抑制杂菌的生长

在制曲原料中,添加冰醋酸0.3%,或醋酸钠0.5%~1.0%,可有效地抑制细菌的生长,使成曲中细菌数大幅度减少,而酶活力则有所提高,制醅发酵成熟后,淋油畅爽,生产的酱油细菌数少,澄清度高。

五、成曲质量标准

(一)感官指标

1.外观

优良的成曲内部白色菌丝茂盛,并密密地着生黄绿色的孢子。但由于原料及配比的不同,色泽也稍有各异,曲应无灰黑色或褐色的夹心。

2.香气

具有曲香气,无霉臭及其他异味。

3.手感

曲料蓬松柔软,潮润绵滑,不粗糙。

(二)理化指标

(1)水分。一四季度含水量为28%~32%;二三季度含水量为26%~30%。

(2)蛋白酶活力。1 000~1 500 U(福林法)。

(3)成曲细菌总数为50亿个/g以下。

任务四 酱油发酵

酱油发酵是先将成曲拌入多量的盐水,使其呈浓稠的半流动状态的混合物,称为酱醪,或将成曲拌入少量的盐水,使其呈不流动状态的混合物,称为酱醅。然后再装入缸、桶或池内,保温或不保温,利用微生物所分泌的酶,将酱醅中的物料分解成我们所需要的新物质的过程。发酵过程实际上是由于微生物的生理作用所引起的一系列复杂的生物化学变化过程。

发酵是酿造酱油中极其重要的一个关键过程。发酵方法很多,如低盐固态发酵法、低盐稀醪保温法、高盐稀态发酵法及固稀发酵法等。但酱油酿造工艺基本上可分为低盐固态发酵及高盐稀醪发酵两类,其他许多发酵方法实际上都是这两种方法的衍生方法。

一、低盐固态发酵法

低盐固态发酵法是在无盐固态发酵法的基础上发展起来的。低盐固态发酵法也可以说是总结了几种发酵方法的经验,比如前期以分解为主的阶段采用天然发酵的固态酱醅,后期发酵阶段,则仿照稀醪发酵。此外,还采用了无盐固态发酵中浸出淋油的好经验。

对各种发酵工艺的优缺点进行比较,低盐固态发酵法是目前我国酱油酿造工艺上是最好的一种。酱油色泽深,滋味鲜美,后味浓厚,香气比固态无盐发酵法显著提高。其优点如下。

(1)不需添置特殊设备,操作简易,技术简单,管理方便。

(2)原料蛋白质利用率及氨基酸生成率较高,出品率稳定,比较易于满足消费者对酱油的大量需要。

(3)发酵周期为15 d左右,比其他发酵方法的发酵周期短。

(4)低盐固态法制酱油的发酵周期较短,因而在发酵过程中,严格控制其最适量的工艺条件,对提高原料的利用率,改善产品的风味,显得尤为重要。

低盐固态发酵包括三种不同类型的工艺:一是低盐固态发酵移池浸出法;二是低盐固态发酵原池浸出法;三是低盐固态淋浇发酵浸出法。前两种应用较多,但因受工艺及设备限制,没有进行酒精发酵和成酯生香的条件,只做到“前期水解阶段”。后者由于采用淋浇措施,可调节后期酱醅温度及盐度进行酒精发酵,为生产酱香型浓郁的酱油创造了条件。淋浇的方法是定时放出假底下面的酱汁,并均匀地淋浇于酱醅面层,还可借此将人工培养的酵母和乳酸菌接种于酱醅内。现分别介绍如下。

(一)工艺流程

水　热糖浆
↓　↓
食盐→溶解→稀糖浆盐水　　酵母扩培→混合培养←乳酸菌扩培
↓　↓　↓
成曲→拌和入发酵池→酱醅前期保温发酵→倒池→酱醅后期低温发酵→成熟酱醅

(二)发酵设备

1. 发酵室

发酵室是容纳发酵容器的场所,酱醅在此进行分解、发酵和成熟。它的位置和结构是否适宜,以及其他条件等都对酱油酿造有较大的影响。为此,在建造发酵室时,应首先考虑位置的选定及发酵室应具备的条件。

(1)地势高。发酵室应选择地势高处,若地势较低,土地阴湿,易于杂菌繁殖,必须填高后才适用。

(2)地质坚硬。发酵室内负荷量大,因此,地质必须坚硬,否则必然使负荷重大的池、桶发生倾斜或渗漏现象。

(3)距离曲室要近,便于操作。使各工序能紧密地联系起来为适宜。

(4)需有良好的保温及排水设备。

(5)有必要的通风条件,以保持室内干燥。

发酵室,大都用钢筋结构,天花板和墙壁用保温材料,以免冬季热量散失和室内屋顶、墙壁上凝结大量水滴,使发酵室卫生条件恶化。室内墙面一般涂水泥,并在墙底设置流水沟,以便冲洗时作排水之用。

2.发酵容器

发酵容器有缸、桶及发酵池 3 种。

(1)缸。缸只适用于小型工厂。缸底靠边处安装出油短管一根。管口按阀门、缸内设有假底,上铺一层篾席,作为过滤之用。缸外侧需有保温措施。

根据生产规模的不同,可在室内以几只发酵缸为一组,建造长方形单排或双排的保温槽。保温槽一般用砖砌成,墙厚 25 cm,内外均涂以水泥,若改用钢筋水泥建筑,则更经久耐用。槽底的一边装一出水管,发酵缸置于槽中,槽面缸与缸之间镶木板,只露缸口在外,避免保温时热气散发。缸底的下部安装多孔蒸汽管一排,以便蒸汽通入。

保温的方式有两种:一种为通入直接蒸汽保温;另一种为水浴保温,即先在槽内盛水,再从蒸汽管通入蒸汽,保持需要的温度(图 4-5)。南方一部分工厂发酵槽建在室外,上加玻璃棚,底下装有蒸汽管,白天利用太阳热能保温,晚上和阴天采用蒸汽保温,效果也良好。

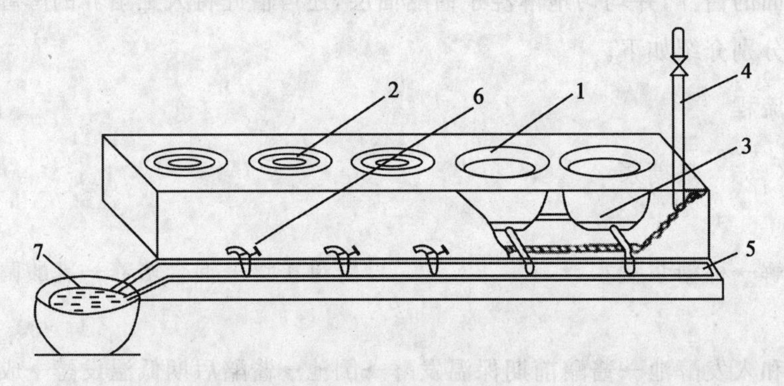

图 4-5 缸用保温槽

1—发酵缸 2—缸盖 3—假底 4—蒸汽管

5—酱油流槽 6—放油阀 7—酱油收集缸

(2)木桶或发酵罐。大木桶壁厚,传热缓慢,酱醅温度不易受外界影响,但需要木材数量大,操作又不方便,因而使用者很少,故可采用钢板或不锈钢板制成的发酵罐。罐(桶)底靠边处需安装配有阀门的出油短管一根,罐(桶)内设一假底,上铺一层篾席或竹帘,作为滤油之用。

保温方法：一般采取整个发酵室保温的办法，因而劳动条件极差。有的只在桶外用稻壳等绝热物质包裹，利用发酵期间微生物所产生的分解热，使其难于发散，达到保温的目的。发酵罐则可利用夹层进行水浴或直接蒸汽保温，如无夹层可用水浴或汽浴保温。

(3)发酵池。发酵池结构大都是长方形的钢筋混凝土结构，也有砖砌的水泥发酵池。有半地下式及地上式两种。实践结果表明，地上式比较好。发酵池建造时，必须注意的是防止裂缝漏油。池内离底(约 20 cm 处)设有假底，假底下面的一侧安装稍倾斜的不锈钢管一根，能使酱油或水流尽。管口装上阀门，旁边另装有一个出口，以便使刷洗所用的水流入水沟内。假底一般使用木栅，上铺篾席或竹帘，也有用钢筋水泥板，板面有圆形或长方形孔洞，板面上同样铺设篾席或竹帘，四周固定。池内因盛装大量酱醅，所以散热慢。发酵池池面上有木制盖板，易于保温。

发酵池的优点是取材容易、造价低廉、洗刷方便、容易保持清洁；缺点是不能移动，长年使用后酱醅会慢慢腐蚀池面(可以涂敷一层环氧树脂，以防止腐蚀现象)。

保温装置有两种：一种是水浴隔层保温(发酵池外套水浴池)，另一种是直接蒸汽保温。后者很简单，在假底的下部安装一根多孔的蒸汽管，以便通入蒸汽；假底下应装温度计，以便控制温度；再在离盖板下面 0.33 m 左右装一根蒸汽管，备面层及空间温度低时开汽保温之用(图 4-6)。

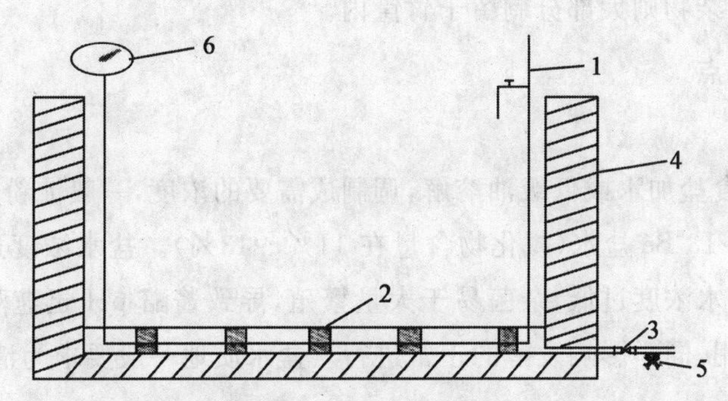

图 4-6 发酵池保温装

1—蒸汽管 2—假底 3—放油阀 4—发酵池 5—排水阀 6—压力式温度计

(4)移动式发酵罐。可借轨道车作纵横向移动，减少了大量的淋油管道和输送曲料的设施，改善了发酵车间环境和酱醅保温条件，并进一步提高了劳动生产率。移动式发酵罐优点是：发酵罐本身既是发酵及浸出设备，又是酱醅及酱渣的输送设备，使用方便且易于满足工艺要求，是发酵设备的一项重要改进。

3. 制醅机

制醅机俗称下池机，是将成曲破碎，拌和盐水及糖浆液成醅后进入发酵容器内的一种机器。其由机械破碎、斗式提升及绞龙拌和兼输送(螺旋拌和器)三个部分联合组成。此机大小根据各厂所采用的发酵设备来决定,其形状如图4-7所示。绞龙的底部外壳,须特制成一边可脱卸的,便于操作完毕后冲洗干净,以免杂菌污染。

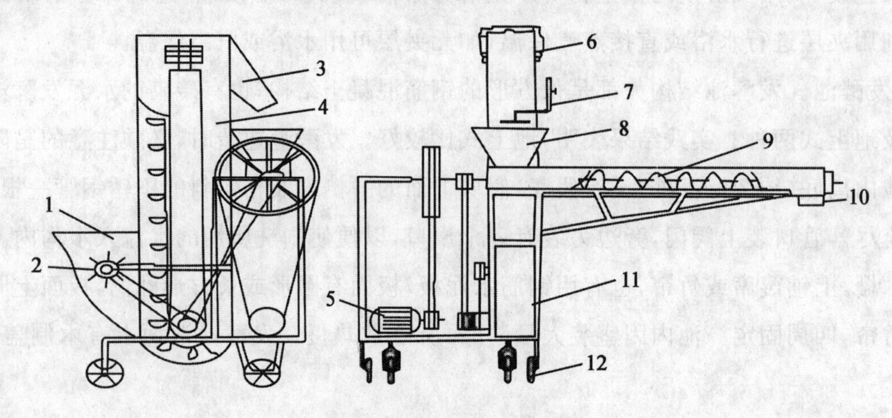

图4-7 制醅机示意图

1—成曲入口 2—碎曲齿 3—升高机出口 4—升高机 5—电动机 6—升高机调节器 7—盐水管及糖浆管 8—入料斗 9—螺旋拌绞龙 10—出料口 11—机架 12—轮子

4.溶盐设备

最简单的溶盐设备是地下池上端置一竹筐,将盐放置在竹筐内,水通过盐层促使其溶化成盐水后,调节浓度,浮杂物则大部分剩留于竹筐内。

(三)工艺操作要点

1.盐水调制

(1)盐水浓度。食盐加水或低级油溶解,调制成需要的浓度,一般淀粉原料全部制曲者,其盐水浓度要求为11～13°Bé盐水(氯化物含量在11%～13%)。盐水浓度过高,会抑制酶的作用,延长发酵时间;盐水浓度过低,杂菌易于大量繁殖,导致酱醅pH迅速下降,从而抑制了中性、碱性蛋白酶的作用,同样影响发酵的正常进行。盐水质地一般要求为清澈无浊、不含杂物、无异味,pH在7左右。

波美度(°Bé)一般以20℃为标准,但实际中并不都是20℃,或高或低,所以需要修正(方法如下)。

$t>20$℃,则 $B=A+0.05(t-20)$;

$t<20$℃,则 $B=A-0.05(20-t)$

式中:

B——修正值;

A——实测值;

t——实际盐水的温度。

盐水的波美度与百分含量、质量浓度换见表4-1。

表 4-1 食盐水的波美度与百分含量、质量浓度换算表

相对密度 20℃/20℃	波美度 /°Bé	NaCl 百分含量 /%	NaCl 质量浓度 /(g/mL)
1.007 8	1.12	1.0	1.01
1.016 3	2.27	2.0	2.03
1.022 8	3.24	3.0	3.06
1.029 9	4.22	4.0	4.10
1.036 9	5.16	5.0	5.17
1.043 9	6.10	6.0	6.25
1.051 9	7.16	7.0	7.34
1.058 9	8.06	8.0	8.45
1.066 1	8.98	9.0	9.56
1.074 4	10.00	10.0	10.71
1.081 1	10.88	11.0	11.80
1.089 2	11.87	12.0	13.00
1.096 0	12.69	13.0	14.20
1.104 2	13.66	14.0	15.40
1.112 1	14.60	15.0	16.60
1.119 2	15.42	16.0	17.90
1.127 1	16.35	17.0	19.10
1.135 3	17.27	18.0	20.40
1.143 1	18.14	19.0	21.70
1.151 2	19.03	20.0	23.00

(2)盐水温度。一般来说，夏季温度在 45～50℃，冬季在 50～55℃。入池后，酱醅品温应控制在 42～46℃。盐水的温度如果过高会使成曲酶活性钝化以致失活。

2. 拌曲盐水用量

(1)低盐固态发酵(原池工艺)。一般要求将拌盐水量控制在制曲原料总重量的 80%左右，连同成曲含水相当于原料重的 120%左右，此时酱醅水分在 57%～58%。

(2)低盐固态发酵(移池工艺)。一般要求将拌盐水量控制在制曲原料总重量的 65%左右，连同成曲含水相当于原料重的 95%左右，此时酱醅水分在 50%～53%。

拌曲操作时首先将粉碎成 2 mm 左右的颗粒成曲由绞龙输送，在输送过程中打开盐水阀门使成曲与盐水充分拌匀，直到每一个颗粒都能和盐水充分接触。开始时盐水略少些，使醅疏松。然后慢慢增加，最后将剩余的盐水撒入醅表面。

发酵过程中，在一定幅度内，酱醅含水量越大，越有利于蛋白酶的水解作用，从而提高全氮利用率。因此，在酱醅发酵过程中，合理的提高水的用量是可以的。但是对移池浸出法，水分

过大，醅粒质软，会造成移池操作的困难。所以拌水量必须恰当掌握。

(3)制醅用盐水量的计算

$$\text{酱醅要求水分}=\frac{(\text{曲重}\times\text{曲的水分含量})+\text{盐水量}\times(1-\text{NaCl 含量})}{\text{曲重}+\text{盐水量}}$$

根据上式导出

$$\text{盐水量}=\frac{\text{曲重}\times(\text{酱醅要求水分}-\text{曲的水分含量})}{(1-\text{NaCl 含量})-\text{酱醅要求水分}}$$

【例题 4-1】一批成曲重 1 000 kg，水分 30%，盐水 13°Bé(NaCl 含量为 13%)，要求酱醅水分含量 57%，计算盐水用量。

根据公式

$$\text{盐水量}=\frac{1\,000\ \text{kg}\times(57\%-30\%)}{(1-13\%)-57\%}=900\ \text{kg}$$

在实际生产过程中，投料数是已知的，而成曲数及其水分往往是未知的。根据生产实践，成曲和总料之比为 1.15∶1，曲子水分一般在 28%～33%，这样

$$\text{盐水量}=\frac{\text{总料}\times1.15\times(\text{酱醅要求水分}-\text{曲的水分含量})}{(1-\text{NaCl 含量})-\text{酱醅要求水分}}$$

【例题 4-2】某厂投料用豆饼 1 200 kg，麸皮 800 kg，估计成曲与总料之比为 1.15∶1，水分约为 30%，盐水 13.5°Bé，求酱醅水分为 50%时需要多少盐水？

根据上述公式计算得：盐水量＝1 260 kg

(4)稀糖浆盐水配制。若制曲中将大部分淀粉原料制成糖浆直接参与发酵时，则需要配制稀糖浆盐水。稀糖浆中含有糖分不能从浓度折算盐度，需经化验计算糖浆中含盐量。本工艺要求食盐的质量浓度为 14～15 g/100 mL(相当于盐水 13.5°Bé)，用量与盐水相等。以实例供参考。

经液化糖化后调整到糖分为 8%稀糖浆 250 kg，另将食盐 78 kg 加水或三油溶成盐水 306 kg。两者混合即得稀糖浆盐水 556 kg，含盐量可达上述要求。

3.酵母菌和乳酸菌菌液的制备

酵母菌和乳酸菌经选定后，必须分别逐级扩大培养，一般每次扩大 10 倍，使之得到大量繁殖而纯粹的菌体，再经混合培养，最后接种于酱醅。

逐级培养的步骤：

试管原菌→100 mL 三角瓶→1 000 mL 三角瓶→10 L 卡氏罐→100 L 种子罐→1 000 L

发酵罐培养温度为 30℃，小三角瓶培养、大三角瓶培养及种子罐培养各所需时间为 2 d，主要要求繁殖大量菌体。最后将酵母菌与乳酸菌在发酵罐内混合培养，也可采用专用发酵池进行混合培养。混合培养时间延长至 5 d 左右，产生适量的酒精。

制备酵母菌和乳酸菌菌液以新鲜为宜，因而必须及时接入酱醅内，使酵母菌和乳酸菌迅速参与发酵作用。

4. 制醅

先将准备好的盐水或稀糖浆盐水加热到55℃左右(可根据入池后发酵品温的要求,适当掌握盐水或稀糖浆盐水的温度),再将成曲粗碎,在绞龙输送过程中拌入盐水或稀糖浆盐水。进入发酵池后,开始时,在距池底20 cm左右的成曲拌盐水或稀糖浆盐水略少些,然后慢慢增加,最后把剩余盐水浇于酱醅面层,待其全部吸入醅料后盖上食品用聚乙烯薄膜,四周以食盐封边,发酵池上加盖木板。

5. 前期保温发酵

成曲拌和盐水或稀糖浆盐水入池后,品温要求在43～45℃之间。如果低于40℃,即采取保温措施,使品温达到并保持此温度,使酱醅迅速水解。每天定时定点检测温度。前期保温发酵时间为15 d。

淋浇工艺说明:

若采用淋浇发酵工艺(非淋浇工艺静止发酵),入池后次日,需淋浇一次,在前期分解阶段一般可再淋浇2～3次,所谓淋浇就是将积累在发酵池假底下的酱汁,用水泵抽取回浇于酱醅面层。加入的速度愈快愈好,使酱汁布满酱醅上面,又均匀地分布于整个酱醅之中,以增加酶的接触面积,并使整个发酵池内酱醅的温度均匀。如果酱醅温度不足,可在放出的酱汁内通入蒸汽,使之升至适当的温度。

6. 倒池(限移池工艺)

倒池是指移池发酵工艺,在前期保温发酵结束后,用抓酱机将酱醅移入另外空置的发酵池中继续后期发酵。原池发酵工艺不需倒池。倒池具有三方面作用,一是促进酱醅各部分的温度、盐分、水分以及酶的浓度趋向均匀;二是排除酱醅内部因生物化学反应而产生的有害挥发性物质;三是增加酱醅的氧含量,防止厌氧菌生长以促进有益微生物繁殖和色素生成。

倒池的次数可这样确定,发酵周期20 d左右的只需在第9～10天倒池一次;发酵周期25～30 d的可倒池两次。倒池的次数不宜过多,过多既增加工作量,又不利于保温,还会造成淋油困难。

7. 后期降温发酵

前期发酵完毕,水解已基本完成,品温保持35～40℃,并保持此温度进行后熟作用。后期发酵时间为15 d,在此期间酱醅成熟作用得以逐渐进行。

淋浇工艺及酵母、乳酸菌发酵工艺说明:

若采用淋浇及酵母、乳酸菌发酵工艺,此时可利用淋浇方法将制备的酵母菌和乳酸菌液浇在酱醅面层.并补充食盐,使总的酱醪含盐在15%以上,均匀地淋在酱醅内。菌液加入后酱醅呈半固体状态,品温要求降至30～35℃,并保持此温度进行酒精发酵及后熟作用。后期发酵时间为15 d,在此期间酱醅成熟作用得以逐渐进行。第2天及第3天再分别淋挠一次,即使菌体分布均匀,又能供给空气及达到品温一致。

如果采用本工艺但限于设备条件不再进行后期降温发酵，则可参照本工艺仅进行前期发酵；如无淋浇设备可不采取淋浇措施，发酵温度亦可略提高，即第一周45℃左右，第二周逐步上升至50℃左右，同时盐水浓度及用量亦可略为减少。在此情况下，由于缺乏后熟作用，风味较差，这个方法就是目前一般采用的低盐固态发酵原池浸出法。

(四)原池发酵与移池发酵特点比较

(1)原池发酵法无需单独建造淋油池，而是在发酵池下面设有假底以利于淋油。发酵完毕时，打入冲淋盐水浸泡后，打开阀门即可淋油。原池淋油与移池淋油操作基本相同，酱醅含水量可增大到57%左右。这样高的含水量有利于蛋白酶进行良好的水解作用，因此，全氮利用率就相应得到提高。

(2)移池发酵主要特点是酱醅疏松，便于移池发酵及淋油，一般配料麸皮用量提高至豆饼用量的60%左右，盐水用量则降低至制曲原料的60%～70%，酱醅含水量常在50%以下。由于醅质疏松，加上每7～10 d一次移池的搬运，增加了与空气接触的机会，有利于氧化生色。发酵周期20～30 d，但也只完成低盐固态发酵的前期发酵阶段。这一工艺由于麸皮用量过多及酱醅水分过少，不利于设备利用率及氮利用率的提高。

(五)低盐固态发酵生产注意事项

1.入池前的准备工作

(1)成曲的粉碎要恰当，以保证盐水迅速进入曲料的内部，增加酶的溶出和原料的分解速度。

(2)生产设施和工具应保持清洁卫生，隔一段时间要进行杀菌。方法为沸水洗净或蒸汽灭菌。

(3)盐水的浓度和温度一定要控制准确。

(4)出曲前快速测定曲子水分含量，以便计算总加水量。

2.成曲拌和盐水操作

拌和盐水时，拌和要均匀、动作要迅速、盐水用量要准确，要防止盐水流失。绞龙拌曲直接入池时，要严格控制好盐水流量，剩余的少量盐水可浇在上面，使其慢慢淋下去。

(六)低盐固态发酵工艺成熟酱醅的质量标准

1.感官特性

(1)外观。赤褐色，有光泽，不发乌，颜色一致。

(2)香气。有浓郁的酱香、酯香气，无不良气味。

(3)滋味。由酱醅内挤出的酱汁，口味鲜，微甜，味厚，不酸，不苦，不涩。

(4)手感。柔软，松散，不干，不黏，无硬心。

2.理化标准

(1)水分。48%～52%。

(2)食盐含量。6%～7%。

(3)pH。4.8以上。

(4)原料水解率。50%以上。

(5)可溶性无盐固形物。25～27 g/100 mL。

二、高盐稀态发酵法

高盐稀态发酵法是指曲料中加入较多的盐水,使酱醅呈流动状态进行发酵的方法。有常温发酵和保温发酵之分。

常温发酵的酱醅温度随气温高低自然升降,酱醅成熟缓慢,发酵时间较长。

保温发酵亦称温酿稀发酵,因采用的保温温度不同,又分为消化型、发酵型、一贯型和低温型4种。

(一)消化型

酱醅发酵初期温度较高,一般达到42～45℃保持15 d,发酵主要成分全氮及氨基酸生成速度基本达到高峰。然后逐步将发酵温度降低,促使耐盐酵母大量繁殖进行旺盛的酒精发酵,同时进行酱醅成熟作用。发酵周期为3个月。产品口味浓厚,酱香气较浓,色泽较其他型深。

(二)发酵型

温度是先低后高。酱醅先经过较低温度缓慢进行酒精发酵作用,然后逐渐将发酵温度上升至42～45℃,使蛋白质分解作用和淀粉糖化作用完全,同时促使酱醅成熟。发酵周期为3个月。

(三)一贯型

酱醅发酵温度始终保持于42℃左右。耐盐耐高温的酵母菌也会缓慢地进行酒精发酵。发酵周期一般为2个月。

(四)低温型

酱醅发酵温度在15℃维持30 d。这阶段维持低温的目的是抑制乳酸菌的生长繁殖,同时酱醅pH保持在7左右,使碱性蛋白酶能充分发挥作用,有利于谷氨酸生成和提高蛋白质利用率。30 d后,发酵温度逐步升高开始乳酸发酵。当pH下降至5.3～5.5,品温到22～25℃时,由于酵母菌开始酒精发酵,温度升到30℃是酒精发酵最旺盛时期。下池2个月后pH降到5以下,酒精发酵基本结束,而酱醅继续保持在28～30℃,4个月以上,酱醅达到成熟。

稀醪发酵法的优点:酱油香气较好;酱醅较稀薄,便于保温、搅拌及输送,适于大规模的机械化生产。

稀醪发酵法的缺点:酱油色泽较淡;发酵时间长,需要庞大的保温发酵设备;需要酱醪输送和空气搅拌设备;需要压榨设备,压榨手续繁复,劳动强度较高。

1.工艺流程

食盐→溶解←水
↓
成曲→稀酱醪→搅拌→保温发酵→成熟酱醅

2.发酵设备

稀醪发酵的发酵容器有发酵池和发酵罐两种。发酵池用钢筋水泥制成，敞口；发酵罐是全封闭的，罐体内有夹层可供热保温与冷却。发酵容器的大小和数量应视生产规模而定。

3.工艺操作

高盐稀态发酵法适合于以大豆、面粉为主要原料（配比一般为7∶3或6∶4），成曲加入2～2.5倍量的18°Bé/20℃盐水，于常温或保温（40～45℃）条件下经2～6个月的发酵工艺。该法的特点是发酵周期长，发酵酱醪成稀醪态，酱油和香气质量好。

(1)原料处理。

①浸豆　大豆浸豆前浸豆池（罐）先注入2/3容量的清水，投豆后将浮于水面的杂物清除。投豆完毕，仍需从池（罐）的底部注水，使污物由上端开口随水溢出，直至水清。浸豆过程中应换水1～2次，以免大豆变质。浸豆务求充分吸水，出罐的大豆晾至无水滴出才投进蒸料罐蒸煮。

②蒸豆　蒸豆可用常压也可加压。若用加压，应尽量快速升温，蒸煮压力可用0.16 MPa蒸汽，保压8～10 min后立即排气脱压，尽快冷却至40℃左右。黄豆应蛋白组织变软，有熟豆香气。

(2)接种与制曲。熟豆应与面粉及种曲混合均匀，种曲用量为原料的0.1%～0.3%，其余操作与低盐固态法制曲要求相向。

(3)发酵。

①盐水调制。食盐水调制成18～20°Bé，吸取其清液使用。消化型需将盐水保温，但不宜超过50℃。低温型在夏天则需加冰降温，使其达到需要的温度。

②制醪。将成曲破碎，称量后拌和盐水，盐水用量一般约为成曲质量的250%。

③搅拌。因曲料干硬，菌丝及孢子在外面，盐水常不能很快浸润而漂浮于液面，形成一个料盖，应及时搅拌，搅拌利用压缩空气来进行。成曲入池应该立即进行搅拌。

如果采用低温型发酵，开始时每隔4 d搅拌1次，酵母发酵开始后每隔3 d搅拌1次，酵母发酵完毕，1个月搅拌两次，直至酱醪成熟。如果采用消化型发酵，由于需要保持至较高温，可适当增加搅拌次数。

稀醪发酵的初发酵阶段常需要每日搅拌。需要注意的是，搅拌要求压力大，时间短。时间过长，酱醪发黏不易压榨。搅拌的程度还影响酱醪的发酵与成熟，所以搅拌是稀醪发酵的重要环节。

④保温发酵。根据各种稀醪发酵法所要求的发酵温度开启保温装置，进行保温发酵，每天检查温度1～2次。同时借控温设施及空气搅拌调节至要求的品温，加强发酵管理，定期抽样检验酱醪质量直至酱醪成熟。

4. 要点说明

(1)加盐水时，应使全部成曲部被盐水湿透。制醪后的第3天起进行抽油淋浇，淋油量约为原料量的10%。其后每隔1周淋油1次，淋油时由酱醅表面喷淋，注意不要破坏酱醅的多孔性状。

(2)发酵2～6个月，此时豆已溃烂，醪液氨基酸态氮含量约为1 g/100 mL，前后1周无大变化时，意味醅已成熟，可以放出酱油。

(3)抽油后，头渣用18°Bé/20℃盐水浸泡，10 d后抽二滤油。二滤渣用加盐后的四滤油及18°Bé/20℃盐水浸泡，时间也为10 d。

放出三滤油后，三滤渣改用80℃热水浸泡一夜，即行放油。抽出的四滤油应立即加盐，使浓度达18°Bé，供下批浸泡二滤渣使用。四滤渣含盐量应在2 g/100 g以下，氨基酸含量不应高于0.05 g/100 g。

三、固稀发酵法

该法适用于以脱脂大豆、炒小麦为主要原料。其特点是前期保温固态发酵，后期常温稀醪发酵，发酵周期比高盐稀态法短，而酱油质量比低盐固态法好。

(一)工艺流程

成曲→固态发酵→保温稀醪发酵→常温稀醪发酵→成熟酱醪

(二)操作说明

1. 原料处理

小麦精选去杂后，于170℃焙炒至淡茶色，破碎至粒度为1～3 mm的颗粒，与蒸熟的大豆混合均匀(豆粕与小麦配比为7∶3或6∶4)，接入种曲，按低盐固态法操作通风制曲。

2. 发酵

(1)制醅。成曲按1∶1拌入12～14°Bé盐水，入池保温(40～42℃)进行固态发酵14 d。

(2)固态发酵结束后，补加2次盐水，盐水浓度为18°Bé，加入量为成曲质量的1.5倍。此时酱醅为稀醪态，用压缩空气搅拌，每天1次，每次3～4 min。3～4 d后改为2～3 d 1次，保温35～37℃，进行稀醪发酵15～20 d。

(3)稀醪发酵结束后，用泵将酱醪输送至常温发酵罐，在28～30℃温度下发酵30～100 d，此期间每周用压缩空气搅拌1次。

3. 压滤取油

成熟酱醪成糊状物，不能用淋油法抽油，故用压滤机压滤法取油。压滤出的生酱油进入沉淀灌沉淀7 d后,取上清油按酱油质量标准配兑,然后用热交换器加热,控制出口温度为85℃,再自然澄清7 d后,就可披成品包装。

必备知识

一、酱油分类

(一)按生产方法分类

1. 酿造酱油

酿造酱油是以大豆和(或)脱脂大豆、小麦和(或)麸皮为原料,经微生物发酵制成的具有特殊色、香、味的液体调味品。

酿造酱油按发酵工艺分为两类:高盐稀态发酵酱油和低盐固态发酵酱油。

(1)高盐稀态发酵酱油。

①高盐稀态发酵酱油　以大豆和(或)脱脂大豆、小麦和(或)小麦粉为原料,经蒸煮、曲霉菌制曲后与盐水混合成稀醪,再经发酵制成的酱油;

②固稀发酵酱油　以大豆和(或)脱脂大豆、小麦和(或)小麦粉为原料,经蒸煮、曲霉菌制曲后,在发酵阶段先以高盐度、小水量固态制醅,然后在适当条件下再稀释成醪,再经发酵制成的酱油。

(2)低盐固态发酵酱油。以脱脂大豆及麦麸为原料,经蒸煮、曲霉菌制曲后盐水混合成固态酱醅,再经发酵制成的酱油。

2. 配制酱油

配置酱油是以酿造酱油为主体,与酸水解植物蛋白调味液、食品添加剂等配制成的液体调味品。

注意:配制酱油中酿造酱油比例(以全氮计)不得少于50%;配制酱油中不得添加味精废液、胱氨酸废液和用非食品原料生产的氨基酸液。

3. 再制酱油

再制酱油是酱油经过浓缩、喷雾等工艺制成的其他形式的酱油,如酱油粉、酱油膏等。这是为了满足酱油的储存、运输,以及适于边疆、山区、勘探、部队等野外生活的需要。

据酿造酱油的国家标准(GB 18186—2000)和配制酱油的行业标准(SB 10336—2000),在酱油的商品标签上应注明是“酿造酱油”或“配制酱油”。

(二)按酱油滋味、色泽分类

1. 生抽酱油

生抽酱油也称为本色酱油,是酱油中的一个品种,以大豆、面粉为主要原料,人工接入种曲,经天然露晒,发酵而成。其产品色泽红润,滋味鲜美协调,豉味浓郁,体态清澈透明,风味独特。

①颜色 生抽颜色比较淡，呈红褐色。

②味道 生抽是用来一般的烹调用的，吃起来味道较咸。

③用途 生抽用来调味，因颜色淡，故做一般的炒菜或者凉菜的时候用得多。

2. 老抽酱油

老抽酱油也称为浓色酱油，是在生抽酱油的基础上，把榨制的酱油再晒制 2～3 个月，经沉淀过滤即为老抽酱油。其产品质量比生抽酱油更加浓郁。

①颜色 老抽是加入了焦糖色、颜色很深，呈棕褐色有光泽的。

②味道 吃到嘴里后有种鲜美微甜的感觉。

③用途 一般用来给食品着色用。比如，做红烧肉等需要上色的菜时使用比较好。

3. 花色酱油

添加了各种风味调料的酿造酱油或配制酱油。如海带酱油、海鲜酱油、香菇酱油、草菇老抽、鲜虾生抽、佐餐鲜酱油等，品种很多，适用于烹调及佐餐。

二、酱油风味物质与形成机理

(一)酱油中风味物质的来源

酱油不仅仅是色、香、味俱佳的调味品，而且也是一种营养丰富的发酵食品。其风味物质十分复杂，其来源主要由原料中的蛋白质、淀粉等大分子物质经微生物酶水解后生成的各种次级产物和小分子最终产物，微生物在发酵过程中产生的代谢产物，以及这些物质之间所产生的十分复杂的生物化学、化学反应的产物。

1. 蛋白质的水解

原料中的蛋白质经米曲霉等微生物分泌的蛋白酶和肽酶的作用而分解成蛋白胨、多肽、二肽等中间产物，最终生成各种氨基酸。其中有些氨基酸，如谷氨酸、天门冬氨酸等有鲜味，是酱油鲜味的重要成分，而酪氨酸、色氨酸和苯丙氨酸氧化后可生成黑色素，是酱油色素的来源之一。

2. 淀粉的分解

原料中的淀粉经米曲霉等微生物产生的液化型淀粉酶和糖化型淀粉酶作用后，生成糊精、麦芽糖，最终生成葡萄糖。葡萄糖经酵母菌、乳酸菌等微生物发酵，又可产生多种低分子物质，如乙醇、乙醛、乙酸、乳酸等。这些物质既是酱油中的成分，又可与其他物质作用生成色素、酯类等香气成分。

3. 脂肪的分解

原料中少量的脂肪可经微生物产生的脂肪酶水解成甘油和脂肪酸。脂肪酸又通过各种氧化作用生成各种短链脂肪酸。这些短链脂肪酸是构成酱油中酯类的原料来源之一。

4. 纤维素的分解

有些微生物可产生纤维素酶，纤维素酶可将原料中的纤维素水解为可溶性的纤维素二糖和β-葡萄糖，并进一步生成其他低分子物质或高分子物质。如与氨基酸作用生成色素等。

(二)酱油中色、香、味物质的生成机理

在酱油中含有多种人体必需氨基酸和糖分等营养物质，还含有复杂的风味物质、香气成分和色素。这些成分赋予了酱油以醇厚的鲜美滋味、浓郁的酱香、酯香和鲜艳的红褐色泽。酱油不是单一的物质，而是由几十种甚至几百种复杂的化合物混合在一起，才使酱油具备了特殊的风味。

1.基础物质的形成

酱油发酵过程中所产生一系列极其复杂的化学变化，与微生物学和生物化学有着密切的关系，主要有以下反应：

(1)原料中的蛋白质在蛋白质水解酶的作用下，水解生成眎、胨、肽及氨基酸。

(2)蛋白质原料中游离出的谷氨酰胺被曲霉分泌的谷氨酰胺酶水解，产生谷氨酸。

(3)淀粉质在淀粉酶作用下水解成小分子糊精、麦芽糖、葡萄糖等糖类。

(4)葡萄糖在乳酸菌的作用下，进行乳酸发酵产生乳酸。

2.酱油色素的产生

酱油色素形成的主要途径是氨基-羟基反应——即美拉德反应，是一种非酶褐变反应。这是由原料中的淀粉经曲霉淀粉酶水解为葡萄糖的羟基与酱醪中的氨基置换，经复杂化学反应，最终生成含氧化合物——类黑素。

(1)美拉德反应过程(分为初期、中期和后期三个阶段)。

①葡萄糖和氨基酸反应生成N-葡萄糖基胺，在酸的催化作用下，再经过酮糖化，生成果糖基胺。

②N-葡萄糖基胺经进一步分解及脱水等反应，生成了经甲基糠醛、3-脱氧葡萄糖醛酮及3,4-二脱氧葡萄糖醛酮。

③上述物质与氨基化合物(以氨基酸为主)作用，并经过聚合酶反应，最终生成类黑素。类黑素是组成酱油色素的重要色素。

(2)影响反应的因素。影响美拉德反应进行的因素很多，主要有参加反应的羰基化合物和氨基化合物的种类与结构、温度、水分、阳光等。

①五碳糖比六碳糖的反应强，戊糖褐变速度平均为已糖的10倍。

②氨基化合物的褐变速度为：氨基酸＞肽＞蛋白质，氨基酸中以色氨酸、苯丙氨酸和脯氨酸等含有苯环和苯环结构的褐变速度最快。

③温度对反应速度的影响最明显，温度越高，反应速度越快。温度每提高10℃，褐变速度可成倍增加。

④美拉德反应速度在pH大于3时，随着pH增大而反应速度加快。

⑤水分在10%～13%时，美拉德反应最容易发生。

(3)色素形成的其他途径——酶褐变反应。一般是由大豆蛋白质中的酪氨酸在曲霉生成的酚羟基酶、多酚氧化酶等的作用下生成的。酶褐变反应需要有酪氨酸、酚羟基酶、多酚氧化酶和氧的同时存在下才能正常进行,缺一则不能产生此反应。

①在酱油生成过程中,酶褐变反应主要在发酵后期进行。如果在此期间缺乏氧气,pH 低及发酵时间短,就会阻碍酪氨酸氧化聚合成黑色素,因此,酶褐变反应生成色素的能力比美拉德反应弱。

②酱油色素的形成与原料配比、制曲时的温度、发酵酱醅(醪)的水分、品温及生酱油加热的温度等因素有关。原料配比中麦麸的用量大,生成的戊糖多,酱油色素生成也多。若采用高温制曲,使麸皮中的阿拉伯糖与木糖分解为戊糖也易生成色素。

③发酵时正常水分在 50%～65%,水分少发酵温度高,美拉德反应速度快,也利于酱油色素的形成。

3. 酱油香气的产生

酱油香气主要是通过后期发酵形成,它们在酱油的组成中,虽然含量极微,但对酱油风味却影响很大。

(1)香气主要成分。酱油中香气的主要成分是酱油中的挥发性组分,其成分十分复杂,它是由数百种化学物质组成的。

①按其化合物的性质可以分为醇、酯、醛、酚、有机酸、缩醛等。

②按其香型可分为焦糖香、水果香、花香、醇香等。

(2)香气物质的形成。

①与酱油香气组成关系密切的是醇类中的乙醇,它是由酵母菌发酵已糖生成的,具有醇和的酒香气。

②有机酸与醇类物质经曲霉和酵母酯化酶的酯化作用,可生成各种酯。酱油中有机酸和醇类物质还可通过非酶化学反应途径的酯化反应生成酯。酯类物质是构成酱油香气成分的主体,具有特殊的芳香气味。

③组成酱油香气的另一类主要物质为酚类化合物,小麦种皮中木质素,经曲霉及球拟酵母的作用,可产生酚类物质。因此,原料配比中应适当增加小麦用量。

(3)香气形成的其他途径。采用多菌种制曲也是提高酱油风味的措施之一。发酵过程中适当降低发酵温度,延长发酵周期,添加有益微生物(如耐盐乳酸菌、鲁氏酵母等)也可提高酱油的香气。

此外,酱油的加热过程中,由于复杂的化学和生物化学变化也增加了芳香气味,称为“火香”。

4. 酱油呈味物质的产生

酱油的味觉是咸而鲜,稍带甜味,且有醇和的酸味而不苦。而其成分中则包括咸、鲜、甜、酸、苦五味,作为调味料,以鲜味为主。

(1)酱油鲜味。

①酱油鲜味来源由米曲霉分泌的蛋白酶、肽酶及谷氨酰胺酶的作用后水解生成氨基酸，其中以谷氨酸含量最多，鲜味浓厚，赋予酱油特殊调味作用。酱油中氨基酸含量见表4-2。

表4-2 酱油中各种氨基酸含量 mg/mL

名称	含量	名称	含量
赖氨酸	3.68	谷氨酸	12.08
组氨酸	1.42	脯氨酸	6.97
精氨酸	6.60	甘氨酸	2.90
半胱氨酸	0.26	色氨酸	0.61
天门冬氨酸	4.73	蛋氨酸	1.99
苏氨酸	3.06	异亮氨酸	3.83
酪氨酸	0.72	亮氨酸	6.78
丝氨酸	9.40	苯丙氨酸	1.79

②糖代谢时，在转氨酶的作用下也能产生谷氨酸，增加了酱油的鲜味。某些低肽，如谷氨酸-天门冬氨酸、谷氨酸-丝氨酸、*L*-氨基酸的二肽也具有鲜味。

③在酱油中添加鸟甘酸、肌苷酸等核苷酸与谷氨酸钠盐起协调作用，也可提高酱油的鲜味。

(2)酱油的甜味。酱油的甜味主要来源于淀粉质水解的糖，包括葡萄糖、麦芽糖、半乳糖以及部分呈甜味的氨基酸，如甘氨酸、丙氨酸、苏氨酸、丝氨酸、脯氨酸等。此外，米曲霉分泌脂肪酶能将油脂水解成甘油和脂肪酸，甘油也有甜味。

(3)酱油的酸味。酱油的酸味主要来源于有机酸，如乳酸、琥珀酸、醋酸等。

①酱油酸味是否柔和决定于有机酸与其他固形物之间比例是否合理。例如，当酱油的总酸为1.40 g/100 mL，其中乳酸为1 076.4 mg/100 mL，琥珀酸为48.6 mg/100 mL，醋酸为173.6 mg/100 mL，柠檬酸为12.9 mg/200 mL，pH为4.6～4.8呈微酸性，其酸度为最适量，它增加了酱油的风味，产生爽口的感觉。

②当总酸超过2.0 g/100 mL，如果其他无盐固形物不相应提高，则酱油酸味突出，影响酱油质量。

(4)酱油的苦味。酱油不应有明显的苦味，但微量的苦味物质能给酱油以醇厚感。酱油中呈苦味的物质主要有亮氨酸、酪氨酸、蛋氨酸、精氨酸等氨基酸类。

此外，谷氨酸-酪氨酸、谷氨酸-苯丙氨酸等及食盐中的氯化钙与硫酸镁过多时也会带有苦味。

(5)酱油的咸味。酱油咸味的唯一来源是食盐的氯化钠成分。酱油的咸味比较柔和，这是由于酱油中含有大量的有机酸、氨基酸、糖等呈味物质。酱油中氯化钠含量一般为18 g/100 mL左右，如果含量过高，则有咸苦感，从而影响产品质量。发酵过程中及成品中食盐还有防腐作用。

三、酱油酿造中的主要微生物

酱油生产是利用微生物的发酵作用完成的。远古时酱油发酵(酿造)的微生物完全是由自然混入的,所以传统酱油酿造的第一个工序“制曲”,就是为了引入发酵所需的微生物,古代称之为“采黄子”,即采取自然界的霉菌(米曲霉)。制曲完成后,再拌入盐水进行后发酵,在发酵过程中也是靠自然的条件进行“天然晒露”,引入自然界的细菌(乳酸菌)、酵母菌等微生物进行长时间的复杂的生化反应来完成的。

近代的酱油酿造(发酵)则是从自然条件下引入的微生物中选择特定的菌种加以培养,发展到人为的添加纯种的霉菌(米曲霉或酱油曲霉)、乳酸菌、酵母菌等专用的微生物来进行酿造(发酵)的。酱油独特风味的来源是由微生物引起的一系列生化变化而形成的。对酱油风味有直接关系的微生物是酵母菌和乳酸菌。

1.曲霉菌

酱油酿造中应用的曲霉菌是米曲霉和酱油曲霉。

(1)形态。米曲霉菌丛一般为黄绿色,成熟后变为黄褐色,分生子头呈放射形、顶囊球形或瓶形,小梗一般为单层,分生孢子呈球形,平滑,少数有刺。

(2)培养温度。最适培养温度为30℃左右,最适 pH 6.0 左右。

(3)菌种。我国酱油厂制曲大都是使用3.402米曲霉。

酱油曲霉是20世纪30年代日本学者板口从酱曲中分离出来的,并应用于酱油生产中,它与米曲霉在形态、酶的产生能力和酿造特性上均有差异。

(4)酶系。米曲霉有复杂的酶系统,米曲霉酶系的强弱,决定着原料利用率、酱醪发酵成熟的时间以及成品的味道和色泽。发酵时,18%的食盐对蛋白酶系的影响较小,但对其他酶系影响则较大。

①产生的蛋白质水解酶分解原料中的蛋白质。

②产生的谷氨酰胺酶使大豆蛋白质游离出的谷氨酰胺直接分解生成谷氨酸,增加酱油的鲜味。

③产生的淀粉酶可分解原料中的淀粉生成糊精和葡萄糖。

④米曲霉还分泌果胶酶、半纤维素酶和酯酶等。

1958年,全国推广“固态无盐发酵”酱油生产速酿工艺时,采用的中科AS3.863米曲霉,是从福建永春酱油曲中分离得到的。后经上海酿科所将此菌株通过紫外线诱变和长期驯化,获得了一个新的变异菌株,定名为沪酿3.042米曲霉,即我国现在酱油行业广泛应用的中科As3.951米曲霉。

2.酵母菌

酵母菌广泛分布于自然界中,种类繁多,已知有几百种,酵母菌是生产中应用较早的一类微生物，现代的制酒工业、甘油的制造、面包生产等，都要使用酵母菌。从酱醪中分离出的酵母菌有7个属23个种之多。

①形态　基本形态是圆形、卵圆形、椭圆形。

②培养条件　酵母菌的最适培养温度为30℃左右，最适pH为4.5～5。

③主要作用　酵母菌在酱油酿造中，与酒精发酵作用、酸类发酵作用及酯化作用等有直接或间接的关系，对酱油的香气影响最大。

(1)鲁氏酵母(简称S酵母)。鲁氏酵母与酱油质量的关系最为密切，占酵母总数的45%，是常见的嗜盐酵母菌。它能在含18%食盐的基质中繁殖，出现在主发酵期，是发酵型酵母。在含食盐量24%时生长缓慢，甚至在饱和食盐的条件下，仍不能完全抑制它的生长。它们主要的作用是发酵葡萄糖生成乙醇、甘油等。乙醇是酯类的前驱物质，是构成酱油香气的重要组分。鲁氏酵母能发酵葡萄糖和麦芽糖，不能发酵半乳糖、乳糖及蔗糖。在麦芽汁中培养3 d后，形成小圆形或卵圆形的细胞。

(2)球拟酵母(简称T酵母)。球拟酵母和鲁氏酵母一样都属于耐高浓度食盐的酵母菌，也是在酱油和酱的发酵中产生香气的重要菌种，随着发酵温度的增高，发酵型酵母自溶，而促进了易变球拟酵母的生长，主要产生4-乙基愈创木酚，4-乙基苯酚等香气成分。

鲁氏酵母在酱油的发酵前期起作用，而球拟酵母在发酵后期起作用。为了提高酱油的风味，有些工厂人工添加鲁氏酵母和球拟酵母收到良好的效果。

(3)毕赤氏酵母。毕赤氏酵母也是比较耐盐的一类酵母，不过它们不是酿造用的菌种，而是酿造业中的有害菌，经常在酱醪或醋醅表面形成黏稠的白膜，并产生不愉快的气味，不仅影响发酵的正常进行，还能在酱油成品的表面形成白花，消耗酱油中的糖分、氨基酸和乙醇，形成难闻的气味，破坏酱油的品质。

3.乳酸菌

酱油乳酸菌是指在高盐稀态发酵的酱醪中生长的并参与酱醪发酵的耐盐性乳酸菌。从酱醪中分离出的细菌有6个属18个种，有的对酱油酿造是有益的，有的是有害的。

(1)种类与形态。与酱油发酵关系最密切的乳酸菌是酱油四联球菌和嗜盐球菌，它们是形成酱油良好风味的主要因素。形态多为球形，微好氧到厌氧，在pH为5.5的条件下生长良好。

(2)发酵特点。在酱醪发酵过程中，前期球菌多，后期酱油四联球菌多些。如发酵1个月的酱醪，乳酸菌的最大含量约为每克醪10^8个，其90%是酱油球菌，10%为酱油四联球菌。它们能耐18%～20%的食盐，嗜盐球菌能耐24%～26%的食盐。

(3)乳酸菌的作用。乳酸菌的作用是利用糖产生乳酸，乳酸和乙醇生成的乳酸乙酯，香气很浓。当发酵酱醪pH降至5.0左右时，促进鲁氏酵母的繁殖，和酵母菌联合作用，赋予酱油特殊香味。

(4)品质的影响。一般情况下，酱油中乳酸含量为1.5 mg/mL，则酱油质量较好，乳酸含量在0.5 mg/mL 时，则酱油质量较差。乳酸菌若在酱醅发酵的早期大量繁殖、产酸，则对发酵过程有不利影响，因为pH过早降低，破坏了蛋白酶的活性，影响蛋白质的利用率。

此外，在酱油生产中污染的有害细菌主要是芽孢杆菌，一旦在制曲或发酵过程中污染了这类杂菌，会严重的损坏酱油产品的质量，而一般的加热方法灭菌对它是无济于事的，这类杂菌是酱油酿造中的一大有害菌，它不仅会降低酱油生产的原料利用率，还会大大败坏酱油的风味。

四、酱油生产的原料与辅料

原料是酱油生产的物质基础，合理选择原料是降低成本、提高经济效益的重要措施。国家标准(GB 18186—2000)规定，酿造酱油是以大豆或脱脂大豆，小麦和或麸皮为原料，经微生物发酵制成的具有特殊色、香、味的液体调味料。由"标准"的定义得知，酱油生产的主要原料就是大豆或脱脂大豆(蛋白质原料)、小麦或麸皮(淀粉质原料)、食盐及水。

(一)原料的选择

酱油生产的原料可分为主要原料(蛋白质原料、淀粉质原料、食盐和水)和辅助原料(如增色剂、助鲜剂、防腐剂等)。

主要原料都是以大豆和小麦为主。为合理利用资源，目前我国大部分酱油酿造企业已普遍采用大豆脱脂后的豆粕或豆饼作为主要的蛋白质原料，以麸皮、小麦或面粉等作为淀粉质原料，再加食盐和水生产酱油。实践证明，采用不同的原料将会使产品具有不同的风味。原料质量优劣决定着酱油产品的质量，所以原料选择一定要慎重。具体可依据以下标准。

(1)蛋白质含量较高，碳水化合物适量，有利于制曲和发酵。

(2)无毒、无异味，酿制出的酱油质量好。

(3)资源丰富，价格低廉，就地取材，有利于原料的综合利用。

(4)容易收集，便于运输和保管。

(二)蛋白质原料

蛋白质原料是构成酱油成品中氮素成分及鲜味的主要来源，也是构成酱曲色素的基质之一。酱油的蛋白质原料长期以来以大豆为主，目前大豆逐渐被豆粕、豆饼所代替，既节约了粮食和油脂，又降低了成本。

1.大豆

大豆是黄豆、青豆及黑豆的统称，一年生草本植物，种子椭圆形至近球形，有黄、青、褐、黑和双色。我国各地均可种植，其中以东北地区产量最大，大豆质量最优，平均千粒重约为165 g，最大者千粒重在200 g以上。大豆是酱油生产的主要原料，酱油中的含氮成分(如氨基酸、肽等)主要来自大豆。大豆中的绝大部分含氮物质是蛋白质。大豆的一般成分如表4-3所示。

表 4-3 大豆的一般成分 %

名称	水分	粗蛋白质	粗脂肪	碳水化合物	纤维素	灰分
含量	7～12	35～40	12～20	21～31	4.3～5.2	4.4～5.4

2.豆粕

豆粕是大豆先经适当的热处理，调节其水分到8%～9%，再经过轧坯机轧扁，然后加入有机溶剂浸泡或喷淋，提取其中的油脂，然后用烘干法等除去豆粕中溶剂而得到。一般颗粒为片状，有时有少部分结成团块。豆粕中脂肪含量低，水分也很少，蛋白质含量很高，约为大豆全氮量的1.2倍，而豆粕价格比大豆便宜，容易破碎，其他成分与大豆相同。实践证明，豆粕是制作酱油的理想原料。豆粕的一般成分如表4-4所示。

表 4-4 豆粕的一般成分 %

名称	水分	粗蛋白质	粗脂肪	碳水化合物	灰分
含量	7～10	46～51	0.5～1.5	19～22	5.0

3.豆饼

豆饼是大豆用压榨法提取油脂后的产物，习惯上统称为豆饼。根据压榨工艺条件不同，豆饼有几种不同的名称。豆饼的一般成分如表4-5所示。

表 4-5 豆饼的一般成分 %

名称	水分	粗蛋白质	粗脂肪	碳水化合物	纤维素	灰分
冷榨豆饼	12	44～47	6～7	18～21		5～6
热榨豆饼	11	45～48	3～4.6	18～21		5.5～6.5
红车饼	3.3～4.45	46.2～47.94	3.1～3.06	22.8～28.92	5.50	5～6.31
方车饼	10.77	42.06	5.51	31.6	4.99	5.37

(1)按加热程度不同分。

①冷榨豆饼　压榨前未经高温处理，将未经任何处理的大豆送入压榨机压油出来的豆饼，此法压榨出油率低，但蛋白质基本没有任何变性，可用来做豆制品。

②热榨豆饼　经较高温度处理后(即炒熟)再经压榨而得到的豆饼，此法含水分较少，含蛋白质较高，质地疏松，易于破碎，非常适合酿制酱油。

(2)按压榨机的形式及压榨压力的不同分。

①圆车饼　制作方式是先将大豆加热，再压榨成扁平形，入蒸锅蒸煮后用油草包好，经初压成型再经压榨机压榨，大豆受压力为10～14 MPa，经3～5 h压完，属热榨豆饼。

②方车饼　用板式及盒式压榨机从低油压(表压3.5 MPa)至高油压(表压28 MPa)，压榨时间30～50 min，制成的长方形饼板。

③红车饼 此饼是用动力连续作用的螺旋榨油机所榨出的油饼，压前经过一定温度的热炒，对料坯压榨的压强最高可达 70 MPa，压榨时间只需 2～3 min，压榨过程中温度在 125～140℃，所以蛋白质变性程度随温度不同而异，基本已达适度变性。

4. 蚕豆、豌豆

蚕豆，也称胡豆、罗汉豆、佛豆或寒豆，我国西南、华中和华东各地栽培最多，种子富含蛋白质和淀粉，江浙地区常作为酱油原料。豌豆，也称小寒豆、淮豆或麦豆，我国各地均有栽培，我国西南地区常作为酱油原料。

5. 其他蛋白质原料

只要蛋白质含量高，脂肪含量少，没有异味，不含有毒成分即可。如含有毒物质应先经处理后再使用。常用的有花生饼、菜子饼、芝麻饼等各种油料作物的饼粕和玉米浆干、豆渣等均可利用以酿造酱油，鱼粉或蚕蛹等也可用于制酱油。

(三)淀粉质原料

淀粉是酱油中碳水化合物的主要成分，是构成酱油香气、色素的主要原料。酿造酱油用淀粉原料，传统上以小麦和面粉为主，多年的生产实践表明，小麦和麸皮是比较理想的淀粉质原料，也可因地制宜选用其他淀粉质原料。

1. 小麦

小麦是世界上分布最广、种植面积最大的主要粮食之一，因品种、产地等不同而外形及成分各有差异。按照粒色可分为红皮小麦和白皮小麦，以质粒可分为硬质小麦、软质小麦和中间质小麦，国外一般可分为白皮和硬皮小麦。酿造酱油，应选用红皮及软质小麦。

小麦中的碳水化合物除含 70%淀粉外，还含有 2%～3%的糊精和 2%～4%的蔗糖、葡萄糖和果糖。小麦含有 10%～14%的蛋白质，其中麸胶蛋白质和谷蛋白质丰富，麸胶蛋白质中的氨基酸以谷氨酸最多，是产生酱油鲜味的主要因素之一。小麦的一般成分如表 4-6 所示。

表 4-6 我国部分地区小麦成分 %

项目	水分	粗蛋白质	粗脂肪	无氮浸出物	粗纤维素	灰分
福建	10.10	12.40	2.00	71.50	2.10	1.90
云南	14.20	13.10	1.90	67.50	2.30	1.90
江苏	12.20	9.80	2.00	72.50	1.60	1.90
湖北	15.30	11.80	2.00	67.50	1.90	1.50
浙江	11.40	12.90	2.00	60.70	2.10	1.90

2. 麸皮

麸皮又称麦皮，是小麦制面粉时的副产品，也是目前酱油生产的主要淀粉质原料。麸皮中的木质素经过酵母发酵后生成 4-乙基愈创木酚，它是酱油香气的主要成分之一。

麸皮质地疏松、体轻、表面积大，含有丰富的多缩戊糖和一定量的蛋白质。此外，还含有多种维生素、钙、铁等无机盐，营养成分适于促进米曲霉的生长和产酶，既有利于制曲，又有利于淋油，能提高酱油的原料利用率和出品率。

麸皮粗淀粉中多缩戊糖含量高达20%～24%，它与蛋白质的水解产物氨基酸相结合，产生酱油色素；另外麸皮本身还含有α-淀粉酶和β-淀粉酶。据测定，每克麸皮含α-淀粉酶10～20 U(60℃碘比色法测定)，含β-淀粉酶2 400～2 900 U(40℃碘量法测定)。

由于麸皮资源丰富、价格低廉、使用方便，又有上述多种优点，因此，目前国内酱油厂大多以麸皮作为生产酱油的主要淀粉质原料。为了提高酱油质量，尤其是要改善风味，以适当补充些含淀粉较多的原料为宜，如淀粉不足，必然使糊精和糖分减少，影响酒精发酵，造成酱油香气差和口味淡薄。麸皮的一般成分如表4-7所示。

表4-7 我国部分地区麸皮成分 %

项目	水分	粗蛋白质	粗脂肪	粗纤维素	无氮浸出物	灰分
广东	16.90	14.50	2.70	7.60	53.60	5.60
东北	14.60	15.20	1.70	6.40	56.60	7.40
浙江	11.30	17.50	4.50	9.20	52.10	4.60
北京	10.60	16.60	3.50	8.30	55.70	4.80
江苏	12.70	13.30	3.80	8.40	57.70	5.10
山东	9.40	14.00	3.60	6.30	62.40	5.60
河南	12.00	14.90	5.60	10.10	51.90	6.30
福建	12.30	15.40	4.70	7.00	55.00	4.30
湖北	12.80	11.40	4.80	8.80	56.30	6.00
内蒙古	12.50	12.30	4.60	7.70	57.30	5.60

3. 其他淀粉质原料

(1)米糠和米糠饼。米糠是碾米后的副产品，米糠饼则是米糠榨油后的饼渣。两者均含有丰富的粗淀粉，尤其米糠饼更甚。它们均可作为生产酱油的淀粉质原料。米糠及米糠饼的成分见表4-8。

表4-8 米糠及米糠饼成分 %

项目	水分	粗蛋白质	粗脂肪	粗纤维素	无氮浸出物	灰分
米糠	13.80	11.60	15.30	6.40	42.00	10.90
米糠饼	11.20	16.80	7.70	8.10	46.40	9.80

(2)其他粮谷物。凡是含有淀粉又无毒、无怪味的谷物，如玉米、甘薯、碎米、小米等均可作为生产酱油的淀粉质原料。玉米及碎米的成分见表4-9、表4-10。

表4-9 碎米的成分 %

水分	粗蛋白质	粗淀粉	粗脂肪	粗纤维素	灰分
9～12	6.0～8.5	70～75	0.7	0.5	0.5

表 4-10 我国部分地区玉米成分 %

项目	水分	粗蛋白质	粗脂肪	无氮浸出物	粗纤维素	灰分
甘肃	11.60	8.60	5.30	70.50	2.50	1.50
浙江	10.20	7.70	4.80	74.60	1.40	1.30
河北	11.30	7.80	4.00	73.80	1.30	1.50
内蒙古	9.90	8.00	3.90	75.40	1.20	1.60
安徽	12.60	9.20	3.80	70.90	2.00	1.50
新疆	15.70	5.90	4.00	71.80	1.10	1.40
东北	11.30	7.20	4.50	73.00	1.30	2.00

酿造酱油所用的淀粉质和蛋白质原料中还含有许多微生物所必需的脂肪、无机盐、维生素、氨基酸等营养物质，这些物质对酿制成的酱油亦有一定影响。

(四)食盐和水

1.食盐

食盐是生产酱油的重要原料之一，它使酱油具有适当的咸味，并且与氨基酸共同呈鲜味，增加酱油的风味。食盐还有杀菌防腐作用，可以在发酵过程中在一定程度上减少杂菌污染，同时可以防止成品酱油的腐败。选择酱油酿造用的食盐原料，必须符合食用盐标准(GB 5461—2000)的规定，禁止使用工业盐代替食用盐。

生产酱油的食盐宜选用氯化钠含量高、颜色白、水分及夹杂物少、卤汁(氯化钾、氯化镁、硫酸钠等的混合物)少的。食盐若含卤汁过多，会给酱油带来苦味，使品质下降。最简单的去除卤汁的方法是将食盐于盐库中，让卤汁自然吸收空气中的水分进行潮解而脱苦。食盐在运输和保管过程中，要防止雨淋、受潮、漏撒及杂质混入，保管的地方必须清洁干燥。

纯食盐的相对密度为 2.161(25℃)，在溶解食盐水时应不断搅拌，生产实践经验是每 100 kg 水中加入 1.5 kg 食盐即约为 1°Bé 的盐水。食盐的溶解度与温度的关系不大，因此，在溶解食盐时可以不必加热，一般 27°Bé 即达到饱和状态。

2.水

酱油生产中对水的要求虽不及酿酒工业严格，但也必须符合食用标准。凡是符合卫生标准能供饮用的水如自来水、深井水、清洁的江水、河水、湖水等均可使用。一般要求含铁少、硬度小，因为含铁过多会影响酱油的香气和风味，而硬度大的水不仅对酱油发酵不利，而且还会引起蛋白质沉淀。

酿造酱油用水量很大，一般生产 1 t 酱油需用水 6～7 t，包括蒸料用水、制曲用水、发酵用水、淋油用水、设备容器洗刷用水、锅炉用水以及卫生用水等。单就产品而言，水的消耗量也是很大的，酱油成分中水分占 70%左右，发酵生成的全部调味成分都要溶于水才能成为酱油。

含有可溶性钙盐、镁盐较多的水叫硬水，含较少的则为软水。通常钙盐以 CaO 表示，镁盐以 MgO 表示。硬度是表示水中含有多少 CaO 和 MgO 的单位。硬度的标准是 100 mL 水中含有 1 mg CaO 为 1°dH，MgO 的含量要换算成 CaO，即 1 mg MgO＝0.714 mg CaO。

水中含有 CaO 和 MgO 的总量即为总硬度，化验水中 CaO 和 MgO 的含量即可计算水的总硬度。水的硬度标准如表 4-11 所示。

表 4-11 水的硬度 °dH

很软水	软水	中等硬度	硬水	很硬水
0～4	4～8	8～16	16～30	＞30

(五)辅料及添加剂

1.增色剂

(1)红曲米。红曲米是将红曲霉接种在大米上培养而成的。其色素特点是对 pH 稳定，耐热，不受金属离子和氧化剂、还原剂的影响，无毒，无害。在酱油生产中如果添加红曲米与米曲霉混合发酵，其色泽可提高 30％，氨基酸态氮提高 8％，还原糖提高 26％。

(2)酱色。酱色是用淀粉水解物用氨法或非氨法生产的色素。其中氨法酱色中含有一种 4-甲基咪唑($C_4H_5K_2$)，具有毒性，已被禁用。而非氨法生产的酱色，没有毒性，可用于酱油产品增色。

(3)红枣糖色。利用大枣所含糖分、酶和含氮物质，进行酶褐变和美拉德反应，经过红枣蒸煮—分离—浓缩—熬炒制成成品。枣糖色率高，香气正，无毒害并含有还原糖、氛基酸态氮等营养成分，是一种安全的天然食用色素。也可用于酱油增色。

2.助鲜剂

(1)谷氨酸钠。俗称味精，它是谷氨酸的钠盐，并含有一分子结晶水，是一种白色结晶粉末。在 pH 为 6 左右时，其鲜味最强。谷氨酸钠是酱油中一种主要的鲜味成分，一般在发酵中自然产生。

(2)呈味核苷酸盐。呈味核苷酸盐有肌苷酸盐、鸟苷酸盐等。肌苷酸钠呈无色结晶状，均能溶解于水，一般用量在 0.01％～0.03％时就有明显的增鲜效果。为了防止米曲霉分泌的磷酸单酯酶分解核苷酸，通常将酱油灭菌后加入。

3.防腐剂

防腐剂是防止酱油在贮存、运输、销售和使用过程中腐败变质。通常在酱油生产中使用的防腐剂是卫生部许可的苯甲酸、苯甲酸钠、山梨酸和山梨酸钾。

(1)苯甲酸又名安息香酸，为白色针状结晶，微溶于水。一般使用前需加碱中和成苯甲酸钠液，再加入酱油中。中和方法是将碱按 1∶1.2 加水.加热至 50～90℃，然后再缓缓加入纯碱量 2.1 倍的苯甲酸，不断搅拌维持一段时间。苯甲酸在酱油中添加量不超过 0.1％。

(2)苯甲酸钠又名安息香酸钠，呈白色颗粒或结晶状、粉末状，无臭或微带安息香气味，味微甜可溶于水。25℃时其溶解度为 53％，置空气中稳定性较好。在酸性或微酸性溶液中，它具有较强的防腐能力。其防腐机理是它能非选择性地抑制微生物细胞的呼吸酶活性，特别是具有很强的阻碍乙酰辅酶A缩合反应等作用。

(3)山梨酸和山梨酸钾。山梨酸与微生物酶系的硫基结合,从而破坏许多重要酶系的作用,抑制微生物的增殖而达到防腐的目的。山梨酸属于不饱和脂肪酸,在机体内可以正常参与物质代谢,产生二氧化碳和水,因此是无毒的。

山梨酸钾是山梨酸的钾盐无色或白色鳞片状结晶,成为结晶状粉末,无臭或稍有臭味,有吸湿性,在空气中不稳定,易溶于水和乙醇,因此包装时必须置于密封容器中。

五、酱油生产工艺介绍

我国酱油发酵是由制酱演变而来的,至今已有3 000多年的历史,随着科学技术的发展,生产方法也不断改进。按照发酵方法,目前国内应用较多的有低盐固态发酵法、高盐稀醪发酵法、固稀发酵法、低盐稀醪保温法及其他传统工艺法。现将主要发酵法的工艺与特点分述如下。

(一)低盐固态发酵工艺

低盐固态发酵工艺是利用酱醅中食盐质量分数在10%左右时,对酶活力的抑制作用影响不大,在无盐固态发酵的基础上发展起来的。

1.工艺流程

水、食盐→溶解→盐水

成曲→粉碎→制醅→入缸(池)→保温发酵→成熟酱醅

2.工艺特点

(1)优点。

①色泽较深,滋味鲜美、后味浓厚,香气可比无盐固态发酵有显著提高。

②操作简便,技术不复杂,管理方便。

③生产不需要添置特殊的设备,提取酱油仍可采用浸出淋油的方法。

④原料蛋白质利用率和氨基酸生成率均较高,出品率稳定,生产成本低。

(2)缺点。

①发酵周期比无盐固态发酵周期长.比无盐发酵要增加发酵容器。

②酱油香气不及晒露发酵、稀醪发酵和分酿固稀发酵。

结合目前的国情和国力,采用低盐固态工艺容易满足消费者对酱油的大量需要,而且根据近年来国内的研究,如果采用多菌种制曲及多菌种后发酵,还可较显著地改进产品风味。

(二)高盐稀态发酵工艺流程

高盐稀态发酵法适用于以大豆、面粉为主要原料,配比一般为7∶3或6∶4,成曲加入2～2.5倍量的18°Bé/20℃盐水,于常温或30℃左右保温发酵3～6个月的发酵工艺。

1. 工艺流程

水、食盐→成曲→稀酱醪→搅拌→保温发酵→成熟酱醪

2. 工艺特点

该法的特点是发酵周期长,发酵酱醪成稀醪态。该法生产的酱油香气浓郁,风味美好,许多著名品牌酱油均用此法生产。例如,"生抽王"、"龙牌酱油"等均采用该种工艺。

(三)固稀发酵工艺流程

固稀发酵是一种继稀醪发酵之后改进的速酿法。它利用不同温度、盐度及固稀发酵的条件,把蛋白质和淀粉质原料分开制醪,采用高低温分外,先低盐固态发酵后加盐水稀醪发酵的方法,可以得到质量比较满意的产品。

1. 工艺流程前面已有介绍

2. 工艺特点

(1)优点。

①控制盐分对蛋白酶的抑制,使其能较充分地发挥作用。

②先采用固态低盐发酵,减少食盐对酶活性的抑制,有利于蛋白质的分解和淀粉的糖化。

③发酵期比稀醪发酵缩短,一般只要 30 余天。

④产品色泽较深,酱油香气较好,属于醇香型。

⑤后期酱醪稀薄,与稀醪发酵一样,便于保温、空气搅拌及管道输送,适于大规模的机械化生产。

(2)缺点。

①生产工艺较复杂,操作也较繁琐。

②稀醪发酵阶段需要酱醪输送和空气搅拌设备。

③酱油提取需要压榨设备,压榨工序繁复,劳动强度高。

(四)低盐稀醪保温法

该法吸收高盐稀醪法的优点应用于低盐固态保温发酵法中,所不同的是,加盐水量高于固态法,制成稀醪态进行发酵,此方法在南方广泛应用。

(五)其他工艺法

在我国北方有些省份和地区,还有无盐固态发酵工艺。其特点是制酱醅时不加或加少量食盐。为了防腐,发酵温度维持在 55～60℃,发酵时间只需 72 h 左右。由于产品质量差,基本上处于被淘汰之列。我国许多地方还留传着当地传统酿造方法,因而产生出许多名特产品,这里不一一介绍。

六、酱油的浸出

酱醅成熟后,利用浸出法将其可溶性物质最大限度的溶出,从而提高全氮利用率和获得良

好的成品质量。浸出操作包括浸泡和滤油两个工序。该种方法与传统的手工或机械压榨的方法比较有很多优点:改善了劳动条件;降低了酿造工人的劳动强度;提高了劳动生产率;提高了原料的利用率等。

(一)工艺流程

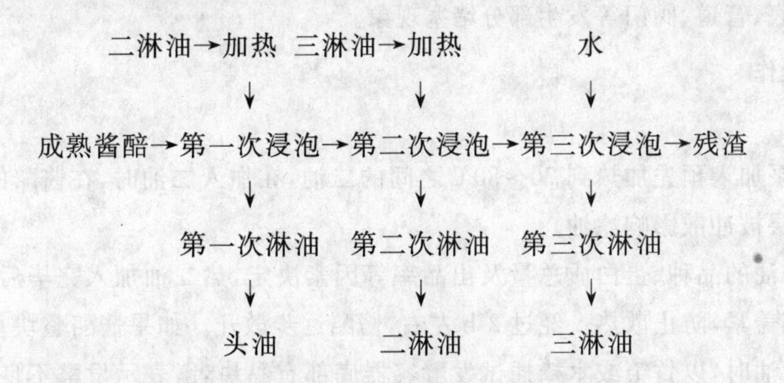

(二)浸泡与滤油基本原理

1.浸泡原理

酱醅成熟后,加入二油或清水浸泡,把酱醅中的可溶性物质扩散到液体中去,再通过滤油提取出酱油,达到固、液分离的目的。在浸泡过程中,相对分子质量很大的蛋白质、糊精、有机酸和色素等溶解较慢。因为大分子物质的溶出有个吸水膨胀的过程,所以酱油的浸出必须要先经过一个浸泡的过程。

浸泡是一种扩散现象,在一定范围内,影响浸泡的重要因素有:

(1)浸泡温度高,则可溶性物质易于浸出。

(2)浸泡时间长,可以增加浸出量,但过长会增加黏度,不利于淋油,所以浸泡时间要适宜。

(3)酱醅与溶剂中浸出物浓度差越大,越易浸出,即在酱醅浸泡中,二油水或盐水与酱醅浓度差越大,越易浸出。

(4)溶剂与溶剂接触面积越大,浸出物越多,所以酱醅要求疏松,防止结块。

(5)相对分子质量小的物质容易被浸出,如氨基酸、葡萄糖等。

(6)颗粒直径小的物料容易浸出,但颗粒太小会增加黏度,影响淋油,生产上采用的豆粕多呈小片状,以利于浸出。

2.滤油原理

滤油液面(浸出液)通过滤渣的毛细管流出,即可达到液渣分离的目的。过滤速度与过滤面积、温度和压力成正比,而与黏度,滤渣阻力成反比。影响滤油速度的主要因素:

(1)过滤面积。过滤面积越大,滤油越快,所以酱醅料层疏松,形成毛细管多而通畅,则滤油就快。

(2)过滤压力。过滤压力大,滤油快,在浸出法中,过滤的压力由酱醅及浸出液的自重提供的。

(3)滤液黏度。滤液黏度越大,滤油越慢。造成黏度大的原因:①原料分解不彻底;②污染大量的杂菌;③制醅水分不均匀,池底过湿而发生黏底;④原料颗粒过细等。

(4)滤渣阻力。滤油时阻力影响滤油速度,形成滤油阻力的因素:①物料颗粒过于细小;②滤渣料层厚度过高;③滤渣紧实;④滤油过程中出现脱水,造成滤层龟裂,使毛细管收缩;⑤其他阻力为过滤介质、假底、管道、阀门等发生部分堵塞现象。

(三)浸泡和滤油工艺操作

1.浸泡操作

酱醅成熟后,即可用水泵加入预先加热到70~80℃之间的二油,在加入二油时,在酱醅的表面层垫一块竹帘,以防酱层被冲散影响滤油。

二油的用量根据生产酱油的品种、蛋白质总量及出品率等因素决定,热二油加入完毕后,发酵容器仍需用聚乙烯薄膜盖紧,防止散热。经过2 h左右,酱醅逐步散开。如果酱醅整块上浮后,一直不散开,或者在滤油时,以竹竿或木棒插试发酵容器底部有黏块者,表示发酵不良,此时滤油将会受到一定影响。浸泡时间为20 h左右,浸泡期间,品温不要低于55℃,一般维持在60℃以上。温度适当提高和浸泡时间适当延长,可显著加深酱油色泽。

2.滤油操作

浸泡时间达到之后,生头油便从发酵容器的底部放出,流入酱油池中。池内预先放置备盛食盐的箩筐,把每批所需要的食盐置于其中,流出的头油通过盐层而逐渐将食盐溶解。头油流完后(注意不宜放得太干),关闭阀门,在加入70~80℃的三油,浸泡8~12 h,滤得二油(留住下批浸泡使用),再加入热水,浸泡2 h左右,滤出三油,作为下批套二油之用。

在滤油过程中,头油是产品,二油套头油,三油套二油,热水浸三油,如此循环使用。以上为间歇滤油法,现在很多酿造企业已经采用连续滤油法:浸泡的方式一样,但当头油将要滤完,酱渣刚露出液面时,马上加入75℃左右的三油,浸泡1 h,滤出二油,待二油即将滤完,酱渣刚露出液面时,再加入常温自来水,放出三油。从头油到放完三油总共时间8 h。

(四)浸出

1.浸出操作标准

衡量浸出工序操作的标准是以酱渣中残留的酱油成分的数量,通常以残存食盐或可溶性无盐固形物的数量作为衡量指标。以豆粕(饼∶麸皮)=6∶4原料配比为例,酱渣(干基)中食盐及可溶性无盐固形物含量均不得高于4%。

注:原池浸出工艺除不需把酱醅移到淋油池,在原池中浸出外,其工艺同移池浸出工艺。

2.浸出的主要设备

(1)根据淋油工序的特点,在建筑施工时要保证淋油池的工程质量,防止因冷热交替而破坏池壁,造成渗漏。假底的空隙可尽量小些,以免存水过多;出油口留在最低位置,确保油放尽后不存水;条件允许时应尽量扩大过滤面积,要求面积大而高度浅,但要和发酵池配套,使酱醅正好装2~4个淋油池,不使酱醅有剩余零头,便于分批生产、分批核算,有利于总结经验。

(2)接油池、配油池、浸淋水储存池、溶盐池等,应根据生产需要配套,对各池容量要测量准确。

(3)浸清水加热设备有两种形式:冷热缸(四周有夹层可用蒸汽直接加热)和接触式热交换器。

3.酱渣的标准

(1)水分为80%左右。

(2)粗蛋白含量≤5%。

(3)食盐含量≤1%。

(4)水溶性无盐固形物含量≤1%。

(五)滤油的计算

1.浸泡淋油的理论计算公式

$$\text{每批原料应产酱油(kg)}=\frac{(M_1\times B_1+M_2\times B_2+M_3\times B_3+\cdots)\times C\times d}{E\times 6.25}$$

式中:

M_1——主料豆粕数量,kg;

M_2——辅料麦粉数量,kg;

M_3——辅料麸皮数量,kg;

B_1——主料豆粕含蛋白质数量,%;

B_2——辅料麦粉含蛋白质数量,%;

B_3——辅料麸皮含蛋白质数量,%;

C——原料蛋白质利用率(暂定75%);

d——国标二级酱油相对密度,1.17(即21°Bé);

E——国标二级酱油质量标准(全氮1.2 g/100 mL)。

【例题4-3】某批原料配方:豆粕1 000 kg,含蛋白质46%;麦粉200 kg,含蛋白质12%;麸皮200 kg,含蛋白质12%[国家二级酱油质量标准:全氮1.2%,相对密度1.17(浓度21°Bé),原料蛋白质利用率暂定为75%]。按照上述要求计算应产二级酱油多少?

解:已知$M_1=100\text{ kg}, B_1=46\%, C=75\%$

$M_2=200\text{ kg}, B_2=12\%, d=1.17$

$M_3=200\text{ kg}, B_3=12\%, E=1.2\%$

将已知数代入公式得:

$$\text{每批原料应产酱油}=\frac{(1\,000\text{ kg}\times 46\%+200\text{ kg}\times 12\%+200\text{ kg}\times 12\%+\cdots)\times 75\%\times 1.17}{1.2\%\times 6.25}$$

$$=6\,000\text{ kg}$$

2.经验计算公式

每批原料应产酱油=主料豆粕数×6

如：主料 1 000 kg 豆粕，其生产国标二级酱油为 1 000 kg×6 ＝ 6 000 kg。

七、酱油的加热

（一）加热目的

1. 灭菌

酱油中含有较多的盐分，对一般微生物的繁殖能起到一定的抑制作用，病原菌会迅速死亡。但酱油中微生物种类繁多，现在以加热灭菌的方法杀灭多种微生物，防止生霉发白。

2. 调和香气和风味

经过加热，可使酱油增加醛、酚等香气成分，并使部分小分子缔结成大分子，改善口味，除去霉臭味。

3. 增加色泽

生酱油色泽较浅，加热后部分糖转化成色素，增加酱油色泽。

4. 除去悬浮物

酱油中的微细悬浮物或杂质，经加热后同少量高分子蛋白质凝结成酱泥沉淀下来，从而使产品澄清透明。

5. 破坏酶

生酱油中存在多种酶，加热可破坏这些酶系，使酱油质量稳定。

（二）加热温度

加热温度因设备条件、酱油品种、加热时间长短以及季节不同而略有差异。一般酱油的加热温度为 65～70℃，时间 30 min。如果采用连续式加热交换器以出口温度控制在 80℃为宜。如采用间接式加热到 80℃，时间不应超过 10 min。如果酱油中添加核酸等调味料增加鲜味，为了破坏酱油中存在的核酸水解酶（磷酸单酯酶），则需把加热温度提高到 80℃，保持 20 min。

另外，在夏季杂菌量大、种类多、易污染，加热温度比冬季提高 5℃。高级酱油加热温度可比普通酱油略低些，但均以杀死产膜酵母及大肠杆菌为准则。

加热后要及时冷却，防止在加热后的酱油在 70～80℃放置时间较长，导致糖分、氨基酸及 pH 等因色素的形成而下降，影响产品质量。

（三）加热设备

国内多用间接蒸汽加热，方式有 3 种：第一种是在加热容器内安装蛇形管，带有盖和搅拌装置，通蒸汽加热，使加热均匀。第二种是利用连续式列管式交换器加热，它结构简单、清洁卫生，操作及管理比较方便，成品质量好，生产效率也较高（图 4-8）。酱油加热完毕，将加入罐中的管道洗刷干净。第三种是板式热交换器，此设备热交换器效率高，但由于造价高，加热前酱油必须经过滤才能使用。

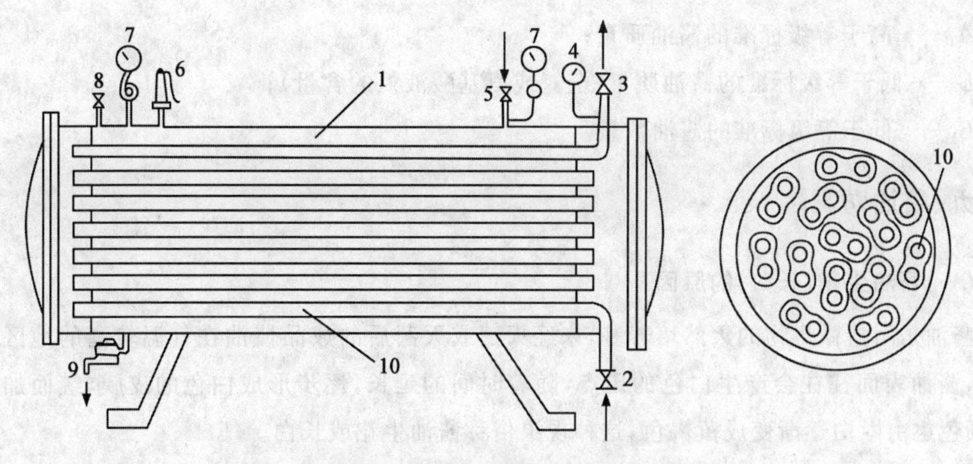

图 4-8 连续式列管加热器示意图

1—加热器 2—生酱油进口 3—热酱油出口 4—温度计 5—蒸汽管
6—安全阀 7—压力表 8—排气管 9—汽水分离器 10—酱油流通管

八、成品酱油的配制

配制即将每批生产中的头油和二淋油或质量不同的原油，按统一的质量标准进行调配，使成品达到感官特征及理化指标的要求。由于各地风俗习惯不同，口味不同，还可以在原来酱油的基础上，分别调配助鲜剂、甜味剂以及某些香辛料等以增加酱油的花色品种。常用的助鲜剂有谷氨酸(味精)、肌苷酸、鸟苷酸，甜味剂有砂糖、饴糖、甘草等，香辛料有花椒、丁香、豆蔻、桂皮、大茴香、小茴香等。

配制是一项十分细致的工作，配制得当，不仅可以保证质量，而且还可以起到降低成本、节约原材料、提高出品率的作用。配制的方法是配制前必须了解各批酱油的数量、批号、生产日期以及质量情况，事先分析化验各项成分含量，以便计算各批配制用量。

酱油的理化指标有多项，一般均以氨基酸氮、全氮和氨基酸生成率来计算。例如，二级酱油标准为氨基酸氮 0.6 g/100 mL，全氮 1.20 g/100 mL，氨基酸生成率是 50%。如果生产的酱油氨基酸生成率低于 50%时，可不计全氮而按氨基酸氮配制。如果氨基酸生成率高于 50%时，则可不计算氨基酸氮而以全氮含量计算配制。

配制时可按下列公式计算：

$$AA_1+BB_1=C(A_1+B_1) \qquad AA_1+BB_1=CA_1+CB_1$$

$$AA_1-CA_1=CB_1BB_1 \qquad A_1(A-C)=B_1(C-B)$$

由以上推导出：

$$\frac{A_1}{B_1}=\frac{(C-B)}{(A-C)}$$

式中：

A——高于等级标准的酱油质量(全氮或氨基氮的含量)；

A_1——高于等级标准的酱油质量；

B——低于等级标准的酱油质量（全氮或氨基酸液氮的含量）；

B_1——低于等级标准的酱油数量。

九、酱油防霉

（一）酱油生霉（长白）的原因

酱油是耐盐微生物的天然培养基，未经灭菌或灭菌后的成品酱油在气温较高的地区和季节里，酱油表面往往会产生白色的斑点，随着时间的延长，逐步形成白色的皮膜，继而加厚变皱，颜色也由嫩白逐渐变成黄褐色，这种现象俗称酱油生花或长白。

酱油生霉是由于微生物特别是一些产膜酵母生长繁殖，这些微生物主要有粉状毕赤氏酵母、盐生接合酵母、日本接合酵母等需氧耐盐产膜酵母，这些产膜酵母最适合温度为25～30℃，加热到60℃数分钟就可以杀灭。酱油虽经加热灭菌，但由于整个生产和销售过程常在接触空气的情况下进行，而空气本身就含有这些微生物，在适当的温度条件下，它们就会在酱油中发酵繁殖，使酱油生霉发白，因此从生产到销售的全过程均需重视酱油的防腐。酱油的生霉原因如下。

1.内因方面

与酱油本身质量有关。酱油质量好，盐分大，含有较多的脂肪酸和醇类、醛类、酯类等香气成分，对杂菌有一定的抑制作用。相反，如果酱油的质量不好，本身抵抗杂菌的性能差，就容易生霉；另外生产中发酵不成熟，灭菌不彻底或防腐剂添加量不足等。

2.外因方面

温度高、潮湿以及包装容器不清洁、容器里有生水等易生白发霉。另外在存储运输过程中，因淋雨或混入生水而被产膜酵母污染等都可以引起发霉。

（二）酱油生霉造成的危害

生霉后的酱油，表面形成令人厌恶的菌膜，香气减少，口味变淡而发苦，酸味增强甜味和鲜味减少，有时甚至产生臭味。其营养成分被杂菌消耗，从而也降低了食用价值。个别产品除发白外，甚至还会再发酵，生成酒精或二氧化碳，产生泡沫降低风味。

（三）酱油防霉措施

1.从生产工艺发面，提高酱油质量

高质量酱油本身具有较高的抗霉能力，因此应尽可能生产优质酱油。

2.从生产卫生方面，加强管理

酱油的生产操作是在开放的环境下，每个工序都会带人大量杂菌，所以在每个生产环节中，工具、生产设备都应有严格的卫生制度，要及时清洗消毒。操作人员的个人卫生也应该给予高度的重视，以确保淋出的酱油含杂菌少。贮油容器和包装容器应洗刷干净，保持干燥，不可存有洗刷水、生水。运输、储存过程中防止雨淋或生水污染。

3. 从加热灭菌方面，消除杂菌污染

成品酱油按加热要求进行灭菌，灭杀酱油中的微生物，从而在一定程度上减缓或抑制发白现象的产生。

4. 从防腐剂的使用方面，防止杂菌丛生

合理正确地添加允许使用的防腐剂，是防止发霉的一项有效措施。

(四)常用酱油防腐剂

防腐剂的选择原则：对人体无毒无害，容易得到，应用时操作简单、价格便宜、用量小、防霉效果好。

酱油生产中常使用的防腐剂有苯甲酸钠、山梨酸、山梨酸钾、维生素 K 类，其使用量详见国家标准。

十、酱油的存储

(一)成品酱油的储存

配置好的酱油在包装以前，要有一段储存期，储存的原因主要有以下几方面。

1. 对于改善成品酱油的风味和体态具有一定的作用

配制好的酱油可以存放于室内地下储池中或露天密闭的大罐中(有夹层可以调温)。在静置储存酱油中的挥发性成分能进行自然调剂，使酱油得到进一步澄清，避免包装后出现沉淀物。

2. 在销售方面可以起到调控市场供应的作用

为了连续不断满足市场需求，防止季节性和节日性脱销，成品酱油必须有一定数量的储存。

(二)成品酱油在储存期间注意事项

1. 储存的场所必须清洁卫生

要防止灰尘携带微生物侵入酱油中，不给微生物侵入和生长繁殖创造任何条件。

2. 储存的场所要保持低温干燥

因为当湿度大、温度在 20℃以上时，非常适合微生物繁殖，在这样的条件下酱油最容易发霉。一般储存环境的温度应该保持在 15℃以下为最佳。

3. 应避免日光直接照射

光和热对氧化有着极大的促进作用。日光照射太久，会使成品酱油颜色发乌，造成酱油表面出现一层黑色薄膜。

4. 注意防蝇

苍蝇是酱油污染大肠杆菌的媒介，也是生蛆的根源。据资料显示，一个苍蝇的腿上携带菌类 600 多万个，夏季酱油中发现的大肠杆菌常常是通过苍蝇传播的。夏季酱油生蛆，也是苍蝇产卵落入酱油中生出来的。一个苍蝇一次能产10～30个卵，这种卵很小，不易发现，在温度适宜时很快就会孵化成蛆。所以彻底搞好环境卫生，避免苍蝇滋生，将成品储存的场所用纱窗和纱门同外界隔开，使苍蝇无法侵入。

5.储存管理要严格

酱油要分批储存，储油池或储油罐按顺序编号，并做好日期记录，做到先存先出。储油池或储油罐要定期刷洗，防止沉淀物过多影响储油质量。

十一、酱油质量标准与技术指标

(一)酱油质量标准

酿造酱油国家标准(GB 18186—2000)。

1.感官特性(表4-12)

表4-12 酿造酱油感官特性

项目	指标							
	高盐稀态发酵酱油(含固稀发酵酱油)				低盐固态发酵酱油			
	特级	一级	二级	三级	特级	一级	二级	三级
色泽	红褐色或浅红褐色，色泽鲜艳，有光泽		红褐色或浅红褐色		深红褐色，鲜艳，有光泽	红褐色或棕褐色，有光泽	红褐色或棕褐色	棕褐色
香气	浓郁酱香及酯香		有酱香及酯香气		酱香浓郁，无不良气味	酱香较浓，无不良气味	有酱香，无不良气味	微有酱香，无不良气味
滋味	味鲜美、醇厚、鲜、咸甜适口		味鲜，咸、甜适口	鲜、咸适口	味鲜美，醇厚，咸味适口	味鲜美，咸味适口	味较鲜、咸味适口	鲜咸适口
体态	澄清				澄清			

2.理化指标(表4-13)

表4-13 酿造酱油理化指标 g/100 mL

项目	指标							
	高盐稀态发酵酱油(含固稀发酵酱油)				低盐固态发酵酱油			
	特级	一级	二级	三级	特级	一级	二级	三级
可溶性无盐固形物，≥	15.00	13.00	10.00	8.00	20.00	18.00	15.00	10.00
全氮(以氮计)，≥	1.50	1.30	1.00	0.70	1.60	1.40	1.20	0.80
氨基酸态氮(以氮计)≥	0.80	0.70	0.55	0.40	0.80	0.70	0.60	0.40

注：铵盐的含量不得超过氨基酸态氮含量的30%。

3.卫生指标(表4-14)

(二)配制酱油行业标准(SB 10336—2000)

1.感官特性(表4-15)

2.理化指标(表4-16)

表 4-14 酿造酱油卫生指标

项目	指标
总酸(以乳酸计)/(g/100 mL)	≤2.5
总砷(以 As 计)/(mg/L)	≤0.5
铅(Pb)/(mg/L)	≤1.0
黄曲霉毒素 B_1/(μg/L)	≤5
细菌总数/(cfu/mL)	≤3 000
大肠菌群/(MPN/100 mL)	≤30
致病菌(沙门氏菌、志贺氏菌、金黄色葡萄球菌)	不得检出

表 4-15 配制酱油感官特性

项目	要求
色泽	红棕色或红褐色
香气	有酱香气,无不良气味
滋味	鲜咸适口
体态	澄清

表 4-16 配制酱油理化指标

项目	指标
可溶性无盐固形物,g/100 mL	≥8.00
全氮(以氮计),g/100 mL	≥0.70
氨基酸态氮(以氮计),g/100 mL	≥0.40

注:铵盐的含量不得超过氨基酸态氮含量的 30%。

3. 卫生指标

应符合酿造酱油国家标准的规定。

(三)酱油主要技术指标

酱油的生产计算包括氨基酸的生成率、原料利用率和酱油出品率 3 个指标。这 3 个指标是考核酱油生产技术水平的主要依据。正确掌握和利用它们,对于加强企业技术管理水平、提高产品质量、挖掘企业生产潜力等方面都具有重大意义。

1. 氨基酸生成率

氨基酸生成率即是酱油成品中全氮中氨基酸的生成比例。在酱油酿造中,由于受某些因素影响,蛋白质的分解不彻底,一般只有 50%左右的氨基酸氮,其他为蛋白质的中间产物如眎、胨、肽等。一般认为,如果酱油中氨基酸氮含量越高,则表示原料分解得越彻底,味道越好。通过对氨基酸生成率的比较,可以看出原料分解程度,大致可判断出酱油产品的质量和出品率的高低。计算公式如下:

$$\text{蛋白质利用率}=\frac{\dfrac{G\times TN}{d}\times 6.25}{P}\times 100\%$$

式中:

G——酱油的实际产量;

TN——酱油中全氮含量,g/100 mL;

d——酱油的相对密度;

6.25——蛋白质换算系数；

P——混合原料含蛋白质总量，kg。

2.原料利用率

酱油生产中的原料利用率包括蛋白质利用率（全氮×6.25＝蛋白质）及淀粉利用率等，也即是原料中的蛋白质与淀粉等成分进入成品中的比例。原料利用率是最主要的经济技术指标，且原料利用率以蛋白质利用率为主，而以淀粉利用率为辅。因为在制曲与发酵期间，淀粉的消耗较多，特别是酿造过程中时间较长，质量优质的酱油，其淀粉利用率较低。

酱油生产中原料利用率不可能达到100％，因为在原料处理、制曲中，发酵时均消耗一部分，以及在淋油过程中，有效成分流失了一部分。因此必须采取必要的管理措施，提高原料利用率。

(1)蛋白质利用率。提高蛋白质利用率以提高产量、产率、质量及劳动和设备的利用率，即可降低成本，增加利润。

按批计算公式：

$$\text{蛋白质利用率}=\frac{\left(\frac{G\times TN}{d}+\frac{G_1\times TN_1}{d_1}+\frac{G_2\times TN_2}{d_2}\right)\times 6.25}{P}\times 100\%$$

式中：

G、TN、d——实际产酱油的数量、全氮含量、相对密度；

G_1、TN_1、d_1——本次产二、三油的数量、全氮含量、相对密度；

G_2、TN_3、d_2——本次浸泡用上次二、三油数量、全氮含量、相对密度；

P——混合原料含蛋白质的总量，kg；

6.25——全氮折算蛋白质系数。

(2)淀粉利用率。原料中的淀粉除生成还原糖外，还生成糊精、色素、有机酸成分。所以，一般认为，以无氮无盐固形物含量来计算淀粉利用率是比较接近实际情况的方法。但目前国内仍普遍应用以成品中还原糖来计算淀粉利用率。

以无氮无盐固形物计算淀粉利用率的公式：

$$\text{淀粉利用率}=\frac{\frac{G}{d}\times M}{S}\times 100\%$$

式中：

G——酱油实际产量，kg；

d——酱油相对密度；

M——实测酱油中无氮无盐固形物（无盐固形物－全氮×6.25）；

S——混合原料中含淀粉总量（酶法测定）。

以还原糖计算淀粉利用率的公式：

$$淀粉利用率=\frac{\frac{G}{d}\times M\times 0.9}{S}\times 100\%$$

式中：

G——酱油实际产量，kg；

d——酱油相对密度；

M——实测酱油的还原糖含量，g/100 mL；

S——混合原料含淀粉总量，kg；

0.9——葡萄糖折算淀粉的系数。

3.酱油出品率

酱油产量的多少，不能表明出品率的高低，因为它与原料和成品有关。所以，计算出品率必须先确定两个标准，即产品的标准及原料的标准。产品的标准通常以国家二级酱油为统一标准，原料标准实际是全氮标准。成品酱油中主要质量指标较多(全氮、氨基酸氮、无盐固形物等)，一般以氨基酸氮作为计算依据即可。计算公式如下：

(1)氨基酸氮出品率

$$氨基酸氮出品率=\frac{\frac{G\times AN\times 1.17}{0.6\times d}}{P}$$

式中：

G——酱油实际产量，kg；

AN——实测酱油全氮含量，g/100 mL；

1.17——标准二级酱油密度；

0.6——标准二级酱油氨基酸氮含量，g/100 mL；

d——酱油相对密度；

P——混合原料含氮总量，kg。

(2)全氮出品率

$$全氮出品率=\frac{\frac{G\times TN\times 1.17}{1.2\times d}}{P}$$

式中：

G——酱油实际产量，kg；

TN——实测酱油全氮含量，g/100 mL；

1.17——标准二级酱油密度；

1.2——标准二级酱油全氮含量，g/100 mL；

d——酱油相对密度；

P——混合原料含氮总量，kg。

(3)无盐固形物出品率。无盐固形物出品率，以二级酱油含无盐固形物 15 g/100 mL 为标准计算。其计算公式如下：

$$固形物出口率=\frac{\frac{G\times E\times 1.17}{15\times d}}{S+P}=\frac{\frac{1.500\times 175\times 1.17}{1.5\times 1.2}}{981.4+808.2}=6.67$$

式中：

G——酱油实际产量，kg；

E——实际酱油的无盐固形物含量，g/100 mL；

1.17——标准二级酱油密度；

15——标准二级酱油含无盐固形物量，g/100 mL；

d——实测酱油相对密度；

S——混合原料含淀粉总量，kg；

P——混合原料含蛋白质总量。

【例题 4-4】生产某批酱油投入的各种原料数量与成分如下：

名称	数量/kg	粗蛋白质	粗淀粉/%
豆粕	1 950	46.92	20.0
麸皮	190	13.95	42.0
碎米	470	8.50	72.0

结果生产酱油为 10 500 kg(假定浸泡借用二油及三油的数量与质量等于产二油及三油的数量与质量)。经检测：全氮 1.40 g/100 mL，氨基酸 0.72 g/100 mL，糖分 4.70 g/100 mL，无盐固形物 17.5 g/100 mL，相对密度 1.2。求该批原料蛋白质利用率、淀粉利用率与酱油出品率(包括全氮出品率、氨基酸氮出品率与无盐固形物出品率)。

解：先求出混合原料中蛋白质总量和粗淀粉总量。

蛋白质总量(P)：豆粕(饼)　1 950 kg×46.92%＝914.94 kg

麸皮　190 kg×13.95%＝26.51 kg

碎米　470 kg×8.50%＝39.95 kg

共计　981.40 kg

粗淀粉总量(S)：豆粕(饼)　1 950 kg×20%＝390 kg

麸皮　190 kg×42%＝79.8 kg

碎米　470 kg×72%＝338.4 kg

共计　808.2 kg

$$(1)蛋白质利用率=\frac{\frac{G\times TN}{d}\times 6.25}{P}\times 100\%$$

$$=\frac{\frac{10\ 500\times 1.4\%}{1.2}\times 6.25}{981.40}\times 100\%=78.01\%$$

(2)淀粉利用率$=\frac{\frac{G}{d}\times M\times 0.9}{S}\times 100\%$

$$=\frac{\frac{10\ 500}{1.2}\times 4.7\%\times 0.9}{808.2}\times 100\%=45.80\%$$

(3)酱油出品率

①全氮出品率计算

$$全氮出口率=\frac{\frac{G\times TN\times 1.17}{1.2\times d}}{P}$$

$$=\frac{\frac{10\ 500\times 1.40\times 1.17}{1.2\times 1.2}}{981.4}=12.17(kg/kg\ 蛋白质)$$

②全氮出品率计算

$$氨基氮出品率\ kg/kg\ 蛋白质=全氮出品率\times\frac{氨基酸生成率}{50\%}$$

$$氨基酸生成率=\frac{氨基酸氮}{全氮}\times 100\%=\frac{0.72}{1.40}\times 100\%=51.43\%$$

代入上式：

$$氨基酸出品率=12.17\times\frac{51.43\%}{50\%}=12.52(kg/kg\ 蛋白质)$$

或根据投料量、产量与酱油中氨基酸氮的含量直接计算：

$$氨基酸氮出品率=\frac{\frac{G\times AN\times 1.17}{0.6\times d}}{P}=\frac{\frac{10\ 500\times 175\times 1.17}{0.6\times 1.2}}{981.4}=12.52(kg/kg\ 蛋白质)$$

拓展知识

一、酱油加工制品

(一)花色酱油

1.辣酱油

辣酱油是以海带汁为基料配入丁香、豆蔻、桂皮、辣椒、姜、胡椒、葱头等香辛料，并加入白醋、蔗糖、味精、食盐等配制过滤去渣而成的调味液。在成品中添加苯甲酸钠防腐。本品色浅，有异香及复合口味(有时以酱油代替海带汁，或添加焦糖以提高色率)。通常用于西餐或烹烧鱼类，别具风味。

2. 虾子酱油

生产虾子酱油一般选用本色酱油，主要是取其色泽较淡及加热时泡沫少。虾子则以越新鲜越好。

(1)虾子酱油配方。本色酱油 100 kg，高粱酒 4 kg，新鲜虾子 10 kg，生姜 1 kg，白糖 4 kg，味精 0.5 kg。

(2)加工方法。先将本色酱油加热煮沸，除去泡沫，然后再将清洗过的新鲜虾子、白糖、高粱酒及生姜等同时放入锅内，继续加热，直至虾子向上浮时立即停止加热而出锅。冷却后装瓶，即得瓶装虾子酱油。

3. 蘑菇酱油

(1)蘑菇酱油配方。本色酱油 100 kg，白糖 4 kg，新鲜蘑菇 6 kg，味精(谷氨酸钠)0.6 kg。

(2)加工方法。首先将蘑菇除去根蒂，洗净后沥干，切成碎片。然后与本色酱油混合，同时加热煮沸，除去其泡沫，再加入白糖与味精，至蘑菇向上浮时立即停止加热而出锅。冷却后装瓶，即得瓶装蘑菇酱油。

(二)改制酱油

1. 忌盐酱油

忌盐酱油是一种不含钠离子的、专供肾脏病患者食用的特制酱油。

忌盐酱油生产工艺：采用无盐固态发酵法，必须严格注意以下工艺参数及操作要求。拌曲水温控制在 65℃；总料：拌水量为 1：(1～1.2)；入缸醅温为 50～53℃，20 h 后升温至 55～60℃；发酵周期为 60 h。

发酵过程中醅面可稍压实，加竹帘一张。浸出用水温度 80℃，浸泡时间 12 h(此时温度低于 60℃)。成品灭菌前，按成品质量 10%加入药用氯化钾，蒸汽灭菌 100℃，10 min，再加入氯化铵 3%，谷氨酸钾 2%，柠檬酸钾 1.5%，蔗糖 3%；然后再按常规加热灭菌、检验、包装出厂。

2. 酱油膏

酱油膏也称豉油膏，是以大豆为原料的豉油加工品，工艺如下。

(1)浸豆。浸水后的大豆容量掌握增加 1 倍为宜。

(2)蒸豆。浸水后的大豆清水冲洗干净，沥干置加压锅内以 0.2 Pa 压力蒸煮 30 min，停汽焖 30 min 后出锅，此时且呈褐色，手指压之能烂。

(3)制曲。蒸熟大豆摊凉至 32℃，按原料重的 0.2%接入种曲，拌匀装匾，移置木架上，48 h 后白色菌丝密布(品温为 38～40℃)，翻曲，控制品温在 38℃左右。经 24 h 再翻一次，维持品湿 35℃上下。再经 24 h，品温渐降、放置 1～2 d 后出曲。

(4)洗浸。成曲置竹筐内，于水池中洗去孢子，再在清水中浸泡，浸至豆粒中心有米粒大小末浸透时，沥起。

(5)堆积发酵。沥起的豆曲在圆筐中堆积，天冷加盖麻袋保温，待品温至 55℃时，可以盐腌。

(6)腌制。以干原料计,按 28%加盐,用时留出 20%作封面用盐,其余加入成曲中拌匀,立即装入木桶中,加盖封面盐,3 个月后熟成。

(7)放油。先放出的称为底油,每 100 kg 大豆约可出底油 30 kg(滤出的二三次油供作普通酱油)。

(8)晒炼。底油澄清后,加入次等油膏中,晒 1～2 个月;抽出酱油加入稍高一等的油膏中,再晒 1～2 个月;再抽出酱油加入更高一等油膏中,如此反复抽晒,直至晒成最高等油膏,前后约需 1 年。

(9)成品。根据需要,把不同等级的油膏按一定比例配成各级酱油膏。通常 100 kg 大豆可生产 32.5°Bé 酱油膏 20 kg,联产普通酱油 200 kg。

3. 酱油粉

酱油粉是以酱油直接经喷雾干燥而成的粉末状产品,便于贮存、运输,特别适宜于边远地区及野外工作者的需要;喷雾干燥的方法有压力喷雾干燥法和离心喷雾干燥法两种,而产品质量以后者为好,易溶易调,而且风味与原酱油无明显差别。

4. 固体酱油

以酱油为主要原料,在真空浓缩设备中,低温脱水,可制成固体酱油。固体酱油在携运及使用上都较液体酱油方便。酱油浓缩完毕,加入混匀的精盐 15 kg,蔗糖 5 kg,味精 0.6 kg,充分搅匀后出料,趁热压块成型,计量包装。每 60 kg 酱油可产成固体酱油 43 kg 左右,使用时按 1∶3 稀释。

5. 黄豆酱油

此酱油以黄豆为主要原料加工而成。制作方法如下。

(1)蒸豆。酿制酱油的黄豆(春大豆、秋大豆均可)必须先放入水中浸泡肥大,浸豆的时间长短要适宜,既要使黄豆中的蛋白质最大限度地吸收水分,又要防止浸泡时间过长变酸而破坏蛋白质。浸水时,把黄豆放进木桶或缸内,加清水 1 倍,通常以浸 1 h,豆皮起皱纹为度,然后把它倒进箩筐内,排掉水分,置于蒸桶里,水开后,蒸煮 4～6 h 即可。

(2)发酵。待蒸熟的黄豆冷却后,把它摊铺于竹篱上,送进室内发酵。室内要密封,并设若干木架层,便于装置竹篱,温度要在 37℃以上,若室温不够,可加炭、煤火以提高温度,促进发酵。发酵时间为 6 d。入室 3 d 后要翻动搅拌一次,使其发酵均匀。经过发酵的黄豆,当表面出现黄绿色的曲霉和酵母菌时取出,倒入木桶或缸内,按 100 kg 黄豆加清水 40 kg 的比例添加清水并搅拌,使其吸足水分,把余水倒掉后,装入竹篓内,上面加盖棉布。然后放在温度37～38℃的室内继续发酵,约过 8 h,当手插进豆有热感、鼻闻有酱油香味时,即可停止发酵。

(3)酿制。将经过发酵的黄豆装入木桶酿制(酿制用的木桶或缸,其上面要能密封,底层应设有出油眼)。酿制配方:黄豆 100 kg、食盐 30 kg、清水 40 kg。具体操作:装一层黄豆,撒一层食盐,泼一次清水,这样交替地装进桶内或缸内,最上层为食盐。然后盖上桶盖或缸盖,并用牛皮纸封好。

(4)出油。经过4个月酿制后，把出油眼的木塞拔掉，套上用尼龙丝织成的罗网进行过滤。接着将盐水(100 kg清水加17 kg食盐)分5 d冲进桶或缸内，从出油眼流出的即为酱油。一般每100 kg黄豆可酿制酱油300 kg。所得的酱油通常都要加入糖浆。糖浆的做法：每100 kg食糖加4 kg清水，用旺火煮至色泽乌黑，无甜味并略带微苦为度。每100 kg酱油的用糖量为12 kg，糖浆过滤后拌入。

(5)曝晒。将酱油用缸装好，置于阳光下曝晒10～20 d，即可上市。但要注意，曝晒时晴天夜间可以露天放，让其接受露水；下雨天缸面需加盖，一般夏天晒10 d，秋、冬晒20 d即可。若发现缸内有虫蛆或上面有一层白色霉菌时，应捞起弃去。

6.红薯制酱油

(1)工艺流程。制黄酶曲→制酱醅→发酵→分离→调配→成品。

(2)工艺操作要点。

①制黄酶曲　取15 kg麦麸蒸熟，加入60～80 mL蛋白发酵菌，充分拌匀后平摊于曲盘内，保持温度25～30℃，经3～4 d即成黄霉曲。

②制酱醅　取50 kg红薯干，置蒸笼中蒸2 h后揭开笼盖；均匀洒上清水至红薯干湿润，再盖上笼盖继续蒸1 h。然后将薯干倒在竹席上，摊平4～5 cm厚，当温度降至40℃左右时，加入黄霉曲，再加入麦麸10 kg、豆饼10 kg混合均匀，摊平约4cm厚；夏季放4 d，冬季放6～7 d，即成酱醅。

③发酵　将酱醅捣碎成粉末状，装入布袋及麻袋中发酵。当发酵温度达50℃时，加入相当于酱醅重量50%的70℃热水，搅拌均匀，分几个缸盛装，并在上面撒一层1～2 cm厚的食盐，放进70℃左右的温室中保温，经24 h后，再按酱醅重量的1.6倍加入14%的盐水；拌和均匀，仍放入70℃的温室中保温，经过2 d左右，发酵即告完成。

④分离、调配　发酵成熟后，可用虹吸法抽吸上层液体，使其与渣滓分离。渣滓可作饲料用。由于这种液体颜色很找，可加入10%左右的酱色和适量红糖，再加适量味精调配后，即成色、香、味俱佳的酱油。

7.红薯制酱色

酱色可用于酱油、酱菜、食醋等的调味上色。

(1)工艺流程。选料→蒸薯→发酵→过滤→熬制。

(2)工艺操作要点。

①原料选择　选用无病虫害、无龟裂、无损伤腐烂、含水分多、甜度大的红薯为原料。

②蒸薯　用清水将红薯冲洗干净，再将洗净的红薯放在蒸笼里蒸熟，然后放人大缸内捣烂成泥状。

③发酵　每100 kg红薯泥加入0.4 kg淀粉酶，搅拌均匀，发酵6 h。如果没有淀粉酶，可用大麦芽代替(芽长3 cm为宜)，每100 kg红薯泥加入4～6 kg大麦芽，碾烂掺入发酵。

④过滤　每100 kg发酵好的红薯泥中加入120 kg水，搅拌均匀，用纱布过滤。

⑤熬制

熬制糖稀：将几次过滤的薯液倒在大锅内，加火熬制 12 h，一般先用大火熬 6 h，再用小火熬，直熬到用波美计测试，滤液浓度达 30°为止。

熬制酱色：用大火将糖稀熬沸，再改用微火熬制 24 h 左右。在熬制过程中，要不停地搅动，以防煳锅、溢锅。待锅内酱色变黏稠、色深、乌黑发亮，即可出锅。100 kg 糖稀可熬制酱色 95 kg。

(3)注意事项。

①熬制时的火力要先大后小，特别是熬酱色时，一定要微火，否则，易出现煳锅和溢锅，影响出酱率。

②熬制时要将锅洗净，以免影响酱色质量。

③淀粉酶的用量要适度。一般 2 500～3 000 U 的淀粉酶，每 100 kg 红薯泥可放 0.4 kg；1 000 U 的淀粉酶，每 100 kg 红薯泥需放 1 kg。否则，将会影响酱色的甜香味和质量。

(三)国外品种酱油介绍

1.浓口酱油

也称深色酱油，是以曲菌酶分解植物蛋白及碳水化合物以使其发酵、熟成，或用曲菌酶促进植物蛋白的酸分解液发酵、熟成，或把植物蛋白酸分解液与之相混合的一种不抑制增色现象的具有咸味的澄清液体。

通常酿制的浓口酱油，以 50%的豆粕和 50%的小麦为原料，豆粕需经蒸煮，小麦需经炒焙，然后制曲、发酵而成。浓口酱油产品的外观性状，要求保持浓口所固有的色泽和香味，不得有异味、异物以及发霉现象。

浓口酱油的成分分析，实际相对密度为 21～22°Bé，食盐为 16%～17%，全氮为 1.55%～1.9%，甲醛氮为 0.70%～0.78%，还原糖为 3.14%～4.15%，乙醇为 2.02%～2.63%，pH 为 4.71～4.90，可溶性无盐固形物为 19.01%～20.20%，色度则均为 11。

2.淡口酱油

也称浅色酱油。使用的原料种类、酿造方法与浓口酱油基本相同。淡口酱油与浓口酱油的主要差别在于淡口酱油需抑制色泽的浓化。

淡口酱油属于高盐低氮型酱油，也是日本当今市售的主要酱油品种之一，淡口酱油的性状，必须保持淡口酱油固有的色泽和香味；色度要求在 18 以上，全氮(容重)应为 0.95%以上。酱油色泽的生成与着色变化通常主要是由褐变反应引起的。因此在淡口酱油的原料生产过程以及成品贮存中都必须注意控制褐变反应的进行。

淡口酱油的分析结果：相对密度为 21～22°Bé，食盐为 18%～19%，全氮为 1.18%～1.20%，甲醛氮为 0.57%～0.67%，还原糖为 3.02%～4.40%，乙醇为 2.35%～2.81%，pH 为 4.68～4.87，可溶性无盐固形物为 15.62%～16.56%，色度为 27。

3.再制酱油

也称再生酱油。原料与浓口酱油大致相同，以未经灭菌的浓口酱油作盐水，再加入成曲发酵，实际上这是一种浓厚的浓口酱油。酿造方法也与浓口酱油相似。

酱油分析：相对密度为25～30°Bé，食盐为12.73%～14.65%，全氮为1.68%～2.39%，甲醛氮为0.74%～1.01%，还原糖为5.60%～11.18%，乙醇为1.29%～2.63%，pH为4.54～4.78，可溶性无盐固形物为32.44%～39.70%，色度为2以下。

4. 白酱油

(1)这是日本以小麦为主要原料（也有加入少量豆粕的）在低温下酿制的酱油。由于抑制和防止了发酵过程的褐变反应，产品的色泽比淡口酱油更浅，呈微黄色。

(2)国内泛指以大豆（或豆饼、豆粕）和小麦为原料，采用稀醪发酵法生产的、成品色泽较浅的酱油为白酱油。

分析结果：相对密度为21～25°Bé，食盐为17%～18%，全氮为0.47%～0.55%，甲醛氮为0.25%～0.29%，还原糖为8.00%～17.14%，乙醇为0.18%～0.59%，pH为4.55～4.75，可溶性无盐固形物为12.46%～21.42%，色度均为46以上。

5. 溜酱油

主要以大豆（豆粕）为原料酿成的具有特殊浓厚味道的酱油，在生产过程中不抑制增色现象，也是日本现今市售的酱油类型之一。日本农林标准中除性状要求保持溜酱油固有的色泽和香味外，其余如色度和全氮等各项指标都与浓口酱油相同。

6. 新式酱油

日本以半微生物半化学方法生产酱油，所得产品叫做新式酱油。新式酱油的操作工艺如下：

在一定量的脱脂大豆中加入3倍量的质量分数为6%的盐酸，置于100℃下分解10 h（或80～95℃下分解45～50 h），这时大部分蛋白质被分解为各种氨基酸，但仍有较多的高分子残渣。当分解液温度降至70℃时，即以苏打粉中和至pH 5.4，待液温降至40～45℃时，加入曲种，并保温20℃以上，持续50 d左右。按天然酿造法进行管理，原料中的氮利用率可达80%以上，产品风味与旧法酿造酱油相似。

二、酱油生产新技术

多年来酱油生产逐步走向了工业化生产，酿造周期由过去的6～12个月缩短到15～30 d，劳动生产率和原料利用率都得到了大幅度的提高，但酱油产品的风味却缺乏天然晒露的香气。但是为了获得天然晒露的香气而全部采用高盐长时间发酵，无论从资金还是市场运作的角度都是不可能的，所以必须采用新技术来解决这个矛盾。下面介绍几种酱油生产的新技术。

(一)酶制剂在酱油酿制中的应用

近些年来随着生物技术的快速发展，酶制剂作为生物工程的一个产物在各行各业得到了广泛的应用。

在酱油酿造工艺过程中，制曲工序既是关键的工序，又是实际生产中较难掌握的工序，在设备上也是仅次于发酵工序的大容量设备。制曲的最终目的就是要获得蛋白质降解的蛋白质酶和淀粉降解的适量的淀粉酶。所以,我们就可以利用多种酶配制的酶制剂取代繁重的制曲工序,同时还可以提高发酵质量及缩短发酵周期,使用得当还可以提高原料全氮利用率。但是现在存在的问题是,目前的酶制剂中性蛋白酶的活力仅达到 2 万～3 万 U/g。同时还应研究出酿造多种酱油品种的其他酶制剂,最好能配制成复合酶制剂,使酶制剂的使用量达到 0.5%左右,即每 1 t 原料使用量在 5 kg 左右,并且价格合理,相信在酱油行业发展将是另一番繁荣的景象。

酱油酿造应用酶制剂的酶系基本上与豆酱相仿,但是考虑到酱油发酵全氮利用率及氨基酸生成率较高即蛋白质分解比豆酱更完全。经多次试验表明,酱油酿造需要中性蛋白酶 1 000 U/g 原料,酸性蛋白酶 300 U/g 原料,酶制剂用量是豆酱的 3 倍。上海市酿科所曾于 20 世纪 80 年代采用液体曲酿制酱油,每克原料按照上述用酶量,于 40～50℃下,低盐稀醪发酵 15 d,滤出的酱油原料氨基酸生成率 50%左右,酱油各项理化指标与全曲发酵基本一致。结果见表 4-17。

表 4-17　酶制剂酿制酱油理化检测结果　　g/100 mL

项目	比重/°Bé	全氮	氨基酸氮	可溶无盐固形物	糖分	游离氨	pH	NH_3/AN
结果	24.4	1.51	0.75	18.06	6.68	0.143	4.5	0.19

(二)添加酱油风味制剂以提高酱油质量

酱油作为人们日常生活中不可缺少的调味品,其色、香、味、体等感官质量是决定其被消费者认可与否的关键指标。近年来,广大酱油科技工作者经过多年的研究发现,在酱油中适量添加酱油香型和味型的酱油添加剂,可以大大改善包括香味在内的酱油感官质量。目前认为酱油香味与 4-乙基愈创木酚(4EG)、呋喃酮类(HEMF、HDMF、HMMF)等有较为密切的关系。随着这些物质市场的发展,相信必将在酱油行业有很大发展。另外,核苷酸(5-IMP 和 5-GMP)及酵母提取物(又名酵母精)的应用目前已经开始,相信随着酵母及核苷酸工业的发展,酱油的口味很有可能超过传统的优良酱油。低盐固态发酵酿制的酱油在质量上超过传统酱油的一天会在不远的将来得以实现。

(三)应用固定化技术改善酱油风味

生物反应器的诞生给酿造工业发展带来了又一项新技术。并且在酿造行业的成功应用,在国内外已经有很多的相关报道。生物反应器是将酶或含酶的生物固定于载体上,反应底物经过生物反应器,从而高效率的加速生化反应的进行。近年来,国内外酿造科研工作者研究采用固定化技术,使酱油制品风味已逐渐接近高盐度、长周期发酵的制品。经深入研究,现在已利用鲁氏酵母、球拟酵母菌参与固定化发酵。复合载体及多孔质载体的强度与使用寿命也正在不断的提高,以适应工业上的应用。在此项技术上如果未来能够有更大的突破,酱油生产上渴望摆脱高盐度、长周期发酵及用压榨法提取酱油的束缚将成为可能,酱油工业将获得重大的改革。

三、复合多菌种酱油发酵技术

(一)多菌种发酵技术的历史

日本在20世纪80年代最早提出多菌种发酵的概念,研究试验在酱醅(醪)发酵期间添加乳酸菌(嗜盐片球菌、酱油四联球菌、植质乳杆菌)、鲁氏酵母菌、球拟酵母菌(易变球拟酵母菌、埃契氏球拟酵母菌、蒙奇球拟酵母菌)多菌种,发现酱油的风味有明显改善,并研究了各类菌所产物质,分析了酱油成分变化。

(1)1994年UEKI T等采用Aspergillus oryzae K2和A. oryzae HG混合制曲,这种混合曲具有较高的产谷氨酸的活性酶(5.5 U/g干基)。2001年TRAMPER J等在日本高盐稀态酱油酿造工艺中添加耐盐酵母菌进行发酵,证实了耐盐酵母对酱油风味的影响,并揭示了风味物质的产生过程。

(2)2003年王洪升等研究了耐盐乳酸菌的分离、培养、保藏及其在高盐。稀态酱油中与酵母菌的协同发酵作用,确定了可应用于高盐稀态酱油中的乳酸菌种类及添加时间和添加量。通过乳酸菌的作用使酱油颜色更加鲜亮、有光泽,并增加了酱油的香气。孙岩等进行了多菌种酱油稀态发酵对照试验,在发酵过程中添加As2.140酵母菌,结果表明,多菌种发酵不但改善了酱油风味,而且氨基酸态氮和还原糖分别比单菌种发酵提高了16.1%和34.7%。

(3)2006年姚继承等在总结前人多菌种发酵技术的基础上,利用现代生物工程技术,以红曲霉等多个菌种为出发菌株筛选、遗传诱变、纯化出的复合多菌种——糖化增香曲,并获得国家发明专利。

(二)复合多菌种发酵机理

不同菌种产生的酶系不同,产生的酶的活性不同。多菌种发酵可产生多种酶,包括蛋白酶(酸性、碱性、中性)、糖化酶、液化酶、酯化酶等。这些酶可将原料中的蛋白质、淀粉、纤维素等分解、转化、合成多种酱油中的多种成分,包括氨基酸、多肽、寡肽、多糖、半纤维素、酯类、酸类、醇类、醛类、酚类、吡啶等杂环类香味物质、褐色色素,这些物质正是构成优质酱油色、香、味的主要成分。日本横塚保博士已检测出酱油中的微量成分有300多种。

1.不同菌种产生的酶系

(1)米曲霉酶系。分泌的胞外酶有蛋白酶、α-淀粉酶、糖化酶、谷氨酰胺酶、果胶酶、半纤维素酶、纤维素酶等;胞内酶有氧化还原酶等。其中,蛋白酶α-淀粉酶、糖化酶是与酱油质量及蛋白质利用率密切相关。

米曲霉生长粗放、酶系较全,中性蛋白酶和碱性蛋白酶活力强,而酸性蛋白酶活力较低,且较耐高温,实际生产中,酱油、酱制品发酵长期处于偏酸性的环境中,因此,单一米曲霉菌种制曲往往风味单一,原料转化率低。

(2)黑曲霉产生的酶系。酸性蛋白酶、纤维素酶、谷氨酰胺酶活力强。

(3)红曲霉产生的酶系。糖化酶、淀粉酶、麦芽糖酶,酸性蛋白酶,酯化酶,果胶酯酶。

尤其是酸性蛋白酶、糖化酶和酯化酶远远高于米曲霉。红曲霉还可以代谢产生红色素、黄色素。

(4)木霉菌种产生的酶系。纤维素酶、半纤维素酶,木酶产生的纤维素酶是胞外酶。纤维素酶一方面能破坏包裹蛋白质原料的细胞壁,使蛋白质、淀粉类游离出来,更充分地被蛋白酶、淀粉酶等分解;另一方面,纤维素酶还能将原料中的纤维素部分转化成糖,有利于美拉德反应,既提高了酱油还原糖又增加了色度。

由上可见,若用多种曲霉混合制曲可产生很好的酶系互补的作用。但不同曲霉要求的生长条件不同,给实际生产应用带来极大的不方便。必需研制出与米曲发酵条件相适应的多菌种。

2. 多菌种在发酵中的作用

(1)在发酵前期,主要依靠米曲霉、红曲霉产生的酶系,将原料中蛋白质、淀粉质以及油脂分解产生各种氨基酸、糖、有机酸等物质,但随着酱醅 pH 降低,米曲霉主要分泌的中性蛋白酶的作用受到了抑制,而加入的红曲霉、黑曲霉不但具有较强的糖化酶活力,提高了单糖的转化率及酱醅中甜味物质和还原糖含量,而且其产生大量的酸性蛋白酶,在 pH 较低的环境中继续分解蛋白质,弥补了米曲霉不足,也提高了氨基酸态氮的生成率。

(2)在发酵的中后期,处于偏酸性条件下有利于酸性蛋白酶发挥作用。红曲霉、黑曲霉等代谢的酸性蛋白酶活性较强,可以弥补米曲霉分泌的中、碱性蛋白酶在酸性环境下失效的不足。此外,中性蛋白酶和碱性蛋白酶主要是把原料中的蛋白质水解为肽类,而酸性蛋白酶可降肽类分解为氨基酸。

(3)红曲霉等所产的酶类较多,生成的风味成分也较多,红曲霉可提高酱油色泽、酱油红色、黄色指数,使酱油色泽鲜艳红润、清香明显、鲜而后甜。其他复合菌也都是为了增加酶类的丰富性,促进原料中蛋白质和淀粉的分解,增加风味物质的形成,改善酱油品质。

(4)酵母菌和乳酸菌的作用。

①嗜高渗透压酵母,主发酵期发酵合成酒精,能生成琥珀酸及香味物质。

②鲁氏酵母,在 pH 为 5.5 左右的条件下大量繁殖,主要利用原料中的六碳糖(主要来源于小麦)进行酒精发酵,将糖分分解为乙醇、异戊醇、异丁醇等醇类物质和二氧化碳,一部分醇类被氧化为有机酸类,一部分与氨基酸等化合成酯,形成酱油的醇厚的香气。

③球拟酵母菌可增加与酱香有关的呋喃酮、4-乙基苯酚、4-乙基愈创木酚、2-苯乙醇、酯类等。

④酵母菌产生菌体自溶。菌体产生呈鲜呈味的蛋白质、核酸、糖类等物质会随之外溢、降解,不但会增加酱醅中氨基酸及还原糖的含量,而且促进了自然界中易变球拟酵母、埃契氏球拟酵母等酯香型球拟酵母在发酵后期参与酱醪成熟,生成 4-乙基愈疮木酚、4-乙基苯酚等烷基苯酚类的香味物质,提高了酱油风味。

⑤对酱油风味有主要作用的乳酸菌主要是嗜盐片球菌和四联球菌,在 30℃产生乳酸,是酱油风味中主要有机酸的来源。乳酸菌、酵母菌有着互生的关系,但乳酸菌不宜过早、过多繁殖,否则会影响中性蛋白酶的分解,造成酱油总酸偏高。

(三)多菌种发酵技术应用介绍

1. 米曲霉、红曲霉分别制曲发酵工艺

```
                    小麦→焙炒→粉碎   红曲霉种曲          盐水
                                ↓        ↓                 ↓
膨化大豆(麸皮)→润水→蒸煮→冷却→通风制曲(分别制曲)→成曲混合→入池发酵
                                         ↑
                                     米曲霉种曲
```

2. 多菌种混合阶梯发酵酱油工艺

```
                          米曲霉、糖化增香曲
                                  ↓
大豆、焙炒小麦→混匀浸泡→蒸煮→分别制曲→蛋白水解阶段→有机酸发酵阶段
                                    (42～45℃,7～10 d)(35～37℃,20～30 d)
→产酸(产酯)增香发酵阶段→成熟酱醅(醪)
 (25～30℃,20～30 d)
```

问题探究

1. 试设计一条分酿固稀发酵法生产酱油的技术路线,并说明其生产特点。

2. 能够制定酱油生产的操作规范、整理改进措施。

项目小结

酱油分类,按生产方法可分为酿造酱油、配制酱油和再制酱油。按酱油滋味、色泽可分为生抽酱油、老抽酱油和花色酱油。酱油风味物质主要来源于原料中蛋白质、淀粉、脂肪等物质的分解,其形成机理是上述分解物经生物化学反应而生成的酱油的色、香、味等物质。酱油生产是利用微生物的发酵作用完成的,与酱油生产相关的微生物主要有霉菌(米曲霉或酱油曲霉)、乳酸菌、酵母菌等。

酱油生产主要原料是大豆、豆粕和豆饼(蛋白质原料),小麦和麸皮(淀粉质原料)以及食盐和水。原料的处理对于成曲制备至关重要,主要包括原料轧碎、润水及蒸煮。蒸煮常采旋转式蒸煮锅蒸料法及FM式连续蒸料法。

制曲就是使米曲霉在原料上大量繁殖并分泌出酱油酿造所需的酶,是酱油生产的关键和基础。要求所有的种曲酶活高、孢子数多、发芽率高、杂菌少,常用菌株是沪酿3.042。生产上常采用厚层通风制曲法及圆盘制曲机法,操作与管理的要点是“一熟、二大、三低、四均匀”,同时要防治制曲过程的污染。

酱油发酵是微生物的生理作用所引起的一系列的复杂的生物化学变化的过程。常用的发酵方法主要是低盐固态发酵法和高盐稀态发酵法两种。低盐固态法发酵周期短、原料的利用

率高，酱油色泽深、滋味鲜美浓厚，是目前采用最多的一种工艺。低盐固态发酵又分为移池浸出法、原池浸出法和淋浇浸出法 3 种。

酱油半成品处理包括浸出、滤油、加热和配制等工序，成品酱油的储存则要防霉。酱油主要技术经济指标包括氨基酸的生成率、原料利用率和酱油出品率，此 3 个指标是考核酱油生产技术水平的主要依据。酱油生产新技术目前主要有酶制剂在酿制中的应用，酱油风味制剂添加提高质量，固定化技术改善酱油风味以及复合多菌种酱油发酵技术等。

习题

1. 什么是酿造酱油？酱油的分类有哪些？
2. 简述酱油风味物质来源与形成机理。
3. 种曲制备与成曲制备的主要区别是什么？制曲过程中曲料有哪些变化？
4. 试比较低盐固态发酵与高盐稀醪发酵工艺的异同之处。
5. 绘出酱油浸出工艺流程并说明操作要求。

项目五　发酵豆制品生产技术

知识目标

1. 了解腐乳及其他豆制品的基本概念、分类以及菌种的培养。

2. 能陈述豆腐坯的制备原理。

3. 掌握豆制品生产的原辅材料、发酵制作过程、生产工艺。

4. 熟悉主要种类的腐乳、豆豉的酿造工艺及操作要点。

技能目标

1. 熟悉腐乳、豆豉及其他制品酿造各个环节并进行工艺控制。

2. 能进行腐乳、豆豉及其他制品的自然发酵酿制。

3. 能够进行对各类豆制品的基本检验与鉴定(感官、理化、微生物)。

解决问题

1. 会运用相关知识解决各类豆制品在酿造过程中出现的质量问题。

2. 会进行成本分析。

科苑导读

发酵豆制品,作为我国优秀的传统食品,千百年来,以其极佳的口感、丰富的营养和低廉的价格,获得我国广大人民的喜爱。目前,我国发酵豆制品行业正处于从传统作坊式加工经营方式向现代化工厂生产经营方式的转变过程中,行业内既有家庭式小作坊,也有世界先进水平的加工厂,且小型企业占大多数。无论是管理水平、设备水平、人员水平还是生产车间的环境,都存在着较大的差导。我国发酵豆制品公司要想占领市场,谋求更大的发展,就必须在发展传统发酵豆制品方面,有所创新。需要加强基础性研究、规范化生产,研制先进的关键设备和配套设备,实现产业化生产,实施 HACCP 管理体系,才能够解决目前我国发展发酵豆制品的瓶颈。

腐乳又叫大豆干酪,酶豆腐,腐乳是我国独有的一种副食品,它的酿造历史距今已有 1 500

年。其制作工艺及产品风味各具地方特色，是一种非常大众化的食品。近年来，腐乳以其品种多样、风味独特、滋味鲜美、营养丰富、价格低廉，越来越受到国内外广大消费者的关注和喜爱，也吸引了更多科研工作者的目光，目前在国内已有大量科学工作者致力于腐乳优良菌株的筛选和新工艺的开发，使腐乳这种传统食品的质量进一步得到提升。

据魏代古书记载："干豆腐和盐成熟后为腐乳"，《本草纲目拾遗》中，就已有关于腐乳的记载。目前，我国豆腐乳生产用微生物，所用的菌种多为丝体真菌，如毛霉属、根霉属等。优良的豆腐乳生产用菌种，需具备以下特点：不产生真菌毒素，符合食品的安全卫生要求；菌丝体长而色白，有利于豆腐乳坯的色泽以保证豆腐乳的良好外形，培养条件易控制，生长快，便于管理，有较多的酶素，如富有蛋白酶、肽酶、脂肪酶，而且酶的活性高，特别是蛋白酶类，以利于形成豆腐乳特有质构与风味；生长适应温度范围宽，有利于常年生产。采用藤黄小球菌腐乳质软细腻，风味独特，在众多的腐乳产品中独占鳌头，驰名国内外。藤黄小球菌型腐乳的生产工艺，是以传统操作和科学技术相结合的现代工艺手段。它采用黑龙江优质黄豆为原料，藤黄小球菌发酵，自制优质红曲为着色剂，用陈酒自备汤汁作为辅料。产品经过磨浆、成坯、蒸坯、培养、前期发酵、腌渍、装坛和后期发酵等主要工艺。

任务一 豆腐乳的生产

一、腐乳的定义、类型、品牌

1. 定义

腐乳是一类以霉菌为主要菌种的大豆发酵食品，使其中已成凝胶体的大豆蛋白质经部分分解产生鲜味及香味的干酪状食品，主要是用豆浆的凝乳物经微生物发酵制成的一种大豆制品，它是一种口味鲜美、风味独特、质地细腻、营养丰富的佐餐食品，是我国著名的具民族特色的发酵调味品。西方人美其名曰"东方的植物奶酪"。

2. 工艺类型

(1)腌制腐乳。豆腐坯加水煮沸后，加盐腌制，装坛加入辅料，发酵而成的腐乳。如四川大邑县的唐场豆腐乳。

(2)毛霉腐乳。以豆腐坯培养毛霉，也可培养纯种毛霉菌，人工接种，发酵而成的腐乳。即前期发酵主要是在白坯上培养毛霉，然后再利用毛霉产生的蛋白酶将蛋白质分解成氨基酸，从而形成腐乳特有的风味。

(3)根霉型腐乳。采用耐高温的根霉菌，经纯菌培养，人工接种，发酵而成的腐乳。利用根霉生产腐乳虽然可以做到四季均衡生产，但有些根霉产生的蛋白酶活力低，致使成品风味差。少孢根霉(RT-3)有耐高温和蛋白酶活力高两个优点,利用它配制的腐乳质量自然会提高。

(4)混合菌种酿制的豆腐乳。考虑到毛霉和根霉的特点,采用二者混合菌种酿制的腐乳。

(5)细菌型腐乳。利用纯细菌接种在腐乳坯上,发酵而成的腐乳。如黑龙江的克东腐乳是我国唯一采用细菌进行前期培菌的腐乳,这种腐乳具有滑润细腻、入口即化的特点。

3.产品类型

(1)红腐乳。红腐乳简称红方,装坛前以红曲糕涂抹于豆腐坯表面。成品外表呈酱红色,断面为杏黄色,滋味鲜甜,具有酒香味。

(2)白腐乳。白腐乳其颜色为乳黄色、淡黄色或青白色,酯香浓郁,鲜味突出,质地细腻。

(3)花色腐乳。花色腐乳是添加了各种不同风味的辅料而制成的各具特色的腐乳,如辣味型、甜味型、香辛型和咸鲜型等。

(4)酱腐乳。酱腐乳是在后期发酵中以酱曲为主要辅料醅制而成的。

(5)青腐乳。青腐乳又名青方,俗称臭豆腐,产品表面的颜色均呈青色或豆青色,具有刺激性气味,但臭里透香。

4.目前知名品牌

①王致和创制于1669年(清康熙八年),北京。

②克东腐乳始源于1915年,中国腐乳(微球菌)之乡,黑龙江克东。

③广合开始于1893年(光绪十九年),广东开平市。

④鼎丰始创于1864年的中华老字号企业,上海。

⑤花桥始创于1958年的中华老字号,誉为“桂林三宝”之一。

⑥味莼园创建于1934年,贵阳。

⑦北康创建于1929年,东北调味品大型企业,吉林。

⑧新中1952年江苏通州,江苏最大的乳腐生产企业,江苏名牌。

⑨“八千岁”青方腐乳是徐州著名品牌。

⑩老才臣著名品牌,京港合资企业。

5.几种地方名优腐乳

①桂林腐乳　桂林腐乳早在多年前就已享有盛誉,曾作为“土贡”年年入朝,被誉为“桂林三宝”的第一宝。20世纪初,桂林腐乳的生产已达到了一定的生产规模,其中以“天一栈”和“陈元枝”腐乳较为出名。现在的“花桥牌”、“象山牌”桂林腐乳已成为广西的名牌产品,多次获国家、部、省优质产品奖。如“花桥牌”腐乳,以其形、色、香、味俱佳,在1983年9月全国腐乳质量评比中获最高分,荣获白腐乳国家质量银质奖。

同时,腐乳生产厂家还开发出五香、辣椒、桂花、香菇、麻香等多品种产品,并出口到多个国家和地区。桂林腐乳在生产中,一般除加食盐、酒、鲜椒外,另采用当地特产八角、公丁香、桂枝等天然香料,使腐乳更具有清香馥郁、回味悠长的特色风味。产品颜色淡黄,表里一致,质地细腻，气香味鲜，咸淡适宜，无杂质异味，块形整齐均匀。

②广州白腐乳　广州白腐乳是广州地区生产的一种特色产品，色泽金黄，风味独特，具有质地细腻，口味鲜美，咸辣适宜的特色。该腐乳生产中，除必要的食盐、白酒、辣椒等配料外，不添加其他香辛料。

③王致和臭豆腐乳　王致和臭豆腐乳的特点是色泽清淡，外包一薄层絮状长毛菌丝，质地柔软而块形完整不碎，口味细腻而后味绵长，虽有一股独特的硫化物的浓烈臭气，但能增进食欲、促进消化，所以脍炙人口，畅销各地市场。

④克东腐乳　克东腐乳是用小球菌发酵的腐乳，其特点是质地柔软，色泽鲜艳、味道芳香、后味绵长，食之能增进食欲。它由黑龙江省克东县克东腐乳厂生产，其风味独具一格，享有较高的声誉。克东腐乳的加工特点是采用低盐高温和小球菌发酵。克东腐乳的辅料除食盐、白酒、曲外，还有白芷、良姜、干草、贡桂等中药。

⑤海会寺白菜豆腐乳　海会寺白菜豆腐乳是四川省的传统名特产品，由四川蒲江县人罗克之于1932年创制，是花色腐乳辣味型的一个特殊品种。每块腐乳的外层用特别的腌制的白菜叶包裹，不但突出了腌制白菜的鲜美，而且具有独特的辛辣滋味，鲜辣融为一体，兼有腐乳和腌菜的特征，外观红褐油润，内心呈杏黄色，以其酥软可口、细腻无渣及麻、辣、鲜、香、酥五味调和而著称。

⑥太方腐乳　杭州酿造厂的“太方腐乳”，颜色鲜红绚丽。质地细腻柔绵，口味鲜美微甜，腐乳香气浓郁，为“苏杭”等地方名特产品。

太方腐乳制造是每100 kg大豆出豆腐乳坯950块，每块大小7 cm×7 cm×2 cm，每4块为1 kg，含水分为75%左右，每1 000块豆腐坯耗食盐88～90 kg。耗黄酒90 kg。需面糕曲20 kg及红曲1.4 kg，后发酵6个月成熟。

⑦绍兴腐乳　绍兴腐乳是浙江省著名特产食品之一。出产于绍兴地区。在400多年前的明朝嘉靖年间，既已销国外，产品质量优良，风味特殊，声誉仅次于绍兴酒，它以色泽黄亮，卤汁黏稠，肉质细腻，块形整齐，味鲜气香。

二、腐乳生产的原辅料

(一)主要原料

1.蛋白质原料

(1)大豆。蛋白质和脂肪含量丰富，蛋白质很少变性，未经提油处理，所以制成的腐乳柔、糯、细、口感好，是制作腐乳的最佳原料。

(2)冷榨豆饼。大豆用压榨法提取油脂后产物，习惯上统称为豆饼；将生大豆软化轧片后，直接榨油所制出的豆饼叫做冷榨豆饼。

(3)豆粕。大豆经软化轧片处理，用溶剂萃取脱脂的产物称为豆粕。用作豆腐乳的豆粕要求采用低温(80℃以下)真空脱除溶剂的方法，以便使豆粕中保留较高比例的水溶性蛋白质，以提高原料的利用率和品质。

2. 水

豆腐乳的生产用水宜用清洁而含矿物质和有机质少的水，城市可用自来水。一般有两点要求：一是符合饮用水的质量标准；二是要求水的硬度愈小愈好。因为硬度大的水会使蛋白质沉降，影响豆腐的得率。

3. 胶凝剂

(1)盐卤($MgCl_2$)。它是海水制盐后的产品，主要成分是氯化镁，含量为 29%，此外还有硫酸镁、氯化钠、溴化钾等，有苦味，又称为苦卤。原卤的浓度为 25～28°Bé，使用时要适当稀释。新黄豆可用 20°Bé 的盐卤，使用量为黄豆的 5%～7%。用盐卤做的豆腐香气和口味好。

(2)石膏($CaSO_4 \cdot 2H_2O$)。石膏是一种矿产品，由于结晶水的含量的不同，有生石膏，半熟石膏，熟石膏及过熟石膏之分。生石膏要避火烘烤 15 h，手捻成粉为好。烘烤后石膏为熟石膏($CaSO_4 \cdot 1/2H_2O$)，熟石膏碾成粉后，按 1～1.5 倍加入清水，用器具研之，再加入 40℃温水 5 份，搅拌成悬浮液，让其沉淀去残渣后使用，用量为原料的 2.5%（实际熟石膏用量控制在 0.3%～0.4%范围为佳）。

(3)葡萄糖酸内酯。葡萄糖酸内酯是一种新的凝固剂，它的特性是不易沉淀，容易和豆浆混合。它溶在豆浆中会慢慢转变为葡萄糖酸，使蛋白质酸化凝固。这种转变在温度高、pH 高时转变快。如当温度为 100℃时、pH 为 6 时转变率达 80%，而在 100℃、pH 为 7 时转变率可达 100%，在温度达 66℃时，所转变的葡萄糖酸即可使豆浆凝固，而且保水性好，产品质地细嫩而有弹性，产率也高。据试验，其用量为 0.06 mol/L 时，豆浆风味较好。

葡萄糖酸内酯易溶于水，呈甜味，转变成葡萄糖酸后有酸味，而使豆腐酸味增大。故也有人考虑配成以葡萄糖酸内酯为基础的混合凝固剂——葡萄糖酸内脂 20%～30%、石膏 70%～80%的混合物或氯化镁为 0.007 mol 与内脂为 0.001 mol 的混合物。这种混合凝固剂能提高豆腐的风味，但凝固反应快，操作要敏捷。

4. 食盐

腌坯时需要多量食盐，食盐在豆腐乳中有多种作用，它使产品具有适当的咸味，与氨基酸结合增加鲜味。而且由于其降低产品的水分活度，能抑制某些微生物生长，具有防腐作用。对盐的质量要求是干燥且含杂质少，以免影响产品质量。

(二)辅助原料

1. 糯米

一般用糯米制作酒酿，100 kg 米可出酒酿 130 kg 以上，酒酿糟 28 kg 左右。糯米宜选用品质纯、颗粒均匀、质地柔软、产酒率高、残渣少的优质糯米。

2. 酒类

(1)黄酒。其特点是性醇和、香气浓、酒精含量低(16%)，常用其做配方。在豆腐乳酿造过程加入适量的黄酒，可增加香气成分和特殊风味，提高豆腐乳的档次。

(2)酒酿。将糯米蒸熟后，经根霉、酵母菌、细菌等协同作用，经短时间(8 d左右)发酵后，达到要求后上榨弃糟，使卤质沉淀。其特点是糖分高酒香浓、酒精含量低(12%)，赋予腐乳特有的风味，常用于做糟方。

(3)白酒。腐乳生产中要求使用酒精度在50%(体积分数)左右白酒。

(4)米酒。是以糯米、粳米、籼米为原料，小曲为糖化发酵剂，经发酵、压榨、澄清、陈酿而成的酿造酒，酒精含量13%～15%(体积分数)。

3. 曲类

(1)面曲。面曲也称面糕，是制面酱的半成品，用面粉经米曲霉培养而成。用36%冷水将面粉搅匀，蒸熟后，趁热将块轧碎，摊晾至40℃后接种曲种，接种量为面粉的0.4%，培养2～3 d即可，晒干后备用。100 kg面粉可制面曲80 kg，每万块腐乳用面曲7.5～10 kg。

(2)米曲。用糯米制作而成，将糯米除去碎粒，用冷水浸泡24 h，沥干蒸熟，再用25～30℃温水冲淋，当达到品温30℃时，送入曲房，接入0.1%米曲酶(中科3.863)，使孢子发芽。待温度上升至35℃时，翻料一次，当品温再上升至35℃时，过筛分盘，每盘厚度为1 cm。待孢子尚未大量着生，立即通风降温2 d后即可出曲，晒干后备用。

(3)红曲。是以籼米为主要原料，经红曲霉菌发酵而成。红曲霉红素和红曲霉黄素熔点为136℃，微溶于水，溶于酒精、醋酸、丙酮、甲醇及三氯甲烷等有机溶剂中，芳香无异味，稀溶液呈鲜红色，经日光照射，能逐渐退色。添加红曲色素(能溶于酒精)可把豆腐乳坯表面染成鲜红色，加快腐乳成熟，常用其做红方(红豆腐)。

4. 甜味剂

腐乳中使用的甜味剂主要是蔗糖、葡萄糖和果糖等。它们的甜度以蔗糖为标准，其甜度为1∶0.75∶(1.14～1.75)。还有一类，它们不是糖类，但具有甜味，可作甜味剂，常用的有糖精钠、甘草、甜叶菊苷等。

5. 香辛料

香辛料种类很多，应用最广的有胡椒、花椒、甘草、陈皮、丁香、八角茴香、小茴香、桂皮、五香粉、咖喱粉、辣椒、姜等。使用香辛料，主要是利用香辛料中所含的芳香油和辛辣成分，目的是抑制和矫正食物的不良气味，提高腐乳的风味，并增进食欲，促进消化，具有防腐杀菌和抗氧化作用。此外还有玫瑰花、桂花、虾料、香菇、鸡曲和人参等，它们都是用于各种风味和特色腐乳的，虽然用量不多，但对其质量要求高，因为腐乳中加入各种辅料后，会使腐乳各具特色。

三、菌种培养

1. 试管斜面接种

培养基：饴糖15 g，蛋白胨1.5 g，琼脂2 g，水100 mL，pH为6。

混合分装试管(装量为试管的1/5)，塞上棉塞，包扎后灭菌，摆成斜面，接种毛霉(或根霉)，15～20℃(根霉28～30℃)培养3 d左右，即为试管菌种。

2.三角瓶菌种

培养基：麸皮 100 g，蛋白胨 lg，水 100 mL。

将蛋白胨溶于水中，然后与麸皮拌匀，装入三角瓶中，500 mL 三角瓶装 50 g 培养料，塞上棉塞，灭菌后趁热摇散，冷却后接入试管菌种一小块，25～28℃培养，2～3 d 后长满菌丝，有大量孢子备用。

灭菌条件：采用高压灭菌锅，0.1 MPa 灭菌 45～60 min。

四、豆腐坯制作

(一)豆腐坯制作的工艺流程

豆腐坯制作工艺流程如下：

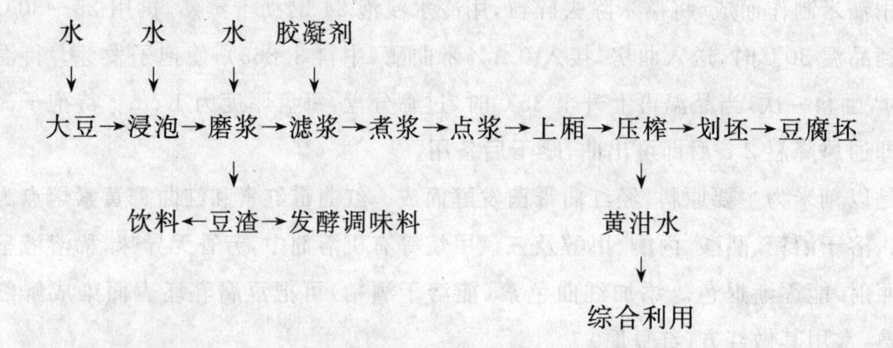

(二)豆腐坯制作工艺及操作方法

1.大豆浸泡

(1)加水量。泡豆水的用量控制在 1∶2.5 左右，大豆 100 g，水 200～250 kg。

(2)水质。用软水泡豆，有利于提取大豆蛋白，泡豆时间短。

(3)泡豆时间和水温。根据大豆的性质和季节气温的变化，一般春秋季节水温在 10～15℃，浸泡 8～12 h；夏季水温在 30℃，浸泡 6 h 即可；冬季水温在 0～5℃，浸泡 12～16 h。要求浸泡到豆的两瓣劈开，就可进入下道工序。

(4)泡豆水中加碱。生产中添加碳酸钠的量为干大豆的 0.2%～0.3%，泡豆水的 pH 为 10～12。

2.磨浆

(1)磨浆细度。合理的颗粒粒度应在 15 μm 左右。

(2)磨浆和加水量。在磨浆过程中，加水量控制在 1∶6 左右为宜，1 kg 浸泡的大豆加 2.8 kg 左右的水，另有部分水用于豆糊分离、豆渣复磨和洗涤豆渣。

3.滤浆

(1)滤浆是制浆的最后一道工序，目前普遍采用的设备是锥形离心机，转速为 1 450 r/min。离心机的滤布为孔径 0.15 mm(96～102 目)的尼龙绢丝布。

(2)腐乳生产用的豆浆浓度应掌握在5°Bé左右。对豆浆浓度的要求分为两种,即特大型腐乳的豆浆浓度控制在6°Bé,小块型腐乳豆浆浓度控制在8°Bé。

(3)豆浆浓度一定要控制住,磨浆、滤浆时均应控制合理的加水量,最后使每100 kg大豆出浆1 000 kg。

4.煮浆

煮浆时要快速煮沸到100℃,豆浆加热温度应控制在96～100℃保持5 min。豆浆不能反复烧煮,以免降低豆浆稠度,影响蛋白质凝固。

5.点浆与蹲脑

(1)豆浆在凝固时应控制pH在6.6～6.8,目的是尽可能多地使蛋白质凝固,pH偏高,用酸浆水调解,偏低以1%氢氧化钠调节。

(2)点浆温度一般控制在75～80℃之间。特大型(7.2 cm×7.2 cm×2.4 cm)腐乳和中块型(4.1 cm×4.1 cm×2.4 cm)腐乳点浆温度常在85℃。

(3)浆的盐卤浓度要合适,生产上一般使用的盐卤浓度在20～24°Bé,小白方腐乳在14°Bé。加盐卤时,要与豆浆充分混合,才能均匀凝固。

(4)点浆结束后,蛋白质之间的联结仍在进行,豆腐脑组织结构也在进行,一般情况下小块型腐乳经10～15 min的蹲脑静置,这一过程又叫涨浆或养花。对特大型腐乳的蹲脑时间为7～10 min。

(5)点浆的方法是将盐卤以细流缓缓流入热浆中,一边滴一边缓缓地搅动豆浆,使容器内豆浆上下翻动旋转,下卤流量要均匀一致,并注意观察豆花凝聚状态。在即将成脑时搅动适度减慢,至全部形成凝胶状态时,方可停止。然后再把淡卤轻轻地甩在豆腐脑面上,使豆腐脑表面凝固得更好。豆浆点花结束后,需静置一段时间,俗称"蹲脑"。

6.压榨

压榨也叫制坯,点浆完毕,待豆腐脑组织全部下沉后,即可上厢压榨。目前压榨设备有传统的杠杆式木制压榨床、电动液压制坯机等。上厢压榨是制坯的关键,当在预放有四方布的厢内盛足豆腐脑时,将厢外多余的包布向内折叠,将四周包住,包布应松紧一致,上厢完毕,其上放榨板一块,并缓慢加压,其时应防止榨厢倾斜。榨出适量黄泔水后,陆续加大压榨力度,直到黄泔水基本不向外流淌为止。

一般春秋季节豆腐坯水分应控制在70%～72%,冬季为71%～73%。小白方水分掌握在76%～78%,最高可达80%。

7.划坯

划坯是压榨成型的最后工序,压榨结束,揭开包布,暴露豆腐坯,并将其摆正,按品种规格划块。划块有热划、冷划两种,压榨出来的整板豆腐坯温度在60～70℃,如果趁热划块,则划时要适当放大,冷却后的大小才符合规格,如果冷却划块,就按规格大小划块。划块大小各地区大同小异,上海地区生产通常规格为4.81 cm×4.8 cm×1.8 cm,称为大红方、大油方、大糟方及大醉方；江苏、南京地区生产规格通常为 4.1 cm×4.1 cm×1.6 cm，称为小红方、小油方、小糟方及小醉方。划块后送入培菌间，分装在培菌设备中发霉，进入前发酵。

五、腐乳发酵

腐乳的发酵是一个复杂的生化过程，发酵作用也是在贮存过程中进行的，参与该过程的有乳坯上的微生物及其产生的酶、配料上的微生物和它们的酶系。主料和辅料是反应基质，通过生化反应促使腐乳成熟并形成特有风味。毛霉（或根霉）型腐乳发酵工艺为：

前期发酵→后期发酵→装坛（或装瓶）→成品

（一）前期发酵

前期发酵是发霉过程，即豆腐坯培养毛霉或根霉的过程，发酵的结果是使豆腐坯长满菌丝，形成柔软、细密而坚韧的皮膜，并积累了大量的蛋白酶，以便在后期发酵中将蛋白质慢慢水解。应掌握毛霉的生长规律，控制好培养温度、湿度及时间等条件。

1.接种

（1）三角瓶中加入冷开水 400 mL，用竹棒将菌丝打碎，充分摇匀，用纱布过滤，滤渣再加 400 mL 冷开水洗涤一次，过滤，两次滤液混合，制成孢子悬液。

（2）将已划块的豆腐坯摆入笼格或框内，侧面竖立放置，均匀排列，其竖立两块之间需留有一块大的空隙，行间留空间（约 1 cm），以便通气散热，调节好温度，有利于毛霉菌生长。

（3）用喷枪或喷筒把孢子悬液喷到豆腐坯上，使豆腐坯的前、后、左、右、上五面喷洒均匀。

2.培养

培养的室温要求保持在 26℃，在 20 h 后才见菌丝生长，可进行第一次翻笼（上下笼格调换），以调节上下温度差，使生长速度一致；28 h 后菌丝已大部分生长成熟，需要第二次翻笼格；44 h 后进行第三次翻笼；52 h 后菌丝基本上长好，开始适当降温；68 h 后散开笼格冷却。

青方发霉稍嫩些，当菌丝长成白色棉絮状停止；红腐乳稍老些，呈淡黄色。

3.腌坯

当菌丝开始变成淡黄色，并有大量灰褐色孢子形成时，即可散笼，开窗通风，降温凉花，停止发霉，促进毛霉产生蛋白酶，8～10 h 后结束前期发酵，立即搓毛。把笼体格内冷却到 20℃以下的皮坯块互相粘连的菌丝分开，用手指轻轻在每块表面揩涂一遍，弄倒毛头，使豆腐坯上形成层皮衣，做到坯与坯之间合拢，拆开不粘连，搓毛要紧紧配合凉花过程，搓毛时应将每块连接在一起的菌丝搓断，整齐排列在容器内待腌。

（1）豆腐坯的摆放。进入腌坯过程，先将相互依连的菌丝分开，并用手抹到时，使其包住豆腐坯，放入大缸中腌制。大缸下面离缸底 20 cm 左右辅一块中间有孔直径约为 15 cm 的圆形木板，将毛坯放在木板上，要相互排紧，腌坯时应注意使未长菌丝的一面靠边不要朝下，防止成品变形。

(2)腌坯时间和用量。采用分层加盐法腌坯,用盐量分层加大,最后撒一层盖面盐。每千块坯(4 cm×4 cm×1.6 cm)春秋季用盐 6 kg,冬季用盐 5.7 kg,夏季用盐 6.2 kg。腌坯时间冬季约 7 d,春秋季约 5 d,夏季约 2 d。腌坯要求 NaCl 含量在 12%～14%,腌坯后 3～4 d 后要压坯,即再加入食盐水,腌过坯面,腌渍时间 3～4 d。腌坯结束后,打开缸底通口,放出盐水放置过夜,使盐坯干燥收缩。

(二)后期发酵

后期发酵是利用豆腐坯上生长的毛霉以及配料中各种微生物作用,使腐乳成熟,形成色、香、味的过程,包括配料装坛、灌汤、陈酿贮藏等工序。其目的:一是借食盐腌制,使坯体析出水分,收缩变硬;二是借助霉所分泌的酶类进行分解,成为简单的物质,通过装坛陈酿起复杂的生化反应,赋予豆腐乳以细腻柔糯和鲜味,并形成特有的色、香、味、体等特色。

1.配料与装坛

取出盐坯,将盐水沥干,点数装入坛内,装时不能过紧,以免影响后期发酵,使发酵不完全,中间有夹心。将盐坯依次排列,用手压平,分层加入配料,如少许红曲、面曲、红椒粉,装满后灌入汤料。

配料与装坛是豆腐乳后熟的关键,现以小红方为例,说明豆腐乳的生产方法。

小红方每万块(4.1 cm×4.1 cm×1.6 cm)用酒精度为 15°～16°的黄酒 100 kg,面曲 28 kg,红曲 4.5 kg,糖精 15 g。一般每坛为 280 块,每万块可盛 36 坛。

(1)染坯红曲卤配制。红曲 1.5 kg,面曲 0.6 kg,黄酒 6.25 kg,浸泡 2～3 d,磨碎至细腻成浆后再加入黄酒 18 kg,搅匀备用。

(2)装坛红曲卤配制。红曲 3 kg,面曲 1.2 kg,黄酒 12.5 kg,浸泡 2～3 d 后再加入黄酒 57.8 kg,糖精 15 g(用热开水溶化),搅匀备用。

(3)红方装坛方法。将腌制的咸坯放入染色盘,盘内有红卤汤(以黄酒与红曲、面曲混合,使酒精含量 12%),块块搓开,要求全面染到,不留白点。染好后装入坛内,然后将装坛红曲卤灌入,至液面超出腐乳约 1 cm。每坛再按顺序加入面曲 150 g,荷叶 1～2 张,食盐 150 g,最后加封面烧酒 150 g。

2.灌汤

配好的汤料灌入坛内或瓶内,灌料的多少视所需要的品种而定,但不宜过满,以免发酵汤料涌出坛或瓶外。

注意:青方腐乳装坛时不灌汤料,每 1 000 块盐坯加 25 g 花椒,再灌入 7°Bé 盐水(豆腐浆水掺盐或腌坯时流出的咸汤)。

红方腐乳一般用红曲醪 145 kg 与面酱 50 kg 混合后磨成糊状,再加黄酒 255 kg,调成 10°Bé 的汤料 500 kg,然后加 60%(体积分数)白酒 1.5 kg,溶解糖精 50 g、药酒 500 g,拌匀后即为红方汤料。

上海白方装坛时,每坛装 350 块(3.1 cm×3.1 cm×1.8 cm),在坛内腌制 4 d,用盐量为

600 g，可用灌卤盐水与新鲜毛花卤加冷开水制成 8～8.5°Bé，灌至坛口为宜。每坛加封面黄酒 250 g。

3. 封口贮藏

封口时，先选好合适的坛盖，坛盖周围撒些食盐，然后水泥浆封口，在水泥上标记品种和生产日期，封口时要严防漏气。水泥浆封口也不可过厚，避免落入水泥浆水于坛内，造成腐乳发霉变酸。装坛灌汤后加盖（建议采用瓷坛，并在坛底加一两片洗净晾干的荷叶，然后在坛口加盖荷叶），再用水泥或猪血拌熟石膏封口。在常温下贮藏，一般需 3 个月以上，才会达到腐乳应有的品质，青方与白方腐乳因含水量较高，只需 1～2 个月即可成熟（注意事项：坛子要采用沸水灭菌后，倒扣沥水降温到室温才可装坛）。腐乳在贮藏期内可分别采用天然发酵法和室内保温发酵法进行发酵。

（1）天然发酵法。是利用较高的气温使腐乳发酵。腐乳发酵后即放在通风干燥处，利用户外的气温进行发酵，注意要避免雨淋和暴晒。红方一般贮藏 3～4 个月，在南方地区可根据当地气温而定，如上海小白方只需 30～40 d 便成熟，不宜久藏。

（2）室内保温发酵法。室内保温发酵法多在气温较低、不能进行天然发酵的季节采用，需要采用加温设备。室温要保持在 35～38℃，红方经过 70～80 d 成熟，青方则需 40～50 d 成熟。

红方是否能进行正常发酵，与所用辅料的质量有关，其中黄酒的质量最重要。若加入的黄酒质量不好，则易在发酵中变酸，生成产膜酵母，导致腐乳滋味变坏，甚至发臭。因此，必须保证黄酒的质量。另外，包装的坛、罐一定要洗净。装入玻璃罐的腐乳应灌满腐乳汤，排除空气，并外加塑料盖拧紧。

4. 成品

腐乳贮藏到一定时间，当感官鉴定口感细腻而柔软、理化检验符合标准要求时，即为成熟产品。

六、其他类型腐乳生产简介

1. 腌制型腐乳

豆腐坯加水煮沸后，加盐腌制，装坛加入辅料，发酵成腐乳。这种加工法的特点：豆腐坯不经发酵（无前期发酵）直接装坛，进行后发酵，依靠辅料（如面糕曲、红曲米、米酒或黄酒等）进行生化变化而成熟。如四川唐场腐乳、湖南兹利无霉腐乳、浙江绍兴棋方腐乳等均为腌制型腐乳。

（1）工艺流程如下。

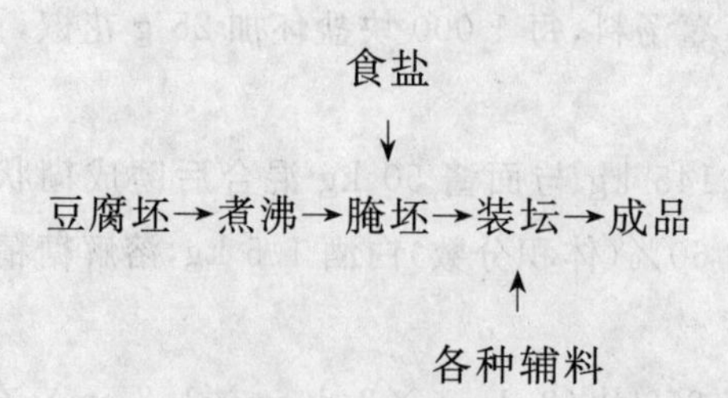

(2)产品特点及优缺点。优点:该工艺所需厂房设备少,操作简单。缺点:因蛋白酶源不足,后期发酵时间长,氨基酸含量低,色香味欠佳,产品不够细腻。

2.细菌型腐乳

细菌型腐乳生产的特点是利用纯细菌接种在腐乳坯上,让其生长繁殖并产生大量的酶。

操作方法是将豆腐经48 h腌制,使盐分达6.8%,再接入嗜盐小球菌发酵。这种方法不能赋予腐乳坯一个好的形体,所以在装坛前须加热烘干至含水量45%左右,方可进入下道工序。该产品虽成型性较差,但口味鲜美,为其他产品所不及。

3.王致和臭豆腐

王致和臭豆腐以其"闻着臭,吃起来香"的特色闻名于全国,它的颜色为淡青色,外面包裹一薄层絮状长菌丝,质地细腻而完整不碎。其工艺特点是:

(1)白坯含水量较低,仅有66%~69%。

(2)前期培菌时间较短,只需36 h。

(3)腌坯时用盐量较少,一般为11%~14%。

(4)用低盐水做汤料,辅料中仅加少许花椒进行后期发酵。

腐乳发酵后使一部分蛋白质的硫氨基和氨基游离出来,产生硫臭和氨臭,又因减少了食盐的抑制作用,故分解较彻底,成品中氨基酸的含量特别丰富,尤其是含有较多的丙氨酸,具有独特的甜味和酯香味。

4.河南酥制坯乳

这种酥制坯乳醇香浓厚,品味精良,其工艺特点主要体现在装坛后的发酵过程中。装坛时每千块盐坯用黄面酱12.5 kg及茴香面100 g,将辅料粉末逐层块拌匀,在23~27℃的条件下放置2~3 d,添加煮沸的汤料7.5 kg以及黄酒250 g,汤料和黄酒分三次添加,每日一次,最后用2.5 kg黄面酱封口,天然晒露4个月即成。

5.桂林腐乳

桂林腐乳产于广西桂林,具有300多年的历史,属于白腐乳,颜色为淡黄色,质地细腻,气香味鲜。主要品种有辣椒腐乳、五香腐乳和桂花腐乳。

桂林腐乳采用酸水点脑,白坯含水量为69%~71%,每坛装80块,坛内加20%(体积分数)的三花米酒4 g,同时添加其他配料。五香腐乳中,每万块加香料1.5 kg,食盐50 kg,其中香料的组成为八角88%、草果4%、良姜2%、陈皮4%以及花椒2%。辣椒腐乳和桂花腐乳则需另添加辣椒粉或桂花香料。

6.夹江豆腐乳

夹江豆腐乳已有100多年的历史,以芳香扑鼻、细腻化渣、鲜美可口的特色驰名中外。

夹江豆腐乳制作工艺的特点:豆腐压榨成坯后,在常压下蒸30 min,排净点卤水,划块后摊晾12~14 h,再用常压蒸2 h左右,使豆腐坯达到适宜接种的湿度,将其放入霉房。在每年开始生产时,将毛霉菌种进行扩大培养后,得到的菌液接种于霉房内的各种用具上,控制霉房温度在15～20℃;以后连续生产时,靠自然接种长霉,4～5 d即可。待毛霉坯变黄后,即入坛,放一层坯,加一层香盐,底轻面重,装坛一半,灌酒浆一次,装满后再灌满酒浆,撒面盐,用两层塑料纸密封坛口,经夏季暑热后成熟。原料为大豆,每1 000 kg产豆腐坯1 0000块(5 cm×4 cm×1.8 cm),辅料为广木香1.5 kg、丁香1.3 kg、小茴香5 kg、排草2.6 kg、灵草2.6 kg、甘松3 kg、陈皮6 kg、八角8 kg、山柰6 kg、花椒5 kg、冰糖30 kg、红米30 kg、桂皮0.65 kg、食盐2 000 kg、52%～57%的白酒2 500 kg。

香盐制法:将广木香、桂皮等11味香料炒熟,粉碎后与盐混匀即成。

酒浆制法:将冰糖溶于52%～57%的白酒中即为酒浆。制红腐乳时,需加入红米用以增色。

7.别味腐乳

所谓别味腐乳就是加入不同辅料配制成各种花色品种,如虾子腐乳、火腿腐乳、五香腐乳、白菜辣腐乳、玫瑰腐乳、香菇腐乳及霉香腐乳等。

(1)装坛方法。

①红色品种(大块、虾子、火腿、玫瑰、香菇) 先用红曲糕涂到腌好的豆腐坯上,六面见红,再将主要辅料与面曲抹匀,每装一层豆腐毛坯撒一层,装好后加入所需要的汤料后封坛。

②白色品种(五香、桂花、甜辣) 将主要辅料与面糕拌匀,装一层腌好的豆腐毛坯洒一层,装好后,灌汤封坛。

③白菜辣腐乳 先将辣椒抹到腌好的豆腐毛坯上,每块用腌白菜叶包好。装入坛内,逐层加入面糕,装好后加汤料封坛。

④霉香腐乳 将豆腐乳毛坯直接装入坛内,装一层豆腐毛坯,洒一层食盐,每坛用食盐1.1 kg,第二天灌入汤料,在坛口上再加盐0.05 kg,然后封坛。

(2)各种主要辅料加工方法。

①虾子 将虾子装入布袋中,蒸熟备用。

②火腿 将火腿先切成块,加入酱油20%、食盐2%及适量的花椒、大料、桂皮等,用蒸汽蒸熟后切成小薄片备用。

③糖渍陈皮 鲜橘皮切成碎块,加入砂糖50%、水适量用文火煮1 h浓缩成糊状备用。

④辣椒糊 辣椒粉50%、面糕20%、红曲糕35%,混合均匀,调成糊状备用。

⑤腌白菜 新鲜大白菜除去老皮及嫩心,只留菜叶,每100 kg加盐12 kg,每天翻1次,1个月后封缸。储存到春天,取出晾至半干。加五香粉3%,姜丝0.1%,入坛自然发酵1～2个月后备用。

⑥香菇 香菇用水浸泡,待发起后捞出洗净,切成块状,加食盐4%和适量的五香粉蒸熟备用。

⑦红曲膏 红曲100 kg,加黄酒300 kg浸泡半日,用磨研成细膏再加入黄酒400 kg调匀即成。

(3)装坛用汤料配方。

①甜汤料　黄酒 80 kg,白酒 5 kg,砂糖 15 kg,糖精 10 g,先用白酒 300 g 将糖精溶化,然后混合调匀。适用品种为五香、白菜辣腐乳两种。

②普通调料　按品种点配制成有一定特色的咸淡适中的汤料。

③霉香汤料　用白酒加水,调至酒精含量为 20%～22%。

(4)装瓶用汤料配方。将已成熟的坛装腐乳用于瓶装,坛内的原汤不足,必须另行配制。

①甜红汤料　适用于大块、虾子、火腿、玫瑰、香菇等品种。配方为原汤 40 kg,黄酒 46 kg,红曲膏 4 kg,糖精酒 2 kg,砂糖 8 kg。

调制方法:先将黄酒、砂糖、红曲膏混合土上锅常压蒸 20～30 min,务必使容器密闭,不让酒精挥发。稍凉后加入糖精酒,然后再加入原汤,夏季加少量防腐剂。玫瑰乳汤料中按上述配方调制外,另加玫瑰香精 50 g,调制时与糖精酒一同加入。

②甜白汤料　适用于桂花、甜辣二品种。配方为原汤 40 kg,黄酒 50 kg,糖精酒 2 kg,砂糖 8 kg。

调制方法:与①相同。

③酒汤料　适用于五香、霉香、白菜辣三品种。配方为原汤 40 kg,黄酒 60 kg 调匀(每 1 kg 糖精用 30 kg 白酒化开称糖精酒,原汤指发酵成熟的腐乳坛内的原汁)。要求黄酒含酒精 15°～16°,白酒含酒精 60°。

七、腐乳的质量标准及生产技术指标

(一)腐乳的质量标准

腐乳的质量标准,根据 SB/T 10170—93 及国家食品卫生标准 GB 2712—81《发酵性豆制品卫生标准》的规定监测。具体根据标准 SB 75—80《红腐乳质量标准》、SB 76—80《白腐乳质量标准》、SB 77—80《青腐乳质量标准》执行。

(二)腐乳的生产技术指标

1. 理化指标

腐乳的理化指标见表 5-1。

表 5-1　腐乳的理化指标

项目	红腐乳	白腐乳	青腐乳	酱腐乳
水分/%	≤70.00	≤70.00	≤67.00	≤67.00
氨基酸态氮(以氮计)	≥0.50(小包装 0.42)	≥0.50(小包装 0.42)	≥0.70(小包装 0.60)	≥0.60(小包装 0.50)
水溶性无盐固形物/(g/100 g)	≥9.00	≥6.00	≥8.00	≥10.00
食盐(以氯化钠计)/(g/100 g)	≥8.00	≥8.00	≥10.00	≥11.00

2.卫生指标

致病菌(指肠道致病菌及致病性球菌)不得检出,食品添加剂符合 GB 2760 的规定。

大肠菌群≤30 个/100 g;砷(以 As 计)≤0.50 mg/kg;黄曲霉毒素≤5.00 μg/kg;铅(以 Pb 计)≤1.00 mg/kg。

任务二 豆豉生产

一、豆豉的定义及分类

1.豆豉的定义

豆豉是以整粒大豆,即黑豆或黄豆(或豆瓣)为原料,经蒸煮发酵而成的调味品。以黑褐色或黄褐色、鲜美可口、咸淡适中、回甜化渣、具豆豉特有豉香气者为佳。因营养丰富、药用价值高而深受广大人民的喜爱,并广为流传,长期食用可开胃增食。

豆豉含有丰富的蛋白质(20%)、脂肪(7%)和碳水化合物(25%),且含有人体所需的多种氨基酸,还含有多种矿物质和维生素等营养物质。

豆豉不仅能调味,而且可以入药。中医学认为豆豉性平,味甘微苦,有发汗解表、清热透疹、宽中除烦、宣郁解毒之效,可治感冒头痛、胸闷烦呕、伤寒去热及食物中毒等病症。

豆豉用陶瓷器皿密封盛载为宜。这样可保存较长时间,香气也不会散发掉。但忌生水入侵,以防豆豉发霉变质。

我国较为著名的豆豉有广东阳江豆豉、开封西瓜豆豉、广西黄姚豆豉、山东八宝豆豉、四川潼川豆豉、湖南浏阳豆豉和永川豆豉等。

2.种类

(1)以原料划分。

①黑豆豆豉 如江西豆豉、浏阳豆豉、临沂豆豉等,均采用本地优质黑豆为原料生产豆豉。

②黄豆豆豉 如广东阳江豆豉、上海、江苏一带的豆豉等,均采用黄豆生产豆豉。

(2)以状态划分。

①干豆豉 发酵好的豆豉再进行晒干,成品含水量 25%～30%。干豆豉多产于南方,豆粒松散完整、油润光亮,如湖南豆豉和四川豆豉。

②湿豆豉 不经晒干的原湿态豆豉,含水量较高,水豆豉多产于北方,由一般家庭制作,豆粒柔软粘连。如山东临沂豆豉。

③水豆豉 制曲后采用过饱和的浆液,让曲在淹水条件下较长时间发酵,其成品为浸渍状的颗粒。

④团块豆豉 是以豆泥做成团块，制曲和发酵同时进行，并配合以适当烟熏，成品为团块，风味独特，有豆豉和烟熏味，以刀切碎经蒸炒后食用，非常爽口。

(3)以发酵微生物种类划分。

①毛霉型豆豉 如四川的潼川、永川豆豉，在气温较低(5～10℃)的冬季利用空气或环境中的毛霉菌进行豆豉的制曲。

②曲霉型豆豉 上海、武汉、江苏等地生产的豆豉，它是利用空气中的黄曲霉进行天然制曲的，采用接种沪酿3.042米曲霉进行通风制曲。一般制曲温度26～35℃。

③细菌型豆豉 如临沂豆豉，将煮熟的黑豆或黄豆盖上稻草或南瓜叶，使细菌在豆表面繁殖，出现黏质物时，即为制曲结束之时。用细菌制曲的温度较低。

④根霉型豆豉 如东南亚一带的印度尼西亚等国广泛食用的一种"摊拍"，就是以大豆为原料，利用根霉制曲发酵的食品。培养温度28～32℃，发酵温度为32℃左右。

(4)以口味划分。

①淡豆豉 发酵后的豆豉不加盐腌制，口味较淡，如传统的浏阳豆豉。

②咸豆豉 发酵后的豆豉在拌料时加入盐水腌制，成品口味较重。大部分豆豉属于这类。

(5)以辅料划分。包括酒豉、姜豉、椒豉、茄豉、瓜豉、香豉、酱豉、葱豉、香油豉等。

二、豆豉生产工艺

豆豉生产工艺流程如下：

大豆→清选→浸泡→蒸煮→冷却→制曲→洗曲→拌曲→发酵→干燥→干豆豉

（拌曲 ↑ 辅料；发酵 ↓ 水豆豉）

1.选料与浸泡

以大豆为原料，黑豆、黄豆、褐豆均可，以黑豆为佳，黑豆皮较厚，制出的成品色黑，颗粒松散，不易发生破皮烂瓣现象，且含有黑色素，营养价值较高。挑选颗粒饱满的新鲜小型豆或大豆，称取大豆入池，加水淹没，水超过豆面30 cm左右，或用1∶2份清水浸泡，一般冬季5～6 h，其余季节3 h；大豆浸泡后的含水量在45%左右为宜。

2.蒸豆

蒸豆的目的是使大豆组织软化，蛋白质适度变性，以利于酶的分解作用。同时蒸豆还可以杀死附于豆上的杂菌，提高制曲的安全性。

蒸豆的方法有两种。

(1)水煮法。清水煮沸，投豆2 h后再煮。

(2)汽蒸法。将浸泡好的大豆沥尽水，直接用常压汽蒸2 h左右。工业生产量较大，大都采用旋转式高压蒸煮罐0.1 MPa压力蒸1 h。蒸好的熟豆有豆香味，用手指捻压豆粒能成薄片且易粉碎，测定蛋白质已达一次变性，含水量在45%左右，即为适度。水分过低对微生物生长繁殖和产酶均不利，制出的成品发硬不酥，水分过高制曲时温度控制困难，杂菌易于繁殖，豆粒容易溃烂。

3. 制曲

制曲的目的是使蒸熟的豆粒在霉菌的作用下产生相应酶系，为发酵创造条件。

一般制曲过程中都要翻曲两次，翻曲时要用力把豆曲抖散，要求每粒都要翻开，不得粘连，以免造成菌丝难以深入豆内生长，致使发酵后成品豆豉硬实、不疏松。传统豆豉制曲都不接种，常温制曲自然接种，利用适宜的气温、湿度等条件，促使自然存在有益豆豉酿造的微生物生长、繁殖并产生复杂的酶系，在酿造过程中产生丰富的代谢产物，使豆豉具有鲜美的滋味和独特的风味。由于所利用的微生物不同，制曲工艺也有差异，现分别介绍如下。

(1)曲霉制曲。

①天然制曲　因米曲霉是中温型微生物，天然制曲时常在温暖季节制曲。大豆经蒸煮出锅后，冷却到35℃，移入曲室，装入竹簸箕，内厚2 cm，四周厚，中间薄，品温在26～30℃培养，室温在25～35℃培养，最高不超过37℃。入室24 h品温上升，豆豉稍有结块；48 h左右菌丝满布，豆粒结块，品温可达37℃，进行第一次翻曲，用手搓散豆粒，并互换竹簸箕上下位置使温度均匀，翻曲后品温下降至32℃左右。再过48 h品温又回升到35～37℃，开窗通风降温，保持品温在33℃左右。之后曲料又结块，且出现嫩黄绿色孢子，进行第二次翻曲。以后保持品温在28～30℃，6～7 d出曲。成曲豆粒有皱纹，孢子呈暗黄绿色，用手一搓可看到孢子飞扬，掰开豆粒内部大都可见菌丝。水分含量在21%左右。

天然制曲受季节气温的限制，不能常年生产，其制曲周期较长，制约了豆豉生产的发展。近年来，采用酿造酱油的优良菌株沪酿3.042接种制豆豉曲，制曲周期为3 d，可以常年生产。

②纯种制曲　多采用沪酿3.042米曲霉。大豆经煮熟出锅，冷却至35℃，接入沪酿3.042种曲0.3%，大豆量5%的面粉拌匀入室，装入竹簸箕中，厚5 cm左右。拌和的方法是先分出一半的种曲和大豆拌和，另一半种曲与面粉拌和，再将拌过曲的面粉与大豆拌和。大豆表面黏附面粉，可以吸收表面水分，使之成为不粘连状态的颗粒，有利于通气和二氧化碳的排除，有利于米曲霉生长，并诱发其孢外酶的分泌，增加淀粉含量，也增加糖化酶的含量，加强糖化能力，对改进豆豉的风味有利。同时面粉使豆粒表面较干，可抑制细菌繁殖，有利于提高制曲质量。保持室温25℃，品温25～35℃，湿度90%以上，22 h左右可见白色菌丝布满豆粒，曲料结块；品温上升至35℃左右，进行第一次翻曲，搓散豆粒使之松散，有利于分生孢子的形成，并不时调换上下竹簸箕位置，使品温均匀一致；72 h豆粒布满菌丝和黄绿色孢子即可出曲。

(2)毛霉制曲。

①天然制曲　大豆经蒸煮出锅，冷却至30～35℃，入曲室上簸箕或晒席，厚度3～4 cm，冬季入房，室温2～6℃，品温5～12℃。制曲周期因气候变化而异，一般15～22 d。入室3～4 d豆豉可见白色霉点；8～12 d菌丝生长整齐，且有少量褐色孢子生成；16～20 d毛霉转老，菌丝由白色转为浅灰色，质地紧密，直立，高度为0.3～0.5 cm，同时紧贴豆粒表层有暗绿色菌体生

成，即可出曲。每 100 kg 原料可得成曲 125～135 kg。

自然毛霉制曲因毛霉适宜生长温度为 15℃，高于 20℃或低于 10℃，毛霉的生长都要受到抑制，所以一般在冬季生产。毛霉制曲周期长不利于生产的发展。四川省成都市调味品研究所从自然发酵豆豉曲中分离出纯种毛霉，经过耐热驯化，定名为 M. R. C-1 号菌种，具有在 25～27℃温度下生长迅速，菌丝旺盛适应性强，蛋白酶、糖化酶等主要酶系活力高的特点，制成曲质量好，不受季节性限制，可以常年生产，制曲周期由 15～21 d 缩短到 3～4 d，制成品的感官、理化和卫生指标均能达到优质毛霉型豆豉的质量标准。

②纯种毛霉制曲　大豆蒸煮出锅，冷却至 30℃，接种纯种毛霉种曲 0.5%，拌匀后入室，装入已杀菌的簸箕内，厚 3～5 cm，保持品温 23～27℃。入室 24 h 左右，豆粒表面有白色菌点，36 h 豆粒布满菌丝略有曲香；48 h 后毛霉生长旺盛，菌丝直立，由白色转为浅灰色，此期间温度极易升高，应采用开启门窗翻曲等措施降低温度，使品温不超过 31℃。3 d 后毛霉生长减弱，菌素部分倒毛，孢子大量生成，把曲染成灰色即可出曲，筛取部分成熟的毛霉孢子。在 40℃以下烘干，备作下批豆豉曲制作的菌种，可省去种曲的制备。

(3)细菌制曲。水豆豉及一般家庭制作豆豉大都采用细菌制曲，多在寒露之后春分之前制曲。家庭小量制作时，大豆水煮，捞出沥干，趁热用麻袋包裹，保温密闭培养，3～4 d 后豆粒布满黏液，可牵拉成丝，并有特殊的豆豉味即可出曲。

较大量的水豆豉制曲时，常采用豆汁和熟豆制曲。豆汁制曲是把煮豆后过滤出的豆汁放于敞口大缸中，在室温下静置陈酣 2～3 d，待略有豉味产生时搅动一次，再静置培养 2～3 d，豉味浓厚并微有氨气散出，以筷子挑之悬丝长挂，即成豉汁。

熟豆制曲时在竹箩中进行，箩底垫以 10 cm 的新鲜蒲草。扁蒲草俗名豆豉叶，茎短节密而扁，匍匐生长，叶似披针，肉质肥厚，表面光滑，保鲜力强，能充分保持水分，使豆粒表面湿润。在扁蒲草上铺上 10～15 cm 厚的熟豆，表面再盖 10 cm 左右的扁蒲草，入培养室培养。培养 2～3 d 后翻拌一次，再继续培养 3～4 d 即成熟。成熟的豆豉曲表面有厚厚一层黏液包裹，并有浓厚的豉香味。因为竹箩体积大，制曲入箩的豆也不多，豆粒含水量又大，制曲过程中温度不易升得过高，只能在室温下徘徊。室温 20～23℃时，制曲时间大约需要 6～7 d，若一批接着一批生产，可利用上批生产的豉汁为菌母，进行人工接种培养，接种量为 1%，这样可以大大缩短培养时间。

无论是豆汁制曲还是熟豆制曲，它们都是利用空气中落入的微生物及用具带入的微生物自然接种繁殖而完成制曲过程的。体系中微生物区系复杂，枯草杆菌和乳酸菌是占优势的菌群。

4. 制醅发酵

豆豉制曲方法不同，产品种类繁多，制醅操作也随之而异，分别介绍如下。

(1)米曲霉干豆豉。

①水洗　目的在于洗去豆豉表面附着的孢子、菌丝和部分酶系。因为豆豉产品的特点，要

求原料的水解要有制约，即大豆中的蛋白质、淀粉能在一定的条件下分解成氨基酸、糖、醇、酸、酯等以构成豆豉的风味物质，经过水洗去除菌丝和孢子可以避免产品有苦涩味。同时洗去部分酶系后，当分解到一定程度继续分解受到制约，使代谢产物在特定的条件下，在成形完整的豆粒中保存下来，不致因继续分解，而使可溶物增多从豆粒中流失出来，造成豆粒溃烂、变形和失去光泽，因而能使产品保持颗粒完整、油润光亮的外形和特殊的风味。

将成曲倒入盛有温水的池中，洗去表面的分生孢子和菌丝，然后捞出装入筐中用水冲洗至成曲表面无菌丝和孢子，且脱皮甚少。整个水洗过程控制在 10 min 左右，避免因时间过长豆豉曲吸水过多而造成发酵后豆粒容易溃烂。水洗后成曲水分在 33%～35%。

②堆积吸水　水洗后将豆曲沥干、堆积，并向豆曲间断洒水，调整豆曲含水量在 45%左右。水分过高会使成品脱皮、溃烂，失去光泽；水分过低对发酵不利，成品发硬，不酥松。

③升温加盐　豆曲调整好水分后，加盖所塑料薄膜保温。经过 6～7 h 的堆积，品温上升至 55℃，可见豆曲重新出现菌丝，具有特殊的清香气味，即可迅速拌入食盐。

④发酵　成曲升温后加入 18%的食盐，立即装入罐中至八成满。装时层层压实，盖上塑料薄膜及盖面盐，密封置室内或室外常温处发酵，4～6 个月即可成熟。

⑤晾豉　将发酵成熟的豆豉分装在容器中，放置阴凉通风处晾干至水分在 30%以下即为成品。

(2)米曲霉调味湿豆豉。

①晾晒扬孢　将成曲置阳光下晾晒，使水分减少便于扬去孢子，避免产品有苦涩味。在晾晒过程中紫外线照射可以消灭成曲中的有害微生物，有利于制醅发酵。成曲晒干后扬去孢子备用。

②装坛　与食盐、香料等混匀，加入晒干去衣的成曲拌匀，装入缸中置阳光下。待食盐溶化，豉醅稀稠适度即可装坛。

③原料配比　大豆 100 kg，西瓜瓤汁 125 kg，食盐 25 kg，陈皮丝，生姜，茴香适量。

④发酵　豉醅装坛后密封置室外阳光下发酵 40～50 d 即可成熟，成品即西瓜豆豉。以其他果汁或番茄汁代替西瓜瓤汁即为果汁豆豉、番茄汁豆豉。

(3)毛霉型豆豉。

①拌料　将成曲倒入拌料池内，打散加入定量食盐、水，拌匀后浸闷 1 d，然后加入白酒、酒酿、香料等拌匀。

②发酵　将拌匀后的醅料装坛或浮水罐中，装时层层压实至八成满，压平，盖塑料薄膜及老面盐后密封。用浮水罐装的不加老面盐，加上倒覆盖，罐沿加水，经常保持不干涸，每 7～10 d 换 1 次水，以保持清洁。用浮水罐发酵的成品最佳。装罐后置常温处发酵 10～12 个月即可成熟。

③原料配比　大豆 100 kg，食盐 18 kg，白酒 3 kg(体积分数 50%以上)，酒酿 4 kg，水 6～10 kg(调整醅含水量在 45%左右)。

(4)细菌型水豆豉。先洗净浮水坛,准备好原料。老姜洗净刮除粗皮,快刀切细至米粒大小的酱粒。花椒去除子和柄,选择干净、个头较小、肉质结构紧密的腌制萝卜晒萎、洗净,快刀切成豆大的萝卜粒。按 20 kg 黄豆的豆豉曲、40 kg 豉汁、15 kg 萝卜粒、2 kg 姜粒、8 kg 食盐、50 g 花椒的比例配料。将食盐投入豉汁,搅动使全部溶解,再按豆豉曲、花椒、姜粒、萝卜粒的顺序一一投入,入浮水坛。入坛后盖上坛盖,掺足浮水,密闭发酵 1 个月以上则为成熟的水豆豉。

(5)无盐发酵制醅。以上的醅中均加入了一定量的食盐,起到防止腐败和调味的作用。由于醅中大量食盐的存在抑制了酶的活力,致使发酵缓慢,成熟周期延长。采用无盐制醅发酵摆脱了食盐对酶活力的抑制作用,发酵周期可以缩短到 3～4 d,同时利用豆豉曲产生的呼吸热和分解热可以达到防止发酵醅腐败的温度。

①米曲霉曲无盐发酵　成曲用温水迅速洗去豆粒表面的菌丝和孢子,沥干后入拌料池中,洒入 65℃左右的热水至豆曲含水量为 45%左右。立即投入保温发酵罐中,上盖塑料薄膜后加盖面盐,保持品温在 55～60℃,56～57 h 后出醅入拌料中,加入 18%的食盐,拌匀装罐或装入其他容器内,静置数日待食盐充分溶化均匀即可。如无保温发酵容器,成曲拌入热水至含水量为 45%左右,并加入 4%的白酒,加盖塑料薄膜及其他保温覆盖物,促使堆积升温,56～72 h 后即可再拌入 18%食盐。加白酒的目的是预防自然升温产生腐败。

②毛霉曲无盐制醅　成曲测定水分,加 65℃热水至含水量 45%,加入白酒、酒酿,迅速拌匀,堆积覆盖使其自然升温或入保温发酵容器中,保持品温 55～60℃,56～57 h 后,加入定量食盐即得成品。

(6)团块豆豉。团块豆豉的制曲和发酵同时进行。方法是大豆经浸泡蒸煮后,熟豆趁热放于石臼中捣制或用粉碎机粉碎成豆泥,同时加入香料及质量为干豆子质量 6%～8%的食盐,拌和均匀。把豆泥捏制成卵圆形的团块,每块湿重约 250 g。整齐地排列在篾制的篓内,篓底垫上一层薄薄的稻草,装好后表面再盖一薄层稻草。

把装好团块的篾篓移入培菌室,将室温控制在 25℃左右,保持室内湿度为 90%以上,培养 4～5 d 时团块面就可以形成浆液层,长出散点状的菌斑,这时便逐渐开启门窗通风,以降低湿度,使面团表面逐渐干燥,使菌从内部深入,再经过 5～6 d 培菌结束。

在培菌过程中 pH 较低,霉菌和酵母在团块表面生长占优势,随着培养时间的延长,pH 逐渐升高,霉菌生长受到抑制,细菌取代了霉菌,成为了占优势的种群,团块内部的发酵基本上是由细菌所控制。

通过培菌发酵的豆豉团块,再经过烟熏更有利于贮放和显著提升香味。烟熏的方法是将豆豉团块整齐排列在稀孔篾箦上,架于烟塘之上。塘内以锯末或木柴生烟,以生柏桠升烟最为理想。间歇熏烟可以使水分缓缓蒸发,水分析出、吸收交替的过程可以把烟气成分带入团块内部,有利于熏心,同时低温烟中苯并芘的含量低,可以避免致癌物质导入成品。因此,最好每日熏烟 3 次,每次熏 90 min,共熏 3～4 d。掌握“见烟不见火”的原则,把熏烟温度控制在 350℃

以下。经过烟熏的团块豆豉，可以敞放保存3～4个月，团块豆豉食用前应洗净烟尘，切细成小块，煎炒或蒸煮作为菜肴。

5.洗曲

豆豉成曲附着许多孢子和菌丝，若不清洗直接发酵，则产品会带有强烈的苦涩味和霉味，且豆豉晾晒后外观干瘪，色泽暗淡无光。但洗曲时应尽可能降低成曲的脱皮率。

豆豉的洗涤方法有两种。

①人工洗曲。豆曲不宜长时间浸泡在水里，以免含水量增加。成曲洗后应使表面无菌丝，豆身油润，不脱皮。

②机械洗曲。将豆曲放在铁制圆筒内转动，使豆粒互相摩擦，洗去豆粒表面的曲菌；洗涤后的豆豉，用竹箩盛装，再用清水冲洗2～3次即可。

6.发酵与干燥

豆曲经洗曲之后即可喷水、加盐、加盖、加香辛料，入坛发酵。拌料后的豆曲含水量达45%左右为宜。

发酵容器最好采用陶瓷坛，装坛时豆曲要装满，层层压实，用塑料薄膜封口，在一定温度下进行厌氧发酵。在此期间利用微生物所分泌的各种酶，通过一系列复杂的生化反应，形成豆豉特有的色香味。这样发酵成熟的豆豉即为水豆豉，可以直接食用。水豆豉出坛后干燥，水分含量降至20%左右，即为干豆豉。

三、豆豉的质量标准

豆豉的感官指标和理化指标分别见表5-2、表5-3。

表5-2 豆豉的感官指标

项目	指标
色泽	黄褐色或黑褐色
香气	具有豆豉特有的香气
滋味	鲜美、咸淡适口，无异味
体态	颗粒状，无杂质

表5-3 豆豉的理化指标

项目	豆豉	干豆豉
水分/(g/100 g)	≤45.00	≤20.00
总酸(以乳酸计)/(g/100 g)	≤2.00	≤3.00
氨基酸态氮(以氮计)/(g/100 g)	≥0.60	≥1.20
蛋白质/(g/100 g)	≥20.00	≥35.00
食盐/(g/100 g)	≤12.00	

四、两种名优豆豉的制备

(一)四川潼川豆豉

1.原料的选择、处理

选用富含蛋白质、颗粒饱满新鲜的黑豆加水浸泡5 h,水温控制在35~40℃,浸泡至95%的豆粒膨胀至无皱纹、含水量达45%~50%。沥去水分,蒸豆,安置两个木甑,先在前甑蒸2.5 h后,待甑冒出大量水汽和滴冷凝水时,转至后甑再蒸2.5 h。这样使前甑内的上下层物料得以对翻,熟度达到一致。待后甑盖又冒大量水汽和滴冷凝水时,即可出甑。

2.制曲

蒸过的黑豆,先装入箩筐,待自然降温至30~35℃时,移至曲房分装于簸箕或竹席上,装料厚度为2~3 cm,入曲房培养。

初始室温为2~6℃,品温控制在6~12℃。经3~4 d,豆粒表面呈现白色霉点。8~12 d后,可见豆粒上白色菌丝生长整齐,将整粒豆稠密地裹住。这时即可进行第一次翻曲,使上下层豆粒的菌丝一致。翻曲时,应将每颗豆粒分散,不得相互黏结。培养15~21 d后,菌丝紧密、直立、粗壮,高度为4~5 mm,呈灰白色,有少量浅褐色的孢子生成,并在菌丝层下部紧靠豆粒表皮层有少量暗绿色的菌丛生成,这是富含纤维酶的木霉菌。待闻及明显的曲香味时,即可出曲。

3.拌料入坛、发酵

按原料配比拌料入坛。原料配比:黑豆100 kg,食盐18 kg,白酒(50°以上)3 kg,井水10~15 kg。方法:将豆豉曲打散、过筛后,再按规定量加入食盐和水充分拌匀,并堆积润料12 h。再添加白酒、醪糟拌匀后,装入容量为150~200 L、具有发酵栓式结构的坛中,或输入与通风制曲配套的、具有发酵栓式装置的发酵池中,装满后稍稍压实,然后在坛或池口的醅表面注入白酒。最后以无毒塑料薄膜封扎坛口并加盖,并沿坛盖口加水密封,以隔绝空气,进行发酵。发酵室应阴凉通风,最好将室温控制在20℃以上,以利于起发。通常发酵期为8个月左右。

(二)湖南浏阳豆豉

1.原料的选择、处理

选用颗粒饱满、新鲜、无虫蛀霉变的黑豆或黄豆为原料进行浸泡,浸泡时间冬季为4~6 h,春、秋季为3~4 h,夏季为2~3 h。待浸至有80%左右的豆粒表皮无皱纹时,即可放掉浸泡水,让豆粒在浸泡池中继续润水一段时间,直至豆粒无皱纹、含水量为50%左右时蒸豆,常压蒸料约需2 h;加压至98 kPa蒸料需20~30 min。熟豆以豆粉熟透过心、手捏呈粉状、口尝无豆腥味、含水量达55%~56%为宜。

2.制曲

将熟豆冷却至35~38℃后装入簸箕,料层周边厚度为4 cm,中间为1.5~2 cm,转入28~30℃曲室培养。约经18 h,豆粒表面呈现白点。再过6~10 h,品温升至31℃,曲料略有结块。

培养 44 h 后，品温高达 35～37℃，豆粒布满菌丝且结块。这时可进行第一次翻曲，打散曲块，并互换上下簸箕的位置，使品温相对平衡。翻曲后品温降至 32℃左右。待品温又升至 35～37℃时，可开窗通风，使品温降为 32～33℃。保持此温度约 68 h 时，曲料再次结块，并出现嫩黄绿色的孢子，进行第二次翻曲。以后维持品温为 28～30℃，直至 96 h 左右，待孢子呈暗黄绿色时，即可出曲。

成曲含水量为 21％左右，曲粒松散，表皮有皱纹，有曲香。

3.洗霉

将成曲用簸箕扬，或用清水淘洗，减少或去除曲粒表面的曲霉分生孢子和菌丝，而保留曲粒内部的菌丝，曲粒洗霉后，应堆集 1～2 h，并按此时曲粒的含水量，适量分次洒水，以曲粒含水分为 85％左右为度。

4.拌料、发酵

在上述豆豉曲中，按配方加入辅料。湖南浏阳豆豉的配方为：黄豆 100 kg、食盐 8.5 kg、辣椒粉及生姜粉各 1 kg，拌匀。将此物料分层装入陶坛或塑料桶，并层层压实。装满后，以食用塑料薄膜密封坛口，加盖，置于 35℃的发酵室中进行发酵。若以黄豆曲制醅，通常发酵 7 d 即可成熟，但冬季需 30 d 以上。

5.成品

豆豉发酵成熟后，即可包装为成品。也可晾晒或风干至水分为 20％，即成为干豆豉。

任务三　其他豆制品的生产

一、纳豆

(一)概述

1.纳豆的定义

日本是一种历史悠久的传统大豆发酵食品，是将大豆煮熟后，接入纳豆菌经繁殖发酵后而形成的外表带有一层薄如白霜的纳豆菌的发酵食品。

2.微生物

纳豆芽孢杆菌是此种发酵作用的必需微生物。纳豆芽孢杆菌在分类学上属于枯草芽孢杆菌纳豆菌亚种，为革兰阳性菌，好氧，有芽孢，极易成链。

3.纳豆的保健功能

纳豆具有降低胆固醇，促进消化，软化血管，增强免疫力，预防癌症、高血压、血栓症以及延缓衰老，提高脑力和记忆力等功效。如纳豆菌可杀死霍乱菌、伤寒病菌、大肠杆菌 O-157：H7

等，起到抗生素的作用；纳豆菌还可以灭活葡萄球菌肠毒素，因此常食用纳豆有壮体防病的作用。

(二)纳豆的生产工艺

1. 纳豆生产工艺流程如下

精选大豆→清洗→浸泡约 12 h、沥干→蒸煮→冷却、接种纳豆菌→发酵
↓
成品纳豆←检验←后熟←打码←包装←4℃放置 1 d

2. 操作工艺要点

①将大豆彻底清洗后用 3 倍量的水进行浸泡。浸泡时间是夏天 8～12 h，冬天 20 h。以大豆吸水重量增加 2～2.5 倍为宜。

②将浸泡好的大豆放进蒸锅内蒸 1.5～2.5 h，或用高压锅煮 10～15 min。在实验室也可用普通灭菌锅在充分放气后，121℃高温高压处理 15～20 min。以豆子很容易用手捏碎为宜，宜蒸不宜煮，煮的水分含量太多。

③在大豆被蒸熟前，在浅盘中铺好锡箔纸，用筷子等尖细物在锡箔上打多个气孔，灭菌备用。搅拌时所用的橡胶手套也要用开水灭菌。

④大豆蒸熟后，不开蒸锅的盖子，直接倾去锅内的水。将蒸锅的大豆无菌转移到灭菌盆或罐内，立即盖盖，以免杂菌污染。

⑤在已灭菌的杯中用 10 mL 开水溶解盐(约 0.1%)、糖(约 0.2%)和 0.01%纳豆芽孢杆菌(或市售纳豆发酵剂，可按其说明使用)。如果觉得体积太小，不易均匀喷洒于大豆中，也可用 20～30 mL 的水。将混合液喷洒于大豆中搅拌均匀。

⑥把接种好的大豆均匀地平铺于灭好菌的锡箔纸上，厚 2～3 cm，不宜太厚。将锡箔纸折过来(或用另一种锡箔纸)铺盖于豆层上面。若没有锡箔纸或不想用这种铺法，也可在笼屉、高粱秆盖帘等上下可充分透气的盛具上先铺一层绢纱或食品尼龙纱(事先蒸煮灭菌)，然后在上面再铺接种好发酵剂的大豆，厚 2～3 cm，上面也盖上一层纱。

⑦37～42℃培养 20～24 h。也可以在 30℃以上的自然环境中发酵，时间适当延长。当发酵结束后，揭掉锡箔纸或纱时，会看到豆子表面部分发灰颜色，室内飘满纳豆的芳香。稍有氨味是正常的，但氨味过于强烈，则有可能有杂菌生长。

⑧发酵好的纳豆，还要在 0℃(或一般冷藏温度)保存近 1 周进行后熟，便可呈现纳豆特有的黏滞感、拉丝性、香气和口味。要增进纳豆的口味，必须经过后熟。如果冷藏时间过长，产生过多的氨基酸会结晶，从而使纳豆质地有起沙感。因此，纳豆成熟后应该进行分装冷冻保藏。

(三)纳豆的营养价值

纳豆的原料是大豆，大豆本身就是含有高蛋白的营养食品，所以纳豆也是有营养的豆类食品之一。

纳豆是煮熟的食品，但它比煮熟的大豆蛋白质、纤维、钙、铁、钾、维生素 B_2 的含量都高，特

别是纤维、钙、铁、钾的含量甚至超过了通常公认的营养价值高的鸡蛋，但纳豆的维生素 A 和维生素 C 的含量为零，而煮熟的豆角可以补充纳豆这方面的缺陷，所以纳豆与豆角或其他在营养上可以互补的食品一起吃更好。

纳豆在制作过程中，原料大豆所含的氨基酸、高蛋白不仅没有减少、破坏，反而由于发酵将大豆蛋白质分解，使纳豆的消化率(85%)比煮熟的大豆(68%)还高，因而营养也更容易吸收了。具体地说，在 100 g 食品的可食部分的营养中，纳豆比煮熟的大豆的蛋白质高 0.5 g，纤维高 0.2 g，钙含量高 20 mg，铁含量高 1.3 mg，钠含量高 1 mg，钾含量高 90 mg，维生素 B_2 含量高 0.47 mg。

比起其他大豆加工制品，如日本的绢豆腐，纳豆也有优越性。在 100 g 食品的可食部分的营养中，纳豆比绢豆腐的蛋白质含量高 11.5 g，纤维含量高 2.0 g，铁含量高 2.2 g，钾含量高 520 mg，维生素 B_2 含量高 0.52 mg，维生素 PP 含量高 0.9 mg，维生素 K 含量高 866 mg。

纳豆之所以营养含量较高，是因为它在蒸煮、接菌、发酵过程中不仅没有使原料大豆的营养受到破坏，反而增加了一些有益物质。

纳豆含有大量的皂苷素，由于纳豆比大豆容易消化，所以纳豆里的皂苷素比大豆里的更容易为人体吸收。皂苷素是一种遇水便溶解、遇热便分解的物质，因此，在豆腐、豆浆中含量很少。皂苷素不仅能够改善便秘，还可以减少血脂、预防大肠癌、降低胆固醇、软化血管、预防高血压和动脉硬化、抑制艾滋病毒等。

纳豆里还含有很多对人体有益的酶，如过氧化物歧化酶(SOD)、过氧化氢酶等。由于经过发酵，纳豆里还含有游离的异黄酮类物质，该物质和上述酶一样，对活性氧(自由基)具有很强的解毒作用，因而对人体抗癌、防止老化有效。有专家指出：一天吃一盒纳豆，就可大约吸收 50 mg 的异黄酮，而这个量正是美国专家提倡的每人每天应该吃的量；纳豆里含的 SOD 比面上卖的 SOD 药物还高。

纳豆黏液里含的吡啶二羧酸，对痢疾杆菌、O-157 原发性大肠杆菌、伤寒沙门氏菌等，都有强烈的抑制作用。

纳豆里含有大量的维生素 K_2。它可以生成骨蛋白质，只有该蛋白质与钙一起才能生成骨质、增强骨骼密度。

二、丹贝

(一)概述

1. 丹贝的定义

丹贝是印度尼西亚的传统食品，是大豆经浸泡、脱皮、蒸煮后，接入霉菌，在 37℃下于袋中发酵而成的带菌丝的黏稠状饼块食品。

2. 微生物

发酵过程是由根霉属的霉菌(少孢根霉、葡枝根霉、米根霉和无根根霉)完成的，其中以少孢根霉发酵为最好，它能发酵蔗糖，有很强的分解蛋白质和脂肪的能力，能产生某些抗氧化物质，并能产生诱人的风味。

3. 丹贝的保健功能

丹贝异黄酮具有抗氧化、抗菌、防止衰老的功能，具有抗肿瘤、防治心脑血管疾病功能。

(二)丹贝的生产工艺

1. 传统丹贝生产工艺

传统丹贝生产工艺流程如下：

大豆→选豆→清洗→浸泡→脱皮→蒸煮大豆→香蕉叶包裹→发酵
↓
灌装成品←胶体磨浆←蒸煮灭菌←配料混合←磨酱

(1)原料及处理。

①原料的要求　制造丹贝对原料没有特殊要求，但最好选用油脂含量低，蛋白质和糖含量高的大豆。

②浸泡　一般大豆在冬季浸泡 12 h，在夏季 6～7 h。在气温高于 30℃的季节，为了防止细菌繁殖，在浸泡大豆的水中添加 0.1%左右乳酸或白醋，降低浸泡液 pH 至 5～6，或在浸泡液中添加乳酸菌，使其在浸泡过程中产生乳酸。较低 pH 也适合于少孢根霉生长。

③去皮　大豆的吸水量一般达到大豆重量的 1～2 倍，将吸水后的大豆放在竹篓中，脚踏或置于流水中强力搅拌，尽量除掉皮。

④蒸煮　将脱皮后的大豆放在 100℃水中煮 60 min 左右，然后将煮熟的大豆捞起，放在容器中摊开，使表面水分蒸发，同时进行冷却。当熟大豆温降至 90℃时，拌入 1%的淀粉，并充分混合，使部分淀粉糊化，以促进霉菌发育。

(2)接种发酵菌。

①方法 1　制各孢子悬液或孢子粉。将少孢根霉接种在斜面培养基上(培养基应含有大豆提取物、硫酸镁、碳酸钙、葡萄糖、自来水和琼脂)，在 25～28℃下培养 7 d 时，增生大量的孢子囊，然后用 2～3 mL 无菌水把这些孢子囊从斜面上冲洗下来，制成孢子悬液接种；或把这些孢子从斜面上刮下来，冷冻干燥成孢子粉，用于接种。

②方法 2　将少孢根霉接种在米粉、细麦麸、米糠等物料上。在 28～32℃下培养 3～7 d，然后冷冻干燥制成种曲粉。接种量要视孢子悬液和种曲粉中活孢子数而定，一般情况下 100 g 原料约接种孢子 10^6 个。

(3)丹贝的发酵。

①发酵条件　丹贝发酵的最佳温度为 30～33℃，丹贝的发酵时间随发酵温度而定，一般说来，温度高，发酵时间短，温度低，发酵时间长。在 35～38℃下，发酵时间需 15～18 h；在 32℃下需 20～22 h；在 28℃下需 25～27 h；在 25℃下则需 80 h。

②发酵容器　传统方式多采用香蕉叶，而现在则多采用打孔的塑料袋(盘)、打孔加盖的金

属浅盘、竹筐等，孔径一般为0.25～0.6 mm，孔距为1.2～1.4 mm。小孔的作用是排除丹贝发酵过程蒸发出来的过量水分，同时小孔也是气体扩散的通道。

装好发酵物料的塑料袋或金属浅盘一定要扎口或加盖，否则物料表面的水分会大量蒸发，影响少孢根霉的生长。同时由于物料大面积与空气接触，过量的氧可以使孢子较早形成，致使产品变黑，影响外观。

③物料厚度　丹贝的发酵袋、盘或其他容器所装物料的厚度一般为2～3 cm，若太薄则占用较多的发酵器具，太厚则造成中间发酵不充分，菌丝因缺氧不能很好地生长，易产生“夹生”现象。

2.现代加工工艺

丹贝现代加工工艺流程如下：

大豆筛选、清洗→热处理→机械去皮→浸泡(1%乳酸 pH 4.0～5.0)
↓
装盘←接种霉菌发酵剂←冷却←沥干
↓
恒温培养→切片→加辅料→油炸→成品

三、新型发酵豆制品及其生产技术

新型发酵豆制品种类繁多，工艺方面也都很多翻新，包括发酵豆乳、发酵豆乳冷饮等。

(一)新型发酵豆乳制品

发酵豆乳生产工艺和发酵酸乳类似，在这里不再详细介绍，下面介绍几种新型保健的发酵豆乳。

1.果味黑豆酸乳

黑豆含有较丰富的蛋白质、脂肪、维生素以及多种微量元素，它具有多种营养与保健功能，有“豆中之王”的美称。芒果是主要的热带水果之一，被誉为“热带果王”，它含有丰富的糖、维生素A、维生素C和钙、铁。菠萝是岭南四大名果之一，含有大量的葡萄糖、果糖、蛋白酶和丰富的维生素A、维生素B、维生素C等。

豆乳的组成与牛乳不同，黑豆乳中只含有一定量的蔗糖、水苏糖和棉籽糖，葡萄糖含量少，缺少乳酸菌可利用的乳糖。黑豆中含有的糖类大多数都是不能被乳酸菌所利用的低聚糖和高聚糖。糖类是乳酸菌重要的碳源物质，糖对发酵酸乳的风味有着重大的影响，在黑豆浆中添加适量含糖量较高的芒果和菠萝果汁共同发酵，可提高乳酸菌利用率，起到营养互补的作用，可使果味黑豆酸乳成为营养均衡的理想食品。

以营养互补和色泽协调为原则，从天然水果中挑选芒果、菠萝制成混合果汁，与黑豆浆共同发酵，制得保健型果味黑豆酸乳。

2.大豆芝麻乳酸菌发酵饮料

对大豆芝麻乳酸菌发酵饮料的配方和生产工艺进行了研究。使用驯化过的保加利亚乳杆菌和嗜热链球菌为菌种，采用正交实验，确定该饮料的最佳配方和工艺条件。

大豆乳和芝麻乳比例 8∶2，蔗糖添加量 10%，乳糖用量 1.2%，接种量 4%，发酵温度 43℃，发酵时间 16 h。

产品口感细腻，酸味可口，风味独特，是营养保健型发酵饮品。

3.橙汁酸豆乳

黄豆含营养素十分丰富，黄豆蛋白质含有人体所需的多种氨基酸，不含胆固醇，具有降血脂作用。橙汁中含有丰富的维生素 C 和人体所需的多种矿物质，同时还含有糖分和有机酸，是一种良好的绿色食品。有研究表明，橙汁能够促进胆固醇降低。

在黄豆浆中添加橙汁的发酵酸豆乳，既具有类似乳酸菌发酵豆乳的浓厚口感，又具有橙汁芳香可口的特别风味，果味突出，而且还能改善豆乳营养价值，具有保健功能。

4.腥大豆中加入银耳浸提液生产酸豆乳

利用银耳浸提液和不含脂肪氧化酶的无腥味大豆加工酸豆乳。结果表明，最佳加工工艺为豆乳中添加 10%银耳浸提液、3%蔗糖、15%纯牛奶和 25%的酸牛奶，在 40～42℃下发酵 7 h。与用普通大豆按常见加工工艺生产比较，原料不用进行脱腥处理，减少能源消耗，低设备投资及加工成本，蛋白质回收率高。且将银耳浸提液与豆乳混合发酵，银耳中所含的多糖类物质有利于乳酸菌生长。发酵产品中风味物质乙醛和联乙酰量增多，又因其黏稠性，可作为稳定剂增加制品的稳定性，防止酸豆乳析水。

(二)富含双歧杆菌的发酵豆乳冰淇淋生产技术

利用双歧杆菌、嗜酸乳杆菌、嗜热链球菌按一定比例接种到调配好的豆浆中，将豆浆发酵成富含活性双歧杆菌的发酵豆乳，以这种发酵豆乳完全取代普通冰淇淋基料中的乳及乳制品，制成富含双歧杆菌活菌的全发酵豆乳冰淇淋。这种冰淇淋口感润滑细腻、酸甜可口，具有双歧杆菌、乳酸菌等多种有营养保健功能的活菌，是集合了营养、保健、消暑三大功效的保健型冰淇淋。

工艺流程如下：

大豆筛选→烘烤→脱皮→浸泡灭酶→热磨浆过滤→调配成发酵浆→高温灭菌
↓
冰淇淋基料←发酵豆乳←恒温发酵←按比例分别接种工作发酵剂←冷却←均质
↓
发酵豆乳冰淇淋

必备知识

一、发酵豆制品种类、风味及营养价值

豆制品主要分为两大类，即发酵型豆制品和非发酵型豆制品。发酵性豆制品是以大豆为

主要原料，经微生物发酵而成的豆制品。即是一类以霉菌为主要菌种的大豆发酵性调味品，如豆腐乳、豆豉、丹贝、纳豆等。其制备由来已久。非发酵性豆制品是指以大豆或其他杂豆为原料制成的豆腐，或豆腐再经卤制、炸卤、熏制、干燥的豆制品，如豆腐、豆浆、豆腐丝、豆腐皮、豆腐干、腐竹、素火腿等(表 5-4)。

表 5-4 大豆加工制品

类别		系列	主要产品	风味	营养价值以及功效
传统豆制品	发酵豆制品类	豆酱系列	豆豉	颗粒完整，乌黑发亮，酱香、酯香浓郁，滋味鲜美，咸淡可口，无苦涩味，质地松软，入口即化，且无霉腐味	营养价值极高，在微生物酶的作用下产生的多种氨基酸及低分子蛋白质低聚肽类；具有抗衰老、防癌症、降血脂、调节胰岛素等多种生理保健功能；具有预防骨质疏松症、防治老年性痴呆的功效
			纳豆	具有黏滑的外表，呈灰白色，其风味浓厚而又持久，口感酥软	
		腐乳系列	红腐乳、白腐乳、臭豆腐等	表里色泽基本一致，滋味鲜美，质地细腻，咸味适口，无异味，块型整齐，厚薄均匀	
	非发酵豆制品类	豆腐系列	豆腐	少许豆香气，倒出切开不坍不裂，切面细嫩，尝之无涩味	豆腐系列有抗氧化的功效，所含的植物雌激素能保护血管内皮细胞，使其不被氧化破坏。另外，这些雌激素还能有效地预防骨质疏松、乳腺癌和前列腺癌的发生，是更年期的“保护神”
			干豆腐、茶干、豆腐皮、腐竹	豆香味	

二、发酵豆制品所需的微生物

传统发酵豆制品如腐乳、酱油、豆酱、豆豉等具有独特的风味，其风味来源于酿造过程中微生物发生的一系列生化反应。在传统发酵豆制品酿造中，对原料发酵成熟的快慢、成品颜色的浓淡以及味道的鲜美有直接影响的微生物是毛霉、曲霉、根霉、酵母、细菌类等。

1. 毛霉

毛霉是食品工业中的重要微生物。毛霉的淀粉酶活力很强，可把淀粉转化为糖，而且还能产生蛋白酶，具有分解大豆蛋白质的能力，多用于制作豆腐乳和豆豉，对营养和风味具有很好的作用。参与发酵过程的毛霉或细菌除能分解蛋白质、淀粉、脂肪成为各类低分子化合物(如氨基酸、糖和脂肪酸等)外，还能合成酯等芳香物质，给腐乳增添特别的色和香。在腐乳成品中，可溶性总氮由1%增加到2.74%，游离脂肪酸由12.8%增加到37.1%，氨基酸由0.06%～0.08%增加到0.5%以上，酯类由0.59%增加到2.25%，总酸由0.43%增加到1.03%。柔软细密的菌丝体包覆着腐乳坯，使其保持完整的方块，又不产生怪味或毒性物质。

2. 曲霉

曲霉是发酵豆制品生产中使用的主要微生物，如制作腐乳、豆豉、豆酱时经常会使用到曲霉，对发酵豆制品的风味及色泽的形成起很大的作用。

3. 根霉

根霉与毛霉同属毛霉科，在腐乳中的作用也相似。不同的是相对于毛霉来说，根霉的生长温度偏低、受季节性限制。

4. 酵母

鲁氏酵母是酿制酱油、酱的重要菌种，它能赋予乙醇、酯类、糠醛、琥珀酸和呋喃酮等香气成分。球拟酵母有易变球拟酵母和埃切球拟酵母，这两种球拟酵母和鲁氏酵母一样都属于耐高浓度食盐的酵母菌，也是在酱油和酱的发酵中产生香气的重要菌种。鲁氏酵母在酱油的发酵前期起作用，而球拟酵母是在后期起作用。

三、基本生产流程及关键控制环节

(一)基本生产流程

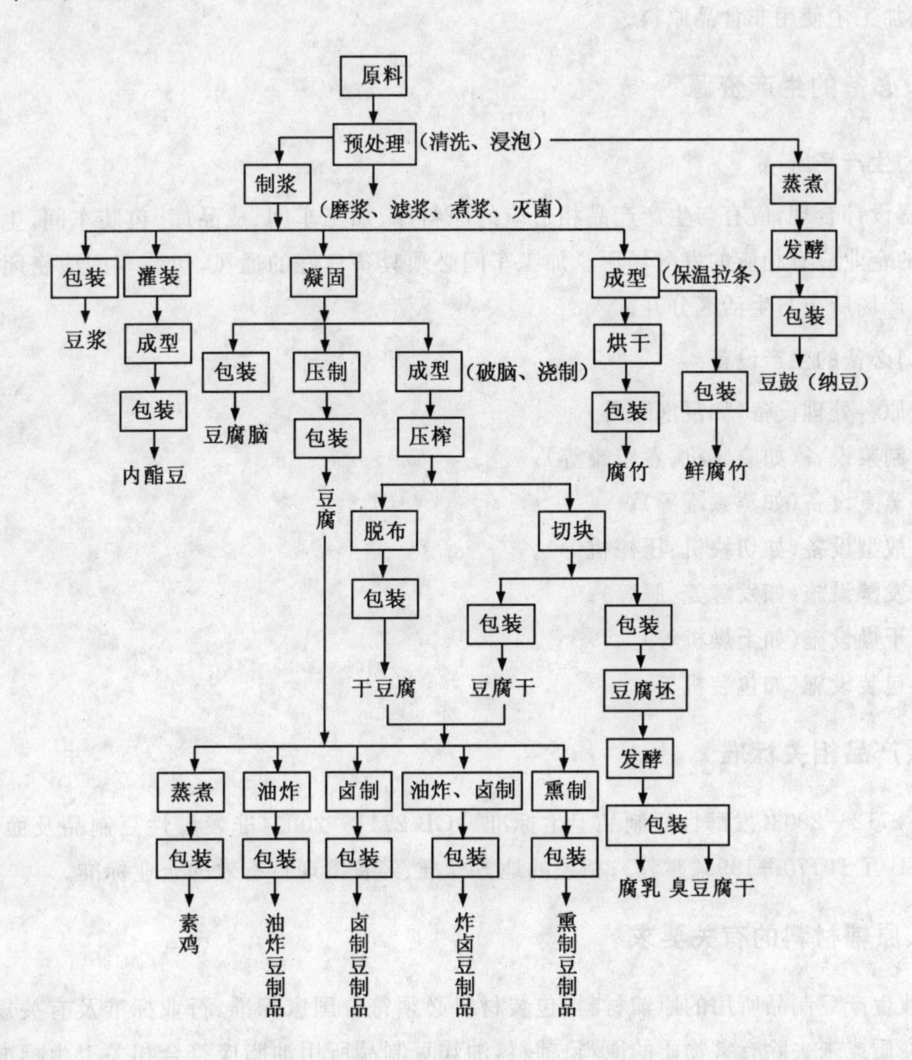

(二)关键控制环节

(1)选料和清洗。

(2)菌种的选择、发酵的温度和时间。

(3)煮浆温度和时间。

(4)凝固成型。

(5)生产加工中环境卫生的控制。

(6)成品的贮藏和运输。

(三)容易出现的质量安全问题

(1)杂菌的污染,造成半成品和成品的腐败变质。

(2)蛋白质和氨基酸态氮含量过低。

(3)食品添加剂的超量和超范围使用。

(4)加工中使用非食品原料。

四、必备的生产资源

(一)生产场所

厂房设计合理,应有与生产产品相适应的原料库、加工车间、成品库、包装车间,生产发酵豆制品的企业应有相应的发酵场所。加工车间必须具备良好的通风,包装车间应密闭有消毒措施,生产场所应与生活区分开。

(二)必备的生产设备

(1)原料处理设备(如浸泡罐等)。

(2)制浆设备(如磨浆机、煮浆罐等)。

(3)蒸煮设备(如蒸煮罐等)。

(4)成型设备(如切块机、压榨机等)。

(5)发酵设施(如发酵笼、屉等)。

(6)干燥设施(如干燥机等)。

(7)包装设施(如包装机等)。

五、产品相关标准

GB 2712—2003《发酵性豆制品卫生标准》;GB 2711—2003《非发酵性豆制品及面筋卫生标准》;SB/T 10170—1993《腐乳》;相关的地方标准、经备案现行有效的企业标准。

六、原辅材料的有关要求

企业生产豆制品所用的原辅材料、包装材料必须符合国家标准、行业标准及有关规定;不得使用变质或未去除有害物质的原料、辅料,油炸豆制品所用油脂应符合相关卫生标准要求,禁止反复使用。发酵豆制品所使用的菌种应防止污染和变异产毒。不得将次硫酸氢钠甲醛(吊白块)等工业原料作为食品添加剂在豆制品加工中使用。所使用的稳定剂和凝固剂必须符合食品添加剂使用卫生标准规定。

如使用的原辅材料为实施生产许可证管理的产品,必须选用获得生产许可证企业生产的合格产品。

七、必备的出厂检验设备

(一)发酵性豆制品

①分析天平(0.1 mg);②酸度计(pH 0.01);③天平(0.1 g);④干燥箱;⑤灭菌锅;⑥微生物培养箱;⑦无菌室或超净工作台;⑧生物显微镜。

注:豆豉、纳豆生产企业出厂检验设备不需要酸度计。

(二)非发酵性豆制品

①干燥箱;②天平(0.1 g);③灭菌锅;④微生物培养箱;⑤无菌室或超净工作台;⑥生物显微镜。

八、检验项目

豆制品的发证检验、监督检验、出厂检验分别按照下表中所列出的相应检验项目进行。出厂检验项目中注有“*”标记的,企业应当每年检验2次(表5-5、表5-6)。

表 5-5 发酵性豆制品质量检验项目表

序号	检验项目	发证	监督	出厂	备注
1	标签	√	√		
2	净含量	√	√	√	
3	感官	√	√	√	
4	水分	√	√	√	腐乳检测项目
5	氨基酸态氮	√	√	√	腐乳检测项目
6	水溶性无盐固形物	√	√	√	腐乳检测项目
7	食盐	√	√	√	腐乳检测项目
8	总砷	√	√	*	
9	铅	√	√	*	
10	黄曲霉毒素 B_1	√	√	*	
11	大肠菌群	√	√	√	
12	致病菌(沙门氏菌、志贺氏菌、金黄色葡萄球菌)	√	√	*	
13	糖精钠	√	√	*	
14	甜蜜素	√	√	*	
15	苯甲酸	√	√	*	
16	山梨酸	√	√	*	
17	脱氢乙酸	√	√	*	

注:依据标准 SB/T 10170、GB 2760、GB 7718、GB 2712。

表 5-6 非发酵性豆制品质量检验项目表

序号	检验项目	发证	监督	出厂	备注
1	标签	√	√		适用于预包装产品
2	净含量	√	√	√	适用于定量包装产品
3	感官	√	√	√	
4	总砷	√	√	*	
5	铅	√	√	*	
6	菌落总数	√	√	√	腐竹等非直接入口的食品不做要求
7	大肠菌群	√	√	√	腐竹等非直接入口的食品不做要求
8	致病菌(沙门氏菌、志贺氏菌、金黄色葡萄球菌)	√	√	*	腐竹等非直接入口的食品不做要求
9	脲酶试验	√	√	*	豆浆检验项目,检验结果应为阴性
10	苯甲酸	√	√	*	直接入口食品检测项目
11	山梨酸	√	√	*	直接入口食品检测项目
12	糖精钠	√	√	*	直接入口食品根据产品实际情况选择
13	甜蜜素	√	√	*	直接入口食品根据产品实际情况选择
14	色素	√	√	*	直接入口食品根据产品实际情况选择
15	次硫酸氢钠甲醛	√	√	*	腐竹检测项目

注:依据标准 GB 2760、GB 7718、GB 2711。

拓展知识

豆豉的缺陷——白点及预防

在豆豉生产的中后期,豆粒表面往往会出现无数的白色小圆点,严重地影响豆豉的感官质量,豆豉白点的形成是因为制曲时,毛霉培菌时间过长,致使毛霉分泌的酞酰酪氨酸积聚过多,在后发酵中,由于盐及其他添加剂的加入,抑制了其他酶系的协同作用,而酞酰酪氨酸在 10% 左右的食盐存在下,仍有较高的活性,将豆中蛋白分解成过多的酪氨酸,酪氨酸的溶解度较小,极易结晶析出,从而产生了豆豉白点。

采取缩短毛霉培养时间和增加无盐发酵时间的方法均可有效预防豆豉白点的出现,但工序必须配合适当,方能保证产品质量。

问题探究

1. 目前还有哪些新型发酵豆制品?其生产原料和加工工艺如何?
2. 如何对发酵豆制品进行质量控制?

项目小结

豆制品主要分为两大类，即发酵型豆制品和非发酵型豆制品，豆腐乳、豆豉、丹贝、纳豆是一类以霉菌为主要菌种的大豆发酵性调味品，其制备由来已久。

在豆腐乳制备中，主要包括制坯和发酵两个阶段。腐乳制坯是为了让原料中的蛋白质最大程度溶解并凝固下来，即成为豆腐。其中，磨浆、煮浆、点浆是操作的关键。腐乳发酵从微生物角度上讲，有毛霉发酵和根霉发酵。从生产方式上讲，有自然发酵和纯种接种发酵之分。发酵后期是腐乳风味形成的主要阶段，而腐乳发酵后期配料的不同赋予了腐乳不同的风味。

豆豉主要有毛霉型、米曲霉型和细菌型豆豉，毛霉型、米曲霉型豆豉可以是自然培养制曲也可以是纯种接种制曲，一般米曲霉型豆豉制曲时会加入部分面粉，而毛霉型豆豉制曲不加面粉，再经过不同的配料和发酵形成各种风味的豆豉。豆豉是整粒大(或豆瓣)经蒸煮发酵而成的调味品，丹贝是大豆经浸泡、脱皮、蒸煮后，接入霉菌，在37℃下于袋中发酵而成的带菌丝的黏稠状饼块食品。纳豆是将大豆煮熟后，接入纳豆菌经系繁殖发酵后而形成的外表带有一层薄如白霜的纳豆菌发酵食品。新型发酵豆制品种类繁多，工艺方面也都很多翻新，包括发酵豆乳、发酵豆乳冷饮等。

习题

1. 豆腐乳、豆豉各有哪些种类？
2. 豆腐坯的制备主要有哪几个阶段？
3. 豆腐坯制备各阶段的主要控制条件有哪些？
4. 简述豆豉加工的工艺流程。
5. 简述丹贝生产的工艺流程。
6. 纳豆的生产原料、生产工艺及操作要点是什么？
7. 简述新型发酵豆制品的生产原料、生产工艺以及质量控制。

项目六　酱品生产技术

知识目标

1.了解制酱所用的原料及酱的种类。

2.掌握酱在生产过程中的制作工艺及操作要点。

3.学会并掌握制曲和发酵技术。

4.了解豆瓣辣酱和甜面酱的酿制过程。

技能目标

1.能够完成面酱、豆酱生产中原料处理、制曲管理、发酵控制等基本操作。

2.熟悉再制酱品的种类及生产工艺，能根据市场需求适当调配酱的再制品。

3.学会各类酱品的制作工艺和操作步骤。

4.掌握豆酱的生产工艺及质量控制。

5.会对各种酱品进行质量评定。

解决问题

如何控制工厂制曲温度和时间？在制曲过程中应注意哪些问题？如何缩短制曲时间？

科苑导读

一、酱品的起源与发展

酱品是我国及东南亚各国特有的调味品，主要包括以粮食为主要原料经发酵酿造而成的各种调味酱，以及以调味酱为主体基质添加各种配料（如蔬菜、肉类、禽类）加工而成的半固态酱类产品，主要包括甜面酱、豆酱、豆瓣酱等，还包括不是以粮食为主要原料和没有经过发酵工艺酿制而成的如辣椒酱、花生酱、芝麻酱等产品。这些产品不但营养丰富，风味独特，而且易被消化吸收，是一种深受欢迎的调味品。

酱品的制作在我国有着悠久的历史。据考证，最初出现的酱是在殷商时期以肉类为原料制成的肉类酱，以兽肉为原料制作的一般称为肉酱或肉醢；用鱼肉制作的，称为鱼酱或鱼醢。西周时期逐步出现了以谷物及豆类为原料制作的麦酱、面酱、榆子酱、豆酱等植物性酱类，并且得到迅速发展。

在古书中，有很多关于酱品制作的记载，如元韩奕《易牙遗意》中的酱品制法："用黄豆一石，晒干并拣净，去土，磨去皮壳，沸汤泡浸，候涨，上甑蒸糜烂，拌白面八十斤，官秤或七十斤，摊芦席上约二寸厚，三五日黄衣上，翻转再摊，罨三四日，手挼碎盐五、六十斤，水和，下缸拌抄，上下令匀。以盐掺缸面，其盐宜淋去灰土草屑。水宜少下，日后添冷盐汤。大抵水少则不酸，黄子摊薄则不发热，且色黄，厚则黑烂且臭。下缸后遇阴雨，小捧撑起缸盖，以出其气。炒盐停冷掺其面。天晴一二日便打转令白，频打令其匀，且出热气，须正伏中造。"根据有关文献记载，酱一直持续到元朝才出现了全部制曲的工艺。

二、酱品的开发与利用

酱品容易制备，便于保存，味道鲜美，造价低廉，很容易普及和推广。但直到新中国建立初期，酱品的生产和经营大多数都是一家一户的小作坊式生产。新中国成立后，为了适应社会的发展，国家把发展调味品生产摆上了重要地位。对酱类制曲的菌种、制曲方法都有了改进，生产工艺也采用了机械化、半机械化代替手工操作，酱品年产量达到了近百余万吨，花色品种也愈发丰富，涌现了如桂林豆酱、云南昭通酱、陕西黄樱黄酱、广东普宁豆酱、江苏巴山酱、山东济南甜面酱、河北保定面酱、山西太原腐酱、四川郫县豆瓣酱、临江寺豆瓣酱、浙江杭州豆瓣酱等等一大批优秀酱品，大大满足了人们的需要。现在除广大农户普遍生产酱为自己食用之外，作为商品生产的酱园厂在我国也星罗棋布。适合于工业生产的技术得到了开发，花色品种也更加多样，产量和质量都有了很大提高，酱类生产发展出现了欣欣向荣的局面。由于酱类生产者众，食用者广，估计我国每年酱的消费量不亚于酱油，远大于食醋。其中的豆瓣酱具有帮助消化，增时食欲，祛风散寒，减少有毒物的产生和吸收，促进抗体代谢，调节肠道有益共生微生物的生态平衡，消食化滞，促进肠动，有助于防治动脉硬化和高血压等作用。

任务一　面酱生产

面酱（也称甜酱），是以面粉为主要原料生产的酱品，因其原料的不同，有小麦面酱、杂面酱、复合面酱等；其生产方式有曲法和酶法两类，前者是传统生产方式，制得的面酱风味较好，但由于需要经过制曲阶段，操作较复杂；后者操作简单，出品率高，以每 100 kg 面粉约可产甜酱 210 kg，比传统曲法制酱约增产 30％以上，但产品风味较差。这里主要介绍以小麦面粉为原料的面酱生产。

一、曲法面酱的制作

(一)工艺流程

曲精
↓
面粉→拌和→蒸熟→冷却→接种→培养→面糕曲
→拌匀
食盐→配制→澄清→加热→热盐水

→酱醪保温发酵→成熟酱醪→磨细过筛→灭菌→成品

(二)原料处理

1.拌和

(1)拌和的目的。拌和是为蒸料做准备。

(2)原料配比。生产面酱的原料面粉一般采用标准面粉,一般以面粉100计,拌和用水控制为面粉用量的28%～30%。

(3)拌和方法。面粉与水的拌和可以是手工拌和,也可以是机械拌和。手工拌和一般在洁净的拌和台或拌和盆里进行。机械拌和可以采用拌和设备如拌和机、辊式压延机等进行拌和。

面酱生产中一般用手工或拌和机拌和成蚕豆般大颗粒或面块碎片(古老的方法是将面粉制成馒头,俗称制馒头曲),也可拌和后以辊式压延机压榨成面板再切分成面块,面块一般约为长30 cm,宽10～15 cm。

(4)拌和注意事项。

①控制面粉和水的比例,避免拌和后的面块或面条过硬或过软,影响蒸料和制曲。

②在拌和中,注意水分均匀,防止局部过湿和有干粉存在。

③拌和后的面块大小要均匀,不可过大或过小,以免蒸煮过度或夹生。

④拌和时间不宜过长,以防止杂菌滋生。

2.蒸料

(1)蒸料的目的。蒸料是为了使原料中的蛋白质完成适度变性,淀粉吸水膨胀而糊化,并产生少量糖类;同时消灭附着在原料上的微生物,便于米曲霉生长繁殖,以及原料被酶分解。蒸熟面块的设备主要有甑锅或面糕连续蒸料机。

(2)甑锅蒸料。甑锅是常压蒸料设备,蒸料方法是边上料边通蒸汽,面粒或面块陆续放入,上料结束片刻,甑锅上层全部冒汽,加盖再蒸5 min即可出料。蒸熟的面粒或面块呈玉色,咀嚼不粘牙齿,稍带甜味。

(3)面糕连续蒸料机。面糕连续蒸料机1 h能蒸面粉约750 kg,既节约劳动力,又能提高蒸料质量。此设备由蒸面糕机、拌和机、熟料输送绞龙、落熟料器和鼓风机等组成(图6-1)。

蒸面糕机顶部为进料斗，底部设有转底盘，盘上装有刨刀，盘下装有刮板。电动机通过减速器带动转底盘旋转。该机的桶状中部（桶身）即为蒸料部分，在它的侧面装有蒸汽管与桶身内部相通，可使蒸汽通入桶内蒸料，机底下设出料淌槽。整合蒸面糕机固定于支架上。

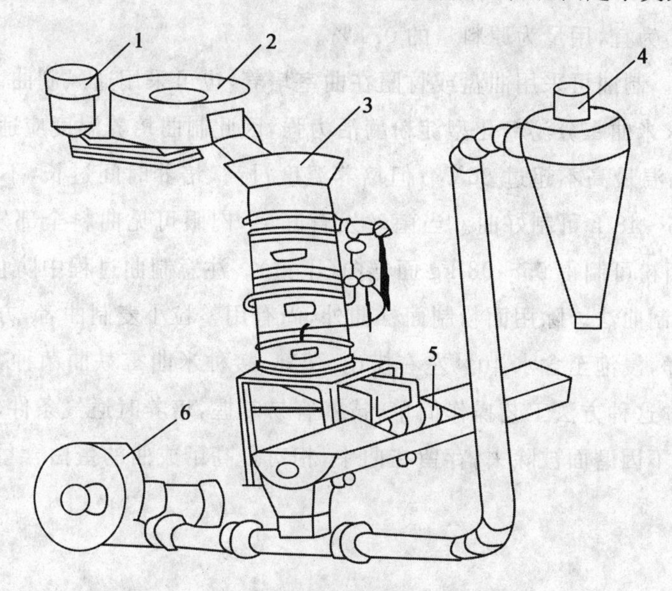

图 6-1 面糕连续蒸料机示意图

1.电动机 2.拌和机 3.蒸面机 4.落熟料器 5.输送绞龙 6.鼓风机

（4）面糕连续蒸料机蒸料操作方法。将面粉倒入拌和机内，加水充分拌和，然后开启蒸汽管道的排液阀，使蒸汽总管中的冷凝水排尽。随后开启进入蒸料机的蒸汽阀，将拌和机拌匀之碎面块经进料斗送入蒸料机，待蒸料机桶身中积有 1/2 高的碎面块时，即可开动转底盘，装于盘上的刨刀随着转动，将底部的面糕刨削下来，上面蒸熟的面糕不断下降，并由刨刀继续刨下。刨下的热面糕被刮板刮入出料淌槽，通过绞龙由鼓风机降温吹出，由落熟料器落下，进入下道工序。

使用面糕连续蒸料机时应注意：

①进料与出料应协调，不使蒸料桶内积存碎面块过多或过少。

②应根据刨出的面糕蒸熟程度，控制进桶身的蒸汽量和蒸料时间。

③蒸料桶中要保持一定数量的预积层，使面糕能充分熟透。

④开始蒸料时，底层碎面块与蒸汽接触时间不够，未能熟透，故刨下来的面糕应重蒸。

⑤蒸熟后要迅速冷却。

（三）制曲

1. 制曲的目的

制曲是按比例在蒸熟的面块中拌入曲精（或种曲），使米曲霉充分生长繁殖，并产生蛋白酶系和淀粉酶系，同时使原料得到一定程度的分解，为发酵创造条件。

2.制曲的方法

(1)接种。将蒸熟的面立即冷却至40℃,接入占原料量0.3%～0.5%的种曲(菌种采用米曲霉As3.951)充分拌和均匀。由于面酱质量要求舌觉细腻而无渣,接种的种曲最好采用分离出的孢子(曲精)为宜,用量为原料量的0.1%。

(2)制曲条件。制曲可采用曲盘或竹匾在曲室培养,也可采用通风制曲。

面酱生产要求米曲霉分泌糖化型淀粉酶活力强,因此制曲培养温度应适当提高,一般控制室温28～30℃,品温最高不超过36℃;但培养温度过高,培养时间过长,不仅出曲率低,面酱还会发苦,一般36～48 h可制好曲。当菌丝发育旺盛,肉眼可见曲料全部发白略有黄色即为成熟,每100 kg面粉可制得95～98 kg面糕曲(干重)。注意制曲过程中防止杂菌污染。

(3)整粒小麦制曲法。除用面粉制面糕曲外,尚有用整粒小麦制曲者,方法如下:

小麦淘洗干净,浸泡至含水40%左右捞出,蒸熟,接种米曲霉麸曲菌种,培养,让米曲霉直接在小麦上生长。这种方法工艺操作简单,技术容易掌握,培养时通气条件较好,互相不粘连,有利翻曲,麦皮也不因磨面被除去,存留在曲中,相对提高了成曲的蛋白含量,只是成曲需要经过磨细才能制酱。

(四)发酵

发酵是制曲的延续和深入,是曲料在发酵容器中加入盐水,淀粉酶和蛋白酶等酶系分解原料中的淀粉为糊精、麦芽糖和葡萄糖,分解原料中的蛋白质为肽类和氨基酸,同时在酱醅发酵过程中还有自然接种的酵母、乳酸菌等共同作用,生成具有鲜味、甜味等复杂的物质,形成具有甜面酱特殊风味的成品。面酱发酵方法一般有传统法和速酿法,但产品色泽和风味以传统法产品为优。

1.传统酿制法

这是过去较多采用的方法,即高盐发酵的方式。操作如下。

将面曲堆积升温至50℃,送入发酵缸,加入16°Bé盐水浸渍,泡涨后适时翻拌,使之日晒夜露。夏天经3个月即可成熟,其他气温低的季节需半年才能成熟。

此法制酱风味较好,但周期长,由于是开放式敞口发酵,制作完毕后仍有大量微生物存在,可继续发酵产酸、产气,影响产品的质量和保质期;同时传统人工翻酱操作劳动力强,现在有些企业也采用了翻酱机进行翻酱,大大降低了劳动强度。

2.速酿法

速酿法即保温发酵法,根据加盐水的方式不同又分为两种不同的方法。

(1)一次加足盐水发酵法。将面曲送入发酵容器,耙平让其自然升温至40℃左右,并随即从面层四周徐徐一次注入制备好的14°Bé的热盐水(60～65℃),盐水全部渗入曲内后,表层稍加压实,加盖保温发酵。

注意:加盖保温发酵时,品温维持在53～55℃,不能过高或过低,过高酱醪易发苦,过低酱醪易酸败,且甜味不足。每天搅拌一次,经4～5 d已吸足水分的面曲基本完成糖化,再经7～

10 d 即发酵成浓稠带甜的面酱。

(2)分次添加盐水发酵法。将面曲堆积升温至 45～50℃，将面曲和所需盐水总量 50%的 14°Bé、温度 65～70℃的热盐水充分拌和，然后送入发酵容器，盐水与曲料拌和后品温应在 54℃左右。拌和入发酵容器完毕，迅速耙平，面层用少量再制盐封盖好，保温 53～55℃发酵。7 d 后加入经煮沸的剩下的 50%的盐水，最后经压缩空气翻匀，即发酵成浓稠带甜的面酱。

制酱过程中注意以下几点：

①小型生产一般用 500～600 L 的陶瓷缸水浴保温发酵或晒露发酵；大型生产一般用保温发酵罐或五面保温发酵池发酵，并利用压缩空气翻酱，既省力又卫生。

②速酿法用的盐水，浓度最好 14°Bé 左右，因为食盐对于淀粉酶、蛋白酶的活力有显著的抑制作用，盐水浓度高会阻碍糖化，在口感上甜味被遮盖，影响产品质量，而浓度低容易引起酸败。盐水用量为原料的 80%～85%，盐水用量少，总含盐量就比较低，便于突出甜度高的特点。为了使面粉曲加入盐水后立即达到发酵的最适温度，要求盐水预热至 60～65℃或 65～70℃。若超过 70℃则酶活力受到一定影响，成品甜味差，酱也要发黏。

③曲中一次注入热盐水发酵时，因盐水数量较多，有部分面粉曲浮于面层，容易变质，因此必须及时充分搅拌，使面层曲均匀吸收盐水。

④发酵温度要求 53～55℃，需要严格掌握。如果发酵温度低，不但面酱糖分降低，质量变劣，而且容易发酸。若发酵温度过高，虽可促使酱醪成熟快，但接触发酵容器壁的酱醪往往因温度过高而变焦，产生苦味。

⑤采用一次加足盐水发酵时，保温发酵期内酱醪应每天搅拌 1～2 次，一方面使酱醪温度均匀，另一方面能促使酱醪快速成熟。

⑥甜面酱成熟后，当温度在 20℃以下时，可移至室外储存容器中保存，若温度在 20℃以上时，贮藏时必须经过加热处理和添加防腐剂以防止酵母发酵而变质。

(五)成品的后处理

面酱成品的后处理是为了改善面酱口感，延长保质期。方法是将物料磨细、过筛、灭菌(消毒)并添加防腐剂。

1. 磨细及过筛

酱醅成熟后，总有些疙瘩，舌觉口感不适，因此要磨细，并过 50 目左右的筛。磨细可采用石磨或螺旋出酱机，后者同时具有出酱和磨细两种功能，对提高功效和降低劳动强度有利。磨细的酱通过筛子经消毒处理即可贮藏。

2. 灭菌防腐

甜面酱大多直接作为调味品，一般不再煮沸就直接食用，因此制酱时必须加热处理。同时因甜面酱容易继续发酵并生白花，不宜贮存，为保证卫生及延长保质期，也应进行防腐处理。

面酱的灭菌防腐通常是直接通入蒸汽，将面酱加热到 65～70℃，维持 15～20 min，同时添加 0.1%的苯甲酸钠，搅拌均匀。

用蒸汽通入酱醪加热处理，容易引起凝结水对酱醪的稀释作用，为了不造成产品过稀，发酵时盐水用量应酌量减少。

用直火加热处理，因酱醪浓稠，上下对流不畅，受热不均匀，接近锅底的酱醪很容易焦煳，应注意不断翻拌。

3.包装

面酱成品根据销售情况，可采用不同的包装，但最好密封包装，防止因污染而变质。并尽量做到先产先销、后产后销，以保证产品质量。

二、酶法面酱的制作

酶法面酱是在传统曲法制酱工艺的基础上改进而来，面酱糕不用于制曲，只制少量粗酶液。此法可缩短面酱生产周期，节省劳动力，同时因采用酶液水解可减少杂菌污染，改善酱品卫生条件，提高酱品成品率。但此法制得的面酱风味比曲法面酱稍差。

(一)工艺流程

面粉→加水拌和→蒸立→冷却→冷却面糕
↓
制酱醅→保温发酵→磨酱→灭菌→成品
↑
As3.951 米曲霉麸曲
As3.324 甘薯曲霉麸曲→浸泡→压滤→粗酶液

(二)粗酶液的提取

1.菌种的选择

菌种通常选用两种曲霉，这是因为甘薯曲霉耐热性强，其在60℃糖化时效果最好，在50～58℃时有较持久的酶活力；其在酶解过程中还能产生有机酸，使面酱风味调和而增加适口性。米曲霉糖化酶活力高，制成的酱色泽风味较好，但其糖化酶活力持久性差。所以二者混合使用，既增加了糖化酶活力的持久性，又增进了产品的色泽和风味。

2.粗酶液的提取

(1)制备麸曲。以麸皮为原料，分别接种甘薯曲霉和米曲霉，制备麸曲。

(2)粗酶液浸提。按面粉重量的13%(其中米曲霉占10%，甘薯曲霉占3%)将这两种麸曲混合、粉碎，放入浸出容器内，加入曲重3～4倍的45℃温水浸泡，提取酶液，时间为90 min，其间充分搅拌，促进酶的溶出；过滤后残渣应再加入水浸提一次。

(3)混合。二次酶液混合后备用。浸出酶液在热天易变质，可适当加入食盐。

(三)原料及其处理

1.原料配比

面粉100 kg(蒸熟后面糕重138 kg)，食盐14 kg，米曲霉10 kg，甘薯曲霉3 kg，水66 kg

(包括酶液)。

2.蒸料

面粉与水(按面粉重28%)拌和成细粒状,待蒸锅内水煮沸后上料,圆汽后继续蒸1 h。蒸熟后面糕水分为36%~38%。

3.保温发酵

(1)配料入缸。面糕冷却至60℃下缸,按原料配比加入萃取的粗酶液、食盐,搅拌均匀后保温发酵。

(2)保温发酵。入缸后品温要求在45℃左右,以便各种酶能迅速起作用。24 h后缸四周已开始有液化现象,有液体渗出,面糕开始膨胀软化,这时即可进行翻酱。维持酱温45~50℃,第7天后升温至55~60℃,第8天视面酱色泽的深浅调节温度至65℃。

注意:在保温发酵过程中,应每天翻醅1次,以利于酱醅与盐水充分混合接触。

(3)出酱。待酱成熟后将酱温升高至70~75℃,立即出酱,以免糖分焦化变黑,影响产品质量。升温至70℃可起到杀菌灭酶的作用,对防止成品变质有一定的作用。必要时成品中可添加0.1%以下的苯甲酸钠防腐。

三、面酱成品质量(甜面酱行业标准 SB/T 10296—2009)

1.感官特性(表6-1)

表6-1 面酱感官特性

项目	要求
色泽	黄褐色或红褐色,鲜艳,有光泽
香气	有酱香和脂香,无不良气味
滋味	咸甜适口,味鲜醇厚,无酸、苦、焦煳及其他异味
体态	稀稠适度,无杂质

2.理化指标(见表6-2)

表6-2 面酱理化指标 %

项目	指标
还原糖(以葡萄糖计)	≥20.00
水分	≤50.00

3. 卫生指标(表 6-3)

表 6-3 面酱卫生指标

项目	指标
总砷(以 As 计)/(mg/kg)	≤0.5
铅(Pb)/(mg/kg)	≤1.0
黄曲霉毒素 B_1/(μg/kg)	≤5
大肠菌群/(MPN/100 g)	≤30
致病菌(沙门氏菌、志贺氏菌、金黄色葡萄球菌)	不得检出

任务二 大豆酱生产

大豆酱也称大酱或黄酱,以大豆(黄豆、黑豆、青豆等)或豆片、面粉、食盐、水为原料,利用米曲霉为主的微生物的作用而制得。原料处理、制曲、发酵原理基本上与酱油酿造相同。豆酱营养价值很高,约与牛肉相等。另大豆酱有较强的持油、持水能力及增容和诱导微生物的作用,能降低消化道中的胆固醇、卟啉和重金属等有害物质,减少致癌物的产生,并有开胃增食、消食化滞、发汗解表、除烦平喘、祛风散寒,促进肠动、减少有毒物质吸收之功效。

一、曲法大豆酱的制作

(一)工艺流程

种曲、面粉
↓
大豆→浸泡→蒸熟→冷却→混合接种→培养大豆曲→入发酵容器→自然升温→第一次加盐水→酱醅保温发酵→加第二次盐水→翻酱→成品

(二)原料与原料处理

1. 原料配比

(以大豆用量为 100%计)大豆 100%,面粉 40%~60%,种曲 0.1%~0.3%,14°Bé 盐水 90%,24°Bé 盐水 40%,食盐 10%。

2. 原料处理

(1)洗豆、浸豆。选用种皮薄、颗粒均匀、无皱皮的大豆,浸豆池(罐)中先注入 2/3 容量的清水,投入大豆后稍加搅拌,将浮于水面的瘪粒、烂粒、坏豆、杂物清除。然后加清水浸泡,使其吸收水分,有利于大豆蛋白质的变性、淀粉的糊化,并易于微生物的分解和利用。洗豆浸豆中注意：

①投豆完毕，仍需从池(罐)的底部注水，使污物由上端开口随水溢出，直至水清。

②浸豆过程中应换水1～2次，以免大豆变质。

③浸泡时间与水温高低有关，一般夏季泡4～5 h，春秋季泡8～10 h，冬季泡15～16 h。

④浸豆务求充分吸水，采用常压蒸煮，泡豆要求豆粒皮面无皱纹、豆内无硬心、指捏易压成两瓣为宜。采用加压蒸煮，泡豆时间可适当缩短。

⑤出罐的大豆晾至无水滴出时，投进蒸料罐蒸煮。浸后大豆重量一般增至原豆质量的2倍左右。

(2)蒸豆。蒸豆可用常压蒸豆，也可用加压蒸豆。

①常压蒸豆　一般用蒸甑或蒸锅，泡豆置于容器内，通入蒸汽或大火加热至圆汽。圆汽后继续蒸2.5～3 h，焖2 h出料。

②加压蒸豆　一般用旋转蒸煮锅，开蒸汽加热，尽量快速升温，蒸煮压力可用0.16 MPa蒸汽，保压8～10 min后立即排气脱压，尽快冷却至40℃左右。

③蒸豆要求　蒸豆应使豆全部蒸熟、酥软，有熟豆香，保持整粒不烂，用手捻时，可使豆皮脱落、豆瓣分开的程度。若蒸煮不熟，豆粒发硬，蛋白质变性及淀粉糊化不充分，不利于曲霉的生长繁殖；若蒸煮过度，会产生不溶性的蛋白质，也不利于曲霉生长，且制曲困难，杂菌易从生。

有的地方考虑到大豆的浸泡设备与场地受到限制，而改用豆片。豆片是将大豆用蒸汽加热到60～70℃后，使其软化，然后加压呈片状。由于豆片的组织较松软，极易吸水，可省去清洗、浸泡等工序，直接拌水混合后蒸熟。但豆片不宜久贮，应以新鲜使用为佳。

(三)制曲

1.种曲选择

一般用沪酿3.042米曲霉或甘薯曲霉As3.324制得的麸曲或曲精为种曲，麸曲作种曲用量一般为原料量的0.3%～0.5%，曲精作种曲用量为0.1%。

2.接种

蒸熟的大豆冷却至40℃左右，接入种曲与面粉的混合物，拌和均匀。接种前种曲先与面粉拌和均匀，这样豆粒表面包裹着一层面粉，水分被面粉吸收互不粘连，曲料松散，通气良好，有利于培菌。

3.制曲培养

接种好的球状面粉大豆粒放在竹匾中，摊成厚度4～5 cm的薄层，移入曲室培养。也可将面粉大豆粒放入通风池培养，池中料层厚度可在30 cm左右。控制培养温度32～35℃，最高不超过40℃。

制曲操作与制酱油曲相同，但由于大豆酱制曲豆粒较大，粒与粒之间间隙也大，水分易散失。除应加强水分和温度管理外，制曲时间应适当延长，一般在42 h左右，待大豆粒表面可见淡黄绿色孢子出现即可出曲。

(四)发酵

豆酱发酵和酱油发酵相同,有天然露晒发酵法和保温速酿发酵法。在保温速酿发酵法中,按加盐量的多少,又可分为无盐固态发酵法和低盐固态发酵法。可根据技术能力和设备条件自行选择(一般与酱油酿造相似)。但大多数工厂目前普遍采用低盐固态发酵法。操作方法如下:

1.入发酵容器、自然升温

先将大豆曲倒入发酵容器,表面扒平,稍加压实,其目的是使盐分能缓慢渗透,使表层也能充分吸足盐水,并且利于保温升温。在微生物及酶的作用下,发酵产热,很快自然升温至40℃左右。

2.第一次加盐水

将所需的14°Bé盐水加热到60～65℃从面层缓缓淋下,使曲料与盐水均匀接触。60～65℃的热盐水具有一定的杀菌作用,又不致使酶活力降低,同时盐水与酱醅进行热交换后刚好能达到45℃的发酵适温,以省去前期发酵的升温工作。

大豆曲加盐水后酱醅含盐量在9%～10%之间,避免了过高盐分对酶的强烈抑制作用,更有利于发酵,同时又可抑制非耐盐性微生物的生长。当盐水基本渗完后,表面盖封细面盐一层,最后面层铺盖塑料薄膜,并加盖保温发酵。

3.酱醅保温发酵

大豆曲中的微生物及酶在适宜的条件下作用于原料中的蛋白质和淀粉,使其降解并生成新物质,从而形成大豆酱特有的色、香、味、体。发酵期间,维持品温45℃左右,不得低于40℃,否则会造成酸败,但也不宜过高,否则会影响大豆酱的鲜味和口感。每天检查1～2次,10 d后酱醅成熟。

4.第二次加盐水

酱醅成熟后,再补加24°Bé盐水及约10%的食盐(包括封面盐),用翻酱机充分搅拌,使所加食盐全部溶化,置室温下继续进行后发酵4～5 d即得成品。

若要求色泽较深呈棕褐色,可在发酵后期提高品温至50℃以上,同时注意搅拌次数,使品温均匀。有的为了增加大豆酱风味,也可把成熟酱醅品温降至30～35℃,人工添加酵母培养液,再发酵1个月。发酵成熟的豆酱习惯不经灭菌而直接出售。

5.发酵容器

发酵容器目前多用保温发酵罐和水浴发酵罐,发酵罐用4 mm厚的钢板卷制成圆柱形,并设有夹层,外部加保温层,内部用环氧树脂防腐;罐底部开出酱口,罐底为半球形或半椭圆形,上部用木盖盖紧;夹层的相应位置设进水管、进气管、排水口、溢流管等装置。

二、酶法大豆酱的制作

(一)工艺流程

大豆→压扁→润水→蒸熟→冷却→熟豆片→拌和(加熟面粉、盐水、酒醪、酶制剂)→混合制酱醅→保温发酵→成品

(二)原料处理

1. 原料配比

大豆 100 kg,面粉 38.8 kg,水(配盐水用)106 kg,酶制剂、酒醪各适量。

2. 蒸料

大豆压扁,加入重量为大豆 45%的热水,经拌水机一边搅匀,一边随即落入加压蒸锅中,控制蒸汽压力 0.15 MPa 蒸 30 min。另将 97%的面粉加入占面粉重量 30%的水中,搅匀后采用连续蒸料机蒸熟。

3. 酒醪制备

(1)取 3%(总量)的面粉,加水调至 20°Bé,加入 0.2%氯化钙,并调节 pH 为 6.2;加 α-淀粉酶 0.3%,升温至 85～95℃液化,液化完毕再升温至 100℃灭菌。

(2)醪液冷却至 65℃,加入甘薯曲霉 As3.324 麸曲 7%,糖化 3 h;糖化结束后降温至 30℃,接入酒精酵母 5%,常温发酵 3 d 即成酒醪。

4. 酶制剂制备

(1)配料、蒸料。将豆饼、玉米粉、麸粉按 3∶4∶3 的比例混合均匀,加入 75%的水、2%的碳酸钠(溶解后加入),拌和均匀,蒸料。

(2)接种制曲。熟料出锅后经粉碎、冷却至 40℃,接入 0.3%～0.4%米曲霉 As3.951 种曲,混合均匀后制曲;制曲基本跟酱油曲相同。

(3)制粗酶制剂。当曲料呈淡黄色时即可出曲,然后将成曲干燥,再经粉碎制成粗酶制剂。

(三)制酱

1. 拌料入池

将冷却至 50℃以下的熟豆片、熟面粉、盐水、酒醪及酶制剂,充分拌和,入水浴发酵池发酵。

2. 保温发酵

发酵前期 5 d,保持品温 45℃;发酵中期 5 d,保持品温 50℃;发酵后期 5 d,保持品温 55℃。发酵期间每天翻酱 1 次,15 d 后大豆酱成熟。成熟后的大豆酱也可再降温后熟 1 个月,使产品酱香更加良好。

三、大豆酱质量标准(GB/T 24399—2009)

1. 感官特性(表 6-4)

表 6-4 大豆酱感官特性

项目	要求
色泽	红褐色或棕褐色,有光泽
香气	有酱香和脂香,无不良气味
滋味	味鲜醇厚,咸甜适口,无苦、涩、焦煳及其他异味
体态	稀稠适度,允许有豆瓣颗粒,无异物

2. 理化指标(表 6-5)

表 6-5 大豆酱理化指标

项目	指标
氨基酸态氮(以氮计)/(g/100 g)	≥0.50
水分/(g/100 g)	≤65.0

注:铵盐的含量不得超过氨基酸态氮含量的 30%。

3. 卫生指标(表 6-6)

表 6-6 大豆酱卫生指标

项目	指标
总砷(以 As 计)/(mg/kg)	≤0.5
铅(Pb)/(mg/kg)	≤1.0
曲霉毒素 B_1/(μg /kg)	≤5
大肠菌群/(MPN/100 g)	≤30
致病菌(沙门氏菌、志贺氏菌、金黄色葡萄球菌)	不得检出

任务三 豆瓣酱生产

豆瓣酱通常以蚕豆为原料,因为通常要求保持蚕豆的完整瓣形而称之为豆瓣酱,其生产与大豆酱基本相同,但蚕豆有厚的皮壳,制酱时需先把皮壳除去。

一、工艺流程

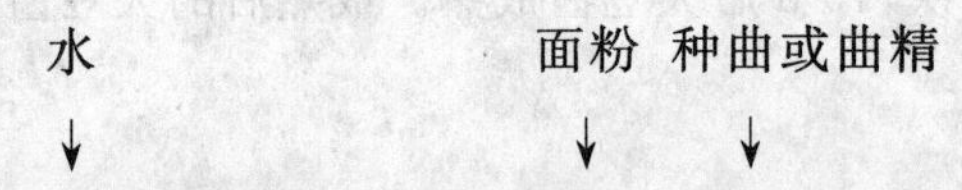

蚕豆→去皮→豆瓣→浸泡→蒸熟→冷却→混合→接种→制曲→入池发酵→自然升温→加第一次盐水→保温发酵→加第二次盐水→翻酱→蚕豆酱

二、原料处理

(一)蚕豆选择

蚕豆是豆科植物之一,也称佛豆与胡豆,在全国各地普遍种植,产量丰富。青嫩的种实口味很美,一般作为蔬菜,富于营养。老熟后,不但充作食料,而且又是酿制蚕豆酱最好原料。制酱用的蚕豆,应选用颗粒饱满、均匀,充分成熟且无虫蚀及霉变者为优良。酿造蚕豆酱必须用去皮壳后的蚕豆瓣，也称蚕豆肉或蚕豆米。

(二)蚕豆去皮

1. 湿法去皮

蚕豆湿法去皮的步骤包括蚕豆的浸泡、蚕豆的脱壳和皮屑豆肉的分选。

(1)蚕豆的浸泡。首先将蚕豆中的杂质瘪粒去除，淘洗干净，再用清水浸泡至内无白心外无皱纹，且有发芽状态即达到适度的浸泡。

浸泡时间随季节、水温不同而不同，夏季水温高浸泡 20 h 左右，冬季水温低浸泡 72 h 左右，春秋季浸泡 30 h 左右；夏季天热易变酸，特别要注意浸泡时间不宜过长。

如果浸泡结束时将泡涨的蚕豆用加热至 80～82℃含氢氧化钠 2%的稀碱水处理 4～5 min，当表皮颜色变成棕红色时取出，用清水洗净至无碱性，这样就更容易蜕下皮壳。但注意时间不能太长，以免碱液浸透到豆子内部，影响产品质量。

(2)蚕豆的脱壳与分选。家庭生产蚕豆酱多用手工剥皮去壳，效率低。工厂生产蚕豆酱采用橡皮双辊筒轧豆机轧下皮壳，然后用漂浮法分离出豆肉与皮屑，不能漂浮出的皮屑、铁豆及杂物，用人工精选出去，得到洁白的豆瓣肉。

2. 干法去皮

干法去皮是用石磨或钢磨磨碎豆粒成 4～6 片，用风扇扬去皮壳，再用筛分选出较大的豆瓣肉，选出整齐而较大的制豆瓣酱用，细粒皮粉末用以酿造酱油或作饲料；或是用锤式粉碎机和干法比重击石机为主体的联合去皮装置，将蚕豆的皮蜕下。

3. 干法去皮与湿法去皮的比较

湿法去皮能保持豆瓣的完整形态，但是蜕皮的豆瓣肉不能久贮，必须立即制曲；浸泡及脱皮的时间需要掌握好，过长会使豆瓣变得僵硬，制曲发酵以后也不易软解，过短则难以脱皮。这种蜕皮方法在消费习惯要求产品有成形豆瓣的地区采用。

干法去皮简便，生产效率高，去皮后的豆瓣便于保存，卫生条件好，若对产品中的豆瓣形状要求不严格的地区生产豆酱，宜采用干法去皮。

三、制曲

1. 传统制曲

民间酿制豆瓣酱制豆瓣曲和豆瓣传统老法制豆瓣曲，采用“生料制黄，晾晒扬衣”的工艺。常在夏、秋时节，采用自然接种开放培养制曲，具体方法如下。

将湿法去皮的豆瓣肉稍加晾干至表面收汗，放入匾内摊平厚 3～4 cm，面覆盖以黄荆、橡树等新鲜枝叶，使之既能透气又能防止水分过度蒸发。置于室内，室温 25～35℃，培养 2 d 左右翻曲 1 次，以调节上下层湿度，更换新鲜空气和分散入侵的菌种。

翻曲后依旧摊平静置培养，霉菌、细菌、酵母在其中迅速繁殖，米曲霉和黄曲霉是占优势的菌种。随着时间的推移，水分逐渐蒸发，原生豆瓣上曲霉孢子大量形成，豆瓣表面覆盖一层黄绿色的孢子(俗称制黄子),曲成熟,一般需要 7～8 d。

成熟的豆瓣曲再经数天的日晒夜露、使之受到干湿冷热交替的物理作用,有利于制酱发酵时吸水迅速、均匀和豆瓣酥软。晒干的豆瓣曲若当时不用,可以较长时间存放。此法受季节限制,不能常年生产,成曲质量也不稳定。

2. 工厂制曲

工厂制豆瓣曲大多采用人工接种、簸箕或厚层通风制曲。有采用生瓣制曲者,也有采用熟瓣制曲者。熟料厚层通风制曲比较常用,其方法如下。

(1)去皮豆瓣的处理。干法去皮的豆瓣先用 10～15℃水浸泡达到无白心和硬心层,含水量达到 47%～50%,体积增加至 2～2.5 倍,时间 2～4 h。浸泡水温控制较低,可避免可溶性养分溶出多;也有的采用 25～35℃较高的水温浸泡,则溶出的成分较多,浸泡用水可作回收利用。湿法去皮的豆瓣则不再浸泡。

(2)蒸豆瓣。豆瓣用旋转式蒸煮锅蒸煮,蒸煮压力为 120～150 kPa,蒸煮时间为 10 min,适合对豆瓣原形态保持要求不高的豆瓣酱生产;豆瓣用蒸煮锅常压蒸煮,出汽后维持 5～10 min,关汽后再焖 10～15 min,适合对豆瓣原形态保持较高的豆瓣酱生产。

蒸煮要求:豆肉中心刚开花,用手指轻捏易成粉,不带水珠,尝无生腥味。

(3)接种。将蒸熟的豆瓣迅速冷却到 40℃左右,接种入 0.1%～0.2%的沪酿 3.042 米曲霉和 As3.324 甘薯曲霉的混合麸曲菌种。菌种先与占豆瓣肉干重 5%的面粉拌和,再和豆瓣拌和接种,使面粉与种曲均匀而全面地黏附在豆瓣表面,接种后转入通风池中,厚约 30 cm,中间稍薄。

(4)制曲培养。正常天气,豆瓣入池 10 多个小时,随着微生物生长繁殖的呼吸热积累,品温逐渐上升,采用间隙通风或连续循环通风,保持豆瓣品温 30～34℃。当菌丝密集,形成结块时,翻曲 1 次,并捣散曲块,如曲产生裂缝时引起漏风,必须铲曲填缝。曲霉孢子进入老熟期,品温逐渐下降,经 72～96 h,曲块成黄绿色即可出曲。

生料通风制曲与熟料制曲基本相同,只是制曲时间比熟料通风制曲时间长。

四、发酵

蚕豆酱发酵的方法可以分为传统发酵和固态低盐发酵两种。

(一)传统发酵工艺

豆瓣酱传统发酵工艺有淘洗豆瓣曲发酵和不淘洗豆瓣曲直接发酵两种。

1. 淘洗豆瓣曲发酵

用清水淘洗成熟的豆瓣曲,洗去大部分曲霉孢子,同时除去豆瓣曲中的杂物,拌和辅料后装入大缸或池中,加入 18°Bé 盐水,使之刚淹没豆瓣曲,表面再撒入少量食盐,任其发酵,约 1 年成熟。

2.不淘洗豆瓣曲直接发酵

将成熟豆瓣曲直接装入缸或池中，按每 100 kg 干蚕豆瓣曲加酒糟 3 kg、白酒 1 kg，然后再用 20°Bé 的盐水浸泡，待豆瓣曲充分吸收盐水后，使盐水接近豆瓣表面，再撒一层盖面盐，并加盖，让其自然发酵半年以上，即为成熟的豆瓣酱。在这个过程中，应注意雨天及时加盖避免淋入雨水，并注意适时翻动，将酱面层水分晒干、色泽较深的酱醅压向缸或池底，下层酱醅翻至面层，晴天勤翻，阴天少翻，使整个酱醅晒露均匀。

(二)低盐固态发酵

将豆瓣曲放入发酵缸或保温发酵池中，耙平并稍压实，自然升温至 40℃左右，从面层四周加入温度 60～65℃、浓度 14°Bé 的盐水，使之缓慢渗入曲内，盐水用量以浸没容器内豆瓣曲近表层为宜，此时曲醅品温应为 45℃左右，加封一层封口盐并加盖，发酵 10 d 后补加食盐水，使豆瓣酱含盐量达到 15%左右，再在室内保温后发酵 3～5 d。如果当时不用，可任其自然发酵，更有利于酯类物质形成。通过后熟，酱的香气更浓，风味更佳，颜色也更好。

发酵成熟的豆瓣酱可作为商品出售，也可作为半成品用来配制风味型豆瓣酱。如产品中添加食用植物油炒制或直接淋热油制成油制型豆瓣酱；或豆瓣酱中加入辣椒制成辣椒豆瓣酱等等。蚕豆酱的质量指标，除感官鉴定应具有蚕豆酱特有的香气及体态上应保持豆瓣粒形之外，其他理化指标、卫生指标与大豆酱相同。

必备知识

一、酱品分类

酱品分为发酵酱和非发酵酱两大类。

(一)非发酵酱

非发酵酱主要是以非粮食原料为主料、没有经过发酵工艺酿制的酱，有各种果酱、蔬菜酱、芝麻酱、花生酱、肉酱等等。

1.果酱

果酱是以水果为原料，经过去核、去皮等处理，煮软打酱，调整果酸果胶，加糖浓缩而制得的酱品。其酸甜适中，营养丰富，是西餐、野餐、旅游、野外作业、军需的方便食品，也是糕点、冷饮行业的原料之一，因而在市场上深受欢迎。

2.蔬菜酱

蔬菜酱一般是以果菜类和根菜类为原料制作的酱品，如番茄酱、胡萝卜酱、蒜酱等，其加工方法以及用途与果酱基本相同。

3.芝麻酱、花生酱

芝麻酱、花生酱是以花生、芝麻为主料制备的酱品，一般含有较高的油脂，丰富的蛋白质和一些碳水化合物，因其独特的营养价值而受到人们的喜爱。牛肉花生酱、芝麻花生酱、芝麻辣酱、果仁花生酱等等花色产品各具特色。

4.肉酱、水产酱

肉酱是以各种畜禽肉为主要原料、水产酱是以水产鱼、虾等为主要原料制备的酱品，主要有虾酱、鱼子酱、牛肉酱、羊肉酱等。虾酱是以小鲜虾为原料，经过加工处理腌渍发酵而成，沿海地区生产较多；鱼酱是以小青鱼等小型鱼类为原料用盐腌制而成。

肉酱、水产酱生产工艺中没有制曲过程，生产基本上是属于腌渍工艺，因此，许多有益菌不可能正常繁殖并产生相应的酶类，如蛋白酶、糖化酶和脂肪酶等，其结果是微生物对原料的分解不利，使后发酵难以进行，"酱香味"成分难以增加，故肉酱、水产酱属于非发酵酱。

(二)发酵酱

发酵酱是以粮食为主要原料经发酵酿制而成的调味酱，以及以调味酱为主体基质添加各种配料(如蔬菜、肉类、禽类)加工而成的酱类产品，主要包括甜面酱、豆酱、豆瓣酱等。发酵酱的分类主要有以下几类。

1.按制酱原料和制酱方法的不同

酱品可分为面酱、豆酱、肉酱和酱的再制品等。

(1)面酱。面酱，也称甜酱，是以面粉为主要原料生产的酱类，由于其味咸中带甜而得名。它利用米曲霉分泌的淀粉酶，将面粉经蒸熟而糊化的大量淀粉分解为糊精、麦芽糖及葡萄糖。曲霉菌丝繁殖越旺盛，则糖化程度越强。此项糖化作用在制曲时已经开始进行，在酱醅发酵期间，则更进一步加强糖化。同时面粉中的少量蛋白质，也经曲霉菌所分泌的蛋白酶的作用分解成为氨基酸，在酱醅发酵过程中还有自然接种的酵母、乳酸菌等共同作用，生成具有鲜味、甜味等复杂的物质，从而形成面酱的特殊风味。

(2)豆酱。豆酱是以豆类为主要原料所做的酱，有的地方也叫黄酱，老北京人又称黄酱为"老坯酱"，东北人称其为"大酱"，上海人称其"京酱"，武汉人称其"油坯"等。以大豆为原料者称为大豆酱，以黄豆为原料者称为黄豆酱(黄酱)，黄豆酱又分干态和稀态黄豆酱，俗称黄干酱和黄稀酱，前者在发酵过程中控制较少水量，使成品外观呈干涸状态，后者在发酵过程中控制较多水量，使成品呈稀稠状态；以蚕豆为原料者称为蚕豆酱，而蚕豆酱中蚕豆往往以成形的豆瓣存在，故又称豆瓣酱；在制豆瓣酱时加入辣椒，故又出现了豆瓣辣酱的特殊种类；以豌豆或其他豆类及其副产品为主要原料者称为杂豆酱。

此外还有甜米酱，是介于黄酱和甜酱之间的产品，所用原料黄豆占50%，面粉和大米各占20%，进行糊化分解，而只用10%的生面粉与黄豆拌和进行通风制曲，温酿发酵；该产品味道香甜、酯香浓郁。以玉米原料代替部分大豆原料的盘酱，其具有大豆酱和面酱两种产品的风味。也可按下列配方调成各种豆瓣酱(简称豆瓣)

①元红豆瓣　以原汁豆瓣100 kg计，加辣椒酱100 kg。

②香油豆瓣　以原汁豆瓣100 kg计，加香油4 kg，辣椒酱16 kg，芝麻酱6 kg，麻油

0.6 kg,甜酱 2 kg,白糖 1 kg,香料粉 0.2 kg。

③红油豆瓣 以原汁豆瓣 100 kg 计,加红油 10 kg,辣椒酱 30 kg,芝麻酱 12 kg,白糖 2.4 kg,香料粉 0.3 kg,甜酒酿 5 kg。

④金钩豆瓣 以原汁豆瓣 100 kg 计,加金钩 5 kg,辣椒酱 30 kg,芝麻酱 12 kg,麻油 4 kg,香油 8 kg,白糖 2.4 kg,香料粉 0.3 kg,甜酒酿适量。

⑤火腿豆瓣 与金钩豆瓣相比,将金钩换为肉干 10 kg。

(3)肉酱。肉酱多以鱼蚧类动物为原料制得,所以又称鱼介类原料酿造酱,其中又有虾酱、鱼酱的区别。

(4)酱的再制品。酱的再制品也称花色酱,是指在豆酱或面酱的基础上添加不同的辅料后,形成的众多花色品种,例如牛肉豆酱、芝麻酱、海味酱等产品,是在豆酱或面酱的基础上添加蒸熟的牛肉、炒芝麻粉、金钩或鱿鱼等而成。各种花色酱的开发也是目前酱品的一大热点。

2.按采用的曲划分

可分为曲法制酱和酶法制酱。

(1)曲法制酱。曲法制酱即传统制酱法,它的特点是把原料全部先制曲,然后再经发酵,直至成熟而制得各种酱;制酱的方法与酱油生产工艺相似,机理也基本一致,仅因酱的种类不同而在原料品种、配比及其处理上略有不同。曲法制酱在生产过程中,由于微生物生长发育的需要,要消耗大量的营养成分,从而降低了粮食原料的利用率。

(2)酶法制酱。酶法制酱是先用少量原料为培养基,纯粹培养特定的微生物,利用这些微生物所分泌的酶来制酱,同样可以达到分解蛋白质和淀粉,从而制成各种酱品的目的。酶法制酱可以简化工艺,提高机械化程度,节约粮食、能源和劳动力,改善食品卫生条件。目前也有很多企业不自行制酶,而是采用购买酶制剂来酿制酱品。

3.按酱品发酵的方式分

酱品生产分为自然发酵法和速酿保温发酵法。

(1)自然发酵法。发酵多采用天然晒露的方式,周期较长(多为半年以上),占地面积较大,但风味良好,是我国传统的制酱方式,目前很多名优酱品仍然沿用此生产方式。

(2)速酿保温发酵法。采用人工保温措施控制在一定温度进行发酵,周期短(一般 1 个多月),占地面积小,不受季节限制,可长年生产,但由于发酵时间短,故味道不如自然发酵法。由于食盐对微生物酶的抑制作用,也有在酱品发酵中采用低盐、无盐发酵的方式,但目前不普遍。

二、辣椒酱的制作工艺

辣椒原产中南美洲,又名番椒、海椒、辣子、辣茄等,约在明代末年(17 世纪 40 年代)传入我国,现已成为我国栽培面积最大的蔬菜作物之一。辣椒的维生素 C 含量在蔬菜中占首位,是番茄的 7~15 倍。辣椒可以鲜食或干贮,做到四季不断,随时可吃。吃辣椒对四川、湖南等省的人来说,是一种享受和嗜好,是这些地区不可缺少的蔬菜和调味品,用作佐餐,增进食欲,帮助消化，还可促进血液循环，驱寒解表，活络生肌。其中辣椒酱是一种常见的辣椒制品，它就是以辣椒为主，经过发酵制成酱，再添加其他调味香料制成不同品种的制品。现介绍几种辣椒酱的制法：

(一)传统辣椒酱的制作

1.细辣椒酱的制作

(1)工艺流程。

鲜辣椒→选料→去柄、清洗→破碎加盐→盐渍→磨浆→调配→成品

(2)操作要点。

①辣椒的选择　辣椒要选成熟度好，无病害、虫咬、色泽鲜红的鲜椒。

②辣椒预处理　经过挑选，除去杂质，剪去果柄、果蒂，用水洗净，晾干水分备用。

③切碎加盐　将备好的鲜辣椒用人工或机械方法剖碎成 1 cm^3 左右的碎片。按每 100 kg 鲜辣椒用盐 20～22 kg 的比例入缸盐渍，分层铺椒片撒盐，一般用盐下少上多。

④盐渍　盐渍 6 d。前 3 d 每天转缸一次，转缸时原缸的盐卤及未溶的食盐要同时转入，后 3 天每天用钉耙打耙一次，6 d 后即制成咸坯。

⑤磨浆　用石磨或搅肉机将咸坯磨成酱或糊。酱或糊的大小粗细根据不同地区食用习惯而定，磨酱或糊时按每次 100 kg 加入 16°Bé 盐水 20 kg 比例，一边送咸坯，一边加盐水，然后给酱中加入 0.1%的苯甲酸钠，拌和均匀即为成品辣酱。

成品特点：辣椒酱色泽鲜艳，具有辣椒香气，味咸辣，稠稀均匀，无卤水析出，不懈。

2.粗辣椒酱的制作

(1)工艺流程。

食盐、香料
↓
鲜红辣椒→去杂、剪蒂、清洗→晾晒→切碎→入坛→成品

(2)操作要点。

①辣椒选择、处理　原料要选用辣味浓、干物质含量较高的鲜红辣椒，去杂、清洗，晾干明水。

②配料入坛发酵

原料配比：100 kg 鲜辣椒，食盐 12～13 kg，白酒 0.5 kg，少量花椒，五香粉 0.1 kg。利用人工方法或机械方法将鲜辣椒切碎为 1 cm^3 左右的碎片，按上述比例将辣椒碎片、食盐、白酒、香料等充分调拌好，装入泡菜坛内，任其发酵，经过 1～2 个月后，即可成熟。

(二)蒜蓉辣酱的制作

蒜蓉辣酱是我国南方的特产，具有蒜味及辣椒香味，是上等调味佳品，畅销国内外，其生产方法主要有两种。

1. 制作方法一

(1)工艺流程。

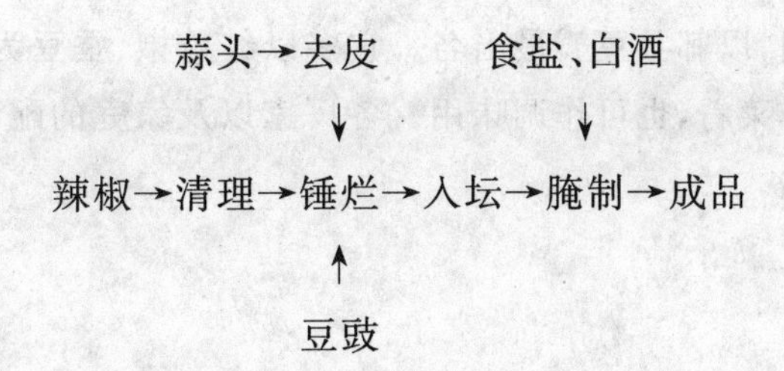

(2)操作要点。

①原料比例　辣椒 100 kg，蒜头 40 kg，豆豉 15 kg，食盐 28 kg，白酒 1.5 kg。

②辣椒清理　选用的辣椒洗净晾干后，除去果柄及果蒂，蒜头去皮。

③锤烂　将整理好的辣椒、蒜头、豆豉和适量的食盐、白酒混合，用铁锤或木棒将其锤烂，使各种原料充分混合均匀。

④入坛腌制　将锤烂的原料放入坛或缸内，取食盐 3 kg 撒在面上，再将剩余白酒全部倒入；一般用石灰封闭坛(缸)口，存放 1 个月左右即得成品。

产品具有蒜味及辣香。

2. 制作方法二

(1)工艺流程。

植物油→加热→冷却　　豆酱、面酱、食用糖

辣椒干→洗涤→切丝→浸渍→加热→冷却→过滤→加热→加蒜茸→香油→搅拌冷却→分装→成品

原料比例：红辣椒 100 kg，蒜瓣 300 kg，豆酱 200 kg，甜面酱 280 kg，植物油、香油 20 kg，食用糖 200 kg。

(2)操作要点。

①原料预处理　辣椒、配料都要挑选除去杂质、霉变料，辣椒洗净烘干或在太阳下暴晒，含水量应在 10%以下，除去果蒂、果柄，然后切成碎丝。

②制熟油　将食用植物油在容器内加热至油冒大烟，油的温度达 200～210℃，挥发油气制成熟油后冷却至室温。

③油渍　将原料放入冷却后的熟油中，浸渍 30 min 以上，其间不停地搅动，以便吸油，植物油和原料之比为 10∶2。

④加热　缓慢加热浸渍后的油至沸点，其间不停地搅拌，至辣椒呈黄褐色，立即停火；停火后立即将辣椒碎片和配料捞出，浸渍油冷却至室温，然后用棉布过滤，澄清滤油。

⑤后处理　过滤后的辣椒油与豆酱、面酱和糖一起加热，再加蒜茸和香油，并分别搅拌冷却，分装即成。

产品特点：色泽酱黄，蒜香味重，略带辣味，可口开胃，食用方便，是一种复合调味品。

（三）豆瓣辣酱的制作

豆瓣辣酱原产于四川，以郫县豆瓣最出名。它多以红辣椒、蚕豆为主要原料加工而成，鲜美可口，兼有辣味，既可作菜肴，也可作调味用。各厂家以及家庭的配料略有不同。下面介绍常见的具有代表性的做法。

1. 自然晒露发酵法

(1)工艺流程。

14°Bé 盐水 → 入发酵缸拌和；24°Bé 盐水 → 加辣椒酱

干豆瓣曲→入发酵缸拌和→晒露发酵→加辣椒酱→后发酵→成熟酱醪

鲜辣椒→磨细→辣椒酱（→加辣椒酱）

(2)配比。干豆瓣曲 100 kg，14°Bé 的盐水 110 kg，24°Bé 盐水 170 kg，鲜辣椒酱 170 kg。

(3)操作要点。将按豆瓣酱生产方式制得的干豆瓣曲放入缸中，加 14°Bé 的盐水浸泡，使豆瓣曲吸水达到饱和，还稍有剩余的盐水留在缸底，晒露 20～30 d，每天翻拌 1 次，豆瓣颜色变深，质地逐渐酥软。待鲜辣椒上市时购辣椒磨成酱加入，同时添加 24°Bé 的盐水。拌匀进行后熟发酵。初则每日翻拌 1 次，后则 1 周翻拌 1 次。除刮风下雨加盖篾制尖顶斗篷外，平时都采用日晒夜露，经 6～8 个月后熟作用，酱醪成熟。

2. 稀醪保温发酵法

(1)工艺流程。

24°Bé 盐水＋鲜辣椒酱 → 入发酵容器混合

豆瓣曲→入发酵容器混合→保温发酵→成熟酱醪

(2)配比。豆瓣曲 100 kg，24°Bé 盐水 106 kg，辣椒酱(内含 2%～3%红曲)63 kg。

(3)操作要点。按比例将刚出曲室的豆瓣曲、盐水、辣椒酱一起投入发酵缸中，混合成均一的酱醪，升温至 42～45℃，保温 12 h。后来依靠酱醪自然升温，若升温不足，可酌情加热，使酱醪达到 55～58℃，保持此温发酵 12 d。此间每天翻拌 2 次；最后将温度升高到 60～70℃，保持 36 h。第 14 天后让其自然冷却至常温，即得成熟酱醪。

3. 固态低盐加辣发酵法

(1)工艺流程。

辣椒酱 → 拌和；18°Bé 食盐水→加热→热盐水 → 加盐水

豆瓣曲→拌和→入发酵缸→保温发酵→加盐水→后发酵→成熟酱醪

(2)配比。豆瓣曲 100 kg,辣椒酱(内含食盐 20%)75 kg,18°Bé 的盐水 140 kg,水 30 kg。

(3)操作要点。先将水投入辣椒酱中,把辣椒酱稀释后加热至 60℃,再将豆瓣曲和辣椒酱一起通过制醅机拌和均匀,落入缸中。务必使入缸酱醅品温达到 40~45℃。入缸结束用铲压平酱醅表面,使热不易散发,再盖清洁白布一块,布上加 2 cm 厚的盖面细盐。视气温情况以 60~65℃温水水浴间歇升温,使酱醅温度维持在 40~45℃之间发酵 8 d。8 d 后,取出盖面盐揭开白布,加入 18°Bé 的热盐水拌和均匀,后发酵 5~6 d。后发酵期间每天搅拌 2 次,后发酵结束得到成熟的酱醪。

三、水产酱、肉酱制作

水产酱具有浓郁的海鲜风味,含有丰富的氨基酸、多肽等呈味物质,尤其是还富含对人体健康有益的生理活性物质(如牛磺酸、核苷酸等)及微量元素,赋予了其特殊的营养保健功能,而深受消费者喜爱。水产酱主要有虾酱、鱼酱、蟹酱、贝肉酱等等,其中虾酱是传统的酱品之一,也是产量较大的酱品,现介绍虾酱的制作。

(一)虾酱的制作

虾酱又名虾糕,主要产地是河北唐山、山东惠民和羊角沟、浙江、广东和天津,是以各种小鲜虾为原料富加盐发酵后经磨细制成的一种黏稠状酱。虾酱含有人体所需的多种成分,特别是钙和蛋白质最丰富,一般作为调味使用,放入各种鲜菜、鲜肉来食用,味道最鲜美;也可生食,也可蒸一下作菜肴食用,如鸡蛋蒸虾酱、辣椒蒸虾酱等。其加工方法大致是:

1.原料处理

选用体质结实、新鲜的小虾为原料,用筛网筛去小鱼及杂物,洗净沥干,待用。

2.盐渍发酵

(1)加盐腌渍。将新鲜虾放入缸中,加入其重量 30%~35%的食盐,拌匀腌渍。用盐量的多少可根据气温及原料鲜度确定。气温高、原料鲜度差,应多加盐,反之则少加盐。

(2)转缸发酵。约 7 d 后,虾体发红即可压去卤汁,然后把虾体磨成细酱状,转入缸中,在阳光下任其自然发酵 7 d,每天用木棒搅拌两次,每次约 30 min,捣匀、碎后压紧抹平,以促进分解,使发酵均匀,一直进行到发酵大致完成为止。

发酵酱缸置于室外,借助日光加温促进成熟;缸口必须加盖,不使日光直照原料,防止发生过热变黑;雨天避免混入雨水和尘沙;

连续发酵 15~30 d 后,虾酱色泽微红,发酵完成,可以随时出售。

如长时间保存,须置于 10℃以下贮藏,得率为 70%~75%。如捕捞后不能及时加工,需先加入 25%~30%食盐保存,这种半成品称为卤虾,运至加工厂进行加工时,将卤虾取出,沥去卤汁,并补加 5%左右的食盐装缸发酵。

3.增香

在加食盐发酵时同时加入茴香、花椒、桂皮等香料，混合均匀，以提高制品风味。

4.虾酱砖制作

若要制成虾酱砖，可将原料洗净后加入原料重10%～15%的食盐，盐渍12 h，压取卤汁。经粉碎、日晒1 d后倒入缸中，加0.2%白酒和0.5%茴香、花椒、橘皮、桂皮、甘草等混合香料，充分搅匀，压紧抹平后表面洒一层酒，促进发酵。当表面形成1 cm厚的硬膜时，夜晚缸上加盖。

发酵成熟后，缸口打一小洞，使发酵渗出的虾卤流集洞中，取出浓厚的虾卤即是虾油成品。如不取出虾卤，时间久了会又复渗回酱中。成熟后的虾酱首先除去表面硬膜，取出软酱，放入木制模匣中，制成长方砖形，去掉膜底，取出虾酱，风干12～24 h即可包装销售。

5.成品质量

一级品：紫红色，呈黏稠状，气味鲜香，无腥味，酱质细腻，无杂鱼，盐度适中。二级品：紫红色，鲜香味差，无腥味，酱质较粗且稀，有小杂鱼等混入，咸味重或发酵不足。三级品：颜色暗红不鲜艳，酱稀粗糙，杂鱼杂物较多，味咸。

鱼酱也是深受欢迎的调味品，通常用小黄花鱼、海鲫鱼、白米鱼、小青鱼制作，其制作与虾酱基本相同，即原料先洗净，然后用盐腌制。不同点主要是鲜鱼酱一般发酵后仍保持原形，只有在受热处理后才会形成"酱"状。

(二)牛肉酱制作

随着人们生活水平的提高，肉品加工也以较快的速度发展，以畜禽肉为原料生产的肉酱如猪肉酱、牛肉酱、羊肉酱、鹅肥肝酱等也开始越来越为人们所喜爱，其中牛肉酱是市场开发比较良好的肉酱。现介绍一种牛肉辣酱的制作方式。

1.原料配方

牛肉末10 kg，豆瓣辣椒30 kg，干辣酱15 kg，面酱18 kg，芝麻酱6 kg，二级酱油10 kg，白糖3 kg，香油或熟花生油5 kg，大蒜泥2 kg，胡椒粉50 g，生姜泥1 kg，味精少量，苯甲酸钠100 g。

2.操作要点

生牛肉煮熟后，切块，再磨碎成肉泥，与味精、香油、苯甲酸钠等其他配料混合均匀；在锅内加热至80℃，灭菌10 min，即可装瓶。成品滋味鲜香，美味可口，含酸量低，无油腻感。

四、几种名优酱品

1.北京烤鸭面酱

吃北京烤鸭离不开甜面酱，要吃到美味可口的烤鸭，就必须有味道鲜美、加工考究的甜面酱。制作烤鸭面酱用的甜面酱在加工中要分两个阶段进行。

第一阶段是首先做好基础酱，即制作面酱(制作工艺前面已介绍)，制作工艺以采用天然发酵为好。

第二阶段是在做好天然酱的基础上进行加工配兑调制，其配制比例是：甜面酱 50 kg、白糖 2.5 kg、葵花油 2 kg、香油 1.5 kg、味精 0.5 kg、酱油 5 kg。

加工方法：先将葵花油放入夹层锅内预热至沸，而后将甜面酱、酱油、白糖调均匀后经胶体磨放入夹层锅加热（酱油要求用好油），进行不停的搅拌至沸腾；然后视酱的稀稠度适当加入开水，接着搅拌至沸，最后使酱的体态达到不稀不稠，持续 20～30 min 沸腾后停止加热，再加入味精和香油及防腐剂（防腐剂可用苯甲酸钠），用量为 0.1%；或山梨酸钾，用量为（0.01%～0.03%）即为成品酱。

质量要求：红褐色，有光泽，有酱香、酯香气，口味醇香，鲜甜适口，黏稠适度，无杂质。

2.六必居稀黄酱和辣酱

北京六必居不仅酱菜闻名遐迩，酱类产品也是如此，如制作酱菜用的黄酱、面酱及各种花色酱味道都非常鲜美。有浓厚的酯香和酱香味道，多年来一直受到消费者的青睐。

稀黄酱制作要点：黄豆制成曲后进行泡酱发酵，时间是在阴历 2、3 月最适宜，不可超过 4 月中旬；将曲料泡入缸内拌匀，一般是在上午加水，待其自然发酵，晒一中午后，下午 4 点用耙将水拌匀；期间酱曲开始发酵，可进行第二次加水，水量与第一次相同，其目的是调节稀稠和促进进一步发酵；再过一段时间，当酱曲发酵到高峰不动了，再晒 2 个月，到初伏时，选择好天气将酱打开，适当加些盐水调节稀稠，拌匀后开始打耙，10 d 内每天打耙两次，每次打 10 耙左右；10 d 以后不断增加耙数，最后增加到 30 耙。开耙以后 40 d 左右，酱的发酵力自然消失，这时可减少打耙数；夜间无雨时，坚持“夜露”，放走酱内的杂味，最后每天可打几耙，均匀即可；处暑后停耙，磨细即为稀黄酱产品。

花生辣酱原料配方：酱坯 43.9 kg，食油 3.6 kg，花生仁 2.5 kg。

芝麻辣酱原料配方：酱坯 44.6 kg，食油 3.6 kg，芝麻 1.8 kg。

制作要点：将花生去掉外壳内衣后用文火焙炒，炒至香脆而不焦煳备用；采用水洗的方法，将芝麻在水中淘洗干净后用文火焙炒，炒至香脆而不焦煳备用；在酱成熟的后期以每 50 kg 酱加入 5 kg 辣椒糊，再打几天耙以后便成酱坯，然后再根据配料规定加入其他辅料。

3.四川郫县豆瓣酱

郫县豆瓣酱是国内悠久的名牌酿造食品之一，至今已有 100 多年的生产历史。它以辣味重、瓣子酥脆、色泽油润红亮、味道香醇等特点著称，既可作调味用，川菜烹饪不可缺少的，也可单独佐餐。

郫县豆瓣生产工艺特殊，对原辅材料要求很严格，原料采用四川产的青皮蚕豆，辅料采用成都近郊产的“二荆条”鲜红海椒，且采收时间为每年的 7 月至立秋后的 15 d 内，食盐为自贡的井盐。现将郫县豆瓣的加工方法介绍如下。

(1)原辅料配比（按每罐成品 67.5～70 kg 计）：蚕豆 22 kg，鲜海辣椒 5.25 kg，面粉 5.5 kg，食盐 12 kg。

(2)操作要点。将蚕豆去壳收拾干净,去壳蚕豆放入96～100℃沸水中煮沸1 min,捞出放入冷水中降温,淘出碎渣,浸泡3～4 min。捞出豆瓣拌入面粉,拌匀后摊放在簸箕内入发酵室进行发酵,温度控制在40℃左右,经过6～7 d长出黄霉,初发酵即告完成。再将长霉的豆瓣放进缸内,同时放进盐5.75 kg,清水25 kg,混合均匀后,进行翻晒。白天要翻缸,晚上要露放(即所谓日晒夜露),但要注意避免淋雨。这样经过40～50 d,豆瓣变为红褐色,加入粉碎的辣椒块(一般为2～3 cm大小)及剩下的盐,混合均匀。再经过6～12个月的贮存发酵,豆瓣酱才完全成熟。

4.临江寺豆瓣酱

临江寺豆瓣酱产于天府之国的资阳县,始创于清乾隆年间,有200多年的历史。它具有鲜、香、咸、甜、辣等多种口味,色鲜味美,油润飘香,豆瓣成型,入口化渣,不但易于代菜佐餐,而且也是川菜的一种调料,历来畅销全国,在国际市场上享有盛誉。

临江寺豆瓣酱的原料要求严格,主要原料蚕豆要用当地特产的二白胡豆,粗大饱满,均匀干净,经筛选脱壳后,白瓣浸泡,含水量要达到38%～42%才可以制曲;辣椒要特产的小荆条或二荆条辣椒,秋季收获;进厂后摘去椒把,淘净沥干,切碎后加入17%食盐入腌池,再经粉碎机磨成辣椒酱;其他原料如芝麻、菜油、各种香辛料都要经过精选,适当加工。

原料不经蒸煮,以生料蚕豆直接制曲,制豆瓣曲为米曲霉接种,簸箕制曲,成曲黄绿色;日照温室池内发酵,每月翻醅1次,发酵10～12个月制成原汁豆瓣,酿成的原汁豆瓣要求清澄分汁,豆瓣成型,融合化渣,氨基酸态达到0.75%以上。每50 kg蚕豆产成熟原汁豆瓣约75 kg;再加入各种辅料,制成各种花色豆瓣。主要品种有香油豆瓣、金钩豆瓣、火腿豆瓣、鱼松豆瓣、红油豆瓣等。现将其中的一种配方列举如下。

香油豆瓣配比:原汁豆瓣75 kg,香油3 kg,辣椒酱12 kg,芝麻酱4.5 kg,麻油0.5 kg,香料粉0.15 kg,甜酱1.5 kg,白糖0.75 kg,增鲜剂适量。

香油豆瓣的理化指标为:水分<50%,食盐15%,氨基酸态氮>0.65%,总酸<1.5%,还原糖>6%。

5.安庆豆瓣酱生产

(1)制曲。

原料配比及制曲操作同临江寺豆瓣辣酱。

(2)发酵。

①配合比例　投料100 kg原料蚕豆所制得的豆瓣曲,18～18.5°Bé盐水106 kg及辣椒酱(内含红油)31.5 kg。

②辣椒酱制备　将鲜红辣椒除去柄蒂,洗净沥干。每100 kg红辣椒加食盐15 kg,放一层辣椒放一层盐,盐下少上多,腌制在缸中同时压紧。2～3 d后,有汁液渗出,随即连卤汁转入另一缸中,翻拌,并补加5%的食盐平封于面层,食盐上面覆盖竹席,上压重物,使卤汁压出腌过辣椒面层,防止辣椒直接与空气接触而引起变色。一般腌制3个月后即成熟,可以开始使

用，使用前，将辣椒取出，用石磨或钢磨反复磨细，在磨细的过程中，加入2.5%～3.0%的红曲，混合研磨即成辣椒酱。

磨细的辣椒酱要求含水量为60%，水分不足时用20°Bé盐水补足。磨细的辣椒酱贮藏在缸中，每天必须搅拌1次，防止面层生白花。

③制酱发酵　将豆瓣曲、盐水、辣椒酱按比例在发酵容器中混合，在42～45℃保温12 h，然后逐渐升温至55～58℃，保持12 d，保温发酵期中，每日早晚各搅拌翻酱1次。至第12天以后，再升温至60～70℃，继续保温36 h，第14天冷却，第15天即得成品。

(3)加热杀菌。

将成熟的豆瓣辣酱在夹层锅中加热至80℃，维持10 min杀菌，同时加入0.1%的苯甲酸钠，使之溶化，搅拌均匀后，趁热装入玻璃瓶，上边添加麻油一层即得成品。

6.北方辣酱的生产

(1)配料。

①主料　辣椒5 kg。

②辅料　食油250 g、香油150 g、花生油100 g、生姜500 g、味精50 g、白糖500 g、大蒜1 kg、盐250 g、白醋250 g、黄酱100 g、五香面25 g、熟芝麻500 g。

(2)制作方法。

①先将辣椒洗净，控干水分，用绞肉机绞碎备用。

②将白醋、黄酱、白糖、食盐倒入锅内熬开后，搅拌均匀倒出。

③将锅内放油烧热后，倒入预先绞碎的辣椒，翻炒均匀后，再倒入预先熬好的白醋、黄酱、白糖、食盐等，炒至0.5 h后，倒入姜末、蒜末再炒1 h左右，放入五香面炒一会儿，再放入味精、熟芝麻，搅拌均匀后出锅即可。

如果用蒸制法制作，其具体如下：

(1)配料。

①主料　辣椒2.5 kg。

②辅料　白糖300 g、食醋150 g、味精150 g、芝麻少许、食盐300 g、姜蒜少许、营口酱4袋。

(2)制作方法。

①先将辣椒洗净，控干水分，用绞肉机绞碎。

②依次放入白糖、食醋、芝麻、食盐和营口酱，搅拌均匀。

③上锅蒸至开锅后15 min。

④出锅晾凉后，放入味精和姜蒜，搅拌均匀即可。

拓展知识

豆瓣辣酱磨细后可加入面酱、各种辅料如芝麻酱、花生酱、糯米、南瓜、肉类及其制品，虾米等水产品，以及其他调味料，即可配制成不同的酱产品及各种花色辣酱。如南瓜豆瓣辣酱、糯米辣豆酱等。由于酱的种类繁多，所以对酱的质量评价标准也提出了更高更严的要求。

问题探究

1. 为什么干豆瓣浸泡温度不能过高，时间不能过长？
2. 除了书本提到的酱类制品外，你还能研制出哪些酱类制品？

项目小结

豆瓣酱通常以黄豆、青豆、蚕豆为原料，且蚕豆往往以成形的豆瓣存在。蚕豆去皮有湿法去皮和干法去皮两种，豆瓣曲可以是自然接种，也可以是人工接种沪酿3.042。豆瓣酱中常常加入辣椒，辣椒需先制成酱。豆瓣曲和辣椒酱再经发酵、调制，可得到多种风味的豆瓣辣酱。豆瓣辣酱发酵方法常见的有自然晒露发酵、稀醪加辣保温发酵和固态低盐加辣发酵三种。

习题

1. 豆酱的生产原料和种类有哪些？
2. 大豆酱和蚕豆酱的制作工艺有何异同？
3. 影响豆瓣酱生产的因素有哪些？
4. 为什么制造酱曲温度不能过高，培养时间不能过长？
5. 如何做到豆瓣酱中的豆瓣酥软和完整？
6. 制辣椒酱的辣椒应如何贮藏和处理？

项目七　味精生产技术

知识目标

1. 了解酶解法（双酶法）淀粉制备葡萄糖的原理及工艺流程。

2. 了解电点法提取谷氨酸的原理。

3. 掌握谷氨酸发酵的基本工艺流程及操作要点。

4. 掌握谷氨酸发酵控制技术。

5. 掌握味精生产的工艺过程。

技能目标

1. 能够对谷氨酸产生菌进行简单培育及扩大培养操作。

2. 能够进行谷氨酸发酵操作。

解决问题

如何控制谷氨酸发酵？

科苑导读

味精，也称味素，学名谷氨酸钠，英文名（monosodium-glutamate）MSG。味精是一种谷氨酸的钠盐，是一种无臭无色的晶体，在 232℃时解体熔化。味精的水溶性很好，当溶于水（或唾液）时，它会迅速电离为自由的钠离子和谷氨酸盐离子。

生活中的味道主要有 6 种：酸、甜、苦、辣、咸、鲜。鲜味是引起强烈食欲的可口滋味，味精是通过刺激舌头味蕾上特定的味觉受体，如代谢性谷氨酸受体以带给人味觉感受。

食品中鲜味的主要来源是氨基酸、肽类、核苷酸和有机酸及盐类。如肉中的氨基酸、香菇中的鸟苷酸以及竹笋中的天冬氨酸等。其中味精是最主要的鲜味调味品，它是咸味的助味剂，也有调和其他味道、掩盖不良味道的作用。随着人们生活水平的提高，温饱问题已经解决，大家现在关心的不再是吃饱的问题而是吃好的问题，吃出美味吃出营养、吃出健康，是当前消费的主流。生活水准的提高决定了调味料发展的方向,也决定了味精在调味料中的重要地位。

味精在自然界是普遍存在的,多种食品以及人体内都含有谷氨酸盐,它是蛋白质和肽的结构氨基酸之一。氨基酸是组成蛋白质的基本单位,它有两种存在形式:游离型和结合型。人体内的谷氨酸也是以游离和结合两种形式而存在。游离氨基酸具有美味,而结合型的氨基酸不具有游离氨基酸的美味,比如蘑菇、番茄或豌豆等一类蔬菜都有相当高的游离谷氨酸存在,而牛奶和乳酪等食物中的氨基酸是以结合型的形式存在。

水和蛋白质是人体生命活动的基本物质,任何生命不可缺少的物质。在人体内水占的比例约为 70%,蛋白质的比例在 14%～17%,其中蛋白质中 20%是谷氨酸盐。以体重 70 kg 的成年人为例,其蛋白质平均含有 2 000 g 谷氨酸盐。谷氨酸虽是一种非必需的氨基酸,但在脱氨基、转氨基、脱羧、解氨等反应中起着重要作用。味精被使用后,经胃酸作用转化为谷氨酸,被消化吸收构成蛋白质,并参与体内的各器官的生命代谢过程,因而对人体具有较高的营养价值。

一、味精的发展历史

味精的诞生至今还不到 100 年。尽管味精广泛存在于日常食品中,但谷氨酸以及其他氨基酸对于增强食物鲜味的作用,在 20 世纪早期,才被人们科学地认识到。

说起味精的发明,纯属一种偶然。1908 年的一天中午,日本帝国大学的化学教授池田菊苗喝海带黄瓜片汤时,发现海带黄瓜汤味道特别的鲜美。职业的敏感,他取来一些海带研究起来。半年后,池田菊苗教授发表了他的研究成果,在海带中可提取出一种叫做谷氨酸钠的化学物质,如把极少量的谷氨酸钠加到汤里去,就能使味道鲜美至极。

当时有一位日本商人,正和他人共同研究从海带中提取碘的生产方法。当他一看到池田教授的研究成果后,灵机一动立刻改变了主意,用海带来提取谷氨酸钠。一位学者和一位商人的合作很快就结出了硕果。不久后,一种叫"味之素"的商品出现在东京浅草的一家店铺里,("味之素"意味着"味觉的元素"),并打出了"家有味之素,白水变鸡汁"的广告,一时间,购买"味之素"的人差一点挤破了店铺的大门。

日本人的"味之素"很快就传进了中国。化学工程师吴蕴初买了一瓶回去研究。经过一年多的时间,他独立发明出一种生产谷氨酸钠的方法来:用盐酸加压水解面筋,得到一种黑色的水解物,经过活性炭脱色,真空浓缩,就得到白色结晶的谷氨酸,再把谷氨酸同氢氧化钠反应,加以浓缩、烘干,就得到了谷氨酸钠。

吴蕴初把他制得的"味之素"叫做味精,他是世界上最早用水解法来生产味精的人。1923 年,吴蕴初在上海创立了天厨味精厂,"佛手牌"味精走向了市场。

随着生物化学的较快发展,生物催化技术也非常成熟,发酵法生产味精的方法很快得到了推广和利用,现在多数厂家都采用生物发酵法生产味精。它是通过淀粉、甜菜或甘蔗糖蜜培养基发酵生产的。

随着人民生活水平的不断提高，对味精的需求量也日益增加。新中国成立初期，我国的味精产量只有 500 t，人均不足 3 g；1990 年为 17.3 万 t，人均达到 160 g；2002 年 110 万 t，人均达到 540 g；2005 年产量发展到 136 万 t，2007 年产量已经达到 190 万 t。中国已经成为世界味精生产大国。

近年来，中国味精的产量分布以河南、山东、河北、江苏等地较大，广东、浙江等地也有不小的规模。随着国家环保的严格要求，一些厂家把生产工厂搬迁或是新建到了东北、新疆等地区，使味精行业的产量以及国内的销售市场受到一定程度的影响。从整体的味精生产厂家的布局来看，东北、内蒙古多以生产味精的半成品谷氨酸为主，而河南、山东、河北等地多以生产味精为主，一些原材料及能源较为紧张地区，比如上海四川等地多以味精分包为主。

根据味精的发现时间和生产方法的进程，我们大体的对味精的发展归结为三个阶段。

第一阶段：自然界中谷氨酸的提取过程。1866 年德国人 H·Ritthasen 博士从面筋中分离到氨基酸，他们称谷氨酸，根据原料定名为麸酸或谷氨类（因为面筋是从小麦里提取出来的）。1908 年，日本东京大学池田菊苗教授进行一系列试验，从海带中分离到 *L*-谷氨酸结晶体，这个结晶体和从蛋白质水解得到的 *L*-谷氨酸是一种物质，都具有同等的鲜味。

第二阶段：化学法制取谷氨酸的过程。以面筋或大豆粕为原料，采用酸水解的方法生产味精，在 1965 年以前都是用这种方法生产的。用水解法生产味精很不经济，因为这种方法要耗用很多粮食，每生产 1 t 味精，至少要花费 40 t 的小麦。而且，在提取谷氨酸钠时要放出许多味道不好的气体，使用的盐酸也易腐蚀机器设备，还会产生许多有害污水。这个方法消耗大，成本高，劳动强度大，对设备要求高，随着社会的发展，已经退出历史的舞台。

第三阶段：微生物法制取谷氨酸的过程。随着科学的进步及生物技术在食品行业的应用，使味精生产发生了革命性的变化。自 1965 年以来，我国味精行业大都采用以粮食（玉米淀粉、大米淀粉、小麦淀粉等）为原料，通过微生物作用，经发酵、提取、精制而得到符合国际标准的谷氨酸钠，为市场上增加了一种既安全又富含营养成分的调味品，有了它菜肴更加鲜美可口，我们的生活质量因而也有了很大的提高。

人们对“鲜”的追求并未就此结束。有经验的厨师，在烧鸡、烧肉时，往往要加少许味精，因为肉类中也有鸟苷酸钠，加进去的味精能与之发生鲜味上的协同作用，使鲜味大幅度提高。20 世纪 80 年代末，又有人发明了一种“超鲜味精”。它的主要化学成分是 2-甲基呋喃苷酸。它比味精要鲜 600 多倍。

任务一 味精生产原料的预处理

用发酵法生产谷氨酸，除用糖蜜外，主要使用淀粉糖液。将淀粉质原料（如淀粉、大米等）

转化为葡萄糖的过程称作糖化工艺。其糖化液称淀粉糖或淀粉水解糖。淀粉糖主要成分为葡萄糖,其余含少量的麦芽糖及二糖、低聚糖等复合糖类。

葡萄糖是供作谷氨酸发酵的碳源。淀粉糖质量高低与发酵结果密切相关。因此,在生产中要力求糖液的质量好,而且转化率也要高。国内多数谷物氨酸生产厂家是以淀粉为原料生产谷氨酸的,少数厂家是以糖蜜为原料进行谷氨酸生产的,这些原料在使用前一般需要预处理。

一、糖蜜的预处理

糖蜜预处理的目的是为了降低生物素的含量。因为糖蜜中特别是甘蔗糖蜜含有过多的生物素,会影响谷氨酸积累。故在以糖蜜为原料进行谷氨酸发酵时,常常采用一定的措施来降低生物素的含量,常用的方法有以下几种。

1.活性炭处理法

用活性炭可以吸附前先加次氯酸钠或氯气处理糖蜜,用活性炭处理的方法去除生物素的实验,并应用于生产。

2.树脂处理法

甜菜糖蜜用可作为非离子化脱色树脂除去生物素,这样可以大大提高谷氨酸对糖的转化率。处理时先用水和盐酸稀释糖蜜,使其浓度达到10%,pH达到2.5,然后在120℃下加压灭菌20 min,再用氢氧化钠调pH至4.0,通过脱色树脂换柱后,将所得溶液pH调至7.0,用以配制培养基。

二、淀粉糖的制备

绝大多数谷氨基酸生产都不能直接用淀粉,因此,以淀粉为原料进行谷氨酸生产时,必须将淀粉质原料水解成葡萄糖后才能供其使用。可用来制成淀粉水解糖的原料很多,主要有薯类、玉米、小麦,我国主要以甘薯淀粉或大米制备水解糖。

淀粉水解的方法有酸解法、酶解法(双酶法)、酸酶结合法三种。

(一)用酸解法生产水解糖

酸解法又称为酸糖化法,它是利用酸为催化剂,在高温高压下将淀粉水解转化为葡萄糖的方法。

1.酸解法生产水解糖,其工艺流程如下:

原料(淀粉、水、盐酸)调浆→糖化→冷却→中和脱色→过滤除杂→糖液

2.工艺要点

(1)调浆。原料淀粉加水调成10~11°Bé的淀粉乳,用盐酸调pH 1.5左右,盐酸用量(以纯盐酸计)为干淀粉的0.5%~0.8%。

(2)糖化。首先要在水解锅内加部分水,加水后将水解锅加热至100~105℃,(蒸汽压力

为 0.1～0.2 MPa)随后用泵将淀粉乳泵至水解锅内迅速升温，在表面压力为 0.25～0.4 MPa 之间，一般水解时间控制在 10～20 min，即可将淀粉转化成还原糖。

(3)冷却。中和温度过高易形成焦糖，脱色效果差；温度低，糖液黏度大，因此，生产上一般将糖化液冷却到 80℃以下。

(4)中和。淀粉水解完毕。酸解液 pH 仅为 1.5 左右，需用碱中和后才能用于发酵。中和的终点 pH 一般控制在 4.5～5.0，以便使蛋白质等胶体物质沉淀析出。

(5)脱色。水解糖液中存在着一些色素和杂质需通过脱色除去。脱色可采用活性炭吸附，活性炭是经过特殊处理的木炭，为黑色无定型粉末，不溶于任何溶剂，质松多孔，表面积很大，具有很大的吸附力。它将具有脱色与过滤两方面作用。

活性炭用量应根据糖液色泽深浅与活性炭质量而定，一般用量为糖液量 0.1%～0.2%，脱色温度以 65～80℃为宜，pH 控制在 4.8～5.0。搅拌时间不少于 30 min。

(6)过滤除杂。一般以采用 60～70℃温度压滤较为适宜。开始压滤时，流速要缓慢，不能过快，待形成滤层，滤液澄清时，才可适当加快。如不清应重滤。压滤机要定时出渣，可根据压滤的实际情况而定。滤布要经常保持清洁完好，定时换洗。压滤设备一般选用聚丙烯或高强度硬橡胶板框压滤机，也可选用灭压机以及叶滤罐等。

(二)用酶解法生产水解糖

酶解法是用专一性很强的淀粉酶和糖化酶作为催化剂将淀粉水解成为葡萄糖的方法。酶解法制备葡萄糖可分为两步：第一步是液化过程，利用 α-淀粉酶将淀粉液化，转化为糊精及低聚糖，使淀粉的可溶性增加。第二步是糖化，利用糖化酶将糊精或低聚糖进一步水解，生产葡萄糖。淀粉的液化和糖化都是在酶的作用下进行的，故酶解法又称为双酶法。

1.酶解法的特点

(1)与淀粉的酸解相比，酶解法具有以下优点：

①由于酶解反应条件比较温和，因此不需要耐高温和耐用高压设备。不仅节省了设备投资，而且也改善了操作条件。α-淀粉酶是在 pH 6.0～7.0、温度 85～90℃条件下，将淀粉液变成能溶解于水的糊精和低聚糖；耐糖化酶是在 pH 3.5～5.0、温度 50～60℃条件下，完成糖化反应。

②由于酶的作用专一性强，因此淀粉水解过程中很少有副反应发生，淀粉水解的转化率较高，葡萄糖值(水解糖中葡萄糖与干淀粉用量的比值简称 DE)可达 98%以上，比酸解法的 90%高出许多。

③因为酶法水解淀粉很少发生葡萄糖复合反应的催化作用与淀粉浓度有关，因此淀粉乳的浓度以不超过 40%为宜。

④用酶解法制成的糖液色较浅，质量高。

(2)虽然解法具有上述一些优点，但在国内它的应用并不十分广泛，原因如下。

①酶解法花费的时间比酸解法多，一般需 48 h 左右。

②酶反应对温度和 pH 的变化比较敏感，所以酶解操作比较严格，不如酸解法粗放。

③酶活力随着时间的延长而下降，另外，不同批号的商品酶，其活力相差很多。因此，在使用酶剂前需要进行活力的测定，然后才能确定酶的用量。

④酶解法需要的设备比酸解法多。

2.酶解法的工艺条件

(1)淀粉的液化。淀粉在 α-淀粉酶的作用下，分子内部的 α-1,4-糖苷键发生断裂。随着酶解进行，淀粉的相对分子质量越来越小，酶解液黏度不断下降，流动性增强，最终生成了能溶于水的糊精和低聚糖，这个过程称为液化。

①液化条件　α-淀粉酶对淀粉颗粒和糊精对淀粉的水解速度是不一样的，对后者的水解速度是前者的 2 000 倍。因此，先把淀粉乳加热到淀粉的糊精化温度，使淀粉糊化后，然后由 α-淀粉酶将糊精和低聚糖水解，采用这样的方法显然能大大缩短液化时间，由于酶反应液中的淀粉和糊精能提高 α-淀粉酶的最适作用温度，某些金属离子，如 Ca^{2+} 也能提高酶对热的稳定性，而在一定范围内，温度愈高，酶反应速度愈快，因此，生产上采用 30%～35%淀粉，反应液中 Ca^{2+} 浓度为 0.01 mol/L。

②液化方法　国内目前较为普遍采用的是一次升温液化法和连续进出料液化法。

一次升温液化法：用纯碱溶液将 30%～35%的淀粉乳(13～14°Bé)调整至 pH 6.2～6.4，然后加入 Ca^{2+} 和 α-淀粉酶，搅匀后泵密闭的液化锅内，加热到 88～90℃保温 15～20 min。液化完毕，用碘液检查，合格后，即升温至 100℃，加热使酶失活。

连续进出料液化法：液化锅是一开口容器，装有搅拌装置，在锅口处安有输送淀粉乳的喷头，在其下面是开口蒸汽热管，液化锅的下部装有保温盘管。进行液化时，先在锅内将水加热至 90℃，然后将加有 Ca^{2+} 和 α-淀粉乳用泵喷头连续输入锅内，液化液由盘管加热保温，在 90℃保温 40 min，液化液由锅的底部连续流出，使淀粉液化到要求的程度。

③液化程度的控制　液化的根本目的是为下一步糖化提供有利条件，因此液化程度也就是液化的产物，应该以有利于糖化酶的作用为前提，由于糖化酶对底物的分子大小有一定的要求，以 20～30 个葡萄糖单位的底物作为分子为最适宜，因此，有必要对淀粉的液化程度加以控制，并且为了充分发挥糖化酶的作用，在液化结束后应该杀灭 α-淀粉酶，升温至 115～120℃保持 10 min 可完成。防止该酶将糖化的底物水解而影响糖化速度。液化最终根据碘液显色反应来判断的。液化产物的链长在 30～35 个葡萄糖单位之间者，与碘液反应显红色；7 个葡萄糖单位以下的短链糊精与碘液化反应则不显色，根据糖化酶对底物分子大小的要求，应以液化液与碘液显棕色反应为淀粉的液化终点。

(2)糖化。由糖化酶将淀粉的液化产物糊精和低聚糖进一步水解成葡萄糖的过程，称为糖化。

糖化酶来源：工业上生产的糖化酶，主要来源于曲霉、根霉和拟内孢霉。曲霉中以黑霉产酶活力较高，酶的稳定性好，能在较高的温度和较低的 pH 条件下进行反应。

糖化工艺：将 30%淀粉乳的液化泵入带有搅拌器和保温装置的开口桶内，按每克淀粉加 80～100 μg 糖化酶计算加入糖化酶，然后在一定 pH 和一定温度下进行糖化，48 h 后，用无水酒精检查糖化是否完全。糖化结束后，升温至 80℃，加热 20 min，杀灭糖化酶。糖化时温度和 pH 取决于糖化酶剂的性质，来自曲霉的糖化酶，一般以 55～60℃，pH 4.0～4.5 适宜；由根霉产生的糖化酶以 50～60℃、pH 4.5～5.5 为宜。糖化酶用量过大或液化浓度过高，都会促进葡萄糖复合反应的发生，所以必须控制淀粉酶，以水解复合糖，从而提高葡萄糖的回收率。

(三)用酸酶结合法生产水解糖

酸酶结合法是集中酸解法和酶解法制糖的优点而采用的生产方法，它又可分为酸酶法和酶酸法两种。

1. 酸酶法

酸酶法是先将淀粉用酸水解成糊精或低聚糖，然后再用糖化酶将酸解产物糖化成葡萄糖的工艺。该法适用于玉米、小麦等淀粉颗粒坚实的原料，这些淀粉颗粒坚实，如果用 α-淀粉酶液化，在短时间内作用，液化反应往往不彻底，因此，采用酸先将淀粉水解至 DE 值为 10%～15%，然后将水解液降温，中和，再加入糖化酶进行糖化。

酸酶法制糖，具有酸液化速度快的优点。由于糖化过程用酶法进行，可采用较高的淀粉乳尝试，提高生产效率。另外，此法酸用量少，产品色泽浅，糖液质量高。

2. 酶酸法

酶酸法工艺主要是将淀粉乳先用 α-淀粉酶液化到一定程度，过滤除去杂质后，然后用酸水解成葡萄糖的工艺。

对于一些颗粒大小很不均匀的淀粉，如果用酸水解法常导致水解不均匀，出糖率低。酶酸法比较适用于此类淀粉，且淀粉浓度可以比酸法高；在第二步水解过程中 pH 可稍高，以减少副反应，使糖液色泽较浅。

3. 以大米为原料的酶酸法制糖工艺

(1)工艺流程。

大米→水洗→浸泡→粉碎→调浆→液化→过滤→滤液加酸→糖化→中和→脱色→压滤→糖液

(2)工艺操作。

①清洗 大米输入浸泡桶，加入自来水，水位应高出大米层，用压缩空气使米翻腾清洗。

②浸泡 大米清洗后，排去淘米水，重新加清水常温浸泡。浸泡时间根据气温而定，夏天 1～2 h，春天 3～4 h，冬天 4～6 h，中途应换水。

③磨米 排去浸泡水，磨米开始应调节好水量，使粉浆浓度保持在 20°Bé 左右，粒度达 60 目以上(用手指捻摸无粒状感觉)。

④调浆 搅匀粉浆，泵入调浆桶内，开动搅拌器，加清水调整粉浆浓度为 15～16°Bé。

⑤加酶 按大米重量的 0.25%加入 α-淀粉酶。将酶称量后，加入少量水调成均匀悬浮

液，加入粉浆内搅拌均匀。

⑥加入保护剂　为保持液化时的淀粉酶活力，应加入0.2%～0.3%氯化钙，并以纯碱液调节粉浆的pH至6.2～6.4。

⑦液化　先在液化锅内加入底水，以浸没下层蒸汽为度。通入蒸汽，把底水加温至80℃左右，然后进料。进料时，流速要均匀、稳定，一次进完。逐步升温至液化温度(90±2)℃，并计算液化时间，保持30 min左右。取样作碘色反应检查，直至无淀粉反应(即碘色反应呈棕红色或橙黄色，才算液化完全)。

⑧灭酶　液化完全后，升温至100℃或105℃，保持5 min。

⑨压滤　开始压滤流速要缓慢，不能过快，待形成滤层，滤液澄清时，才可适当加快。滤渣是较好的饲料。

⑩加酸调液化液pH　在搅拌下往液化过滤液中缓慢加入盐酸，调pH至1.8左右。

⑪糖化　先泵入底水，预热2～3 min，使底水沸腾，然后把液化液泵入锅内，打料毕，升压至0.28 MPa，保持15 min左右，用无水酒精检查糖化终点，无白色反应时即可放料。

⑫中和　中和温度一般控制在70～80℃，中和所用的纯碱应事先溶于1倍的热水中。中和糖液时，边搅拌边加入纯碱液，边中和边测pH，缓慢中和至pH 4.8～5.0时为止。调pH一定要准，搅拌一段时间后应复测pH。一般用精密pH试纸，必要时可用pH仪校核。

⑬脱色　用粉状活性炭脱色，活性炭用量应根据糖液色泽深浅与活性炭质量而定，一般用量为糖液量的0.1%～0.2%，脱色温度以65～80℃为宜，pH控制在4.8～5.0。搅拌时间不少于30 min。用过的废炭应充分用温水洗涤过虑，洗水回用。

⑭压滤　一般以采用60～70℃温度压滤较为适宜。开始压滤时，流速要缓慢，不能过快，待形成滤层，滤液澄清时，才可适当加快。如不清应重滤。

任务二　谷氨酸菌种的制备

一、谷氨酸产生菌的选育

(一)谷氨酸发酵菌的特征和分类

谷氨酸菌在细菌分类学中属于棒杆菌属、短杆菌属、小节菌属和节杆菌属中的细菌。目前我国谷氨酸发酵最常见的生产菌种是北京棒杆菌AS 1.299和钝齿棒杆菌AS 1.542。

1. 北京棒杆菌AS 1.299

细胞呈短杆或棒状，有时略呈弯曲状，两端钝圆，排列为单个、成对或V字形。革兰氏染色阳性。无芽孢，无鞭毛，不运动。

普通肉汁固体平皿培养，菌落圆形，中间隆起，表面光滑湿润，边缘整齐，菌落颜色开始呈白色，直径 1 mm，随培养时间延长变为淡黄色，直径增大至 6 mm，不产水溶性色素。普通肉汁液体培养，稍浑浊，有时表面呈微环状，管底有粒状沉淀。

2. 钝齿棒杆菌 AS 1.542

细胞为短杆或棒杆，两端钝圆，排列为单个、成对或 V 字形。革兰氏染色阳性。无芽孢，无鞭毛，不运动。

细胞内次极端有异染颗粒并存在数个横隔。普通肉汁固体平皿培养，菌落扁平，呈草黄色，表面湿润无光泽，边缘较薄呈钝齿状，不产水溶性色素，直径 3～5 mm。普通肉汁液体培养浑浊，表面有薄菌膜，管底有较多沉淀。

(二)谷氨酸产生菌的选育

菌种是工业发酵的灵魂。谷氨酸产生菌的选育，对于提高谷氨酸的产量和质量都有极其重要的意义。谷氨酸菌体的选育方法主要有 5 种，自然选育、诱变选育、杂交选育、代谢控制选育和基因工程选育，各种选育方法并不孤立存在，而是相互交叉、相互联系。

1. 自然选育

微生物纯种的自然选育，是以基因自发突变为基础选育优良性状菌株的一种方法。这种方法有利于谷氨酸产生菌保持良种，使谷氨酸生产具有相对稳定性，提高发酵水平。但是由于菌体自身存在着修复机制和某些酶的校正作用，使得自发突变率极低，导致选育耗时长、工作量大、效率低，一般不宜单独采用。

2. 诱变选育

诱变的目的是通过物理因素、化学因素及其他一些因素的单一或复合处理，使谷氨酸产生菌细胞内的遗传物质发生变化，通过分离筛选，可获得具有优良特性的变异菌株。物理因素主要有紫外线、^{60}Co、X 射线、γ 射线、快中子、α 射线、β 射线、超声波、He-Ne 激光辐照、离子束等。化学因素主要有氮芥、亚硝基胍、硫酸二乙酯、甲基磺酸乙酯、亚硝甲基脲、亚硝酸、5-氟尿嘧啶、5-溴尿嘧啶等。其他因素主要有生物诱导因子，如噬菌体诱发抗性突变等。

3. 杂交育种

杂交育种包括常规杂交和原生质体融合技术，其中原生质体融合技术近年来发展较为活跃。原生质体融合就是将两个亲株的细胞壁分别通过酶解作用加以剥除，制得原生质体或原生质球，在高渗条件下混合，由聚乙二醇(PEG)助溶，促使原生质体凝集、融合，两个基因组之间接触、交换、遗传重组，在再生细胞中获得重组体。

谷氨酸产生菌有着特殊的细胞壁结构，对溶菌酶一般不敏感，可对菌体做一些前处理，例如，加入 EDTA、甘氨酸、青霉素和 *D*-环丝氨酸等，这些物质可以使细胞壁变得疏松，便于溶菌酶处理。

4.代谢控制选育

代谢控制育种的活力在于以诱变育种为基础，获得各种解除或绕过微生物正常代谢途径的突变株，从而人为地使有用产物选择性地大量生成积累，打破了微生物调节这一障碍。依据谷氨酸生物合成途径及代谢调节机制，谷氨酸产生菌的代谢控制选育可从如下几方面进行。

(1)选育耐高糖、高谷氨酸的菌株。谷氨酸产生菌要高产谷氨酸，需具备的特征之一就是，它在高糖、高谷氨酸的培养基上仍能正常地生长与代谢。可选育在含20%～30%葡萄糖的平板上生长良好的耐高糖突变株；在含15%～20%味精的平板上生长良好的耐高谷氨酸突变株；在20%的葡萄糖加15%味精的平板上生长良好的耐高糖、耐高谷氨酸的菌株。

(2)选育能强化谷氨酸合成代谢、削弱或阻断支路代谢的菌株。

①选育不分解利用谷氨酸的突变株　谷氨酸是谷氨酰胺、鸟氨酸、瓜氨酸、精氨酸等氨基酸生物合成的前体物。在一定条件下，谷氨酸产生菌一边合成氨基酸，一边分解谷氨酸或利用谷氨酸合成其他氨基酸，不能使谷氨酸有效积累。

②选育强化CO_2固定反应的突变株　强化CO_2固定反应能提高菌体的产酸率，在谷氨酸生物合成途径中，如果四碳二羧酸全部由CO_2固定反应提供，谷氨酸对糖的理论转化率高达81.7%。

③选育解除谷氨酸对谷氨酸脱氢酶反馈调节的突变株　谷氨酸对谷氨酸脱氢酶存在着反馈抑制和反馈阻遏，使谷氨酸产生菌代谢转向天冬氨酸合成。解除这种反馈调节，有利于谷氨酸生成的连续性和谷氨酸的积累。该类突变株有酮基丙二酸抗性突变株、谷氨酸结构类似物抗性突变株和谷氨酰胺抗性突变株。

④选育强化能量代谢的突变株　强化能量代谢可以使TCA循环前一段代谢加强，谷氨酸合成速率加快。该类突变株有呼吸抑制剂抗性突变株、ADP磷酸化抑制剂抗性突变株和抑制能量代谢的抗生素的抗性突变株。

⑤其他遗传标记　有报道选育莽草酸缺陷型、抗嘌呤嘧啶类似物、抗核苷酸类抗生素、异亮氨酸缺陷、蛋氨酸缺陷、苯丙氨酸缺陷、AEC抗性、AHV抗性、棕榈酰谷氨酸等突变株，都可以不同程度地提高谷氨酸产量。

(3)选育能提高谷氨酸通透性的菌株。根据细胞膜的结构与组成特点，可以通过控制磷脂的合成使细胞膜损伤，加大谷氨酸通透性。而磷脂的合成双和油酸、甘油的合成关联，所以这类谷氨酸产生菌的选育可从以下几个方面进行：①选育生物素缺陷型菌株；②选育油酸缺陷型菌株；③选育甘油缺陷型菌株；④选育温度敏感型突变株；⑤其他突变型菌株，近年来有学者研究的抗药性、抗Vp类衍生物、溶菌酶敏感型、二氨基庚二酸缺陷型、乙酸缺陷型、棕榈酰谷氨酸敏感型突变株等，都能增强谷氨酸的通透性。

5.基因工程选育

随着生物工程新技术的发展，体外DNA重组的基因工程和固定化细胞技术都已应用于谷氨酸发酵研究。基因工程育种是指利用基因工程方法对产生菌株进行改造而获得高产工程菌，或者是通过微生物间的转基因而获得新菌种的育种方法。基因工程育种是真正意义上的理性选育，克服了人工诱变方法随机性大、耗费人力和时间等缺陷，按照人们事先设计和控制的方法进行育种，是当前最先进的育种技术。

二、谷氨酸菌的扩大培养

谷氨酸发酵生产通常采用谷氨酸菌二级扩大的种子液获得发酵所需的菌量。

扩大培养的工艺流程：

斜面原种 → 斜面活化(32℃，18～24 h) → 200 mL 液体振荡培养(32℃，12 h) → 1 000 mL 三角瓶(一级种子)→50～500 L 种子罐(二级种子)

1. 工艺要点

(1)斜面菌种培养。32℃培养 18～24 h。各菌种培养基成分见表 7-1。

表 7-1 不同生产菌谷氨酸发酵培养基成分

培养基成分	AS 1.299	AS 1.542
蛋白胨/%	1	1
牛肉膏/%	1	0.5
氯化钠/%	0.5	0.5
葡萄糖/%	—	0.1
琼脂/%	2	2
pH	7.0～7.2	7.0

(2)一级种子的培养。将培养好的培养基分装于 1 000 mL 三角瓶中，每瓶装 200～250 mL 液体培养基，瓶口用 6 层绒布包扎，在 0.1 MPa 的蒸汽压下灭菌 30 min。每只斜面菌种接种 3 只一级种子三角瓶。接种后，32℃振荡培养 12 h。培养好的一级种子放在 4℃冰箱备用。

(3)二级种子的培养。通常使用种子罐培养，种子罐的大小是根据发酵罐的容积配套确定的。二级种子的数量是发酵培养液体积的 1%。二级种子的培养温度为 32℃，时间为 7～10 h。

三、菌体的检测

种子的质量要求：

(1)镜检菌体健壮，排列整齐，大小均匀，呈单个或八字形排列。革兰氏染色阳性。

(2)二级种子的活菌浓度要求达到 10^8～10^9 个/mL。

(3)要求二级种子活力旺盛，对数期种子的呼吸强度(QO_2)大于 1 000 $\mu L\ O_2/(mL \cdot h)$。

(4)平板检查，菌落蛋黄色，中间隆起，表面湿润，有光泽，边缘整齐，呈半透明状。

(5)小摇瓶发酵试验,产酸稳定,并在高峰。

任务三　谷氨酸发酵机制及工艺控制

一、谷氨酸生物合成途径

1. 由葡萄糖发酵谷氨酸的理想途径

在谷氨酸发酵时,糖酵解经过 EMP 和 HMP 两个途径进行,生物素充足菌 HMP 所占比例约为 38%,控制生物素亚适量的结果表明,在发酵产酸期,EMP 所占比例更大,约为 74%。生成丙酮酸后,一部分氧化脱羧生成乙酰 CoA,一部分固定 CO_2 生成草酰乙酸或苹果酸,草酰乙酸与乙酰 CoA 在柠檬酸合成酶催化作用下,缩合成柠檬酸,再经过氧化还原共轭的氨基化反应生成谷氨酸,如图 7-1 所示。

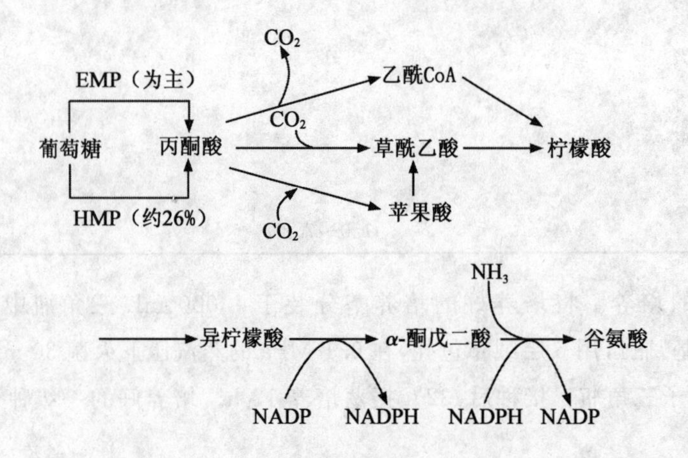

图 7-1　葡萄糖发酵谷氨酸的理想途径

2. 由葡萄糖生物合成谷氨酸的代谢途径

由葡萄糖生物合成谷氨酸的代谢途径如图 7-2 所示，谷氨酸生成期的主要过程至少有 16 步酶促反应。糖质原料发酵生成谷氨酸时,由于三羧酸循环中的缺陷(丧失 α-酮戊二酸脱氢酶氧化能力或氧化能力微弱),谷氨酸产生菌采用乙醛酸循环途径进行代谢,提供四碳二羧酸及菌体合成所需的中间产物等。为了获得能量和产生生物合成反应所需的中间产物,在谷氨酸发酵的菌体生长期之后,进入谷氨酸生成期,为了大量生成、积累谷氨酸,需要封闭乙醛酸循环。因此在谷氨酸发酵中,菌体生长期的最适条件和谷氨酸生成积累期的最适条件是不一样的。

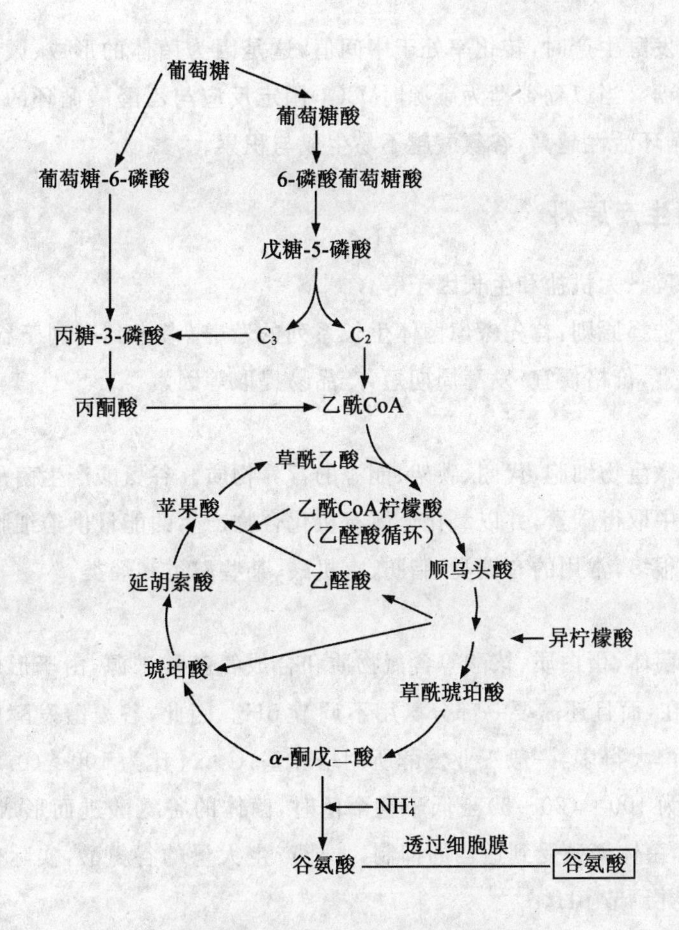

图 7-2　由葡萄糖生物合成谷氨酸的代谢途径

在菌体生长之后，假如四碳二羧酸是 100％通过 CO_2 固定反应供给在生长之后，理想的发酵按如下反应进行：

$$\underset{180}{C_6H_{12}O_6} + NH_3 + 1.5O_2 \rightarrow \underset{147}{C_5H_9O_4N} + CO_2 + 3H_2O$$

1 mol 葡萄糖可以生成 1 mol 的谷氨酸，谷氨酸对葡萄糖的质量理论转化率为

$$147/180 \times 100\% = 81.7\%$$

若 CO_2 固定反应完全不起作用，丙酮酸在丙酮酸脱氢酶的催化作用下，脱氧脱羧全部氧化成乙酰 CoA，通过乙醛酸循环供给四碳二羧酸。反应如下：

$$3C_6H_{12}O_6 + 6\ 丙酮酸 \rightarrow 6\ 乙酸 + 6CO_2$$

$$6\ 乙酸 + 2NN_3 + 3O_2 \rightarrow 2C_5H_9O_4N + 2CO_2 + 6H_2O$$

3 mol 葡萄糖可以生成 2 mol 的谷氨酸，谷氨酸对葡萄糖的质量理论转化率为：

$$(2\times147)/(3\times180)\times100\% = 54.4\%$$

谷氨酸实际发酵生产时，转化率处于中间值，这是因为菌体的形成、微量副产物和生物合成消耗了一部分糖。当以葡萄糖为碳源时，CO_2 固定反应与乙醛酸循环的比率对谷氨酸产率有影响，乙醛酸循环活性越高，谷氨酸越不易生成与积累。

二、谷氨酸生产原料

包括碳源、氮源、无机盐和生长因子等。

发酵原料物选择原则：首先考虑菌体生长系列的营养；考虑到有利于谷氨酸的大量积累；还要考虑原料丰富，价格便宜；发酵周期短，产品易提取等因素。

1. 碳源

碳源是构成微生物细胞、代谢、碳架、能源的营养物质。谷氨酸产生菌是异养型微生物，只能从有机化合物中取得碳素，并以氧化分解有机化合物产生的能量供给细胞生长需要。

碳源的种类很多，常用的有糖类、脂肪、有机酸、某些醇类和烃类。

2. 氮源

氮源是合成菌体、蛋白质、核酸等含氮物质和合成氨基酸来源，由于形成谷氨酸不仅需要足够的 NH_4^+ 存在，而且还需要一部分氨用不调节 pH。因此，谷氨酸发酵所需要的氮源数量要比普通工业发酵大得多，一般工业发酵所用培养基：C∶N 比为 100∶(0.5～2)，而谷氨酸发酵所需 C∶N 比为 100∶(20～3)当低于这个值时，菌体的谷氨酸进而形成谷氨酰胺，因此只有 C∶N 比适当，菌体繁殖受到适当的抑制，才能产生大量的谷氨酸，实际生产中一般用尿素或氨水作为氮源并调节 pH。

氮源种类：无机氮和有机氮。无机氮有氨水、尿素、硫酸铵、碳酸铵、氯化铵、硝酸铵等。

菌体利用无机氮源较有机氮源迅速，氨氮、尿素氮比硝基氮优越，目前生产上多采用尿素为氮源，采用分批添加。

注：尿素添加时温度不宜过高(不超过 45℃)，否则游离氨过多，使初 pH 过高，抑制菌体生长。发酵初尿素添加应在培养液冷却至室温后加入，以防止温度高，尿素分解，pH 升高，生成不溶性磷酸铵镁盐。

3. 无机盐

无机盐是微生物维持生命活动不可缺少的物质，其主要功能：①构成细胞的成分；②作为酶的组成部分；③激活或抑制酶活性；④调节培养基的渗透压；⑤调节培养基的 pH；⑥调节培养基的氧化还原电位。微生物对无机盐的需求量很少，但对微生物生长和代谢的影响却很大。谷氨酸发酵所需的无机离子有磷、硫、镁、钾、钙、铁等。

工业生产上常用的无机磷有 $K_2HPO_4 \cdot 3H_2O$ 或 $Na_2HPO_4 \cdot 12H_2O$。

4. 生长因子

凡是微生物生长所不可缺少，而自身又不能结合成的微量有机物称为生长因子，不同的微生物其所生长因子的种类也不同。目前所使用的谷氨酸生产菌均匀为生物缺陷型，因此生物素是谷氨酸生产菌的生长因子，它含量的多少对谷氨酸菌的生长，繁殖、代谢和谷氨酸的积累有十分密切的关系。生物素主要参与细胞膜的代谢，进而影响膜的透性。一般“亚适量”的生物素是谷氨酸积累的必要条件。谷氨酸生产菌的生长因子包括氨基酸、嘌呤、维生素等。

三、谷氨酸发酵条件的控制

在谷氨酸发酵过程中，优良的生产菌只是为获得高产提供了可能，要把这种可能变为现实，还必须给予必要的条件，生产菌才能实现高产，条件差控制不当，就达不到我们需要的目的，产品收率也要受到影响，所以在发酵过程中，除要严格控制无菌外，还要掌握一定的温度、pH、通过风量、菌龄及接种量与泡沫等。

(1)温度对发酵的影响。在发酵过程中，谷氨酸产生菌的生长繁殖与谷氨酸的合成都是在酶的催化下进行的酶促反应，由于产物不同，因而不同的酶促反应所需要的最适温度也不同。谷氨酸发酵前期(0～12 h)是菌体生长繁殖的所用，在此阶段主要是微生物利用培养基中的营养物质来合成蛋白质、核酸等物质供菌体生长进入稳定期，而控制这些合成反应的最适温度均在 30～32℃。发酵中后期(12 h 以后)菌体生进入稳定期。此时菌体繁殖速度变慢。谷氨酸合成过程加速进行，催化合成氨酸的谷氨酸脱氢酶的适温度均比菌体生长繁殖的温度要高，因而发酵中期适当提高罐温度有利于酸，中期温度可当提高至 34～37℃。

(2)pH 对发酵的影响。在发酵过程中，发酵液 pH 的变化是微生代谢情况的综合标志，其变化的根源主要在于培养基的成分和配比以及发酵与条件的控制，它变化的结果则影响整个发酵进程和产物量。谷氨酸发酵前期，由于菌体大量利用氮源进行自我繁殖，所以前期 pH 呈现下降趋势，发酵中后期主要是谷氨酸大量合成时期，在菌体内谷氨酸形成的谷氨酸脱氢酶和转氨酶在中性或弱碱性环境中催化活性最高，为此在中后期控制发酵 pH 是极为重要的，通常采用添加尿素等措施保持 pH 7.0～7.6，这样可提高谷氨酸的产量。

对于不同的谷氨酸产生菌细胞内谷氨酸脱氢酶可转氨酸的催化最适 pH 也不同，但就一般谷氨酸产生菌体而言，pH 控制在中性或弱碱性的利于谷氨酸的积累。

发酵生产中，pH 的控制通常采用加尿素、氨水或液氨等办法进行，这样不但补充了氮源，也起到调节 pH 的作用。

(3)通风与搅拌对发酵的影响。谷氨酸产生菌为兼性好氧微生物，也就是说在供氧不足的条件下也可生长，然而代谢产物有所不同，通风量小时，进行不完全氧化，蔗糖进入菌体后经糖酵解途径产生丙酮酸，丙酮酸则经还原产生乳酸，如果通风量大，则进入菌体内的葡萄糖被氧化成丙酮酸后继续形成乙酰 CoA，进入三羧酸循环生成 α-酮戊二酸。由于供氧体($NADPH_2$)在氧充足的条件下经呼吸链被氧化成水，而无氢的供给，谷氨酸的合成受阻，α-酮戊二酸大量积累，只有在供氧适当的条件下，还原辅酶Ⅱ($NADPH_2$)大部分不经呼吸链氧化成水，在 NH_4^+ 供应充足的条件下，才能在氨基酸脱氢酶的催化下还原形成谷氨酸，使谷氨酸大量积累。

通风的实质除供氧之处，通风还起到使菌体与培养基密切结合，保证代谢产物均匀扩散，以及正压操作的目的。

微生物只能利用溶解于培养基中的氧，溶解氧的大小是由通风量和搅拌转速所决定的。除此之外，培养基中溶解氧还与发酵罐的径高比、液层厚度、搅拌器式、搅拌叶直径大小、培养基黏度、罐压等到有关。在实际生产中，搅拌转速固定不变，通常通过调节风量不改变供氧水平。

搅拌可提高通风效果，可将空气打成小气泡，增加气、液接触面积、提高溶液溶解氧水平，谷氨酸发酵过程中，发酵前期以低通风量为宜，K_d 值（氧的溶解系数）在$(4\sim60)\times10^{-6}$ moL·L/(mL·min·MPa)，而产生酸期 K_d 值为$(1.5\sim1.8)\times10^{-5}$ moL·L/(mL·min·MPa)。

发酵罐的大小不同，所需要的搅拌转速与通风量也不同。表 7-2 是发酵罐大小、搅拌转速及通风量的关系。

表 7-2 搅拌转速与通风量

项目	发酵罐容积/m^3		
	10	20	50
搅拌转速/(r/min)	160	140	110
通风比/[m^3/(m^3·min)]	1∶(0.16～0.17)	1∶0.15	1∶0.12

实际生产通气量的大小常用通风比来表示，如每分钟向 1 m^3 的发酵液中通入 0.1 m^3 的无菌空气，即用 1∶0.1 来表示。

综上所述，通气搅拌对谷氨酸发酵大有影响。通气搅拌过量时糖耗慢，pH 趋碱性，前期菌体生长缓慢，后期氧化剧烈，α-酮戊二酸增产，谷氨酸减产，通气搅拌不足时，糖耗加快，pH 易趋酸性，尿素随加随耗，菌体大量生长繁殖，乳酸和琥珀酸增产，谷氨酸减产。因此，为了获得谷氨酸发酵的高产，通气搅拌必须配合适当，才能使发酵产酸正常进行。

(4)种龄和接种量的控制。微生物的生长大致可分为适应期、对数期、稳定期、衰老期。通常情况下一级种子菌龄控制在 11～12 h，二级种子菌龄为 7～8 h 为宜。

接种量是指接入发酵罐内种子的量占发酵罐内发酵培养基量的百分比。接种量的多少对适应期的延续时间也有很大的影响。接种量一般以 1% 为好。种量过多，使菌体生长速度过快，菌体娇嫩，不强壮，提前衰老自溶，后期产酸不高；如果接种量过少，则菌体增长缓慢，会导致发酵时间延长，容易染菌。

(5)泡沫控制。在发酵过程中，由于通风和搅拌、新陈代谢以及产生的二氧化碳等会使发酵液产生大量的泡沫，泡沫过多，不仅使氧在扩散过程中受阻，影响菌体的呼吸代谢，而且容易造成逃料并增加杂菌污染的机会，要对泡沫的产生加以控制。

生产上为了控制泡沫，除了在发酵罐上加机械消泡器外，还可以在发酵时加化学消泡剂。作为化学消泡剂，应该具有较强的消泡作用。对发酵过程安全无害，消泡作用迅速，用量少、效率高、价格低廉，取材方便，不影响菌体的生长和代谢，同时不影响产物的提取。目前，谷氨酸的发酵常用消泡剂有：花生油、豆油、菜油、玉米油、棉籽油和泡敌（聚环氧丙烷甘油醚）以及硅酮等。天然油脂类的消泡剂用量较大，一般为发酵液的 0.1%～0.2%（V/V），泡敌的用量为 0.02%～0.03%（V/V）。

消泡剂的用量要适当，加入过多，会使发酵液中的菌体凝聚结团，并妨碍氧的扩散，还会给谷氨酸的提取分离带来困难。

发酵时间不同，谷氨酸产生菌种对糖的浓度要求也不一样，一般低糖发酵（12.5%）整个发酵过程 36～38 h，中糖 14%发酵为 45 h。

谷氨酸菌能够在菌体外大量积累谷氨酸，是由于菌体的代谢调节处于异常状态，只有具有特异性生理特征的菌才能大量积累谷氨酸。这样对菌体对环境条件是敏感的。也就是说，谷氨酸发酵是建立在容易变动的代谢平衡上的，是受多种菌体发酵条件支配的。因此，控制最适的环境条件是提高发酵产率的重要条件。在谷氨酸发酵中，应根据菌种特性，控制好生物素、磷、NH_4^+、pH、氧传递率、排气中二氧化碳和氧含量、氧化还原电位以及温度等，从而控制好菌体增殖与产物形成、能量代谢产物合成、副产物与主产物的合成关系，使产物最大限度地利用糖合成主产物。为了实现发酵过程工艺条件最佳化，可采用电子计算机进行资料收集、数据解析、程序控制。收集准确的数据，如搅拌转速液量、冷却水入口温度和流量、通风量、发酵温度、pH、溶解氧化还原电位等，还可准确地取样。控制操作者要求进行检测和及时处理增殖速度、产物形成速度、营养吸收速度、氧的消耗速度等数据，使操作条件最佳化。

任务四 味精的提取及精制

将谷氨酸生产菌在发酵液中积累的 *L*-谷氨酸提取出来，再进一步中和、除铁、脱色、加工精制成谷氨酸单钠盐叫谷氨酸的提炼。包括提取和精制两个阶段。

谷氨酸是发酵的目的物，它溶解在发酵液中，而在发酵还存在菌体、残糖、色素、胶体物质以及其他发酵副产物。

一、谷氨酸的提取方法

（一）等电点沉淀法

将发酵液加盐酸调 pH 至谷氨酸的等电点，使谷氨酸沉淀析出，其收率可达 60%～70%。如果采用冷冻低温等电点法，液温冷却至 5℃以下，收率可达 78%左右。

（二）不溶性盐沉淀法

包括锌盐法和钙盐法，即利用谷氨酸与锌、钙、钴等金属离子作用，生成难溶于水的谷氨酸金属盐，沉淀析出，在酸性环境中谷氨酸金属盐被分解，在 pH 2.4 时，谷氨酸溶解度最小，重新以谷氨酸形式结晶析出。

一般锌盐法提取收率在 85%左右，有的工厂采用等电点——锌盐法提取谷氨酸收率较稳定。

(三)离子交换法

先将发酵液稀释至一定浓度，用盐酸将发酵液调至一定 pH，采用阳离子交换树脂吸附谷氨酸，然后用洗脱剂将谷氨酸从树脂上洗脱下来，达到浓缩和提纯的目的。收率可达 85%～90%。

但是酸碱用量大，废水排放量大。国内有些味精厂采用等电点——离子交换法提取工艺，总收率可达 90%左右。

(四)电渗析法

根据渗透膜对各种离子物质的选择透过性不同而将谷氨酸分离。

目前我国大多采用等电点法提取谷氨酸。

1. 等电点法提取谷氨酸的原理

等电点法是谷氨酸提取方法中最简单的一种方法，由于设备简单、操作简便、投资少等优点，谷氨酸发酵液不经除菌或除菌、不经浓缩或浓缩处理、在常温或低温下加盐酸调至谷氨酸的等电点 pH 3.22，使谷氨酸呈过饱和状态结晶析出。

谷氨酸分子中含有 2 个酸性的羧基和一个碱性的氨基，在不同的 pH 溶液中以 GA^{+}、$GA^{\pm}$、GA^{-}、$GA^{=}$表示。pH 为 3.22 时，大部分谷氨酸以 $GA^{\pm}$形式存在，此时谷氨酸的氨基和羧基的离解程度相等，总静电荷为零。由于谷氨酸分子之间的相互碰撞，并通过静电引力的作用，会结合成较大的聚合体而沉淀析出。因而在等电点时，谷氨酸的溶解度最小。

2. pH 对谷氨酸溶解度的影响

谷氨酸的溶解度随 pH 的改变而改变，pH 3.22 和在 30%以上的高浓度盐酸下，溶解度便显著减少到最低点。

3. 温度对谷氨酸溶解度的影响

谷氨酸溶解度受温度的影响较大，温度越低，溶解度越小。

(五)谷氨酸发酵液的组分

正常谷氨酸发酵液的组分如下。

(1)*L*-谷氨酸，一般以谷氨酸铵盐($C_5H_8O_4N \cdot NH_4$)形式存在。

(2)无机盐(K^{+}、Na^{+}、NH_4^{+}、Mg^{2+}、Ca^{2+}、SO_4^{2-} 等)、残糖、色素、尿素以及消泡用的花生油、豆油或合成消泡剂等。

(3)大量菌体、蛋白质等固型物质悬浮在发酵液中，湿菌体占发酵液的 2%～5%。

除此之外还存在着核苷酸类物质及其降解产物和其他氨基酸。

(六)等电点法提取谷氨酸工艺

1.工艺流程

酸中和：

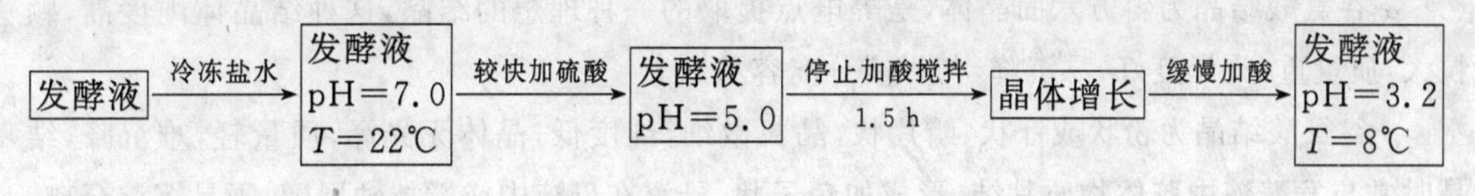

碱中和：

谷氨酸结晶 —40～60℃温水→ 谷氨酸溶液 —碳酸钠 70℃→ 谷氨酸钠溶液 pH=5.6

谷氨酸钠的提取及中和过程控制见图 7-3。

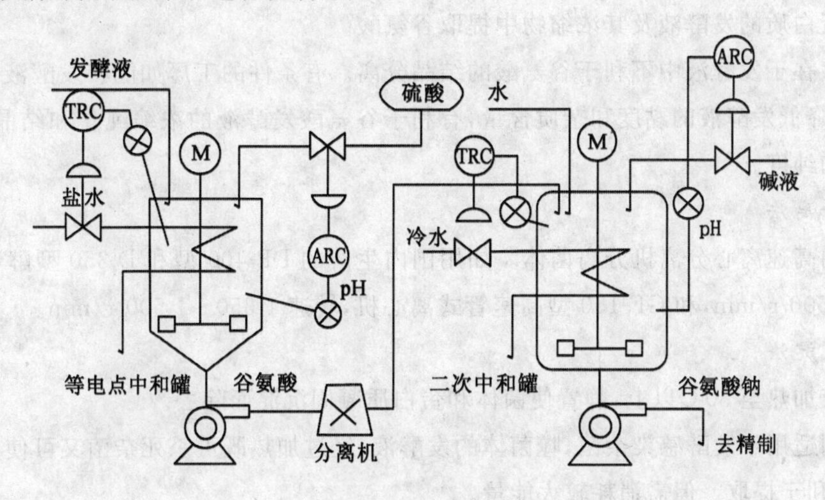

图 7-3 谷氨酸钠提取及中和过程控制

2.工艺要点

(1)酸中和。向中和罐盘管内注入冷冻盐水，将发酵液温度降至 22℃，然后加硫酸中和，使其 pH 从 7.0 降至 3.2，温度从 22℃降至 8℃。该过程要先以较快的速率加酸，将 pH 先调整至 5.0，停止加酸并搅拌 1.5 h，保证晶体增长。然后继续缓慢加酸调整，直到 pH 降为 3.2，温度冷却至 8℃，达到等电点，停止中和及搅拌。

(2)离心分离与干燥。用空气加压将发酵罐内谷氨酸固液混合物料放出，置于大容量低速离心机 4 500 r/min，分离 20 min，弃去上清液，可得湿的谷氨酸晶体。将湿的谷氨酸晶体置于烘箱，控制温度为 60℃进行干燥 2 h 左右，可得干的谷氨酸晶体。

(3)碱中和。分离得谷氨酸结晶，加入温水溶解，用碳酸钠将谷氨酸溶液的 pH 调到 5.6，温度在 70℃。

3. 谷氨酸的晶型及性质

谷氨酸结晶具有多晶型性质，在不同条件下会形成不同晶形的谷氨酸结晶。分为 α-结晶和 β-结晶两种。

α-谷氨酸结晶为斜方六面晶体，是等电点提取的一种理想的结晶，这种结晶体纯度高，颗粒大，质量重，光泽度好，易沉降，与母液分离容易。

β-谷氨酸结晶为粉状或针状、鳞片状，晶粒微细，纯度低，晶体无光泽，质量轻，难沉降，结晶时常与发酵液中胶体物质黏结，形成如鱼子状，悬浮在母液中或搅拌轴周围，不易沉淀分离。因此在操作中要控制结晶条件，避免 β-型结晶析出。

二、菌体分离方法

国内味精厂从发酵液中提取谷氨酸时，一般受设备条件限制，并不先分离菌体，而直接从含有菌体和蛋白质的发酵液及其浓缩物中提取谷氨酸。

但菌体存在于发酵液中不利于谷氨酸的结晶分离。有条件的工厂如能将发酵液中菌体预先分离，就会降低发酵液的黏度和杂质含量，有利于谷氨酸发酵液的浓缩纯化和结晶分离，提高产品收率和纯度。

1. 机械分离法

一般采用高速离心分离机分离菌体。如用国内生产的 DP-400 型和 D-350 型酵母高速离心机，转速 6 500 r/min，和 GF-150 型高速管式离心机，转速 1 350～1 500 r/min。

2. 加热沉淀法

将发酵液加热至 80℃以上，静置使菌体和蛋白质凝固沉淀而除去。

此法特别适用于发酵感染杂菌，噬菌体的发酵液，经过加热既可杀死杂菌又可使大量杂质凝固沉淀，有利于提取。但需消耗较大能量。

3. 添加凝聚剂沉淀法

在发酵液中加入适量絮凝剂（如聚丙烯酰胺）使菌体凝集一起，加助滤剂过滤除去。

三、味精的干燥、筛选和成品的质量分析

（一）味精的干燥

干燥的目的是除去味精表面的水分，而不失去结晶水，外观上保持原有晶型和晶面的光洁度。目前，味精工业主要采用振动式沸腾干燥设备进行干燥，其原理是利用振动输送机的槽体加一层多孔板，当振动时，湿味精晶体在多孔板上跳跃前进，与此同时，热风从多孔板下方吹入，将湿味精晶体的水分蒸发掉，从而达到烘干的目的。

影响味精干燥速率的因素：

(1)味精含水率。若含水率高，湿度大，干燥速率慢。

(2)热空气温度和湿度。热空气温度高，其相对湿度低，吸湿力强，干燥速率快。但生产上

湿度不宜过高，以免味精失去结晶水，一般不超过 80℃。

(3)热空气流量。热空气流量的大小影响到物料与气流的湍流程度，当于悬浮状态时，有利于传热和传质，加快干燥速率。

(4)热空气流动方向。尽量使物料运动方向与热空气流动方向相反，增大温度差，提高汽化速率。

(5)干燥停留时间。干燥停留时间越短，晶体表面上亮度就越好，相反就越差，停留时间与振动干燥机振动面的长度、坡度、振动频率和振幅等有关。

(二)味精的筛选

紧接着振动式沸腾干燥设备，应安装振动筛选机，对干燥出来的味精及时进行筛选。根据不同要求，选择不同孔径的筛网。

(三)谷氨酸钠(味精)标准 GB 8967—2007

1.味精

以淀粉质、糖质为原料，经微生物(谷氨酸棒杆菌等)发酵，提取、中和、结晶精制而成的谷氨酸钠含量等于或大于 99.0%，具有特殊鲜味的白色结晶或粉末。

2.感官要求

无色至白色结晶状颗粒或粉末，易溶于水，无肉眼可见杂质。具有特殊鲜味，无异味。

3.理化指标

见表 7-3。

表 7-3 谷氨酸钠(味精)理化要求

项目	指标
谷氨酸钠/%	≥99.0
透光率/%	≥98
比旋光度$[\alpha]_D^{20}$(°)	≤+24.9～+25.3
氯化物(以 Cl^- 计)/%	≤0.1
pH	6.7～7.5
干燥失重/%	≤0.5
铁/(mg/kg)	≤5
硫酸盐(以 SO_4^{2-} 计)/%	≤0.05

必备知识

一、味精的主要性质

L-谷氨酸钠的一水化合物，俗称味精，它具有强烈的肉类鲜味，将其添加在食品中可使食

品风味增强，鲜味增加，是食品的鲜味调味品。

谷氨酸是中枢神经系统中一种最重要的兴奋性神经递质，主要分布于大脑皮质、海马、小脑和纹状体，在学习、记忆、神经元可塑性及大脑发育等方面均起重要作用。此外，谷氨酸对心肌能量代谢和心肌保护起着重要作用。

(一)物理性质

1. 旋光性

L-谷氨酸钠为右旋，在 20℃，2 mol/L 盐酸介质中的比旋光度为＋25.16。

2. 溶解度

谷氨酸钠可溶于水和酒精溶液，在水中的溶解度随温度的升高而增大，在酒精中的溶解度随酒精浓度的升高而降低。

(二)化学性质

谷氨酸钠具有一个羧基(—COOH)，一个羧基钠(—COONa)，一个氨基($—NH_2$)，所以呈中性。其化学性质主要表现如下：

(1)与酸作用生成谷氨酸。

(2)与碱反应生成谷氨酸二钠。

(3)加热进行脱水反应，生成焦谷氨酸钠。

二、味精行业的概括

20 世纪 80 年代初，全国有 150 余家味精生产企业，目前有 30 余家企业，2006 年，我国味精产量已达到 136 万 t。比较有影响的企业为沈阳红梅味精股份有限公司、河南莲花味精股份有限公司、山东菱花集团公司、江苏菊花味精集团有限公司、广州奥桑味精食品有限公司、杭州发酵有限公司、广州肇庆星湖味精股份有限公司等。虽然市场激烈竞争导致味精的价格逐渐下降，但由于技术进步使得成本大幅度降低，行业利润率水平并不低，加之消费需求多年保持 7%～8%的增长，吸引了一些上市公司、民营企业进入味精行业，如丰原公司、荣华公司、梅花公司等，同时味精企业也出现了多元化的发展势头，生产多种氨基酸的公司有河南莲花味精股份有限公司、江苏菊花味精集团有限公司和广州肇庆星湖味精股份有限公司。

三、味精的安全性

任何食品的食用都要适量，并非多多益善，过量的食用，自然与健康无益。1987 年 2 月 16～25 日，在荷兰海牙召开的联合国粮农组织和世界卫生组织食品添加剂专家联合委员会第十九次会议上，对味精各种毒理性实验的综合评价结果做出了结论，即味精作为风味增强剂，食用是安全的，宣布取消对味精的食用限量，确认了味精是安全可靠的食品添加剂。就营养价值而言，味精是谷氨酸的单钠盐，谷氨酸是构成蛋白质的氨基酸之一，也是人体和动物的重要营养物质，具有特殊的生理作用。1975 年美国《营养和食品工艺学词典》记载，在空腹时食用味精 25 mg/kg 体重，25～30 min 后就会发生头痛、出汗、恶心、体软、口渴、面颊潮红、腹部疼痛等症状，但这些状况在数小时之内就会消失，所以在空腹时不要吃味精。谷氨酸及谷氨酸钠的分解物质中有很强的变异原物质，如果将植物油与味精混在一起加热约 20 min，变异原物质会进一步增加。因此，在烹调时味精不宜在高温的炒菜过程中添加，而应在烹调终了时加入作调味品用。

味精的代谢过程：

味精进入胃后，受胃酸作用生成谷氨酸。谷氨酸被人体吸收后，参与体内许多代谢反应，并与其他氨基酸一起共同构成人体组织的蛋白质。人体中的谷氨酸能与血液中的氨结合形成谷氨酰胺，从而解除组织代谢过程中所产生的氨的毒害作用。

过量食用味精可造成体内钠滞留，使血管变细，血压升高。

据中国台湾最近的一项调查发现，约有 30％的人由于摄取味精过量而出现了嗜睡、焦躁等现象。味精的主要成分为谷氨酸钠，在消化过程中能分解出谷氨酸，后者在脑组织中经酶催化，可转变成一种抑制性神经传递物质。当味精摄入过多时，这种抑制性神经传递物质就会使人体中各种神经功能处于抑制状态，从而出现眩晕、嗜睡、肌肉痉挛等一系列症状。

建议每道菜味精的添加量不应超过 0.5 mg。

关于食用味精的安全性问题，国际第 14 届食品添加物专门委员会曾作过如下结论：味精作为食品添加物是极其安全的，除婴儿外，普通人一日摄取量为 120 mg/kg 体重。

四、味精的营养

味精，性平，味酸。有滋补，开胃，助消化的作用。它能增加食品的鲜味，引起人们食欲，有助于提高人体对食物的消化率；味精中的主要成分谷氨酸钠还具有治疗慢性肝炎、肝昏迷、神经衰弱、癫痫病、胃酸缺乏等病的作用。

2007 年 10 月 7 日 CCTV-新闻频道《每周质量报告》，营养专家吴晓松说：味精主要成分都是谷氨酸钠，澄清“味精对人体健康绝对没有任何损害”。

味精自问世以来，人们对它有一个不断认识、不断受益的过程。关于味精的营养价值与安全性以及它对人体的生理作用，诸多科学家为此付出了艰辛的劳动，从各方面获得了有益于人体健康的证据。在医药界，世界上许多国家在毒理、药理和药效等方面都对味精进行过认真研究和试验，最终得出了令人信服的结论。

谷氨酸钠在体内具有重要的生理功能：由于它有补脑和保肝作用，在临床上常用于治疗某些神经性疾患（如癫痫病、神经衰弱）和肝病（如肝昏迷、肝功能受损）。有报道用以防止肝昏迷，每次服味精 3 g，1 天 3 次；防治癫痫发作，成人每天 2 g，小儿每天服 1 g，1 天 3 次分服；大脑发育不全，每天服 1～1.5 g，1 天 3 次分服。

中国中医研究院西苑医院葛文津教授介绍了谷氨酸的药理作用：从原理上对它进行了分析。它参与脑内蛋白质和糖代谢，促进脑细胞氧化过程。脑组织能氧化谷氨酸，而不能氧化其他氨基酸，当葡萄糖供应不足时，谷氨酸可作为脑组织的能源。此药可改善中枢神经系统的功能；它能与体内血氨结合成无毒的谷氨酰胺，使血氨下降，从而减轻肝昏迷症状；此药能增加食欲。科学研究证明，在人的味觉器官中存在着专门的谷氨酸受体部位，这种“鲜味”与酸、甜、苦、咸味对肌体同样重要，味精进入胃肠后，很快会分解出谷氨酸，在人体代谢过程中与酮酸发生氨基转移作用，合成其他氨基酸。

谷氨酸钠的临床用途：治疗肝昏迷、肝功能损伤及各种原因的昏迷；对精神病、神经衰弱、癫痫病、小儿大脑发育不全等症有辅助治疗作用；适用于食欲缺乏、胃酸不足，营养不良等症。

中国药膳学认为：味精味道极鲜美，有健身补脑作用，是药膳的主要调料之一，用以提高鲜味、增进食欲，这对于味觉减退的老年人、体质虚弱者、产妇、厌食儿童、恢复期患者可开胃口，增加营养的吸收与消化，促进体质改善。谷氨酸钠是有益于身体健康的“药食两用”营养品，人们应该真正了解它，应用它，让味精为人类健康做出更多的贡献。

据研究，味精可以增进人们的食欲，提高人体对其他各种食物的吸收能力，对人体有一定的滋补作用。因为味精里含有大量的谷氨酸，是人体所需要的一种氨基酸，96%能被人体吸收，形成人体组织中的蛋白质。它还能与血氨结合，形成对机体无害的谷氨酰胺，解除组织代谢过程中所产生的氨的毒性作用。又能参与脑蛋白质代谢和糖代谢，促进氧化过程，对中枢神经系统的正常活动起良好的作用，足见谷氨酸的作用及营养价值。

五、红薯制味精

味精的化学名称叫谷氨酸钠，又叫麸酸钠，它是一种高级调味品，既能改善烹调风味，又能促进食欲和帮助消化。用红薯淀粉可生产味精，且生产成本低。

(1)工艺流程。

制备淀粉水解糖→发酵→谷氨酸提取中和脱色→浓缩结晶→干燥筛分→成品

(2)工艺操作要点。

①制备淀粉水解糖　将红薯淀粉加水调成粉浆使其浓度为16°Bé，并用碳酸钠调pH至6.2～6.4，加入备好的液化酶，用量为每克干淀粉5单位。将粉浆温度调至85～90℃，保温约20 min左右，用碘液检查；呈棕红色成橙黄色即液化完全。再将粉浆温度调至100℃，保持5 min以便杀灭液化酶。然后将粉浆温度降至55～60℃用盐酸调pH至1.8，加糖化酶保温。用无水酒精检查糖化终点，无白色反应时即结束糖化，将糖化液加热至100℃灭酶。用碳酸钠调整水解糖液的pH为4.6～4.8。中和温度一般在80℃左右。然后加入0.3%的活性浆，搅拌均匀，使糖液脱色，脱色时间应不少于30 min。脱色完毕，将糖液过滤，即得水解糖液。

②发酵　发酵的过程：斜面活化→二级摇瓶种子→二级罐种子→发酵。

谷氨酸发酵时使用B9菌种，斜面培养基成分为葡萄糖0.1%，蛋白胨1%，牛肉膏0.5%，食盐5%，琼脂2%，pH 7.0，斜面培养32℃，18 h。

一级种子培养基成分为葡萄糖2.5%，尿素0.5%，玉米浆3%，硫酸镁0.04%，磷酸氢二钾 0.1%，硫酸铁 2%，硫酸锰 2%，pH 6.8～7.0。一级种子在 32℃培养 12 h。

二级种子培养基成分为水解糖 2.5%，尿素 0.4%，玉米浆 3%，磷酸氢二钾 0.15%；硫酸镁 0.05%，硫酸锰百万分之 2，pH 6.8～7.0。二级种子在 34℃培养 7～8 h。

发酵罐用培养基成分：水解糖 2.5%；尿素 0.6%，玉米浆 0.6%，磷酸二氢钾 0.17%，氯化钾 0.03%，硫酸镁 0.06%，硫酸锰百万分之 2，pH 6.7～7.0。培养条件是接种量为 1%，培养温度 35～36℃，培养时间为 35 h 左右。

③谷氨酸提取　大部分工厂提取谷氨酸是采用等电点法。将发酵液的 pH 调至 3.22，谷氨酸就处于过饱和状态呈结晶析出。

④中和脱色　谷氨酸与碳酸钠中和制成谷氨酸钠，才具有强力鲜味；中和温度为 60～65℃，中和液的浓度为 22°Bé，pH 为 6.9～7.0。106 g 的碳酸钠可中和 294 g 的谷氨酸。中和完毕后，需将中和液脱色。先用谷氨酸将中和液调回至 pH 6.3，加热至 60℃，使谷氨酸钠充分溶解，加入粉末活性炭进行脱色，搅拌 30 min 后，即可让其自然沉淀或进行过滤。

⑤浓缩结晶　将脱色液放入真空浓缩锅内，真空度保持在 9 979 Pa 以上，温度控制在 60℃以下。当锅内液体浓度达到 32°Bé 时，即开搅拌机，关掉蒸汽，用真空吸入晶种，进行起晶，然后将所得晶液在离心机内进行离心分离。

⑥干燥过筛　将结晶味精于 80℃干燥，然后过 8 目、12 目、20 目、30 目的筛，其中 12 目、20 目、30 目的可作为成品 99°味精。大片的可打碎成粉拌入食盐，作为粉状味精。过细的作为小结晶味精或当晶种用。

拓展知识

随着味精生产的发展和技术的进步，味精生产设备也发生了较大的变化。由于味精生产规模的扩大，设备已走向大型化，例如，发酵罐由 50 m^3 发展到 200 m^3，中国台湾已有 600 m^3 罐在运行。等电点罐由 75 m^3 增大到 150 m^3、结晶罐由 10 m^3 发展到 25～30 m^3 的节能循环型结晶罐。为降低能耗，蒸发系统采用了节能性蒸发器，为提高分离效率，采用了先进的碟式分离机分离发酵液中的菌体，这样可以简化谷氨酸提取和提高纯度。

问题探究

1. 如何对谷氨酸发酵过程进行控制？

2. 提高谷氨酸提取率的措施？

项目小结

谷氨酸是一种普遍的氨基酸，人体自产谷氨酸，它主要以络合状态存在于富含蛋白质的食物中，以粮食为原料（玉米淀粉、大米、小麦淀粉、甘薯淀粉）通过微生物发酵，在培养基中生产谷氨酸，之后谷氨酸从液体培养基中被分离出来，提取、精制而得到符合国家标准的谷氨酸钠。

习题

1. 简述谷氨酸的生产工艺流程。

2. 谷氨酸生产中常用到哪些原料？

3. 画出谷氨酸的生产工艺流程图并解释操作要点。

4. 简述谷氨酸发酵控制的影响因素。

5. 影响谷氨酸结晶速度的因素有哪些？

6. 简要说明等电点提取谷氨酸的原理。如何防止等电点提取谷氨酸过程中产生 β-型结晶？

项目八　腌制菜品生产技术

知识目标

1. 了解腌制菜的分类，熟悉腌制菜生产的原辅料。

2. 熟悉菜品腌制的基本原理，掌握咸菜、酱菜及泡菜的生产工艺流程。

3. 熟悉我国地方特色腌制菜的特点及生产方法，了解韩国、日本腌制菜的特点与制作工艺。

技能目标

1. 能够处理腌制菜生产中的原料，会选择腌制菜生产的辅料。

2. 掌握腌制菜生产加工中的基本操作技能。

3. 具备分析腌制菜质量的影响因素及预防常见质量问题的一定能力。

解决问题

1. 低盐化腌制菜常用的保鲜技术有哪些？

2. 以当地的一种主要蔬菜为例设计腌制品的加工工艺。

3. 如何达到蔬菜制品低盐、低糖化，质量标准国际化，产品风味色、香、味、形多样化？

科苑导读

蔬菜的腌制加工起源于我国，我国是世界上蔬菜资源最丰富，蔬菜栽培历史最悠久的国家。有记载的蔬菜瓜果腌制可追溯到 3 100 年之前。最初，人们是为了满足最基本的食物需求，在收获旺季就必须把部分蔬菜贮藏起来，以便在淡季食用，于是人们在实践中，利用盐将蔬菜通过腌制的方式保藏起来，这就是腌制菜的雏形。

“酱菜、咸菜”是对腌制菜品比较现代和通俗的称呼，较为专业的称呼应该是盐渍蔬果制品。蔬菜经过盐、酱、糖、醋等渍制加工后称为渍制品，渍制品的种类因蔬菜的种类而繁多、风味各异。我国将蔬菜经过盐、糖、醋、酱等腌制形成的渍制食品统称为腌制菜。腌制菜的生产与其他调味品的生产一样，都经历了由简单到复杂，由单一品种到多品种的漫长过程，在长期的发展过程中，已形成风格独特、享誉全球的腌制菜小食品。它是历代劳动人民智慧的结晶，是我国宝贵文化财富的一部分。

任务一　腌制菜加工技术

腌制菜是以新鲜蔬菜、果品等原料，采用不同腌制工艺制作而成的蔬菜腌制加工品，是我国加工最普遍、产量最多的一种蔬菜加工制品，具有悠久的历史。根据腌制工艺的不同可以分为咸菜、酱菜、泡菜。

一、咸菜加工

咸菜又称盐渍菜或腌菜，咸菜是利用高浓度食盐和各种调料进行盐腌、保存，并改善风味的加工制品。咸菜的盐渍过程，就是利用高浓度食盐溶液的高渗透压力，一是抑制有害微生物的生长，能长期保存；二是渗出菜内一部分水分，除去菜内某些苦味和辛辣味，并赋予其咸味。

（一）工艺流程

原料选择→原料预处理→腌制（食盐）→倒缸→封缸→后期管理

（二）工艺操作

1. 原料的选择和处理

原料采收首先应针对原料的品种、成熟度、形态和新鲜度等选择加工原料；其次，要尽量及时加工，不能堆放太久，否则会因呼吸作用产生的热不能及时排出，给微生物生长带来有利条件，使原料在加工前就腐烂变质。

（1）原料的选择。蔬菜的种类繁多，其中多种蔬菜都可以作为腌菜的原料，由于蔬菜品质与成品质量有密切的关系，所以制作腌菜时，一般选用肉质肥厚、紧密、固形物含量高、质地脆嫩、粗纤维少、加工适性良好的蔬菜种类。还要根据各类菜的生物学特点选择适当的品种，此外，蔬菜的成熟度应为七八分成熟而且新鲜。

（2）原料预处理。

①原料的整理　根据各类蔬菜的特点进行削根、去皮、摘除老叶、黄叶等不能食用的部分，剔除有病虫害、机械伤、畸形及腐烂变质等不合格的原料及杂质。合格的原料，按大小、成熟度、色泽分级，使得每批原料品质基本一致。

②原料的洗涤　原料在田间生长及采收、运输过程中，其表面会附着尘埃、泥土和大量微生物。因此，在加工前必须用清水进行洗涤，以保证产品清洁卫生。目前蔬菜洗涤多采用手工

洗涤。现代化加工厂多采用机械洗涤。

③原料的去皮　有些原料的表皮比较坚硬和粗糙，如苤蓝、莴笋等其外皮含有纤维素和角质，不仅不能食用，而且还影响腌制速度和制品质量。去皮方法一般分为手工去皮和机械去皮两种。手工去皮多使用去皮刀，机械去皮多选用旋皮机。

④原料的切分　为了保证产品具有良好的风味和美观的外形，需将原料切制成丝、条、块、片、丁等各种形状。目的是使细胞中的可溶性物质迅速外渗，以使发酵作用迅速进行，同时使料液中的各种有效成分迅速进入到蔬菜细胞中去，缩短生产周期，还可使制品美观。腌菜不论切分与否，都要求形状整齐、大小、薄厚基本均匀。

⑤原料的晾晒　根据制品工艺的要求，有些原料在腌制前要进行晾晒，脱除一部分水分，使菜体萎蔫、柔软，在腌制处理时不致折断，食盐用量相对减少，防止盐腌菜体内营养物质的流失。

2.加盐腌制

利用食盐对原料进行盐渍的腌制方法，主要有干腌法、湿腌法、晒腌法和烫漂盐渍法四种，根据不同原料类型要采用不同的盐渍方法。

(1)干腌法。新鲜原料直接用食盐而不加水腌制成咸坯的方法，即干腌法。一般来说，随产随销的咸菜，每 50 kg 鲜菜用盐 3～4 kg。需长期贮存的咸菜，每 50 kg 鲜菜用盐 7.5～10 kg。这种方法适用于含水量较多的原料，如萝卜、雪里蕻、鸡冠花等。

干腌法的优点是操作简便、营养成分流失少；缺点是腌制不均匀、失重大、味太咸、色泽较差。

(2)湿腌法。湿腌法就是在加盐的同时，添加适量的清水或盐水。果蔬腌制时盐浓度一般为 50～150 g/L，以 100～1 500 g/L 为宜，在此浓度下有害微生物的活动得到了基本抑制。这种方法适用于含水量较少、个体较大的原料，如蔬菜类的芥菜、苤蓝等。

湿腌法的优点是腌制均匀、盐水可重复利用；缺点是风味、色泽不及干腌制品，因含水分多不易保藏。

(3)腌晒法。是一种腌晒结合的方法，即单腌法盐腌，晾晒脱水成咸坯。如榨菜、梅干菜在腌制前先要进行晾晒，去除部分水分，而萝卜头、萝卜干则要先腌后晒。

腌晒法的优点:盐腌可减少菜坯中的水分，提高食盐浓度，利于装坛储藏。进行晾晒，可除去原料中的一部分水分，防止在盐腌时菜体的营养成分过多流失，影响腌制品品质。

(4)乳酸发酵腌制法。乳酸发酵腌制法可分为清水发酵和盐水发酵两种。

①清水发酵　原料先经烫漂后立即冷浸以保脆性，然后把菜放入容器内压好，封盖，菜汁不断渗出，淹没菜体，形成水封闭层。这时乳酸菌利用菜和菜汁的养分，在 20℃以上进行湿态发酵而得成品。这种成品在－5℃保存，可防酸败。如酸菜类。

②盐水发酵　用不同浓度的盐水腌菜，乳酸发酵的速度也不一样。菜的投盐量有 2%、4%、6%、8%、10%等多种。投盐量还可以根据季节不同而更改。气温低时，可用 6%的食盐

进行乳酸发酵；气温高时，则可用10%的食盐发酵。乳酸发酵在制得成品后，立即进行灭菌处理，以免变质。

3. 倒缸(池)、封缸

倒缸就是使腌制品在腌制容器中上下翻动，或者是盐水在池中上下循环。盐渍时间因原料的种类和用途不同而异，一般需 30 d 左右即可成熟。如暂时不食用或加工，可进行封缸(池)保存。

4. 后期管理

无论是封缸或封池，都要经常检查保持盐水浓度达到20°Bé以上，并要防止脱卤或生水浸入而引起败坏。

二、酱菜加工

酱渍菜类的加工，一般以咸菜坯为原料，经过脱盐处理后，将盐腌的菜坯浸渍于甜面酱或豆酱或酱油中，使酱料中的色、香、味物质扩散到菜坯内。酱菜的质量决定于酱料好坏，优质的酱料酱香突出，香味浓，无异味，色泽红褐，黏稠适度。

(一)工艺流程

原料选择→原料预处理→盐腌→脱盐→脱水→酱渍→成品

(二)工艺操作

1. 原料的选择和处理

(1)原料的选择。酱渍菜制品要求外形美观、大小均匀，色泽鲜艳，风味鲜、香、脆、嫩。一般情况下凡肉质肥厚，质地嫩脆，粗纤维少，色、香、味好，形状大小适当，无病虫、无腐烂的各种果蔬花卉原料均可加工酱菜。

①品种的要求　制作酱渍菜的品种多以不怕压、挤、含水量较少，肉质坚实的萝卜、苤蓝、芥菜头等品种为原料。

②规格的要求　作为腌制酱菜的原料，其菜体的大小、轻重和形状直接影响酱渍菜的感官及生产周期。酱渍菜的原料不一定非要外形美观，具体要求按制品的种类和产品规格而定。

③质量的要求　酱菜要求具有脆嫩的质地，因此，必须注意掌握原料的采收成熟度，做到适时采收。过生不能获得优质加工品，过熟往往会导致酱菜变软、变色和变味。

(2)原料预处理。

①原料的整理　为了制得品质一致的品种，原料在加工前应进行分级。分级前必须选优去劣，剔除霉烂、病虫害、畸形、机械伤严重、过老过嫩、品种不一及变色等不合格原料，并去除杂质。合格原料按大小、品质分级，达到每批原料品质基本一致。

②原料的洗涤　加工前将原料洗涤干净，对减少附着于原料表面的微生物，保证产品卫

生,具有重要意义。

③原料的去皮 有些原料的表皮比较坚硬和粗糙,如甘蓝、莴笋等其外皮含有纤维素和角质,不仅不能食用,而且还会影响腌制速度和制品质量。去皮方法一般采用手工去皮,也可利用机械去皮。

④原料的切分 酱渍菜中的很多品种,都需将原料切制成丝、条、块、片等各种形状,目的是使细胞中的可溶性物质迅速外渗,加快发酵速度,而且酱料中的色、香、味物质扩散到组织细胞中,缩短生产周期,还可使制品美观。

2. 盐腌

蔬菜盐腌可根据品种和制品的不同要求采用不同的方法。有关盐腌的具体方法,可参照咸菜加工的腌制方法。

3. 脱盐

盐渍处理后的菜坯食盐含量很高,多在20%以上。这样高的含盐量不仅很难吸收酱汁,同时还带有苦味,为了形成酱菜的各种风味,在酱制前必须用清水浸泡进行脱盐处理。

脱盐的方法要根据咸菜坯品种的不同及含盐量的多少而定。通常是先将咸菜坯置于清水中浸泡,加水量与咸菜坯的比例为1∶1,水要没过咸菜坯。浸泡时间要根据咸菜坯的含盐量和加工季节而定,高温季节或菜坯含盐量较低,浸泡时间可以短一些,反之则长一些。夏季一般为0.5~1 d,冬季为2~3 d,浸泡时要换水2~3次。一般要求脱盐后菜坯的含盐量在10%以下。

4. 脱水

将浸泡脱盐后的菜坯用沥干、压榨或离心的方法将水分脱去,以便酱制。

脱水的方法可根据咸菜品种的不同而加以选择。经过压榨后比较容易还原的咸菜坯可采用机械压榨脱水的方法,而压榨后很难还原的咸菜坯可采用离心机脱水的方法,如黄瓜、萝卜均可采用离心脱水。

5. 酱制

酱渍处理是酱菜加工的最后一道工序,也是非常关键的一道工序。所谓酱渍就是把腌好的经脱盐、脱水处理后的菜坯,放入酱内进行浸渍,靠稀甜面酱(黄酱)的置换渗透作用,使酱汁的鲜香气味逐步渗入菜坯,制成美味的酱菜。

不同的蔬菜品种耗酱也有所不同,一般来说,酱与菜的搭配比例为1∶1,即1 kg酱菜要耗用1 kg酱。南方的酱菜多用甜面酱进行酱渍,北方则多用黄酱或先用黄酱再用甜面酱进行酱渍,也有一些品种用酱油进行浸渍,其效果也较好。

酱渍一般采用初酱和复酱两次加工。初酱多使用二酱(经酱渍后剩下的酱),二酱一般浓度较稀薄,其作用是除去咸菜坯中的苦涩味,使酱中的有效成分得到充分利用,然后再进行复酱。复酱使用新鲜的酱汁,这种酱汁一般浓度较浓稠,其作用是使菜坯吸收酱中的甜味、鲜味、香味,制成美味的酱菜。

酱渍时间直接影响酱菜的质量，为了使产品形成良好的风味，必须保证酱渍时间。不同的酱菜生产周期不完全相同，但大多数名优酱菜的生产周期在几个月以上。

三、泡菜加工

泡菜，就是将鲜菜加入浓度较低的盐水里，经过乳酸菌发酵泡制而成的一种蔬菜制品。具有风味优美、鲜嫩清脆、刺激食欲、安全卫生等特点。

(一)工艺流程

原料选择→原料预处理→腌制发酵→装坛发酵→成品→保存管理

(二)工艺操作

1.泡菜容器的选择

制作泡菜时应对泡菜坛进行严格的选择，泡菜坛要用陶土烧制而成。口小肚大，在距坛口边缘6～16 cm处有一水槽，称为坛沿。泡菜坛能抗盐、抗酸、抗碱，既能密封又能自动排气，使坛内造成嫌气环境，有利于乳酸菌的生长和发酵，同时又能防止杂菌的浸染。泡菜坛质量好坏对泡菜质量影响巨大，优质泡菜坛，其外表釉色好、无裂纹、无砂眼、内壁光滑、坛沿深、盖子吻合好。

2.原料的选择和处理。

(1)原料的选择。泡菜以脆为佳，凡质地紧密，腌泡后仍能保持脆嫩状态的蔬菜都可以应用。如萝卜、胡萝卜、大白菜、黄瓜、各种豆类、莴笋、甘蓝、辣椒等，辅料有花椒、姜、白糖、醋、黄酒等。

(2)原料预处理。

①原料的整理　剔除原料表面的粗皮、粗筋、须根、老叶以及表皮上的黑斑烂点等不可食用的部分。

②原料的清洗　用符合卫生标准的流动清水洗净原料表面的泥沙、尘土、微生物及残留农药。

③原料的切分　对整理好的原料一般不进行切分，但体形过大者仍以适当切分小块为宜。

④原料的晾晒　对于泡制时间较长的原料，在阳光下将它们晒至萎蔫，再进行处理、泡制。这样既可以降低食盐的用量，又可以使成菜脆嫩、味美、不走籽(豇豆)，久储也不易变质。

3.腌制发酵

(1)预腌出坯。预腌出坯是指在装坛泡制前，先将原料置于较高浓度的食盐溶液(10%～25%)中，或直接用盐进行预腌，然后再进行泡制，即先出坯后泡制。

(2)泡菜盐水制备。泡菜盐水是指原料经预腌出坯后，用来泡制的盐水。根据使用时间和质量不同，可分为以下几种。

①洗澡盐水　是指需要边泡边吃的蔬菜使用的盐水。它的配制比例(重量)是:冷却的沸水 100 kg,加井盐 28 kg;再掺入老盐水使其在新液中占 25%～30%的体积以调味接种,并根据所泡的蔬菜酌情加作料、香料。pH 为 4.5 左右。一般取此法腌菜,要求时间快、断生即食,故盐水咸度稍高。

②新盐水　是指每次泡制前新配制的盐水。其比例(重量)是:冷却的沸水 100 kg,加井盐 25 kg;再掺入老盐水使其在新液中占 20%～30%的体积,并根据所泡之蔬菜酌加佐料、香料。pH 为 4.7 左右。

③老盐水　是指两年以上的泡菜盐水,pH 为 3.7 左右,多用于接种。将其与新盐水配合即称母子盐水。该盐水内应常泡一些蒜苗秆、辣椒、陈年青菜与萝卜等,并酌情加香料、作料,使其色、香、味俱佳。但由于配制、管理诸多方面的原因,老盐水质量也有优劣之别。

④新老盐水　是将新、老盐水按各占 50%的比例配合而成的盐水,pH 为 4.2 左右。

(3)装坛发酵。蔬菜装坛的方法分为干装坛、间隔装坛和盐水装坛 3 种方法。

①干装坛　某些蔬菜,因本身浮力较大,泡制时间较长(如泡辣椒类),适合干装坛。

方法:将泡菜坛洗净、拭干,把所要泡制的蔬菜装至半坛,放上香料包,接着又装至八成满,用篾片(青石)卡(压)紧,佐料放入盐水内搅匀后,徐徐灌入坛中,待盐水淹过原料后,即可盖上坛盖,添足封沿水,封沿水用清水或食盐水。

②间隔装坛　为了使佐料的效益得到充分发挥,提高泡菜的质量,宜采用间隔装坛(如泡豇豆、泡蒜等)。

方法:将泡菜坛洗净、拭干,把所要泡制的蔬菜与需用的佐料(干红辣椒、小红辣椒等)间隔装至半坛,放上香料包,接着又装至九成满,用篾片(青石)卡(压)紧,将其余佐料放入盐水内搅匀后,徐徐灌入坛中,待淹过原料后,盖上坛盖,添足封沿水。

③盐水装坛　密度比较大的茎根类(萝卜、大葱、莴笋等)蔬菜,在泡制时能自行沉没,所以,直接将它们放入预先装好泡菜盐水的坛内。

方法:将坛洗净、拭干,注入盐水,放佐料入坛内搅匀后,装入所泡蔬菜至半坛时,放上香料包,接着又装至九成满(盐水应淹过原料),随即盖上坛盖,添足封沿水。

4.泡菜发酵过程中的管理

(1)发酵室内应干燥、通风、光线明亮,但不能被阳光直射。室内地面要高于室外地面 30 cm,门窗应安装防蝇和防尘设施,以免造成污染。

(2)保持坛口水槽的清洁卫生,用清洁的饮用水配制成 10%的食盐水,注入坛沿槽 3～4 cm 深。

(3)经常检查泡菜盐水是否劣变,如盐水变质,杂菌大量繁殖。

(4)多次取食时,要严格保持卫生,防止油脂及污水混入坛内。

四、腌制菜质量标准(GB 2714—2003)

1.感官要求

具有腌制菜固有的色、香、味，无杂质，无其他不良气味，不得有霉斑白膜。

2.理化指标(表8-1)

表8-1 腌制菜理化指标

项目	指标
总砷(以As计)	≤0.5 mg/kg
铅(Pb)	≤1.0 mg/kg
亚硝酸盐(以 $NaNO_2$ 计)	≤20 mg/kg

3.微生物指标(表8-2)

表8-2 腌制菜微生物指标

项目	指标
大肠菌群/(MPN/100 g)	散袋装≤90个
大肠菌群/(MPN/100 g)	瓶(袋)装≤30个
致病菌(沙门氏菌、志贺氏菌、金黄色葡萄球菌)	不得检出

任务二 国内特色腌制菜生产

我国幅员辽阔，人口众多，风俗习惯差异较大，在长期的生产实践中，各地形成了风格各异、工艺独特、制作精良、色香味俱佳、名扬四海的系列腌制菜小食品。如北京的“六必居”，扬州的“三和”、“四美”，昆明的“永香斋”等老字号腌制菜，涪陵酱腌菜、宜宾的芽菜、南充的冬菜，潼关的铁杆笋等酱腌菜。我国腌制菜生产历史悠久，生产工艺精湛，在世界上独树一帜，是中华民族灿烂文化的代表之一。按照由南到北的次序介绍我国传统腌制菜生产技术，能更好地了解南北饮食文化的差异，正是这种差异导致了我国腌制菜文化的丰富多彩。下面就介绍几种我国各地的腌制菜生产工艺。

一、广东腌制菜

(一)广东糖醋瓜缨

1.原料和辅料

(1)原料。黄瓜。

(2)辅料。食盐(磨碎),粮食醋(酸度6%～7%),白糖。

2.操作过程

糖醋瓜缨制作时间,春瓜在阳历4月,秋瓜在阳历8月。

(1)盐腌过程。原料黄瓜经过两次盐腌,即成半成品。每50 kg黄瓜,需要食盐12.5 kg,可腌半成品24 kg。半成品如果不能及时加工,可放在盐腌的桶里,不翻动,能保存6～8个月。

①原料的选择 选择瓜顶上有残花、瓜瓤很小或尚无瓜瓤、最鲜嫩的幼瓜作为原料。选好后,用清水洗净。

②第一次盐腌 把洗净的嫩黄瓜逐层装进木桶摊平。每50 kg黄瓜加盐9 kg,撒进食盐,摊平,不用搅动,逐层把桶装满,最后一层,每50 kg黄瓜,需多加食盐0.5～1 kg,以便增强防腐作用。装满后,盖上竹盖,压上相当于桶内黄瓜重量50%的鹅卵石。过3 h后,即可腌出大量瓜汁,桶内瓜层下陷。这时,可用橡胶管把桶内的瓜汁吸去一部分。但是,留在桶内的瓜汁,必须漫过黄瓜7 cm。盐腌24 h后,用笊篱把黄瓜捞到竹筐内,盖上竹盖,压上相当于筐内黄瓜重量50%的鹅卵石。3 h后,沥净瓜汁,每50 kg鲜黄瓜的重量减少到30 kg。这时,瓜的颜色仍然很绿,肉质却已经变软。

③第二次盐腌 按照第一次盐腌的装桶方法,把黄瓜重新装进木桶。按每50 kg经过一次盐腌的黄瓜加盐8 kg的标准,逐层撒上食盐。最后一层,每50 kg黄瓜仍多加0.5～1 kg。这一次,压上鹅卵石后,腌出的瓜汁较少,不用除去,盐腌24 h,即成半成品。半成品的颜色略黄,瓜身瘦软,有皱纹。每50 kg经过第一次盐腌后,制成半成品,重量又减少10 kg。

(2)制成品过程。将制成的半成品,切成细条,用水浸出一部分盐分,经过醋渍和糖渍,煮熟后,即成糖醋瓜缨。每50 kg半成品,需用粮食醋25 kg、白糖50 kg,可制成糖醋瓜缨55 kg。

①切条和析出部分盐分 将半成品由桶内捞出,沥净盐水后,先用刀劈成两半,再切成长3～4 cm、宽3.4 cm的细瓜条。切条时,遇到不适宜加工的半成品应剔除,再用清水浸泡12 h,析出一部分盐分。浸泡时,水要浸过瓜条10 cm。析出盐分以后,捞到竹筐里,盖上竹盖,压上石头,沥去瓜汁。为使压力和排水均匀,沥水4 h后,需翻动1次,再沥水4 h。

②醋渍 将析出部分盐分沥水后的瓜条装进缸内,装到距缸口10 cm时为止。灌进相当于缸内瓜条重量50%的粮食醋,醋需漫过瓜条9 cm。然后,盖上竹盖,不再压石头。浸渍12 h后,捞到竹筐里,经3 h,沥去过多的醋液。此时瓜条丰满,色泽鲜明,重量较醋渍前增加。

③糖渍 把瓜条再装进缸内,撒入与瓜条同样重量的白糖。搅拌均匀后,摊平,蒙上麻布,盖上竹盖和缸罩。连续糖渍3 d,使瓜条充分吸收糖液,并析出一部分水分,瓜条变成黄绿色。然后,把瓜条捞到竹筐里沥净糖液,沥出的糖液要保持清洁,盛在缸或桶内。

④煮瓜 把沥下的糖液倒在锅内,捞去渣滓和杂质,煮沸,再将瓜条放在锅内,盖上锅盖。同时,把锅内的糖水倒到缸里散热。等到糖水凉透,把瓜条重新泡进去,即为糖醋瓜缨。

3.质量标准

好的糖醋瓜缨,瓜条丰满柔软,表面糖液浓稠度大,色泽新鲜明亮,呈青绿色,口味清爽,很甜,略有酸味。

如果甜味轻、有酒味、瓜条太软、有皱纹、瓜肉瘦、颜色发暗、为次品。

4.注意事项

糖醋瓜缨可以一直装在原来的缸内,盖上竹盖。放在室内空气流通的地方,可贮藏1个月。温度越低,保存时间越长。

(二)广东酸笋

1.原料和辅料

(1)原料。毛竹笋(又叫江南竹)。

(2)辅料。食盐、水。

2.设备和工具

(1)厂房。空气流通,遮蔽阳光,临近水源或室内装有自来水设备。

(2)工具。木桶或陶瓷水缸、木盆、菜刀、菜板、水瓢、竹盖、竹片、石头、秤、大肚缸、竹子编制的缸套。

3.操作过程

酸笋一般在阴历6月初到7月中旬制造。将毛竹笋剥去壳,切成块,在盐水中浸渍4 d,即成酸笋。

(1)整理。这一过程共分5道工序。

①选料　把准备制造酸笋的新鲜竹笋加以挑选,选用老嫩适中的笋,剔除粗老或过大过小的笋。

②切根　将笋平放在木板上,切去笋的基部,要恰好切出光滑的笋节。

③剥壳　将笋壳割破,剥掉。

④切块　把笋劈成3块或4块,每块重量约0.25 kg。

⑤浸泡　把笋放在木盆中,用清水浸泡,以防笋肉变老。

(2)盐腌和发酵。先调好盐水。

盐水配方:50 kg笋块,水35～40 kg,食盐3.5～4 kg。配好后盛在缸或桶里,加以搅动,使食盐迅速溶化。约过1 h,食盐溶化,杂质沉淀,将浮在水面上的污物捞掉。这时,即可将笋块平铺在另一个桶内,立刻灌进盐水,灌到距桶口尚有6 cm。然后盖上竹盖,用4根竹片交叉成"井"字形,放在竹盖上。在"井"字形竹片中心压上相当于桶内笋块重量约25%的石头。将装着笋的桶放在凉棚下,让笋自行发酵,不要见阳光。这样约经4 d,发酵期满,桶内笋块的位置已较装桶时下降约30 cm,盐水则与桶口相平,酸笋就做成了。

(3)加盐复制。按照上述过程制成的酸笋不能长期贮存。为了延长贮藏期,必须加盐复制。其作用是使酸笋不再发酵,增强防腐能力。由于盐腌发酵后,笋的体积缩小,所以,发酵成熟后,可以把两个桶里的酸笋合在一个桶里,称为并桶,加盐和并桶工作可以合并进行。并桶时,先将浮在盐水上的污物捞掉,再把两桶酸笋捞到一个空桶里。两个桶里的盐水也倒在一起，在每 50 kg 盐水中加食盐 5 kg，加以搅动。水内食盐溶化，杂质沉淀后，即可灌入盛着酸笋的木桶中。每 50 kg 酸笋灌盐水 30 kg，即可漫过笋块。盖上竹盖和竹片，压上石头。仍放在凉棚下，即可长期贮藏。

4. 质量标准

好的酸笋应口味酸咸，清脆爽口。笋肉较软，棱角分明，仍与刚刚切开的新鲜竹笋相似。没有加盐复制的酸笋，笋块呈乳白色，笋尖则呈赤褐色。加盐复制的酸笋，全部呈乳白色。没有加盐复制的酸笋，只能贮存 15 d 左右。加盐复制的酸笋，可以贮藏半年以上。

5. 注意事项

制成酸笋后，仍然装在原来的木桶中贮藏，要注意清洁，避免阳光照射，严禁沾染油腻。只要盐水保持乳白色，就可以继续贮藏。如果盐水浑浊变色。酸笋容易变质，应立即换桶，换上新调的盐水，才能继续贮藏。

二、湖南腌制菜

(一)梅干菜

梅干菜是湖南称为青菜的一种大芥菜，茎叶宽大，叶面有皱纹，每个肥大者可达 4～5 kg，是加工腌菜的常用品种。

1. 原辅料配比

(1)原料。青菜(大叶芥)50 kg。

(2)辅料。酱色 0.5 kg，食盐 2 kg，酱油 1.5 kg，茶油 100 g。

2. 操作过程

(1)制梅干菜坯。先将鲜青菜整株洗净泥沙，在阳光下晒 1～2 d，晒干水分约 30%，菜叶已发涝时，将菜叶入缸排列，逐层下盐共 2 kg，逐层踩涝，要踩至有深绿色菜汁排出时为止，再盖上盖，加压石头，5～10 d(根据天气而定)，菜即变成黄色，气香。这时取出稍榨一下再出晒，即成梅干菜坯。每 50 kg 鲜青菜可产梅干菜坯 2 kg 左右。

(2)制梅干菜。按上列配料比例，将酱油、酱色调和均匀，拌入菜坯，待充分吸收后，放入甑内蒸 3～4 h 取出，趁热将配比茶油均匀拌入，再摊开稍晒，即为成品。

3. 质量标准

(1)产量。每 50 kg 鲜青菜可产梅干菜 4 kg 左右。

(2)感官指标。色泽乌黑发亮，气味香醇，微酸鲜嫩。

(3)理化指标。按国家标准执行。

(4)规格。色泽乌黑发亮，柔润，叶形长度适宜，无碎烂等不洁净杂物。

4. 注意事项

(1)梅干菜坯可常年贮存，但加工成梅干菜成品后不能长期存放。

(2)梅干菜坯是含盐的半成品，必须用麻袋装好存放于干燥通风处，以免发霉变质。

(二)豆豉辣椒萝卜丁

1. 原辅料配比

(1)原料。优质萝卜干 50 kg。

(2)辅料。味精 0.25 kg,茶油 2.5 kg,黑色豆豉 4 kg,一级酱油(未加酱色的)1.25 kg,细盐 2 kg,红干辣椒 5 kg,苯甲酸钠 50 kg。

2. 操作过程

(1)原料整理。先将萝卜干均匀横切成小丁,红干辣椒去蒂、洗净、切成碎片,黑豆豉去掉灰屑备用。

(2)拌料。将红干辣椒片、细盐、味精、苯甲酸钠混合再加入酱油浸渍一夜,次日将黑豆豉先用适量水润湿,再将烧开的茶油趁热淋入,边淋油边拌匀。

(3)装坛。将配料拌入萝卜丁内,装坛密封即成。

按上列配料标准可生产豆豉辣椒萝卜丁 72.5 kg 左右。

3. 质量标准

(1)规格。萝卜丁切成 1 cm 见方,干红辣椒片切成 0.7 cm 见方,豆豉要用黑色豆豉。

(2)感官指标。色泽红褐,味鲜、气香,质脆,颗粒分明,不呈糊状,无酸、苦、涩等异味。

(3)理化指标。按国家酱腌菜标准执行。

4. 注意事项

(1)原料配比中的红干辣椒要选择形长、个小、肉厚、籽少、辣味较强的全红干辣椒。

(2)该产品是香气浓郁的质量较好的品种,必须密封贮存,因由酱油浸渍,特别是热天不易保管。

三、四川腌制菜

(一)莱阳大头菜

1. 原辅料配比

(1)原料选择。无根须、无泥沙、无空心、无疙瘩节、每棵重量在 0.25 kg 以上的新鲜大头菜。大头菜 500 kg。

(2)辅料。食盐 14.85 kg。

2. 操作过程

(1)穿菜。将收藏起来的鲜大头菜分等级用黄麻通过引针连成 6～10 个一串,上架晾晒。对数量较少的优质菜可用谷草将菜缨子连同菜头拴成 2～4 个一串进行晾晒。

(2)收菜。晾晒大头菜 1 个月以后,达到一定的柔软程度,每 50 kg 鲜大头菜的收成率以 16.5 kg 为宜。

(3)腌菜。将从架上分等级收下来的半成品大头菜以每次 100 kg 倒入旋转锅中,浇入 2 kg 盐度为 20°Bé 的盐水,加盐 8.5 kg(每 50 kg 用盐 4.25 kg),可将机器自动旋转拌和

10 min,使盐水浸入大头菜内,再将菜倒入水泥池中,菜倒至水泥池容积的 1/3 时踩紧一次,2/3 时踩紧一次,菜装满时踩紧一次,一个水泥池共踩紧 3 次,水泥池面上用口皮菜盖面,厚度为 0.25 m,腌 10 d 时间,即可装坛。

(4)装坛。把选好的菜坛用热水洗净晾干后,将腌制 10 d 的大头菜运到腌菜车间分等级装坛。

在平地挖小圆坑将菜坛下半部放入圆坑中固定后,将大头菜倒入坛中大半坛时,将菜装紧压平后,挑选个头均匀的大头菜,用工具装 3～4 层大头菜。菜坛规格大小基本一致,每坛装大头菜净重 27 kg 左右。面上盖 0.25 kg 盖面盐,盐上面铺口皮菜 0.5 kg 左右,再盖上塑料布,面上用水泥、河沙和灰浆封口,将坛装大头菜存放在腌菜保管室 1 个月后,即可食用。

3. 质量标准

(1)色泽。浅褐色或黄褐色。

(2)香气。具有腌大头菜的自然清香,无酸味及霉气。

(3)滋味。质地嫩脆,口味鲜,略带甜味,无辛辣和酸味。

(4)体态。菜头整齐,均匀,不蔫。

(5)出品率。产成品大头菜 165 kg。

4. 注意事项

(1)装菜完毕后,要检验菜坛内是否将菜装紧,大头菜之间无间隙,就说明大头菜装得紧密,质量好,保存期长。

(2)如存放时间长,要过伏天,可将盐的用量增至每 50 kg 半成品大头菜用盐 4.5 kg。

(二)四川榨菜

1. 原辅料配比

(1)原料。青菜头 100 kg。

(2)辅料。香料面 0.56 kg,食盐 5 kg,花椒 20 g,辣椒面 0.5 kg。

2. 操作过程

(1)原料处理。将青菜头根茎部老皮剥去,撕去老筋(但不要伤及上部的青皮),然后切成 350 g 圆形或椭圆形的菜块,再用篾丝将菜块穿成串,搭于架上晾晒,晒至菜块回软后,下架入池腌制。

(2)腌制。将干菜块分层下池(坛),一层菜一层盐。每层必须踩紧,踩到菜块出汗为止,这是第一道腌制,需盐 1.7 kg,时间为 3 d。第二道腌制是将第一道腌制菜块利用原池盐水,边淘洗,边捞起,放入带漏水的架子上,人工踩压,滤去水分,1 d 后再入坛(池),仍按第一道方法撒盐(盐量 2 kg),踩紧,时间为 5 d。菜块经盐浸透后,再用原池盐水边淘洗、边起池,放入漏架上压。滤水 1 d。

(3)修整滤水。然后将菜块逐块修剪光滑,抽去未尽的老筋。再用澄清的盐水做第三次淘洗,去净泥沙,再放入囤子,经压,滤去水分。

(4)拌料入坛。24 h后,放入香料面、辣椒面、食盐、混合搅拌均匀,即装入坛内。香料面配方为八角45%,姜片、山柰各15%,肉桂8%,甘草5%,砂仁4%,白胡椒5%,白芷3%,总量100%。将腌好的菜块和配料拌匀后,分层装入坛内,每层需用木棒压紧,使块与块之间没有空隙。装满后,在坛口撒上少量混合料,垫上玉米壳,再用腌菜叶紧封坛口,即可储藏。

3.质量标准

本品色泽红褐,具有青菜经过发酵的香气,味道鲜美,质地嫩脆。

4.注意事项

(1)榨菜装坛后,应普遍进行一次检查,发现坛内榨菜过多或过少时,应适当进行增添或减少。

(2)榨菜在贮存保管期间,每隔2~3个月,可进行一次清口(即敞口清理),以保持榨菜品质不变。

(3)仓库内温度应保持在26℃以下,以阴凉、干燥为宜,并应经常注意仓库窗户的开关,以调节库内温度。

四、江苏腌制菜

(一)糖醋蒜

1.原辅料配比

(1)原料:鲜蒜500 kg。

(2)辅料:食糖19 kg,食盐4.5~5 kg,食醋(每50 kg咸蒜)36 kg,盐水15~20 kg。

2.操作过程

(1)原料选择。选用在农历小满前后1周内收购的鲜蒜头,直径在6 cm左右。鳞茎整齐肥大、皮色洁白、质地鲜嫩者。鲜蒜宜早收,迟则皮色转红,会炸瓣,辣味大而且破碎多。

(2)盐腌。将鲜蒜头用清水洗净,备1个缸,内装盐水15~20 kg,浓度为10°Bé,蒜头投入缸内,以装大半缸蒜头为宜,鲜蒜头每50 kg加入食盐4.5~5 kg,每日早晚各翻拌1次,中午前后浇卤,连续进行1周,1周后每天翻拌1次,中午前后仍需浇卤。2周后,将蒜头从缸内捞出,装入小口坛内压紧。用蒜皮塞口、盐泥封口后倒置存放。

(3)晾晒。把蒜头摊放在芦席上暴晒,至外皮发脆时,用手逐层去外层蒜衣。咸蒜每50 kg晒至25 kg左右时即可收起备用。

(4)糖醋液的配制。咸蒜每50 kg用白糖19 kg、醋36 kg,先将食醋加热煮沸,然后倒入白糖、配成糖醋卤,冷却至60~70℃。

(5)糖醋渍。将蒜头装入坛内,灌满糖醋卤,封紧坛口,经30 d后即成熟,出品率约为咸蒜的90%。

3.质量标准

色泽棕红,大小均匀,肉质脆嫩,有蒜香和酸甜的特殊风味。

4. 注意事项

(1)糖醋蒜应放在阴凉、干燥的条件下储存,防止日光暴晒或温度过高。

(2)应经常保持坛口良好的密封条件,防止因封口不严受潮或进入不干净的水,而引起糖醋蒜的软化、腐败、变质。

(二)苏州蜜汁乳黄瓜

1. 原辅料配比

(1)原料。新鲜小黄瓜 100 kg。

(2)辅料。面酱 40 kg,食盐 10 kg,白糖 30 kg。

2. 操作过程

(1)腌制。选择每 1 kg (30～40 条)的小黄瓜,于采摘当天洗净,用盐进行腌制,鲜瓜与盐的比例为 10∶1。一层黄瓜一层盐,最上层加盖面盐,上放篾垫,加压石块,每天翻缸 1 次,约腌 10 d。

(2)酱制。10 d 后改用面酱酱制。咸瓜与面酱的比例为 5∶2。具体方法是先在缸底厚厚铺一层面酱,再铺一层咸瓜,层层叠起,最后用面酱封顶。2～3 d 后,进一步将乳瓜压实,见酱卤浮上时,即可敞盖让日光直射,以加速发酵。35～40 d 后,乳瓜中的食盐渗入面酱,同时酱中的糖也渗进乳瓜中,使乳瓜咸度降低,酱香增加。

(3)糖渍。取出乳瓜,去掉甜酱,沥干,分两次拌入白糖。第一次每 100 kg 乳瓜拌 10 kg 糖,2～3 d 后倒缸 1 次,除去糖卤。第二次用 20 kg 糖拌匀。1 周后,在上面加一些第一次用过的回笼卤,再腌制 4～5 d,即成成品。

3. 质量标准

本品制作精细,风味独特,既脆又嫩,色泽黄亮,酱味浓厚,甜香适口。

4. 注意事项

香瓜用面酱酱制时,酱缸要放在温度较高的地方,但不能被太阳直射,又不要盖严,要让面酱的热量散发出去。一般夜间敞盖,白天盖好,防止阳光直射。

任务三 国外特色腌制菜生产

中、日、韩三国是近邻,文化交流久远而频繁,在饮食方面有不少相同之处,酱文化领域也不例外。如酱的用料基本相同,都认同医食同源,对酱、酱油、酱类食品的营养、疗效有很多共识,有很高评价,对酱文化有共同的价值观等。腌制菜是酱的一种独特品种,几乎与酱同时出现。同样的原料、同样的工艺却生产出独具地方特色的腌制菜,凸现了腌制菜的博大精深。

一、日本腌制菜

日本风味腌制菜有悠久的历史，在工艺及产品风味上有别于我国传统的腌制菜。现在日本的腌制菜有100多个品种，主要有盐渍、糖渍、酱油渍、酱渍、曲渍、芥子渍等。随着生活水平的提高，为了适应欧化的生活方式，日本率先倡导了“低盐、增酸、低糖”的健康腌制菜运动。在日本市场上，用低盐方法生产的“浅渍”、“新渍”类腌制菜销售势头旺盛，占其腌制菜的两成。

因此，引进日渍小菜的工艺及产品有利于繁荣我国调料业的发展。日本腌制菜的特点：工艺独特，加入了适量的多种调味剂，改进产品的风味，并起到抑菌防腐的作用；最后高温灭菌从而使产品口感脆嫩、色泽醒目、味道醇美、风味独特，而且储存期长，延长货架期。

（一）工艺流程

原料→整理→切分→脱盐→压榨→脱水→调味和酱制→装袋与封口→杀菌→成品

（二）工艺操作要点

1.整理

选择质量好的腌渍萝卜、茄子、紫苏、小黄瓜，用刷子将泥沙、异物洗刷干净，去掉根、根毛、尖蒂等；鲜姜去皮；芝麻挑出杂物，淘洗干净；银耳用水泡发好。

2.切分

萝卜、小黄瓜切成1.5～2 cm宽，2.5～3 mm厚的薄片。茄子剖开两半，切成3 mm厚的薄片。紫苏切成5～10 mm长，3 mm宽的叶丝。鲜姜切成1.5～2 cm长，2～2.5 mm宽的姜丝。

3.脱盐

浸泡采用24 h流水，不断搅拌。

4.压榨

去除水分，脱水量根据原料的不同而不同。萝卜、茄子要尽量压干水分，小黄瓜、紫苏沥干水分即可。

5.调味和酱制

(1)全糖福神渍。

①原料　萝卜125 kg，茄子10 kg，紫苏0.6 kg，姜丝5 kg，芝麻0.5 kg。

②调味液　水62.5 kg，白糖30 kg，异构化糖15 kg，食盐10 kg，味精1.5 kg，酱油0.5 kg，配合调味料0.35 kg，果醋1.25 kg，苹果酸0.075 kg，柠檬酸0.15 kg，乳酸0.02 kg，丙氨酸0.1 kg，着色料适量，山梨酸钾适量。

(2)樱花渍。

①原料　萝卜30 kg。

②调味液　水40 kg，食醋5 kg，食盐2 kg，味精0.4 kg，柠檬酸0.5 kg，乳酸0.5 kg，醋酸

钠 0.5 kg,着色料适量,山梨酸钾适量。

(3)小黄瓜银耳渍。

①原料 小黄瓜 50 kg,银耳(发好)7.5 kg。

②调味液 水 50 kg,食盐 3 kg,食醋 1 kg,砂糖 1 kg,柠檬酸 0.2 kg,乳酸 0.1 kg,醋酸钠 0.5 kg,味精 0.5 kg,酵母精 0.5 kg,着色料、山梨酸钾适量。

按上述配方浸渍 48 h 以上,期间要经常打耙。

6.装袋与封口

每袋成品 100 g,灌入少许经过滤的调味液,真空封口。

7.杀菌

在 85℃下杀菌 15 min,然后冷却风干整形至成品。

(三)质量标准

几种日本风味酱腌菜的质量标准(表 8-3)

表 8-3 日本酱腌菜的质量标准

品种	感官指标	含盐量 /%	pH	大肠杆菌群 /(个/100 g)	致病菌
全糖福神渍	呈金黄色,晶莹透明,口感很脆,甜而不腻,具有特有的风味	4~5	4.4~4.6	≤30	不得检出
樱花渍	呈逼真的樱花色,口感很脆,	3~4	2.8	≤30	不得检出
小黄瓜银耳渍	味酸爽口,绿白相间,口感嫩脆,清爽,甜酸鲜香适口	4~5	4.0~4.2	≤30	不得检出

(四)总结

日本风味腌制菜色、香、味、形俱佳,就是保存一年后,基本上也没有改变,这其中的奥秘在于添加剂独特的应用。

1.酸味剂的应用

(1)柠檬酸。赋予柔和而可口的酸味,增进风味;防止褐变,使腌制菜保持稳定鲜艳的色泽;在防腐保质中起到重要的作用。

(2)苹果酸。味觉上比柠檬酸刺激性更长久。

(3)乳酸。使产品增添爽口的酸味,增加回味感。

2.控制调味液的 pH

用酸味剂等控制调味液的 pH,而醋酸钠可起一定的缓冲作用,这是防腐保质重要的手段。

3.丙氨酸的应用

丙氨酸是一种甜味氨基酸,加之使腌制菜口味更好。

4. 酵母精及配合调味料的应用

它们不仅起到增鲜作用，还可赋予特有的香气，改善风味，使之更趋完美。

二、韩国泡菜

韩国泡菜是一种以蔬菜为主料，各种水果、海鲜及肉类为配料的发酵食品。韩国泡菜色彩鲜艳，红白分明，入口辛辣，醇厚悠长，清爽宜人。它不但味美、爽口，而且具有丰富的营养，是韩国人餐桌上不可缺少的主要开胃菜。同时泡菜也成为整个韩国腌制菜行业发展的龙头，该国腌制菜的变革都源于泡菜。

韩国泡菜的主料有白菜、萝卜、小萝卜、茄子、黄瓜、辣椒、生菜等。配料有黄豆芽、辣椒叶、沙参、海芹、南瓜、梨、小葱、韭菜、栗子、松子、冻明太鱼、野鸡、鳆鱼、比目鱼、墨斗鱼、虾、柚子、黏米、鱿鱼、黄花鱼、带鱼、野蒜等。作料有辣椒面、蒜、姜、葱、盐、白糖、芝麻等。鱼酱有虾酱、带鱼酱、黄花鱼酱等。

(一)韩式辣白菜

1. 原料及配比

大白菜 50 kg，精盐 1.1 kg，韩国粗辣椒面 2 kg，生姜 0.1 kg，洋葱 0.5 kg，大蒜 0.25 kg，梨 0.5 kg，韭菜 0.5 kg，白萝卜 0.5 kg，胡萝卜 0.5 kg，白糖 0.45 kg，味精 0.15 kg，鱼汁 50 g，清水 0.3 kg。

2. 工艺流程

整理、切块→盐腌→调料混合→装坛泡制→成品

3. 操作要点

(1)原料整理。选择大棵、包心的大白菜，去掉老帮，削去青叶，去根，用水洗 3 遍，然后整齐的放入泡菜坛中。

(2)腌制。在白菜上均匀地撒上 1 kg 精盐，用重物压制，放置 24 h 后，取出沥干水分。

(3)抹料码坛。将生姜、洋葱、大蒜洗净后改刀成小块，梨去皮除核后改刀，均放入搅拌机中搅成茸。韭菜切成 5 cm 长的段；白萝卜、胡萝卜切成 5 cm 长的细丝。然后取一个不锈钢盆，先倒入韩国粗辣椒面，再调入精盐 100 g 和白糖、味精、鱼汁，倒入搅好的茸及韭菜段、白萝卜丝、胡萝卜丝，最后加入清水，搅拌均匀成颜色红亮、辣甜带酸且较浓稠酱状，备用。将酱汁均匀地抹在每一片白菜叶上，整齐的码在容器中。

(4)泡制。将容器置于保鲜冰箱中放置 24 h 取出，改成段装盘，即可。

4. 成品特点

酸辣可口，质脆味香，诱人食欲。

(二)韩式辣萝卜

1. 原料及配比

白萝卜 25 kg，精盐 0.6 kg，韩国细辣椒面 1 kg，虾酱 0.1 kg，大米 0.1 kg，生姜 0.1 kg，洋

葱 0.25 kg,大蒜 0.25 kg,梨 0.5 kg,胡萝卜 0.5 kg,韭菜 0.5 kg,白糖 0.45 kg,味精 0.2 kg,鱼汁 50 g,清水 0.5 kg。

2. 工艺流程

整理、切块→盐腌→调料混合→装坛泡制→成品

3. 操作要点

(1)整理、切块。先将白萝卜洗净去皮,切成 3 cm 的方块。

(2)盐腌。用盐腌制 24 h,去其辣味。

(3)调料混合。将生姜、洋葱、大蒜、梨洗净,放入搅拌机中搅成茸。大米入锅,加水煮成浓稠的稀饭。韭菜切成 5 cm 长的段,胡萝卜切成 5 cm 长的细丝。然后取一不锈钢盆,先倒入韩国细辣椒面、虾酱、鱼汁搅匀,再倒入搅好的茸和稀饭及韭菜段、胡萝卜丝,调入精盐 100 g 和味精、白糖,加清水,搅拌均匀成较浓稠酱状,备用。

(4)装坛泡制。将腌制好的萝卜取出控水,若过咸可以用清水洗一下,然后放入调好的辣酱,放在密封的容器中,置于常温下发酵 12～24 h,然后放入保鲜冰箱中,随时取食。

4. 成品特点

咸辣脆嫩,蒜香诱人,风味独特。

(三)韩式辣黄瓜

1. 原料及配比

黄瓜 25 kg,精盐 0.55 kg,韩国粗辣椒面 1 kg,韩国细辣椒面 0.5 kg,虾酱 0.1 kg,生姜 0.1 kg,洋葱 0.25 kg,大蒜 0.1 kg,梨 0.5 kg,胡萝卜 0.2 kg,韭菜 50 g,白糖 0.1 kg,味精 0.15 kg,鱼汁 0.1 kg,清水 0.5 kg。

2. 工艺流程

原料预处理→盐腌→虾酱糊调制→涂抹虾酱糊→装坛→泡制→成品

3. 操作要点

(1)原料预处理。将黄瓜洗净切成 5 cm 长的段,再交叉竖切两刀至底部,注意不要切断。

(2)盐腌。将处理好的黄瓜铺在泡菜坛的底层,加入精盐 500 g 腌制 12 h。

(3)虾酱糊调制。将生姜、洋葱、大蒜、梨洗净,放入搅拌机中搅成茸。韭菜切成 5 cm 长的段;白萝卜、胡萝卜切成 5 cm 长的细丝。然后取一个不锈钢盆,先倒入韩国粗辣椒面、韩国细辣椒面,虾酱、鱼汁及搅好的茸和匀,放入韭菜段、白萝卜丝、胡萝卜丝,调入精盐 50 g 和白糖、味精,加入清水,搅拌均匀成浓稠酱状,放入保鲜冰箱发酵 24 h 即可使用。

(4)涂抹虾酱糊。将腌好的黄瓜挤出水分,并在刀口内涂抹甜辣虾酱糊。

(5)码坛。把绿色部分铺进坛底,再把填好料的黄瓜密实的码进去。

(6)泡制。将剩余的甜辣虾酱糊和腌黄瓜的盐水泼在上边,加盖,添足坛沿水,存放 1 d,待其自然发酵后便可食用。

4. 成品特点

鲜嫩清香，辣酸可口。

必备知识

一、腌制菜的种类

我国的腌制菜种类繁多、风味独特、工艺各异。例如，广东的糖醋酥姜，浙江绍兴的梅干菜，四川的榨菜和泡菜，扬州的乳黄瓜，北京的酱菜等。腌制菜一般可按如下两种方法分类：①按工艺及辅料分类；②按腌制过程微生物发酵形式分类。

（一）按工艺及辅料分类

按工艺及辅料不同，酱腌菜可分为酱渍菜、糖醋渍菜、糟渍菜、糠渍菜、酱油渍菜、盐渍菜等类型。

1. 酱渍菜类

酱渍菜是以蔬菜为主要原料，经盐腌或盐渍成蔬菜咸坯后，再经酱渍而成的蔬菜制品。如酱菜瓜、酱黄瓜、酱莴笋、酱八宝菜、酱茄子等。

(1)酱曲醅菜。酱曲醅菜是蔬菜咸坯经甜酱曲（俗称酱黄、饼黄）醅制而成的蔬菜制品。如南通酱瓜、山西酱玉瓜。

(2)甜酱渍菜。甜酱渍菜是蔬菜咸坯经脱盐、脱水后，再经甜酱酱渍而成的蔬菜制品。如扬州、镇江的酱菜。

(3)黄酱渍菜。黄酱渍菜是蔬菜咸坯经脱盐、脱水后，再经黄酱（亦称豆面酱）酱渍而成的蔬菜制品。如北方酱瓜、南方酱萝卜。

(4)甜酱、黄酱渍菜。甜酱、黄酱渍菜是蔬菜咸坯经脱盐、脱水后，再经黄酱和甜酱酱渍而成的蔬菜制品。如酱什锦菜、五香大头菜。

2. 糖醋渍菜类

糖醋渍菜是蔬菜咸坯，经脱盐、脱水后，用糖渍或醋渍或糖醋渍制作而成的蔬菜制品。如糖大蒜、糖醋萝卜、蜂蜜蒜米等。

(1)糖渍菜。糖渍菜是蔬菜咸坯经脱盐、脱水后，采用糖渍或先糖渍后蜜渍制作而成的蔬菜制品。如白糖蒜、蜂蜜蒜米。

(2)醋渍菜。醋渍菜是蔬菜咸坯经脱盐、脱水后，用食醋浸渍而成的蔬菜制品。如酸蕹头。

(3)糖醋渍菜。糖醋渍菜是蔬菜咸坯，经脱盐、脱水后，用糖醋液浸渍而成的蔬菜制品。如甜酸蕹头、糖醋萝卜。

3. 糟渍菜类

糟渍菜是蔬菜咸坯，用酒糟或醪糟糟渍而成蔬菜制品，如福州糟瓜。

(1)酒糟渍菜。酒糟渍菜是蔬菜咸坯用新鲜酒糟与白酒、食盐、助鲜剂及香辛料混合糟渍而成的蔬菜制品。如糟瓜、贵州独山盐酸菜。

(2)醪糟渍菜。醪糟渍菜是蔬菜咸坯用醪糟与调味料、香辛料混合糟渍而成的蔬菜制品。如福州糟瓜。

4.糠渍菜类

糠渍菜是蔬菜咸坯用稻糠或粟糠与调味料、香辛料混合糠渍而成的蔬菜制品。如米糠萝卜。

5.酱油渍菜类

酱油渍菜是蔬菜咸坯用酱油与调味料、香辛料混合浸渍而成的蔬菜制品。如北京辣菜、榨菜萝卜、面条萝卜等。

6.盐渍菜类

盐渍菜是以蔬菜为原料,用食盐腌渍而成的湿态、半干态、干态蔬菜制品。湿态盐渍菜是成品不与菜卤分开,如泡菜、酸黄瓜;半干态盐渍菜是成品与菜卤分开,如榨菜、大头菜、萝卜干等;干态盐渍菜是盐渍后再经干燥的制品,如干菜笋、咸香椿芽。

7.其他腌制菜类

(二)按腌制过程微生物发酵形式分类

按腌制过程微生物发酵形式,可分为发酵性的和非发酵性的两类。

1.发酵性腌制品

发酵性腌制品根据发酵时的状况不同,可分为①半干态发酵,如榨菜、京冬菜;②湿态发酵,以酸菜为主。其中,有在盐水中发酵的,如泡菜、酸黄瓜;有在清水中发酵的,如北方酸菜。

发酵性腌制品,在腌制过程中都经过比较旺盛的乳酸发酵,一般伴有微弱的酒精发酵与醋酸发酵。利用发酵所产生的乳酸与加入的食盐、香料、辛辣调味品等的防腐能力保藏蔬菜并增进其风味。

2.非发酵性腌制品

非发酵性腌制品根据腌制介质的不同可分为①盐渍的咸菜,如咸雪里蕻、咸芥菜头;②酱渍的酱菜,如酱黄瓜、酱莴苣;③糖醋渍的糖醋菜,如糖醋蒜、糖醋萝卜;④虾油渍的酱菜,如虾油什锦小菜;⑤酒糟渍的糟菜,如糟瓜、贵州独山盐酸菜。

非发酵性腌制品,在腌制过程中一般不进行或只进行微弱的发酵作用,利用食盐和其他调味品来保藏蔬菜并改善其风味。

二、腌制菜的原料和辅料

(一)腌制菜的原料

腌制菜生产的原料就是各类新鲜的蔬菜。适用于进行腌制加工的种类也较多,供腌制加工的蔬菜,根据其加工特性和食用器官,可分为以下几类。

1.根菜类

根菜类蔬菜指以其膨大的直根为食用部分的一类蔬菜。分肉质根菜类(如萝卜、胡萝卜、大头菜等)和块根类(如豆薯、葛)。根菜类蔬菜根内储存有大量养分和水分,肉质根的干物质含量高,富含糖类和蛋白质,肉质致密,含挥发油,具有辛辣味,耐贮藏,适于腌制加工,是腌制菜加工的主要原料。如北京的酱萝卜、安徽省的串响萝卜、四川简阳大头菜等。

2.茎菜类

茎菜类蔬菜包括地上茎类、地下茎类、鳞茎类。

地上茎类包括竹笋、芦笋、莴苣、茭白等。此类蔬菜富含多种维生素和矿物质,适用于制作盐渍、酱渍、糖醋渍的腌制品原料。如山东省的酱虎皮莴苣,广东省的酸笋。

地下茎类包括马铃薯、山药、芋、姜等。此类蔬菜食用部位为根和茎,是营养储藏器官。除含有淀粉外,还含有糖、蛋白质、B族维生素、维生素C等其他营养物质,是良好的腌制加工原料。如广东省的糖醋酥姜,安徽省的桂花生姜。

鳞茎类包括洋葱、大蒜。这类蔬菜含有丰富的碳水化合物、维生素C和矿物质,在鳞茎和叶片中含有挥发性芳香油,有辛辣味;抗多种病菌,又能增进食欲,是制作糖渍和盐渍品的良好原料。如上海的糖醋大蒜头。

3.叶菜类

凡是以肥嫩叶片和叶柄作食用部分的蔬菜均属叶菜类。一般可分为普通叶菜,如小白菜、芥菜;结球叶菜,如大白菜、包心芥菜;香辛叶菜,如葱、韭菜。由于叶菜类的叶片面积大,组织幼嫩、含水量高,含有叶绿素、维生素和矿物质类物质,营养价值很高。

叶菜分布地区遍及南北各地,蔬菜除鲜菜供作煮食、炒食外,还是主要的加工蔬菜,可制作盐渍菜、泡菜和糖醋菜等。如浙江省的梅干菜,贵州省的盐酸菜,北方的京冬菜等。

4.瓜果菜类

瓜果菜类是蔬菜中的一个大类别,包括瓜类,茄果类。

瓜类蔬菜主要包括黄瓜、南瓜、丝瓜、苦瓜等。瓜类蔬菜含有丰富的糖,风味鲜,主要食用嫩绿的果实,瓜肉质地脆嫩多汁,微甜而带清香味,是盐渍、酱渍、泡菜和糖醋渍的极好原料。如浙江省的面酱乳黄瓜,山东省的虾油小黄瓜,四川省的土耳其酱瓜等。

茄果类蔬菜主要有辣椒、茄子、番茄,此类蔬菜中含有丰富的维生素,青椒中所含维生素C占蔬菜中的首位。茄果类蔬菜具有特殊的风味,其盐渍、酱渍食品深受人们的欢迎。如山东省的酱磨茄,天津省的虾油辣椒。

(二)腌制菜的辅料

1.食盐

食盐是腌制菜的主要辅助原料之一,具有防腐、调味、增鲜的作用,主要成分是氯化钠,按其纯度可分为优质盐,氯化钠含量不少于93%;一级盐,氯化钠含量不少于90%;二级盐,氯化钠含量不少于85%;三级盐,氯化钠含量不少于80%。

腌制菜选择食盐应遵循下列原则：水分及杂质少；颜色洁白；氯化钠含量大；氯化钾、氯化镁、硫酸钙、硫酸镁、硫酸钠含量低；符合国家试验标准。

2. 水

腌制菜加工中水的用量很大，如原料和容器的洗涤，设备的清洗，原料的烫煮、冷却和漂洗，配制灌液，杀菌消毒后的冷却，地面的冲洗及生活用水等。但对水的质量要求不严格，一般自来水或清洁的河、江、湖水均可用，但需符合《生活饮用水卫生标准》。水质应澄清透明，无悬浮物质，无色、无味，静置无沉淀，无致病菌，不含对人体有害的物质。

3. 调味品

腌制菜的风味除发酵形成以外，主要靠调味品佐料的补充。蔬菜经过腌制后，要经过各种调味品佐料的浸渍渗入，来增添菜的鲜美滋味与浓郁香气，以引起食欲。同时，蔬菜可吸收调味品佐料中的营养成分，增进人们的健康。调味品佐料分为酱油类、食醋类、酱类、香辛料等。

(1)酱油类。酱油是用豆、麦、麸皮酿造的液体调味品。其色泽为红褐色，有独特酱香，滋味鲜美，有助于促进食欲，是中国的传统调味品。

酱油按生产工艺分为高盐稀态发酵酱油和低盐固态发酵酱油。在色泽上，高盐稀态酱油颜色较浅，呈红褐色或浅红褐色；低盐固态酱油颜色较深，呈深红褐色或棕褐色。在香味上高盐稀态酱油具有酱香和酯香香气，最适合蔬菜酱渍，而低盐固态酱油酱香香气突出，酯香香气不明显。配制酱油一般来说鲜味较好，但酱香、酯香不及酿造酱油，不适合作为腌制菜的调味料。

(2)食醋类。食醋是酸性调味品。按食醋生产工艺的不同，食醋可分为酿造醋和配制醋。配制醋是以食用冰酸醋、调味料、香辛料、食用色素等勾兑而成，仅具有一定的调味功用。以大米或高粱为原料的酿造醋，通过微生物固态发酵长时间酿造而成的。其营养价值和香醇味道远远超过配制食醋，具有调味、美容、杀菌、保鲜等多种功用。以乙醇或含糖质原料液态发酵酿制而成的醋，由于发酵期短，味道、营养和其他功效均不及粮食为原料的固态发酵食醋。

(3)酱类。酱是制作酱菜的重要辅助原料，很大程度上酱的质量决定酱菜的风味。

酱有豆酱和面酱两类。豆酱是用黄豆制成的，用黄豆制成的豆酱又叫黄酱。黄酱分为干黄酱和湿黄酱两种。面酱是用面粉制成的，面酱可分为甜面酱和水面酱两种。由于它们所用原料及配比不同，生产工艺操作也不同，所以成品特点及用途也不相同。

生产干黄酱的主要原料是黄豆和面粉。干黄酱红褐色或黄褐色，有光泽，咸甜适口，有酯香和酱香，不苦、不酸、不变乌。干黄酱一般用在酱萝卜和酱瓜上。稀黄酱也是用黄豆和面粉生产的，与干黄酱生产工艺不同之处在于加盐水的数量较干黄酱多。稀黄酱黄褐色，有光泽，有浓厚的酯香和酱香，味鲜，咸甜适口，很多酱菜都用稀黄酱。

甜面酱制醪时盐水用量少，成品黏稠，用途是烹调和佐餐；水面酱制醪时盐水用量多，成品状如稀醪，用途是制作酱菜。有些高档酱菜往往用酱两次，先用黄酱，然后再用水面酱酱一次。

(4)香辛料。香辛料是一类能改善和增强食品香味和滋味的食品添加剂，故又叫增香剂。

腌制菜生产中常用的香辛料主要有以下几种。

①蒜　含有强烈的辛辣味，其主要成分是蒜素，因其有强烈的刺激气味和特殊的蒜辣味，以及较强的杀菌能力。

②姜　具有独特强烈的姜辣味和爽味。其辣味及芳香成分主要是姜油酮、姜烯酚和姜辣素以及柠檬醛、姜醇等。姜具有去腥调味，促进食欲，开胃驱寒和减腻解毒的功效。

③胡椒　分黑胡椒和白胡椒两种。黑胡椒的风味大于白胡椒，但白胡椒的色泽好。胡椒具有特殊的辛辣刺激味和强烈的香气，兼有除腥臭、防腐和抗氧化作用。

④花椒　亦称山椒，红褐色，主产于四川、陕西、云南等地。花椒果皮含辛辣挥发油及花椒油香烃等，主要成分为柠檬烯、香茅醇、萜烯、丁香酚等。花椒的辣味主要是山椒素。

⑤辣椒　含有0.02%～0.03%的辣椒素，具有强烈的辛辣味和香味。辣椒除作调味品外，还具有抗氧化和着色作用。

⑥芥末　有白芥和黑芥两种。白芥籽中不含挥发性油，黑芥子含挥发性精油0.25%～1.25%。芥末遇水后，产生异硫氰酸丙烯酯及硫酸氢钾等刺鼻辣味的物质。

⑦大茴香　又名八角或大料，果实含精油2.5%～5.0%，有独特浓烈的香气，性温，味辛微甜。有去腥防腐的作用。

⑧丁香　含精油17%～23%，主要成分为丁香酚，另含乙酸丁香酚等。有抗氧化、防霉作用。但丁香对亚硝酸盐有消色作用，使用时应注意。

⑨肉桂　系樟科植物肉桂的树皮及茎部表皮经干燥而成。桂皮含精油1.0%～2.5%，主要成分为桂醛，占80%～95%，另有甲基丁香酚、桂醇等。

此外，香辛料还包括小茴香、山柰、肉豆蔻、砂仁、草果、白芷、陈皮等。

4.甜味料

腌制菜生产使用的甜味料主要有白砂糖、红砂糖、饴糖、糖蜜、糖精及木糖醇。在腌制菜中起调味、防腐的作用。

5.着色剂

色泽是腌制菜感官质量的重要组成部分。豇豆、辣椒、胡萝卜等应尽量保持蔬菜本身的天然色泽，而有些产品如酱萝卜、甜咸大头菜应使其改变颜色才能具有一定的特色，这就需要使用着色料。

腌制菜生产中使用的着色料主要有酱色、酱油、食醋、红曲、姜黄等。其他辅助料如红糖等，在改变产品风味的同时也可改变产品的颜色。

6.防腐剂

防腐剂是用于保持食品原有品质和营养价值为目的的食品添加剂，它能抑制微生物的生长繁殖，防止食品腐败变质而延长保质期。防腐剂的防腐原理，大致有如下3种：一是干扰微生物的酶系，破坏其正常的新陈代谢，抑制酶的活性；二是使微生物的蛋白质凝固和变性，干扰其生存和繁殖；三是改变细胞浆膜的渗透性，抑制其体内的酶类和代谢产物的排除，导致其失活。

目前,我国只批准了32种允许使用的食品防腐剂,腌制菜中最常用的有苯甲酸、山梨酸及其盐类等。

三、菜品腌制过程的生物与生化作用

蔬菜在腌制过程中的生物化学变化作用复杂而缓慢,其原理主要是利用食盐的高渗透压作用、微生物的发酵作用、蛋白质的分解作用,在抑制了有害微生物活动的同时,增加了腌制菜的色、香、味。其中主要体现在以下几点。

(一)正常的发酵作用

腌制菜在腌制过程中均进行乳酸发酵、酒精发酵与醋酸发酵,其中以乳酸发酵为主。这些发酵作用的主要生成物,不但能够抑制有害微生物的活动而起到保藏制品的作用,而且赋予腌制菜酸味及香味。腌制菜在腌制过程中的发酵作用,是借助天然附着在蔬菜表面上微生物的作用来进行的。

1.乳酸发酵

乳酸发酵是腌制菜在腌制过程中最主要的发酵作用。乳酸发酵作用是乳酸菌所进行的将葡萄糖、乳糖等单糖或双糖转化为乳酸的发酵类型。任何腌菜制品在腌制过程中都存在着此发酵作用,只不过有强弱之分而已。

乳酸菌广泛分布于自然界,种类甚多,一般可分为乳酸链球菌和乳酸杆菌。与腌菜制品有关的乳酸菌主要是乳酸杆菌种属,其中植物乳酸菌起着主导作用。乳酸菌的最适生长温度也不尽相同,一般在25～45℃之间。乳酸菌的另一主要特性是能耐酸性环境,在pH 5以下的环境中能长得很好。乳酸发酵过程总的反应式如下:

$$C_6H_{12}O_6 \rightarrow 2CH_3CHOHCOOH + 83.68\ J$$

2.酒精发酵

由微生物所进行的将糖类转化为乙醇的发酵作用,称为酒精发酵作用,进行酒精发酵作用的微生物主要是酵母菌,也有少量其他微生物的参与。反应式如下:

$$C_6H_{12}O_6 \rightarrow 2C_2H_5OH + 2CO_2 \uparrow$$

3.醋酸发酵

在蔬菜腌制过程中,也同时产生少量醋酸、丙酸与甲酸等挥发性酸。把醋酸细菌在好气条件下将乙醇等转化为醋酸的发酵作用称为醋酸发酵。如腌渍泡菜中的挥发性酸含量为0.2%～0.4%(以醋酸计)。醋酸的生成,是由于好气性醋酸菌的作用,但也可能是由于其他细菌活动的结果,在醋酸菌的作用下,将酒精氧化为醋酸。反应式如下:

$$CH_3CH_2OH + O_2 \rightarrow CH_3COOH + H_2O$$

(二)有害微生物的作用

蔬菜腌制过程中,对腌制有害的微生物一般有两种情况:一种情况是某些有害微生物对腌制品的品质和风味有不良影响,甚至使腌制品腐败不能食用;另一种情况是某些病原菌的带入使人食后致病。

会使腌菜制品腐败变质的微生物主要是真菌中的霉菌、酵母菌和细菌中的腐败细菌。长见的有白边青霉、绿青霉,交链孢子霉、镰刀霉、灰绿葡萄孢霉,产醭酵母,枯草芽孢杆菌等。这些有害微生物使腌制品的品质变坏,又消耗了腌制菜的养分。

霉菌会使腌制品发生霉变和软化,产生不良气味。腐败细菌活动则分解利用植物原料浸出液中的糖分和蛋白质等,使植物原料腐烂,其分解产物含氮、硫化氢等,使腌菜制品具臭味、发黑、变软;酵母菌中的产醭酵母等会在腌制浸泡液表面形成白膜,影响外观及品质。

有害微生物,这里面主要是细菌。这些微生物主要来源于采摘的新鲜原料本身带菌、腌制用具带菌和腌制卫生条件不好、污染等。

拓展知识

一、腌制菜色泽的保持技术

(一)色泽的保持

绿色植物之所以呈现绿色是因为含有叶绿素。绿色蔬菜如黄瓜、绿色豆角、雪里蕻等,经过腌制后,常常褪去绿色,而变成黄绿色或灰绿色,大大降低了腌制品的外观质量。发酵性腌制品发生这种变色情况主要原因是在酸的作用下,蔬菜组织内的叶绿素变为植物黑素,因而失去绿色。非发酵性腌制菜在腌制过程中,因为蔬菜渗出的菜汁呈酸性,因此也会使蔬菜逐渐失去绿色。

腌制品的色泽是感官质量的重要指标之一,鲜艳的色泽给人以愉快的感觉并可增加食欲。因此,保持其天然色泽或改变色泽是在生产过程中需要特别注意的一个问题。

(二)腌制品色泽的保持主要应注意以下 3 方面问题

1. 叶绿素的保持

根据叶绿素的性质,保持腌制菜绿色要采取下列措施:

(1)倒菜。倒菜可以排除腌制过程中产生的呼吸热,同时可以使菜体均匀地接触浸渍液,加快渗透速度。

(2)适当掌握用盐量。用盐量过高,虽能保持绿色,但会影响腌制品的质量和出品率,还会浪费食盐。

(3)用碱水浸泡蔬菜。微碱性的水之所以能使绿色蔬菜保绿,是由于蔬菜中产生的酸性物质被碱中和,使溶液不呈酸性,从而可防止叶绿素转变为脱镁叶绿素。

(4)热处理。烫漂可减少组织中相当数量的有机酸,从而减少叶绿素与酸的作用,防止叶绿素脱镁失去绿色。

(5)低温和避光。腌制品在低温和避光下流通和储存可更好的保持绿色。

2.褐变的防止

(1)蔬菜的选择。选择腌制原料时,应选含单宁物质、色素和还原糖较少的品种。另外,成熟的蔬菜不如幼嫩的蔬菜利于保色,因为成熟蔬菜含单宁物质、氧化酶、含氮物质均多于鲜嫩的蔬菜。

(2)防止褐变。抑制或破坏氧化酶的酶系统来防止腌制品的褐变。

(3)控制 pH。由于糖在碱性介质中分解得非常快,糖类参与糖胺型褐变反应也比较容易,所以腌制液的 pH 应控制在 3.5～4.5,以抑制褐变速度。

3.利用着色剂

根据腌制菜加工的需要,其部分制品的色泽可用色素来调配。色素可分为两种:一种为天然色素,如红曲、叶绿素等;另一种为合成色素,如果绿、胭脂红、柠檬黄等。

二、腌制菜保脆技术

腌制品的嫩脆,是成品的一项重要质量指标。腌制品清脆吃起来口感好,诱人食欲,所以腌制品加工过程中要重视保证成品清脆的工作。决定蔬菜脆度的物质是果胶质,蔬菜中果胶质有三种状态:原果胶、果胶、果胶酸。原果胶为细胞壁中胶层的组成部分,不溶于水,常与纤维结合为果胶纤维。使组织具有一定的强度和密度。果胶存在于细胞液中,可溶于水而不溶于醇,黏结作用一旦失去,组织松弛、脆度降低。

引起腌制品脆性的因素是多方面的,为了保持腌制品的脆性,实际生产中采用以下保脆措施。

(一)适宜的成熟度

腌制蔬菜应在微熟期采收,以最大限度地保存蔬菜中原果胶物质的含量。

(二)减少机械损伤

应用合理的采收方法,减少机械损伤,避免原果胶水解成果胶酸。

(三)抑制有害微生物的生长繁殖

有害微生物大量生长繁殖是造成泡菜脆性下降的重要原因之一。食盐浓度大小直接影响有害微生物的繁殖情况,适宜的盐浓度为蔬菜重量的 10%～20%。所以,在腌制过程中,一方面要减少有害微生物的污染;另一方面要控制环境条件,抑制有害微生物的生长繁殖。

(四)使用保脆剂

为了腌制品保持脆口,一般在腌制过程中加入具有硬化作用的物质。常用的保脆剂有氯化钙、氢氧化钙,明矾,多数保脆剂渗入蔬菜组织通过与原果胶形成钙桥或加强细胞的纤维结构而达到保脆的目的。

问题探究

1. 试比较国内、国外的腌制菜生产品种和生产工艺有哪些异同点？

2. 如何预防硝酸盐和亚硝酸盐对人体产生的危害？

项目小结

本项目主要介绍了各种菜品腌制的基本原理及加工原辅料，同时也叙述咸菜、酱菜及泡菜的生产工艺流程。重点介绍我国地方特色腌制菜的特点及生产方法，详细阐述韩国、日本腌制菜的特点与制作工艺。

习题

1. 试解释腌制菜生产的基本原理。

2. 蔬菜在腌制过程中发生了哪些变化？

3. 影响腌制蔬菜质量的主要因素有哪些？

4. 简要说明腌制蔬菜保绿和保脆的方法。

5. 如何防止腌制过程的褐变反应？

项目九 复合调味品生产技术

知识目标

1. 了解复合调味品的基本概况与分类。

2. 熟悉复合调味品的呈味原料及复合调味品的调配原则。

3. 熟悉并掌握复合调味品一般生产工艺及各类常见复合调味品的生产过程。

4. 掌握几种典型复合调味品的配方。

技能目标

1. 学会各种调味品的生产工艺及操作要点。

2. 会使用各种生产设备,能解决生产过程中出现的技术问题。

解决问题

1. 会维修一些简单的生产设备。

2. 会进行各种产品的成本预算。

科苑导读

随着社会生活水平的提高和生活节奏的加快,调味品已向多样化、复合化的高品质方向发展。复合调味品得到了迅速的发展,其品种多样,贮藏、携带、使用方便,卫生安全,味美,受到消费者的欢迎,已成为调味品行业中迅速发展的重要品种系列。

复合调味品是指在科学的调味理论指导下,将各种基础调味品按照一定比例进行调配制作,从而得到的满足不同调味需要的调味品。其使用的原料种类很多,常用的原料主要有咸味剂、鲜味剂、甜味剂、酵母精、水解动植物蛋白、香精与香辛料、着色剂、辅助剂等。复合调味品中的呈味成分多、口感复杂,各种呈味成分的性能特点及其之间的配合比例,决定了复合调味品的调味效果。按照复合配方配合在一起的原料,呈现出来的是一种独特的风味。

我国是最早生产调味品的国家之一,调味品的生产历史悠久。在我国古代文献中,很早就有关于“复合味”的概念,《淮南子·说林训》中有“使不同之味皆和于口”的描述,被今人称之为现代调料的“复合调料”,其实早在元代就已有制作。《居家必用事类全集》中记载:“调和省力物料,就是以多种调味品作为原料,碾为末,滴水随意丸。每用调和捻破入锅,出外者尤便”。这显然是一种使用十分方便的复合调料。然而,中国菜肴的制作,长期停留在家庭厨房式的阶段,“口尝其味”的传统调味方法至今未能改变,流传下来的复合调味品,大多是经过简单粗加工生产的粉状复合香辛料。这种局面直接导致了我国复合调味品的生产逐渐地落后于时代发展的要求。1961 年,日本味之素公司首先出售了用谷氨酸钠添加肌苷酸钠的复合调味料,使鲜味的效果提高了数倍,并且很快地普及到家庭及食品加工业,拉开了现代复合调味品生产的序幕。从此,复合调味品的生产步入高速发展的轨道。

在复合调味品的生产工艺上,除了采用传统的调味料,配以鲜味素制成复合型调味料外,更重要的是采用现代生物技术,如水解动植物蛋白、发酵技术、提纯技术,乃至超临界萃取技术,将理想的风味物质提取或萃取出来,合理配制成为高档的复合型调味品。有的产品中还配以天然的调味物质,增加了风味的浓郁和深沉。与此同时,关于复合调味的理论研究不断深入。经多年探索,国外对于复合调味品的产品开发已积累了一套科学的程序,对于复合调味品呈味机理的研究已发展到了分子水平。近年来,我国现代化的进程逐渐加快,食品工业尤其是方便食品产业迅猛发展,方便复合调味品的市场需求不断扩大。随着调味品工业的技术进步,已经实现了酵母精、水解蛋白等高档天然调味基料的国产化,为复合调味品提供了广阔的原料选择空间。我国市场上已经出现了复合调味盐、方便型汤料、炖肉料、拌馅料、菜肴专用调料等多种复合调味品。但对我国这样一个有 10 多亿人口的多民族国家,其品种和数量还远远不能满足需求,新型复合调味品的生产和开发,还处于相对滞后的状态,这就要求在总结已有经验的基础上,建立一套完整的具有中国特色的调味理论,使中国的调味技术发展成为一门科学。从国内外调味品的研究和发展趋势来看,使用方便化、味感复合化、调味专门化是调味品的发展方向。复合调味品将成为调味品工业的研究重点。随着复合调味理论和调味实践研究的深化,采用各种高新技术生产的新型复合调味品,将逐渐占据调味品市场的主导地位。

任务一 复合调味品生产工艺

一、复合香辛料生产工艺

复合香辛料的制作是将原始香辛料或其风味浸提物,按照一定配方进行混合。其特点是突出一种或几种风味,其他的原料则作为辅助成分,使整体风味趋于和谐。每种复合香辛料都适用于特定的食品原料,能够突出原料的本味,去除杂味,并在烹饪过程中释放出独特的香气,达到增进食欲、促进消化的目的。复合香辛料按照其产品形式，分为粉末状、液状、膏状等。粉末状产品多由原始香辛料直接加工制成，液状和膏状产品，则是利用香辛料提取的精油经复配和二次加工制成。

(一)原料

在香辛料中，含香部分常集中于该植物的特定器官，除少数植物可以整体作调料应用以外，大多是选用植物中富含呈味物质的部分应用。香辛料的品种繁多，大致可分为以芳香为主的如丁香、月桂、大茴香等；以增进食欲为主的如生姜、辣椒、芥末等；以脱臭为主的如大蒜、香葱、月桂等。使用时，应根据主要原料的特点来选择。花椒、紫苏、胡椒、小茴香、百里香、姜、葱、蒜等香辛料对于除去鱼的腥味有独特功效，可用于鱼类加工烹饪；陈皮、黑胡椒、八角、川芎等适合于牛肉的加工；八角、丁香、草果、肉桂、桂叶适用于以猪肉为原料的菜肴。各种香辛料的味道特征及在调味品中的应用见表 9-1。

表 9-1　常见香辛料的特征及应用

名称	使用部位	味道特征	应用
大蒜	鳞茎	辛香、辣味浓	肉味、海鲜味调料
生姜	根	辛辣气、芳香	海鲜、麻辣味调料
辣椒	果	辛辣、有热感	川辣、麻辣味调料
胡椒	浆果	辛辣、特异香气	肉香味调料
花椒	果、叶	麻辣、味微甜	海鲜、肉香味调料
八角	果、枝、叶	味甜、性辛温	五香味调料
小茴香	果、茎、叶	气香味辛、微甜	五香味调料
芥籽	籽	辛辣味、热感	川味料、北方口味料
肉桂	皮	味甘甜、辛辣、芳香	五香味调料
洋葱	鳞茎	辛、辣、温、味强烈	肉味、海鲜味调料
月桂	叶	芳香、辛香、苦味	红烧牛肉罐头
芹菜	籽、茎、根	微甜、带苦味	刺激味强的调味
香椿	嫩枝叶	特殊的浓郁香气	肉味、海鲜味调料

(二)工艺流程

粉状复合香辛料的加工方法比较简单，主要包括原料预处理、粉碎、混合、包装等工序。液体复合香辛料是根据各香辛料的呈味成分的特点，采取水蒸气扩散、超临界 CO_2 萃取、热油浸提、溶剂萃取等多种方法，提取出香辛料精油，再进行复合调配。

(三)操作要点

1. 粉状复合香辛料的操作要点

(1)原料选择。原料由于产地不同，产品的香气成分含量有差异。因此，要保持进货产地稳定,要选择新鲜、干燥、无霉变、有良好的固有香气的原料。每批原料进来后,要先经过品尝和化验,确保原料质量稳定。

(2)原料预处理。原料预处理,包括去杂、洗涤和干燥。由于香辛料在加工和贮藏运输过程中,会沾染许多杂质,如灰尘、土块、草屑等,所以首先要进行识别和筛选,除去较大的杂质。对于灰尘和细菌等不易除去的杂质,则通过对筛选后的原料进行洗涤来除去,洗涤后沥去多余的水。将原料均匀铺于烘盘内,放入烘箱,在60℃下烘干。

(3)配料。根据产品的用途和调配的原则,设计产品配方。按照配方称取不同原料,进行混合。

(4)粉碎。用钢齿式粉碎机,将原料粉碎。第一次粉碎的细度应10目以上,第二次应达到40目左右。

(5)拌和。为避免由于粉碎时进料不均匀而导致产品质量不稳定,在粉碎后增加一道拌和工序,将粉碎后的香辛料搅拌均匀。然后,进行包装。

2.热油浸提法生产复合调味油的操作要点

(1)原料选择。香辛料调味油所用原料主要为香辛料与食用植物油。香辛料的选择如前所述,食用植物油应选用精炼色拉油,其质量指标为:酸价≤0.3,过氧化值≤10 mEq/kg,黄曲霉素$\leqslant 5\times 10^{-9}$,羰基价≤10 mEq/kg,按原料不同有大豆色拉油,菜籽色拉油等,均可使用。

(2)原料预处理。已经干燥的香辛料可直接进行浸提,对于新鲜的原料要经过一定前处理。鲜葱(蒜)加2%的食盐水溶液,绞磨后静置4~8 h。老姜加3%的食盐水,绞磨后备用。植物油要经过250℃处理5s脱臭后,作为浸提用油。

(3)浸提。浸提方法采用逆向复式浸提,即原料的流向与溶剂油的流向相反。对于辣椒、花椒等,通过一定温度作用下产生香味的香辛料,宜采用高温浸提,浸提油温100~120℃,原料与油的比为2∶1(*W*/*W*),1 h浸提1次,重复2~3次。

对于含有烯、醛类芳香物质,高温易破坏其香味的香辛料,宜采用室温浸提。浸提油温25~30℃,原料与油比1∶1(*W*/*W*),12 h浸提1次,重复5~6次。

(4)冷却过滤。将溶有香辛精油的油溶液,冷却至40~50℃。滤去油溶液中不溶性杂质,进一步冷却至室温。对于室温浸提的香辛料油,直接过滤即可。

(5)调配。用Forder比色法测出浸提油的生味成分含量,再用浸提油兑成基础调味油,将不同原料浸提出的基础调味油,用不同配比,配成各种复合调味油。

二、固体汤料生产工艺

固体汤料是复合调味品中较早出现的产品,至今仍保持着旺盛的生命力,在方便面和方便米粉产品中是不可缺少的调味料包之一。随着新材料和新技术的应用,产品也从最初的香辛料与盐和味精的简单混合,发展到添加天然动植物提取物、脱水蔬菜和高级鲜味剂的高档次产品。

(一)原辅料

人们使用汤料的目的是为了取得满意的口感和滋味，但最大的目的是获取汤料的鲜香风味。因此，固体汤料的生产，基本采用的是复合调味法。以鲜味剂和咸味剂作为味感中心，以天然风味物质作为基本原料，以甜味剂、辣味剂、酸味剂和香辛料作为辅料，以淀粉、糊精等作为填充剂。

固体汤料中使用的咸味剂是食盐，鲜味剂包括味精、I+G、酵母精、水解动植物蛋白、琥珀酸钠等。在咸味剂和鲜味剂的使用上通常运用调味原理中味的相乘和对比关系，进行复配。一般食盐的添加量在50%～68%之间，它与味精的比例是10：(1.5～2.5)。水解动植物蛋白和酵母精在产品中，不仅是单纯的呈鲜味物质，还具有改善口感的效果。它们的加入能够在各调味剂之间起到熟润协调，强化天然食品风味的作用，与天然浸出物配合使用，效果更为显著。

固体汤料的基本原料又称为主原料，是汤料的主要营养成分和风味的来源，可根据不同的产品风味选用各种天然原料，如脱水猪肉丁、牛肉丁、脱水蔬菜、脱水虾仁、动物抽提物粉末等。天然浸出物和其他天然原料具有复杂的天然风味和丰富浓厚的味道，加入汤料后可以产生原味、浓味、后味等多种味感效果。因此，它是汤料口感是否纯正的关键。在使用中，通常采用环糊精、淀粉作为包埋物质，将天然浸出物完全包裹，以避免风味损失。在泡汤的过程中，香味物质自然溶出，释放其特有香气。

香辛料在固体汤料中作为用来衬托、完善主体香气的辅助性素材香气组分。常用的辛辣性香辛料有胡椒、辣椒、花椒、芥子、大蒜粉、姜粉、洋葱粉、桂皮、葱等。常用的芳香性香辛料有丁香、麝香草、肉蔻、八角、小茴香、荷兰芹、月桂叶等。

生产固体汤料的其他原辅料包括甜味剂、酸味剂、粉末油脂、增稠剂、着色剂、抗结剂、抗氧化剂、填充剂等。通常用到的有蔗糖、柠檬酸、葡萄糖、甜蜜素、BHA、BHT、TBHQ、焦糖色素、姜黄、磷酸三钙、大豆蛋白、变性淀粉等。可根据生产的实际需要，进行合理搭配。

(二)工艺流程

在固体汤料的生产工艺中，最关键的工序是原辅料的处理和汤料的成型干燥。在配成复合汤料之前，每种原辅料都必须经过杀菌、浓缩、干燥或熟化等工序，使之具备经热水冲泡就可以立即食用的特点。然后将每种原辅料按比例混匀，经过调香或干燥等工序，即成为固体汤料。

(三)操作要点

1. 原料预处理

原料肉品、水产品要选择新鲜、干净，符合质量要求的原料。将肉类原料按部位进行分割，选择适宜干燥的瘦肉部分，切块进行预煮。采用高压蒸煮法，常用的蒸汽压力为0.15 MPa，控制温度为120℃左右，熬煮1 h左右。煮好后，分离出的汤汁可以用来生产动物抽提物。煮熟的肉品切片并进入真空冷冻干燥机，脱水至水分含量2%～5%，经过粉碎制成肉丁或粉末备用。对干虾仁的处理,则采用洗净后直接干燥脱水的方法将其制成脱水虾仁。

原料蔬菜要先清洗干净,热水漂烫,使酶失活并保持其原有色泽在加工中不发生变化。将原料切片后,真空冷冻干燥。在冷冻过程中,蔬菜在-40~-30℃的温度下,迅速通过其最大冰晶区域,在6~25 min以内使平均温度达到-18℃。这样可以避免在细胞之间生成大的冰晶体,减少在干燥过程中对细胞组织的破坏。将已冻结的蔬菜放入真空度为13.3~133 Pa的干燥室,使蔬菜内的冰晶,从固态升华为水蒸气并完全逸出。真空冷冻干燥最大限度地保存了蔬菜的色泽和营养成分。干燥后的蔬菜,形成多孔的组织结构,能够达到快速复水的目的。

香辛料一般要经过清洗、干燥和粉碎等加工过程。干燥可采用热风干燥和微波干燥,后者在干燥的同时还兼有杀菌的效果。对于颗粒状的原料如食盐、砂糖、味精等要在保证达到质量要求的前提下,粉碎至同一细度要求,通常为20~40目。其他物料都要先熟化,再干燥粉碎。经过预处理后的各种原辅料的水分含量要求在7%以下。

2.混合

在依照配方将各种原辅料混合之前,首先要将用量较少的原料进行预混合,再与其他原料混合。混合工序的工艺要求是:温度在35℃以下,时间在10~40 min。混合完毕后,物料再经过20目的筛以防止部分原料吸水结块。混合时可选用混合性比较好的V形及圆桶型混合机。

3.颗粒型固体汤料的制造

颗粒型汤料在混合工序之前的工艺路线与粉末汤料基本相同,所不同的是在经过初步混合后,要加入一定量的水调成乳状液,通过二次干燥成型。

汤料乳液的杀菌方法,采用瞬时灭菌,在15 s内使乳液加热到148℃,然后立即冷却,装入消过毒的贮罐内,可采用三效真空浓缩装置对消毒后的乳液进行浓缩。浓缩后用喷雾干燥法使产品的水分降至6%,喷雾干燥的进风口温度为140℃,出风口温度为75℃,物料干燥过程需要30 s左右。采用该方法生产的颗粒汤料速溶性好,但设备成本较高。

也可采用较为简易的方法生产颗粒型汤料。即将混合后的汤料加水配成乳液,杀菌后加入淀粉或大豆蛋白作为填充物,调节到合适的含水量,通过摇摆式造粒机制造成固体颗粒,在真空干燥箱中脱水至6%~7%。此方法设备投资少,运行费用低,缺点是产品的速溶性不太理想。还有一种颗粒调料,是指各种脱水肉、菜的混合料包。

4.包装

产品的包装设备选用全自动粉末或颗粒包装机,包装材料一般采用聚乙烯、铝塑复合膜,要求具有良好的防潮性能,且无毒、无污染。通常脱水蔬菜包和粉末汤料采用透明的包装材料,以强调视觉感受。较高档的颗粒型速溶汤料采用含有铝箔的包装材料,以烘托体现内在价值。

三、方便调味酱包生产工艺

方便面调味料包是体现方便面质量的重要方面之一。目前在方便面生产厂家生产技术普遍提高的情况下,面体品质的差距正日益缩小,厂家竞争的焦点,主要集中于如何提高调味汤料的质量上。

(一)原辅料

调味酱包所选用的酿造酱,一般为甜面酱或豆瓣酱,要求色泽正常,黏稠适度,无杂质、无异味,水分含量小于16%。酿造酱的加入,能够赋予酱包汤料红褐色泽、酱香风味和一定的稠度。动物性原料是高档酱包的主要风味来源。常用的原料为猪、鸡、牛、羊的肌肉组织、骨骼和脂肪。最好选择新鲜的原料,大批量生产也可采用经检疫的冷冻包装肉品。肉类原料的使用,使调味酱包具备了该原料特有的肉香味道,增加了煮泡面汤口感的丰富性和浓厚性。在酱包的生产中,畜禽类原料采用浓缩汤汁、肉粒、肉馅、固体或液体油脂等多种方式加入。无论何种方式,物料颗粒的大小都要求能够满足自动酱体包装机正常生产的需要。

香辛料的选用,依照肉类原料的特性而定。牛肉酱包主要使用桂皮、胡椒、多香果、丁香等;猪肉和鸡肉酱包主要使用月桂、肉蔻、洋葱、山柰等;羊肉酱包多使用八角、洋苏叶、胡椒等;海鲜酱包则使用香菜、胡椒、豆蔻等。葱、姜、蒜、辣椒在酱包生产中是使用率较高的香辛料,多以生鲜的原料形式加入。香辛料的质量要求是,无霉变,颗粒饱满,香味纯正。

生产酱包用到的煎炸油为熔点较高的植物油,花生油、氢化油、棕榈油是最常用的油。通常采用将几种油配制成熔点适宜的调和油使用。采用熔点较高的油,能防止在炒酱过程中酱体黏附于锅底造成焦煳,影响酱体质量。使用油脂的目的,是因为其具有溶解多种风味物质的功能,可保持汤料的风味,并使口感圆润。

其他的生产原辅料的种类和质量要求与固体汤料基本相同。

(二)工艺流程

方便酱包的生产一般是先在煮酱锅内将煎炸用油进行预热,脱去腥味,再加入经过预处理的各种原辅料,进行炒酱。炒酱工作完成后,迅速冷却、调香,再经计量、包装等工序后成为调味酱包。

(三)操作要点

1. 原料预处理

动物的肉、骨、脂肪经微波解冻后,先分选清洗干净。肉、脂肪最好用切角机或刀切成直径约0.4 cm的颗粒状。也可以先将肉切成条状,放入绞肉机中绞成馅。这样做易使肉类汁液榨出,影响风味,且颗粒形状不规则,不利于采用自动包装机包装。原料骨头斩成小块或小于5 cm的小段。

将生鲜香辛料剥皮,清洗。将葱切成8～10 cm的葱段,姜、蒜要用斩拌机斩成直径为0.15 cm以下的碎末。其他香辛料分成两部分,一部分用来煮炖原料,按配方配好,用纱布包住;另一部分在炒酱时加入,需经粉碎机粉碎成能够通过60目筛的粉末,备用。

2.炖煮肉类原料

将肉、骨原料放入不锈钢夹层锅中添加洁净的冷水，开启搅拌装置，使原料在水中均匀分散，然后通入蒸汽加热。沸腾后撇去表面的浮沫，加入葱段、姜片和煮炖用的香辛料包。投料完毕后，改用微沸状态炖煮 2.5～3 h，至风味物质基本溶出。采用过滤装置，将肉粒、骨块滤出。余下的肉汤经过浓缩后，得到浓缩肉汤，在炒酱时加入。

将动物脂原料放入预先加有少量清水的锅中，大火加热至沸，改用文火，不断翻炒，至水分耗干。进一步炼制，直至油渣为浅黄色出锅，用 40 目筛过滤，得精炼动物油。

3.炒酱

将煎炸油加入煮酱锅内，开蒸汽，以 0.3～0.5 MPa 的压力，将油预热升温至 130～150℃。先倒入葱、姜、蒜、辣椒，榨干水分后，加入甜面酱、豆瓣酱进行油炸。油与酱的比例要大于 1∶1(V/V)，防止酱体粘锅底。油炸时要不停地加以搅拌，直至产生特有的酱香风味。炸好的酱体色泽由红褐色变成棕褐色，由半流体变成膏状。停止加热，除去表面多余的煎炸油，依次加入浓缩肉、骨汤、肉末、酱油、砂糖、食盐以及其他香辛料。先加 0.5 MPa 的蒸汽压力煮沸 10 min，再改用 0.25 MPa 蒸汽压力保持微沸状态 1～1.5 h。至酱体浓缩至相当黏稠，停止加热，继续搅拌，加入味精，I+G 等鲜味剂。待鲜味剂充分溶解后，在夹层内泵入冷水将酱体迅速冷却至 40℃。加入肉类香精进行调香，当物料冷却到 20～30 ℃时，出料。

4.包装

将冷却好的酱体用螺杆泵，经管道输送至自动酱体包装机料斗内，自动酱体包装机将酱体分装成每袋重 10～15 g，包装材料一般用透明的尼龙/CPE 复合膜。包装后要经过耐压试验，检查封口是否良好，然后装箱、入库。

四、火锅调料生产工艺

火锅是我国传统饮食文化中的一个重要组成部分。在冬季里亲朋好友欢聚在一起吃涮火锅，已成为不少地方的风俗。随着家庭火锅的兴起，火锅调料的市场需求不断增长。火锅调料是指与火锅涮食方式配套的专用复合调味品，一般作为蘸酱对涮熟的食品着味。我国地域宽广，各地的饮食习惯也不相同。反映在火锅调料上，表现为配料和风味各具特色。四川火锅调料以辛辣味为主，口感浓厚丰满；北方火锅调料辣中带甜，兼有鲜香；南方火锅调料麻辣甜鲜，香气浓郁，柔滑细腻。

传统的火锅调料多是凭经验人工调配，具有很大的局限性，影响了产品配方和风味的统一，并且费时费力。现代快节奏、高效率的生活方式，对于标准配方和生产工艺生产出的方便卫生的火锅调料，有着十分迫切的需要。火锅调料生产的工业化，将是发展的主要方向。

(一)原辅料

火锅调料的基础原料是各种酿造和调制酱类，主要有辣椒酱、花生酱、芝麻酱、豆瓣酱、甜面酱、肉酱等。辣椒酱的加工方法是，取新鲜辣椒加盐腌制成熟，磨成酱状。花生、芝麻酱则需先将原料焙炒出香气，再研磨成酱状。发酵酱类选择的原则是，符合质量要求，风味稳定圆熟。肉酱的加工方法是，将原料清洗、切分、去骨沥干，按比例加入一定量水，经由胶体磨磨成酱。

香辛料是生产火锅调料的重要原料，常用的品种有：辣椒、花椒、茴香、八角、大蒜、丁香、芫荽、胡椒、生姜、山柰等，干的香辛料经过洗涤烘干以后，磨成粉末状备用。生鲜的香辛料如姜、蒜等，可取其汁液或提取物，在加工过程中加入。

酱油、醋、黄酒、腐乳汁、鱼露等液体调味品，在火锅调料中，能起到调色、调味、增香的作用。增稠剂能够赋予火锅调料适宜的黏稠度，使火锅调料保持均匀稳定的状态。味精、I+G、琥珀酸钠是生产火锅调料常用的增鲜剂。其他常用的辅料有砂糖、防腐剂、天然调味品等。

（二）工艺流程

火锅调料的生产工艺，是按照配方和一定顺序加入各种原辅料，加热熬制一段时间，使各种调味品的风味充分协调，并达到理想的酱体状态，经过冷却、杀菌即得成品。

（三）操作要点

1.原料预处理

各种酱要经过胶体磨磨细后备用。香辛料一般先粉碎，再过 60～80 目筛。动植物原料在加工成酱状后，也要通过胶体磨，进一步细化。这样做的目的是使火锅调料的酱体均匀一致，口感细腻。

2.酱体熬制

在带有搅拌装置的夹层锅内加入与配料数量比例为 1∶1.2 左右的水，加热至沸。开动搅拌器，加入经过磨细的发酵酱类和预先溶化好的增稠剂，继续搅拌，依次均匀加入香辛料粉末、甜味剂、动植物提取物、酱油等液体调味品、防腐剂。待各种原料不断翻动煮沸至沸腾均匀，香气宜人时，保持稳定沸腾 30 min，此时，应注意防止锅内结焦和物料溅出锅外。当酱体达到满意的黏稠度后，停止加热。继续搅拌，加入增鲜剂和对高温较为敏感的其他辅料。搅拌至完全溶化或混合均匀时，即可停止搅拌，出锅。每锅的操作时间为 1.5 h 左右。

3.出锅冷却

加工成熟的火锅调料趁热出锅，盛于消过毒的不锈钢容器中。及时安全地运送至室内空气洁净的包装储藏室内，容器口覆盖纱盖，防止灰尘进入。待酱体冷却至 56～60℃，即可包装。

4.包装、杀菌

火锅调料可用酱体灌装机定量灌入塑料杯或玻璃瓶中，及时封盖。包装好的产品在 100℃沸水中杀菌 20～30 min，即为成品。

五、复合调制酱生产工艺

复合调制酱是以各种传统的酿造工艺生产的面酱和豆酱为基质，再配以各种辅料，加工而成的一种复合调味品。与方便面调味酱包作为汤料所不同的是，复合调制酱是人们佐餐时使用的蘸酱。为了增进食欲，帮助消化，复合调制酱在加工中常加入辣椒粉或辣椒酱，使产品呈现出红润油亮的色泽。因此，复合调制酱通常又称为花色辣酱。根据其生产原料不同，又分为肉类辣酱、海鲜辣酱、家常辣酱和植物类辣酱等。

复合调制酱营养丰富，容易消化吸收，在作为佐餐调味品的同时，还可以在烹调菜肴时使用，因而是一种深受欢迎的高级营养调味品。其便于携带和食用的特点，更适合旅游、出差的需要。因此，复合调制酱类将会以更多的花色品种来满足市场需求。

(一)原辅料

作为复合调制酱基料的酿造酱类通常以辣椒、大豆、蚕豆、面粉等作为原料，经制曲和发酵过程生产出来的。在人为控制的条件下，通过微生物繁殖、发育，并分泌的各种酶类作用，利用原料中的各种营养物质进行分解和合成代谢，最终形成各具特色的酿造风味。配制复合调制酱所用的酱油、醋等也是经酿造工艺而非人工配兑制成的。这样的选料原则，保证了产品具有纯正的酿制酱香。辣椒酱、郫县豆瓣酱、甜面酱、老抽酱油、麸醋、黄酒是比较常用的酿造类调味品。

香辛料的选择是以麻辣味为主，辅以芳香类原料。辣椒、花椒、小茴、八角、桂皮、丁香、葱、姜、蒜等是常用的香辛料。此外，砂糖、花生酱、芝麻油、菜油也是必不可少的辅料。

在肉类和海鲜的辣酱生产中，一般是先将肉类原料制成熟制品，然后加工成粒状备用。其余如增稠剂、防腐剂的应用与火锅调料的生产基本相同。

(二)工艺流程

复合调制酱的生产工艺基本上都是将酿造酱先磨细后加水或油脂在夹层锅内煮沸，然后加入具有突出香气和刺激风味的香辛料，经进一步加热，风味成熟，最后加入味精和防腐剂，冷却、出锅。为确保产品的卫生质量，在灌装后，有的品种还要再杀菌，经检测合格方作为成品。

(三)操作要点

1. 原料预处理

各种酿造酱类如甜面酱、大豆酱、辣椒酱等先经过胶体磨磨细备用。花生和芝麻在使用前，捡去变质霉烂颗粒，水洗干净，沥水后经文火焙炒至黄色并发出香味，经过去皮，研磨成花生酱和芝麻酱备用。花椒要经文火焙炒出特殊香味，冷却后粉碎。其他的香辛料按配方比例混合，稍加烘烤、冷却后粉碎成粉。粉碎后的香辛料过 60 目筛，备用。也有的生产工艺采用油炸的方法提取出花椒、辣椒的风味，作为调味油，在混合工序中加入。大蒜、香菇、鲜姜等原料洗净后除皮，在 95℃以上热水中漂烫 2～3 min，然后在打浆机中打成浆状。

将新鲜的肉类洗净，切成 1 cm 见方的肉丁。在夹层内加水和各种香辛料，煮沸后，加入肉丁。经充分煮制入味后，捞出沥干水分，切碎后备用。对于干制的水产品，要先用清水胀发一段时间，至中心已经变软，取出沥干。在 0.7 MPa 的压力下，蒸煮约 1 h，然后以淡鲜酱油浸渍入味。增稠剂要预先经温水充分溶解，制成糊状备用。烹调油先经过 180℃的高温处理，除去腥味后，冷却备用。

2. 加热煮沸

将除鲜味剂外的各种原辅料混合搅拌均匀，加入已煮沸的清水中进行煮制，并不断搅拌，浓缩到一定稠度，停止加热，加入鲜味剂、防腐剂。搅拌使之溶解，冷却至 60～80℃，装罐。

3. 调配、杀菌

生产复合调味酱除了采用上述方法以外，也可以采用先灌装后杀菌的工艺路线。首先将各原辅料混合搅拌均匀，操作温度在 60～80℃，将经过搅拌的酱体经胶体磨进行均化微细处理，趁热灌装。在 100℃下，杀菌 20～30 min，也可在 121℃，杀菌 10 min。杀菌后的产品，经过保温实验，确认质量合格，方可入库。

六、复合调味汁生产工艺

复合调味汁是一类适用于菜肴加工的复合调味品。根据其用途不同，可分为凉拌类调味汁、烧烤类调味汁、煎炒类调味汁、蒸煮类调味汁、腌渍类调味汁等。根据其呈味特点又可分为咸鲜型、香咸型、酸辣型、酱香型、辣香型等多种味型。一种调味汁可以有多种用途。比如蚝油，既能作为面食的作料，又适用于熘、炒菜肴的调味。

传统的菜肴加工方法是将各种调味品在烹调过程中分别依次加入。不但比较麻烦，而且往往因缺少关键的一两种调味品而影响了菜肴的整体特色。复合调味汁的出现，简化了厨房操作程序。既节省了时间，还能取得满意的效果。随着科技的进步，各种特色菜肴风味成分的数量和比例，会被逐步分析并确定下来。在此基础上形成工业化生产的标准配方，生产出越来越多的专用复合调味汁，这将是实现厨房操作工业化的关键性步骤。

(一)原辅料

复合调味汁的原料因产品用途不同具有很大区别，凉拌类复合调味汁常用的原料有姜、醋、番茄酱、砂糖、香菇、蒜等；烹炒类复合调味汁常用的原料有葱、姜、香辛料、酱油等。动植物原料的提取液是一大类复合调味汁的基础原料，复合调味汁的主要呈味特色，往往由动植物提取液的风味来决定，其他调味料的加入起辅助调香和调味的作用。此外，增稠剂、防腐剂、肉类香精、色素等也是较为常用的原料。

(二)工艺流程

复合调味汁的生产，是利用动植物提取液或酿造法制造的酱油、醋辅以香辛料和其他调味料经过加工调配、萃取、抽提、浸出、增稠及加热灭菌等工序制成。

(三)操作要点

1.原料预处理

动物提取液的制备,通常是先将原料粉碎,煮汁后经过滤得到。葱、姜、芫荽等生鲜香辛料的汁液,采用切碎、搅打后,直接压榨取汁的方法得到。腐乳、豆瓣酱的处理方法是,加入少量水,用胶体磨磨细。八角、桂皮、肉蔻、丁香的处理方法依据产品的状态而定。如果是较为黏稠的汁液,香辛料经过粉碎后,在煮制过程中直接加入。如果成品为黏度小、流动性好的液体,如凉拌调味醋、调味香汁等,香辛料不用粉碎,而是按配方称重配好后,包成香料包,在煮制时加入,煮制完毕再捞出。

2.调配、煮汁

按照配方将原料汁液和各种辅料搅拌混匀。在混合过程中,为使盐、糖等调味料迅速充分溶解,可辅以适当的加热。黏稠调味汁的生产,往往需要在调配后,加热煮沸,边煮边搅拌,使各种味道充分熟成。

在凉拌类调味汁的制造过程中,一般先将香辛料用纱布包好,在水中煮沸 10 min,灭菌后捞出。将香料包浸泡于酱油或醋中 7～10 d,使香辛料风味充分溶出,又避免了加热对风味的破坏。灭菌则采用瞬时灭菌的方法。

3.增稠、均质

煮汁过程完成后,在汤汁中加入预先用温水充分涨润的增稠剂,搅拌均匀。搅匀后的料液,经过带有回流管的胶体磨,边磨边回流,使料液各组分充分磨细、均质。采用均质工艺保证了复合调味汁在保质期内均一稳定,减轻了油水和固液分离现象的发生。

4.灌装、灭菌

经均质处理的调味液,灌入玻璃瓶或耐高温软包装袋中,在沸水中进行灭菌。灭菌条件根据产品的质量而定,150 g 包装调味汁的灭菌条件为 100℃的温度下,加热 10～15 min。灭菌后的产品经过保温,检验合格后,作为成品入库。

任务二 粉状复合调味品的制作

一、动物类原料复合调味品

(一)鸡肉类风味粉状复合调味料

鸡肉类风味粉状复合调味料品种数量繁多、各有特色,鸡肉风味突出,味道鲜美,是目前国内外市场普遍受欢迎的复合调味料之一。根据用途不同可分为两大类:一类是鸡肉复合汤料,另一类是主要用作调味的鸡精粉(又称鸡味鲜汤精),配方见表 9-2、表 9-3。

表 9-2 鸡肉复合汤料配方 %

原辅料	配方一	配方二	配方三	配方四
食盐	24.0	20.0	40.0	21.0
味精	9.0	10.0	12.0	6.0
砂糖	15.0	3.5	10.0	4.0
鸡肉粉	10.0	18.0	16.0	13.5
酵母精粉	4.0	2.0		2.5
水解蛋白粉	3.0	2.0	2.0	
脱脂奶粉		20.0		
麦芽糊精	20.0	8.0		32.0
鸡油	8.0	10.0	4.0	6.0
鸡肉香精	3.5	4.5	2.5	5.0
抗结剂	0.5	0.5	0.5	
洋葱粉	0.6	0.6	5.0	7.0
胡椒粉	1.0	0.9	3.0	1.0
生姜粉	0.4		2.0	2.0
咖喱粉	1.0		3.0	

表 9-3 鸡精粉配方 %

原辅料	配方一	配方二	配方三
食盐	52.0	48.0	45.0
幼砂糖	18.0	18.0	18.0
纯鸡粉	2.0	3.0	5.0
植物水解蛋白	2.0	3.0	4.0
酵母精粉	1.0	1.5~2.0	2.5
味精	21.0	21.0	21.0
鸡油	3.0	2.0~3.0	3.0
复合香辛料	3.5	2.0~2.5	1.0~1.5
抗结剂	1.0	1.0	1.0
生粉	8.0~15.0	8.0~15.0	8.0~15.0
鸡肉粉精(2376B)	3.0~5.0	4.0~6.0	2.0~3.0
鸡肉香精	0.5	0.5	1.0~1.5
I+G	1.0	1.0	1.5

(二)猪肉类风味粉状复合调味料

猪肉类风味粉是受欢迎的调味料之一。详细配方见表 9-4。

表 9-4 猪肉类风味粉状复合调味料配方 %

原辅料	配方一	配方二	配方三
食盐	32.6	12.0	28.0
幼砂糖	7.6	5.0	13.0
猪肉粉末	14.3	31.0	5.0
I+G	1.0	0.5	1.5
水解蛋白粉			2.0
酵母精粉	3.0	2.0	2.0
洋葱粉	2.1	1.5	3.0
胡萝卜粉		10.0	3.5
甘蓝粉		4.0	
咖喱粉	3.1		0.5
白胡椒粉	2.4	1.5	1.0
生姜粉	1.9		1.0
五香粉		1.5	0.5
猪肉香精	3.0～5.0	3.0～5.0	5.0～7.0
变性淀粉	17.0～19.0	15.0～17.0	17.0～19.0

(三)牛肉类粉状复合调味料

牛肉类粉状复合调味料风味突出,也较受大众欢迎,配料详见表 9-5。

表 9-5 牛肉类粉状复合调味料配方 %

原辅料	配方一	配方二	配方三
牛肉粉	15.7	23.0	27.0
食盐	35.7	9.0	11.0
味精	10.3	2.0	5.0
I+G	0.3		0.2
砂糖	6.0	10.0	7.0
HVP 粉	2.5	5.0	3.0
琥珀酸钠			0.5
牛油	2.5	1.5	2.0
牛肉香精	1.5	2.0	1.0
洋葱粉		18.0	3.5
胡椒粉	2.5		
八角粉	1.0	1.0	2.0
生姜粉	1.9	1.5	
花椒粉		3.5	1.5
番茄粉			8.5
芹菜粉	1.9		
咖喱粉	3.2	2.0	5.0
生粉	15.0	21.5	22.8

（四）虾味粉状复合调味料

对虾资源不足，且是重要出口食品，出口的对虾按商品规格均是去头商品，故应利用虾头制成各种食品。对虾头含有丰富的蛋白质及较多的油脂，滋味鲜美，适于制作对虾复合调料，生产工艺如下。

将新鲜或冰鲜虾洗净，去胸甲，置于160℃植物油中炸2 min左右，捞起冷却。磨碎成浆状，加入16% NaCl、0.5%胡椒粉、0.5%白砂糖、0.5%味精以及防腐剂等，混匀，即成棕红色的复合调料。

如用虾头，锅除甲壳后磨碎，加入0.2%～0.4%的Asl.398蛋白酶，于40℃、pH 7时水解3 h；然后加入15% NaCl和少量抗氧化剂（BHT）及苯甲酸钠，在30℃保温条件下消化10 d；再煮沸10 min，趁热用18目筛网过滤，即成对虾复合调味料。采用此法时蛋白质经过酶解，滋味更为鲜美。

将以上两类处理好的虾味提取物经浓缩、喷雾干燥（或经真空干燥）、粉碎即得到虾味粉，广泛用作海鲜味复合调味料的主体风味剂。表9-6、表9-7为虾味粉应用的两个配方。

表9-6 虾味粉状复合调味料配方之一 %

原辅料	配比	原辅料	配比
鲜虾粉	11.70	虾子香精	1.37
生姜粉	1.86	味精	10.30
榨菜粉	2.58	葱片	1.12
大蒜粉	1.88	糖	7.51
香葱粉	1.46	食盐	58.10
胡椒粉	2.12		

表9-7 虾味粉状复合调味料配方之二 %

原辅料	配比	原辅料	配比
虾味浸膏	7.5	食盐	34.0
特鲜味精	8.0	预糊化淀粉	40.0
砂糖	10.0	胡椒粉	0.5

（五）海鲜味粉状复合调味料

海鲜味汤料是一类非常受广为消费者欢迎的复合调味品。下面列举几种这类产品的配方如表9-8、表9-9所示。

表 9-8　海鲜复合汤料配方　%

原辅料	配比	原辅料	配比	原辅料	配比
虾仁粉	6.0	琥珀酸钠	0.4	鱼味香精	0.2
柴鱼粉	2.0	I+G	0.6	蒜粉	3.5
尤鱼粉	2.0	酵母提取物	2.0	生姜粉	2.0
水解蛋白	1.5	海鲜香精	0.8	胡椒粉	2.5
食盐	25.0	味精	17.0	幼砂糖	13.0
生粉	19.5	海带粉	3.0		

表 9-9　西式鱼汤配方之一　%

原辅料	配比	原辅料	配比
食盐	22.0	玉米粉	8.0
鱼类提取物	19.0	鲣鱼粉	6.0
番茄粉	14.0	洋葱提取物	6.0
扇贝精	9.0	味精	5.0
葡萄糖	9.0	色拉油	1.0
香辛料	1.0		

表 9-10　西式鱼汤配方之二　%

原辅料	配比	原辅料	配比
食盐	34.0	HAP 水解蛋白	3.0
乳糖	11.0	柠檬酸钠	1.5
木鱼粉	10.0	丁二酸钠	0.5
砂糖	20.0	谷氨酸单钠	17.0
I+G	1.0	淀粉	2.0

表 9-11　日式方便酱汤配方之一　%

原辅料	配比	原辅料	配比
鲣鱼粉	7.3	味精	2.9
红酱粉	40.4	I+G	0.1
白酱粉	18.4	海带提取物	5.2
砂糖	3.7	扇贝粉	22.0

表 9-12 日式方便酱汤配方之二 %

原辅料	配比	原辅料	配比
黄酱粉	60.0	木鱼粉	10.0
白酱粉	10.0	食盐	1.2
砂糖	5.0	I+G	0.2
味精	5.0	姜粉	0.4
海带提取物	5.0	蒜粉	0.2
蛤蜊粉	3.0		

二、植物类原料复合调味品

植物类原料复合调味品主要以蔬菜粉为主。近年来,食品向多样化、方便化、健康天然化方向发展。蔬菜中含有人体所必需的维生素、矿物质和膳食纤维,而且许多蔬菜粉能增强食品的醇厚味和天然感,因此,食品工业对蔬菜粉的需求量迅速增加,其已成为天然调味料一个重要的增长点,研究开发生产这类天然调味料和复合调味料具有广阔的市场前景。对蔬菜粉的开发应特别强调:能完全保持加工前蔬菜的风味;具有天然蔬菜的味道,突出蔬菜特征性的浓郁口味和风味;追求健康形象的同时要进行菜谱的开发,按菜谱的要求,追求蔬菜素材的调味;追求蔬菜同肉类、鱼贝、果类、香辛料等复合化的素材调味。

(一)蔬菜粉的分类

根据生产工艺,蔬菜粉可以分为蔬菜提取物粉、蔬菜汁粉和菜粉 3 类。

1. 蔬菜提取物粉

从蔬菜中提取精粹成分,含有以鲜味为中心的氨基酸类,及各种有机酸、糖类等,形成该品种独特的风味。生产工艺要点:鲜菜加水,经粗碎后,通过常压加热提取,经固液分离、过筛、浓缩、杀菌、调和后粉末化。热水提取的条件对产品风味及在烹调中突出食品的美味影响很大,如果风味劣化,那就必定是加热不当所致。为了防止加热中的风味劣化,也有采用酶处理的提取方法。酶法加工过程时间短,可以加工出良好风味的产品。

蔬菜提取物粉的品种,有白菜、洋葱、甘蓝、胡萝卜、葱、香菇、豆芽和海藻等,可用于各种粉末汤料、寿司、作料汁。作为重要的呈味成分,在中式、日式、西式的菜肴中,都可以利用。

2. 蔬菜汁粉

有新鲜菜汁的风味,并分别保持各种原料原来的色泽。以不损害菜汁品质的加热条件进行处理,制得菜汁后应尽快粉末化。生产工艺为鲜菜经水洗、粗碎、榨汁、调入黏结剂、杀菌后粉末化。加工过程容易产生变色、褐变和风味劣化,所以必须有能够大量、均匀处理的大型热烫设备,优良的瞬时杀菌设备和喷雾干燥设备。粉末化时,还要在黏结剂选用、送风及排风的温度控制、喷雾时的菜汁浓度等关键技术上下工夫,以保证风味逸散损失降至最低限度。适宜品种有洋葱、甘蓝、胡萝卜、豆芽等。主要用于面用汤料、清炖肉汤等粉状料，以突出鲜菜的风味和特色为主要目的。

3.菜粉

蔬菜可食部分经热烫等前处理，粗碎、杀菌、调和后喷雾干燥粉末化。保持蔬菜原有的色泽、风味，并含有口感柔和、膨润性优良的纤维质等成分。喷雾干燥的制品，色泽良好，风味和滋味的体现效果较好。适宜品种有甘蓝、玉米、番茄和海带等品种。菜粉是西式汤料、清炖肉汤等所必不可缺的。

蔬菜粉还可以同其他调味料混合，经过流动层造粒或挤出造粒制成颗粒状，作为方便食品、风味小食品的调味料。

(二)海带复合汤料

海带是沿海水中生长的藻类，除作为一般食用和药用外，还具有良好的调味作用。在日本，常制取海带汁作为调味之用，海带汁的浓缩物在日本已有多种商品上市供应。如果将此浓缩物配以各种调味成分，还可制成各种海带复合调味料。海带是一种低热量而富含无机质(特别是富含我国人民体内较缺乏的碘)、膳食纤维、维生素及具有健脑功能的二十碳五烯酸(EPA)与二十二碳六烯酸(DHA)的食品，所以被认为是一种理想的保健食品原料。目前以海带制作复合调味料的工作尚处于初始阶段，今后将成为一种大有发展前途的调味食品工业。

海带经精选后，清洗除砂，以0.2%正磷酸盐水溶液于500℃浸泡8 h，以去除砷，用正磷酸盐溶液浸泡还可减少浸泡时海带的可溶性成分(蛋白质、碘等)的流失。浸后取出，切割成型，以0.2%碳酸钠溶液在常温下浸泡15 min，以使海带中的海藻酸钙转化为海藻酸钠，借以提高海带的复水性及吸水率。再加醋酸使pH调节至4.8，蒸煮20 min后，以80℃烘干、粉碎，即得到海带粉。此海带粉再配以各种辅料即可制成海带复合汤料。

在日本，海带除煮汁供调味用外，还将煮汁加工成浓缩品。主要过程为用布擦去海带的砂尘，切碎，以热水洗净，于水中缓慢加热，至煮沸时取出海带，此煮汁即为提取液，内含有无机质及呈味成分。为了提高溶出物质的含量及适于保藏、运输、销售，尚需制成浓缩物。浓缩物的形式有：

(1)煮汁经超滤法进行粗滤，以去其多糖液(多糖液可利用)，此过滤液经浓缩即为海带无机质浓缩液。

(2)上述浓缩液再经活性炭脱色，可制得海带无机质溶液。

(3)清液经喷雾干燥即得海带无机质粉末。

上述产品除可作为商品外，尚可再加入各种调味辅料制成多种形式的海带复合汤料(表9-13至表9-15)。

表 9-13 鸡汁海带汤料配方 %

配料名	配比	配料名	配比
食盐	42.0	海带汁粉	5.0
味精	15.5	海带粉	4.0
砂糖粉	20.0	鸡肉粉	3.0
I+G	0.2	生姜粉	0.5
甘氨酸	2.0	胡椒粉	0.3
酵母精	1.5	蒜粉	1.5
洋葱粉	3.0	鸡肉香精(粉末)	1.5

表 9-14 番茄海带汤料配方 %

配料名	配比	配料名	配比
食盐	34.0	番茄粉	5.0
味精	13.0	海带粉	4.0
砂糖粉	23.0	鸡蛋粉	3.0
I+G	0.1	洋葱粉	2.0
酸味料	3.0	蒜粉	1.0
水解蛋白粉	3.0	生姜粉	1.0
酵母精粉	2.5	变性淀粉	5.4

表 9-15 鲜辣海带汤料配方 %

配料名	配比	配料名	配比
食盐	50.0	柴鱼粉	1.0
味精	15.0	海带粉	5.0
砂糖粉	10.0	洋葱汁粉	2.0
I+G	0.2	辣椒粉	5.0
水解蛋白粉	2.0	胡椒粉	1.0
酵母精粉	1.0	生姜粉	1.0
虾仁粉	2.0	麦芽糊精	4.8

(三)番茄复合汤料

番茄营养成分丰富、酸甜适中，具有诱人的风味，不但可加工成各式番茄酱、番茄沙司，而且可加工出多种番茄复合调味料。

1. 海绵状番茄复合汤料

(1)配方(表 9-16)

表 9-16 鲜辣海带汤料配方(以 1 000 kg 计) kg

原辅料名	配方一	配方二
浓缩番茄浆(固形物 28%)	476	
番茄酱(固形物 6%)		821
柠檬酸	4	4
水	345	
马铃薯淀粉	175	175

(2)制作方法。在有搅拌装置的容器中,依次加入水、柠檬酸、番茄浆和淀粉,搅拌均匀后,用泵把物料输送到有加热装置的贮罐中,加热到 80～90℃,待淀粉胶化后,把所得物料放入容量约 15 kg 的有薄膜或箔的盘中,盘中物料厚度约 3 cm,在物料上覆盖薄膜。把此盘移入冷冻箱中,使其表面温度冷却到 0℃,然后将盘移入冻结装置中,冻结 12 h,其温度冷冻到约 −150℃。把深冷冻结的生成物自盘中取出,用破碎机破碎成片状碎块,再把它放入预先冷却的切断机中,研细为 2～4 mm 的颗粒,研细时的操作温度应保持在 0℃以下,以便生成物始终保持在冻结状态。然后,把冻结研细的海绵状物在空气温度为 70℃的通风干燥器中热风干燥,在干燥器中的生成物厚度 3～6 cm,干燥过程中产品的温度低于 40℃,干燥至产品的水分含量约 3%为止,得海绵状番茄复合汤料。

2.番茄复合汤料(表 9-17、表 9-18)

表 9-17 复合番茄浆粉配方 %

配料名	配比	配料名	配比
冻干番茄粉	20	味精	5
一般番茄粉	32	柠檬酸	2
海绵状番茄粉	13	酵母精	1
砂糖	10	蒜粉	1.5
食盐	15	胡椒粉	0.5

表 9-18 肉汁番茄汤料配方 %

配料名	配比	配料名	配比
冻干番茄粉	5	酸味料	1.5
一般番茄粉	10	酵母精	2.5
洋葱粉	5	肉汁粉	5
砂糖	15	蒜粉	1.5
食盐	35	麦芽糊精	9
味精	10	咖喱粉	0.5

三、方便食品粉状汤料

影响方便面、速食河粉等即食食品质量和品质高低的一个关键因素是汤料的品质和风味质量的好坏。通过近10多年的生产和消费实践，即食食品的汤料无论在品质还是在花色品种上均已得到了明显的提高和增长，形成了适合于不同地区人群消费口味的各式汤料系列产品。本节收集了近年来我国公开发表的多种汤料配方及编者多年来在这方面的研究成果。

应该说明的是汤料的质量一方面是依靠科学合理的配方，另一方面原辅材料的质量是关键，特别是其中适量的香精香料，对突出产品天然的风味起关键作用。因此，对肉香味的汤料，香精香料的筛选显得特别重要。此外汤料的口味不可能有固定的模式，不同的民族或地区的消费人群对口味要求差异较大，而且随着生产技术的进步，特别是原辅材料的更新，汤料配方应根据实际情况予以科学修改，从而不断提高汤料产品质量和创新符合大众需求的高品质汤料。常见方便面等即食食品粉状汤料配方(表9-19至表9-28)。

表9-19 鲜鸡味方便面汤料配方 %

原辅料名	配比	原辅料名	配比	原辅料名	配比
食盐	54.5	幼砂糖	19.5	大蒜粉	3.0
味精	13.4	水解蛋白粉	3.5	胡椒粉	1.5
I+G	0.2	生姜粉	2.0	粉末化鸡肉香精	2.4

表9-20 麻辣牛肉味方便面汤料配方 %

原辅料名	配比	原辅料名	配比	原辅料名	配比
食盐	58.0	幼砂糖	12.0	生姜粉	0.5
味精	10.5	八角粉	1.5	胡椒粉	0.5
I+G	0.1	花椒粉	5.5	牛肉粉	3.0
水解蛋白粉	3.0	辣椒粉	3.0	牛肉香精粉	2.4

表9-21 三鲜辣味方便面汤料配方之一 %

原辅料名	配比	原辅料名	配比	原辅料名	配比
食盐	62.5	幼砂糖	9.0	酵母精粉	1.0
味精	11.2	海鲜味粉	1.3	复合香辛料	4.0
I+G	0.1	虾味粉	1.3	辣椒粉	5.6
HVP	2.5	烤肉粉	1.5		

表 9-22　三鲜辣味方便面汤料配方之二　%

原辅料名	配比	原辅料名	配比	原辅料名	配比
食盐	60.0	牛肉精粉	2.0	姜粉	0.5
味精	12.0	鸡肉精粉	1.5	胡椒粉	0.5
I+G	0.1	虾味精粉	1.5	五香粉	0.5
幼砂糖	10.0	香葱段	2.2	HVP 粉	1.5
酵母精粉	1.0	蒜粉	2.5	辣椒粉	4.2

表 9-23　红烧牛肉味方便面汤料配方　%

原辅料名	配比	原辅料名	配比	原辅料名	配比
食盐	55.0	HVP 粉	3.0	大蒜粉	3.5
味精	12.8	酵母精粉	1.0	胡椒粉	1.9
幼砂糖	10.3	红烧牛肉精粉	3.0	香葱段	3.0
I+G	0.1	八角粉	0.6	辣椒粉	5.8

表 9-24　红烧排骨方便面汤料　%

原辅料名	配比	原辅料名	配比	原辅料名	配比
食盐	62.5	焦糖粉	2.0	大蒜粉	2.5
味精	8.5	酵母精粉	1.0	五香粉	1.0
幼砂糖	15.7	排骨酱香料	2.5	大茴粉	0.5
I+G	0.1	HVP 粉	1.5	辣椒粉	2.2

表 9-25　葱油方便面汤料配方　%

原辅料名	配比	原辅料名	配比	原辅料名	配比
食盐	60.5	I+G	0.1	香葱油	6.8
味精	13.7	胡椒粉	1.5	HVP 粉	1.5
砂糖粉	13.7	香葱段	2.2		

表 9-26　香菇味方便面汤料配方　%

原辅料名	配比	原辅料名	配比	原辅料名	配比
食盐	55.5	I+G	0.1	麻油	8.0
味精	12.0	香菇粉	8.5	香葱段	2.4
幼砂糖	10.0	洋葱粉	3.0	大蒜粉	0.5

表 9-27 日式味方便面汤料配方之一 %

原辅料名	配比	原辅料名	配比	原辅料名	配比
食盐	50.0	葡萄粉	3.5	胡椒粉	0.5
味精	15.0	HVP 粉	5.0	苹果酸	0.3
砂糖粉	7.0	香葱粉	3.0	I+G	0.2
鸡汁粉	8.0	大蒜粉	1.0		
粉末油脂	6.0	胡萝卜粉	0.5		

表 9-28 日式味方便面汤料配方之二 %

原辅料名	配比	原辅料名	配比	原辅料名	配比
食盐	40.0	砂糖粉	2.0	I+G	0.2
味精	10.0	酵母粉	1.0	琥珀酸钠	0.1
葡萄糖	10.0	肉汁粉	4.0	胡椒粉	0.5
酱油粉	20.0	粉末香油	1.0	生姜粉	0.2
HVP 粉	2.0	肉味香精粉	1.0	辣椒粉	0.1
洋葱粉	7.5	大蒜粉	0.3	咖喱粉	0.1

四、专用粉状复合调味料

(一)特鲜味精

应用味精与呈味核苷酸之间的鲜味增效反应,在味精中加入少量鸟苷酸、肌苷酸即可大幅度地提高味精的鲜味,市场上已有此类商品(例如特鲜味精、强烈味精)供应。

1. 原料配比

MSG∶GMP=98.5∶1.5,也可采用 MSG∶(I+G)=98∶2 的比例。此外还有许多不同的原料配比被采用,其中主要是提高 GMP 的含量。虽然增加 GMP 可以提高产品的鲜度,但是增鲜效率会因 GMP 的增加而下降。由试验可知,在 2%GMP 以后,增加 GMP 就会降低增鲜效率,而且 GMP 的价格远高于 MSG,因此过多增加 GMP 在经济上也不合算,采用 2%左右的 GMP 配比是比较合理的。

2. 制作方法

(1)原料选择。MSG 含量≥99%,且色泽洁白、透光率≥95%、晶体整齐的结晶。GMP 选用含量≥95%的白色粉状体。

(2)原料处理。MSG 预热至 70℃,GMP 溶于 5 倍量热水中。

(3)混合搅拌。将 GMP 溶液倒入预热的 MSG 中,搅拌均匀。

(4)干燥筛选。将混合物在 60℃烘干,将粘连结晶粒分离成单粒,筛去碎粒,即得晶状完整的特鲜味精。

3.注意事项

(1)干燥温度如果超过80℃将会影响产品的白度及亮度,烘干以保持60℃为好,可得到白度及亮度较好的产品。

(2)GMP配置在2%以下时,白度及亮度均较好;2%以上时,白度及亮度均将随GMP配量的上升而下降。

(3)此工艺多采用机械混合制成粉末式特鲜味精,具有使用设备投资少、操作简便等优点,产品的洁白度,光泽及晶体形状基本上与原结晶味精相同,GMP是以极薄层覆盖于MSG表面,使用时可获均匀的鲜度。

(二)风味型特鲜味精

复合特鲜味精的作用主要在于减少味精用量、提高鲜度及鲜的质量(略带肉味),但仍缺乏天然食品特有的鲜美风味。风味型特鲜味精则可提供鸡味、牛肉味等动物食品的风味(表9-29、表9-30)。

表9-29 牛肉味精配方 %

原辅料名	配比	原辅料名	配比	原辅料名	配比
水解植物蛋白粉	44.00	蒜粉	7.20	焦糖粉	1.44
牛肉浸膏粉	4.40	芹菜粉	1.30	肌苷酸钠	0.05
酵母膏粉	4.40	辣椒粉	0.66	谷氨酸钠	0.14
牛脂	3.30	食糖	13.10	食盐	19.20

表9-30 鸡味味精配方 %

原辅料名	配比	原辅料名	配比	原辅料名	配比
鸟苷酸钠	0.15	洋葱粉	6.6	水解蛋白	2
肌苷酸钠	0.15	生姜粉	0.8	鲜辣粉	1.2
鸡蛋蛋白粉	3.8	胡椒粉	1.2	玉米淀粉	8.6
特鲜酱油	3.2	大蒜粉	0.1	谷氨酸钠	10.0
丁香粉	1.2	食盐	61.0		

(三)风味小食品复合调味料

风味小食品如炸面包圈、米点心等主要以粮食为原料,米本身口味平淡,但制成的多种小食品味美可口,有较强的吸引力,其中主要原因就在于添加各种专用的小食品调味剂。配料中除通常使用的食盐、砂糖、味精外,还需酌情添加乳制品、香精、增稠剂(乳糖、糊精等)、有机酸(苹果酸、柠檬酸、酒石酸、乳酸等)及一种低热量、类似砂糖的圆润甜味剂,如阿斯巴甜(简称*ASP*)。

以下各例可配制成粉末或颗粒状调味品,使用于相适应的小食品不会有吸湿反应,有较高的商品价值(表9-31、表9-32)。

表 9-31 米点心专用复合调味料配方 %

原辅料名	配比	原辅料名	配比	原辅料名	配比
烘盐	10	虾素	3	味精	1
ASP	0.43	苹果酸	2	乳糖	83.57

表 9-32 面包圈复合调味料配方 %

原辅料名	配比	原辅料名	配比
ASP	0.5	食盐	1.0
味精	0.25	乳糖	98.25

(四)几种常见小食品专用调味料

1.炸鸡粉复合调味料

炸鸡粉复合料是小食品中常见的调味料,配方详见表 9-33。

表 9-33 炸鸡粉复合调味料配方 %

原辅料名	配比	原辅料名	配比	原辅料名	配比
食盐	10.0	大茴粉	6.5	砂姜粉	1.5
葡萄糖	10.0	小茴粉	1.1	花椒粉	1.8
味精	9.9	肉桂粉	6.5	苹果粉	1.1
I+G	0.1	肉豆蔻粉	1.1	姜黄粉	1.5
水解蛋白粉	10.0	丁香粉	1.1	白芷粉	1.8
变性淀粉	35	砂仁粉	0.5	陈皮粉	0.5

2.香肠复合调味料

香肠复合调味料详见表 9-34。

表 9-34 香肠专用复合香辛料配方 %

香辛料名	配比	香辛料名	配比	香辛料名	配比
胡椒粉	28.0	生姜粉	8.0	丁香粉	2.0
洋葱粉	40.0	肉桂粉	5.0	甘牛至粉	1.5
肉豆蔻粉	12.0	月桂粉	2.0	大蒜粉	0.5

3.烧烤复合调味料

烧烤复合调味料配方见表 9-35、表 9-36。

表 9-35 烧猪肉风味固体调味料配方 %

原辅料名	配比	原辅料名	配比	原辅料名	配比
牛肉(鲜)	12.5	白胡椒粉	9.1	水	12.7
瘦猪肉(鲜)	21.8	全蛋	6.1	食盐	1.5
猪肉(鲜)	10.0	面包粉	6.1	猪肉汁粉	0.5
切片洋葱(鲜)	12.5	水解蛋白粉	5.7	特鲜味精	1.5

表 9-36 烧牛肉风味固体调味料配方 %

原辅料名	配比	原辅料名	配比	原辅料名	配比
糊精	50	琥珀酸二钠	0.05	芹菜粉	0.15
乳糖	10	水	7.98	黑胡椒粉	0.1
氨基酸类调味料	2	烤牛肉风味浸出物	14	咖喱粉	0.02
核酸类调味料	0.4	味精	4.25	谷朊粉	10
焦糖粉末	0.25	洋葱粉	0.6	大蒜粉	0.2

4.火锅专用调味料

火锅食法是我国饮食中的一个重要内容，具有浓厚的民族特色。用火锅煮食必须配用调料，常用的调味品有甜面酱、芝麻酱、酱油、食醋、麻辣料等，由食用者根据各自的饮食习惯自行调配。现为方便食用，市场上也已有"火锅调料"类商品供应，但一般商品常注重为饮食店及消费者提供方便，而不注意火锅食品的适应性。

(1)原料配方。火锅专用调味料配料见表 9-37。

表 9-37 火锅调味料配方 %

原辅料名	配比	原辅料名	配比	原辅料名	配比
腐乳露	6.6	鱼露	9.0	花椒	0.8
辣椒酱	21.6	砂糖	1.2	麻辣料	7.0
芫荽	2.4	大蒜	1.2	茴香	0.5
甜面酱	7.2	芝麻酱	2.4	味精	0.5
花生酱	18.0	菜油	3.6	水	18.0

注：另加山梨酸 0.05 及苯甲酸钠 0.05 作为防腐剂。

(2)制作方法。在夹层锅内用蒸汽将水煮沸，在搅拌器不断翻动的情况下，将上列各料依序投入沸水中，操作时注意防止锅底、锅四周结焦及喷溅出锅。当锅内沸腾均匀、香气宜人时加入防腐剂，搅拌均匀立即停止加热，每锅操作时间控制在 1.5 h 左右。趁热出锅，贮存在已灭菌的洁净容器中，冷却后包装。

(3)质量要求。色泽呈鲜艳棕褐色，有光泽；香味浓郁，无不良气味，口味鲜甜可口，酸辣适宜，后味绵长，稠腻而无油水分离。

(4)注意事项。如无腐乳汁时，可用红米曲 8%、红腐乳 2.4%、黄酒 86%、白糖 3.6%的配制品加入。如无大茴香，可以用 50%小茴香代替。

5.美拉德反应生产肉类风味料

调味品不仅要使食品口感优美，而且应使食品原有香味得到强化，以收到促进食欲、帮助消化及提高食用的愉快感的效果。虽然在制备各种复合调味品时已对香味作了具体安排，但是由于天然食品本身香味不足或在加工中受加热等因素而导致挥发损失，或需要强化香味以改善制品风味，或因原料供应及经营等需要时，可用合成香味料代替部分或全部供香原料。

(1)牛肉香味料的制备。

①物料配比(表 9-38)

表 9-38　牛肉香味料配方　%

原辅料名	配比	原辅料名	配比	原辅料名	配比
水	82.75	谷氨酸	3.45	半胱氨酸盐酸盐	3.45
甘氨酸	1.15	葡萄糖	4.14		
核糖	3.45	β-丙氨酸	1.61		

②制作方法　在 130℃油浴中加热回流 2 h,冷却至室温,移入密闭容器中放置 2 d(熟化),再用碱中和至 pH 6.6～6.8,即得具有浓厚牛肉香的褐色香味物质。

(2)火腿香味料的制备。

①物料配比(表 9-39、表 9-40)

表 9-39　火腿香味料配方之一　%

原辅料名	配比	原辅料名	配比	原辅料名	配比
水	60.9	L-阿拉伯糖	8.1	L-半胱氨酸盐酸盐水合物	13.2
D-葡萄糖	11.0	甘氨酸盐酸盐	6.8		

表 9-40　火腿香味料配方之二　%

原辅料名	配比	原辅料名	配比	原辅料名	配比
蔗糖	12.56	味精	44.38	猪油	3.39
水解植物蛋白	37.38	水	2.29		

②制作方法　将每 100 g 配方一用 50% NaOH 溶液调整至 pH 7,在 90～95℃反应 2 h,冷却至室温。添加水 38 g,以 NaOH 溶液调整至 pH 7。再添加配方二,搅拌,加热至 70～72℃,4 h 后冷却至室温,即得具有火腿香味的棕色香味料。

(3)鸡香味料的制备。

①物料配比(表 9-41)

表 9-41　鸡香味料配方　%

原辅料名	配比	原辅料名	配比	原辅料名	配比
L-半胱氨酸盐酸盐	29.55	L-亮胱氨酸盐酸盐	14.78	水	49.27
L-阿拉伯糖	1.97	葡萄糖	4.43		

②制作方法　将原辅料混合,搅拌均匀,加热至 85℃保持 1 h,此时 pH 为 4.5,以 NaOH 溶液调整至 pH 5.5～6.0,即得鸡肉香味料。

任务三 块状复合调味品的制作

块状复合调味料相对粉状复合调味料来说，具有携带、使用更为方便，真实感更强等优点，是国外风味型复合汤料一种重要的面市形式。在我国尚处于起步阶段，预期将会有较广阔的市场前景。

一、牛肉及鸡肉汤精块制作

(一)原辅料配方(表9-42、表9-43)

表9-42 牛肉汤精块配方 %

原辅料名	配比	原辅料名	配比	原辅料名	配比
食盐	49.9	牛油	5.0	胡萝卜粉	0.80
味精	8.0	氢化植物油	4.0	大蒜粉	0.54
砂糖粉	10.0	明胶粉	1.0	胡椒粉	0.08
HVP粉	10.0	I+G	0.5	洋苏叶粉	0.04
浓缩牛肉汁	10.0	粉末牛肉香精	0.1	百里香粉	0.04

表9-43 鸡肉汤精块配方 %

原辅料名	配比	原辅料名	配比	原辅料名	配比
食盐	45.0	鸡油	3.0	胡萝卜粉	0.5
味精	5.0	氢化植物油	6.0	大蒜粉	0.2
砂糖	14.0	明胶粉	1.0	胡椒粉	0.7
酵母精粉	6.0	I+G	0.1	五香粉	0.1
鸡肉浓缩汁	10.0	粉末鸡肉香精	0.1	咖喱粉	0.1
HVP粉	5.2	乳糖粉	1.0	洋葱粉	2.0

(二)制作方法

1.液体原料的加热

混合牛肉汁或鸡肉汁等放入锅中，然后加入蛋白质水解物、酵母或氨基酸，加热混合。

2.明胶等的混合

将明胶用适量水浸泡一段时间，加热溶化后，边搅拌边加入到鸡肉汁或牛肉汁锅中，再加入白糖、粉末蔬菜，混合均匀后停止加热。

3.香辛料的混合

香辛料、食盐、粉末香精等混合均匀。

4.成型、包装

混合均匀后即可进行成型，为立方形或锭状低温干燥，便可包装。一块重 4 g，可冲制 180 mL 汤。

(三)质量标准

水分<14%，盐 40%～50%，总糖 8%～15%，为柔软块型，沸水一冲即化开。

二、香辣块制作

香辣块是由辣椒、白芝麻、黄豆等原料加工而成的中档调味品。其大体配方如下：辣椒 50%～60%、黄豆 15%、芝麻 15%、优质酱油 5%～10%、食盐 5%～10%。

(一)原辅材料挑选及预处理

1.选择优质辣椒

选取含水量不超过 16%、杂质不超过 1%、不成熟椒不超过 1%、黄白椒不超过 3%、破损椒不超过 7%的优质辣椒，精心挑选，去除杂质和不合乎标准的劣椒。

2.加工辣椒粉

首先将合乎标准的辣椒放入粉碎机，进行粗粉碎。然后进行磨粉，磨出的辣椒要求色泽正常，粗细均匀(50～60 目)，不带杂质，含水量不超过 14%。

3.选择优质白芝麻和黄豆

除去混在白芝麻和黄豆中的沙粒和小石子等杂质，拣出霉烂和虫蛀的芝麻及黄豆，取出夹带在原料中的黑豆和黑芝麻，以保证色泽纯正。

(二)制作方法

1.熟制

(1)炒熟黄豆。注意火候，保证黄豆的颜色为黄棕色，不变黑、出香味，可磨成 50～60 目的黄豆粉。

(2)炒白芝麻。将白芝麻炒至浅黄色，有香味时为止，切忌炒过火变黑，然后混成碎末。

2.调制

将配比好的 3 种主要原料送至搅拌机，混合均匀，然后加入精制食盐、胡椒等调料，并用优质油调制成香辣椒湿料。

3.成型

将调制好的香辣椒湿料称好重量，送入标准成型模具内，然后用压力机压制成 45 mm×20 mm 的香辣块。

4.烘烤

将压制成型的香辣块送入烘烤炉烘烤，注意调节熔炉炉温和香辣块在烘炉中的运行速度，确保香辣块的色泽鲜艳，烘烤后的香辣块每块重约 258 g。

5.包装

按 250 g 和 500 g 两种规格分别装入特制的包装盒,入库。

官庄香辣块不仅保留了代县辣椒的特色,而且具有色泽鲜艳、香味扑鼻、辣味饶口等特色,是宾馆、饭店和家庭烹调菜肴的优质调味品。

任务四 酱状复合调味品的制作

风味调制酱是以面酱、豆酱、花生酱等为主要原料,再辅以各种香辛料及其他调味品,经提取、过滤处理,或通过磨浆、榨汁处理,然后进行加热调配等均一化处理,灌装、封口等工序精制加工而成。风味调制酱具有风味独特、花色品种多、携带使用方便、营养成分丰富等特点。越来越受到广大消费者的喜好,已成为餐馆、家庭和旅游的佐餐佳品。

一、辣味复合调味酱

(一)豆瓣辣酱

豆瓣辣酱是豆瓣酱和干辣酱复合调制再经自然或强制发酵而成的复合调味酱,味道鲜美,具有浓郁的天然酱辣风味。

配方

豆瓣酱 40%～50%,干辣酱 50%～60%。

(二)蒜蓉辣椒酱

辣椒及其制品作为一种开胃食品,特别受消费者喜好。蒜蓉辣酱具有色泽鲜艳、风味香醇、保质期长的优点,开瓶后保质期可达 20 d 以上。

1.配方(表 9-44)

表 9-44 蒜蓉辣椒酱配方 %

配料名	配比	配料名	配比	配料名	配比
辣椒酱	50	醋精	1	山梨酸钾	0.05
蒜酱	20	味精	0.3	CMC-Na	0.1
食盐	6	砂糖	1	水	21.6

2.制作方法

详见“项目六 必备知识(二)蒜蓉辣酱的制作”。

(三)复合酸辣酱

复合酸辣酱以豆酱、面酱和番茄酱等为主要原料,配以其他调味料加工而成。特点是先酸后辣,香味浓郁,既有酱香味,又有其他调料的复合香味,是一种风味独特的复合型调味酱。

1.配方(表9-45、表9-46)

表9-45 复合酸辣酱配方之一 %

原辅料名	配比	原辅料名	配比	原辅料名	配比
黄酱	35.0	食醋	2.0	苯甲酸钠	0.1
面酱	35.0	味精	0.3	水	9.6
香油	6.0	蒜泥	5.0		
砂糖	6.0	干辣椒	1.0		

表9-46 复合酸辣酱配方之二 %

原辅料名	配比	原辅料名	配比	原辅料名	配比
番茄酱	25.0	水	11.0	苯甲酸钠	0.05
白糖	20.0	食用油	7.0	山梨酸钾	0.05
辣椒酱	15.0	复合香辛料	2.0		
白醋	10.0	甜面酱	10.0		

2.制作方法

将香油注入锅内,加热使油烟升腾后,加入干辣椒炸至显黄褐色。将稍冷却的辣椒油用一层纱布过滤,澄清的辣椒油再倒入锅内。将辣椒油加热,加入豆酱、面酱、辣椒酱和番茄酱等搅匀,再加入白糖不断搅拌至八成熟。待大蒜去皮,洗净打浆,再加入等量的米醋,配成醋汁蒜泥,与食醋一同加入酱中,不断搅拌。酱熟后停止加热,并加入味精、香辛料和防腐剂搅拌均匀,过一次胶体磨,趁热灌装。

3.质量标准

成品为棕褐色,有浓郁的酱香味及其他调味料的复合香味,配方一产品口感先酸后辣,配方二产品口感酸甜辣适中。

(四)海鲜辣椒酱

海鲜辣椒酱是由精虾油、腌制辣椒酱及香辛料等原料配合而成。其色泽鲜红,口感细腻,鲜辣可口,是深受欢迎的佐餐佳肴。同时可作为方便面的调料。

1.配方(表9-47)

表9-47 海鲜辣椒酱配方 %

原辅料名	配比	原辅料名	配比	原辅料名	配比
红辣椒	25.0	料酒	3.0	小茴香	0.2
虾油	30.0	白醋	1.0	山梨酸钾	0.1
姜	1.5	桂皮	0.2	水	33.9
味精	0.5	丁香	0.2		
砂糖	5.0	花椒	0.2		

2. 制作方法

为了使产品口味纯正，一般采用日晒夜露法生产虾油。将红辣椒的头部和尾部备用签扎一个孔，然后在水中漂洗几分钟，捞出沥干，然后放入大缸中加入盐水进行熬制，每隔 12 h 要翻倒一次，4～5 d 后捞出。再将辣椒放入大缸中加入 25%的粗盐继续腌制，每天翻倒一次，4 d 后可进行静止腌制，40 d 左右后便可成为半成品。将辣椒半成品从缸中捞出，在清水中浸泡 5～6 h，并洗去盐泥等杂物，把处理好的辣椒、姜片及少量盐水打碎磨浆。按配方桂皮、花椒、小茴香、丁香等香辛料粉碎成汤。将虾油、砂糖、味精、香辛料、料酒、醋等原料用辣椒糊一同放入大缸中，搅拌均匀，封盖进行后熟。要求每天搅拌一次，将酱料上下翻倒，15 d 后即可成熟。将酱料加热到 85℃，保持 10 min，然后趁热灌装封口。

3. 质量标准

海鲜辣椒酱色泽鲜红或枣红色，色泽鲜亮，为黏稠半固体，无杂质。滋味鲜辣绵软，味鲜不腥，口感细腻，具有海鲜特有的气味，无异味。含水 50%，食盐＞15%，氨基酸态氮＞0.8%。

二、特色复合调味酱

(一)多味酱

多味酱主要以黄酱为主，再配各种调味料，使其酱香味、甜、酸、麻、辣、香各味俱全，风味独特。属复合型调味酱，与怪味酱近似。

1. 配方(表 9-48)

表 9-48 多味酱配方 %

原辅料名	配比	原辅料名	配比	原辅料名	配比
黄酱	23.4	米醋	9.8	花椒粉	0.5
香油	18.7	姜粉	7.0	蒜泥	7.0
芝麻	11.7	葱末	7.0	味精	0.7
砂糖	11.7	辣椒粉	2.5		

2. 制作方法

将花椒粉、芝麻分别炒熟，花椒研成细面备用。将黄酱与砂糖混合搅拌均匀，加热。将大蒜捣碎，葱切碎与姜粉、辣椒、炒熟的花椒面一同加入黄酱中，搅拌均匀，继续加热。再将香油缓慢加入酱中，边加边搅拌，搅匀后加入食醋。将半成品多味酱过胶体磨，磨浆。将酱继续加热，并加入芝麻和味精，加热至沸腾即可起热包装。

(二)沙茶酱

在印度尼西亚有一种当地名叫“SATE”(沙嗲，又名沙茶)的烤肉串，味香而辛辣，后来将所用的调料制作加工成了一种名为沙茶酱的复合调味酱。沙茶酱流行于东南亚各国和中国台湾、香港、福建和广东等地。风味极为独特，其营养丰富，香气馥郁，口味醇和，口成香中有辣，辣中带鲜，鲜中略甜，回味绵长，香辣鲜甜咸五味俱佳。沙茶酱因工艺及配料的不同，其风味各地不完全一样。例如，福建的沙茶酱其味鲜辣奇香，汕头的沙茶酱其味辛辣甚浓，漳州的沙茶酱香辣俱佳。

沙茶酱用途相当广泛，可用于热炒、冷拌菜肴、面包点心涂抹、烧烤调味、火锅调味、拌面、煎炒或作剔羊肉调料等。它能有效地去腥除腻，突出食物的自然风味，实为佐餐调味之佳品。

1. 配方（表 9-49、表 9-50）

表 9-49 沙茶酱配方之一 %

原辅料名	配比	原辅料名	配比	原辅料名	配比
花生酱	15.63	虾米	3.33	小茴香	0.24
甜酱	8.52	蒜粉	0.95	大茴香	0.24
芝麻酱	7.15	葱末	0.95	鯕油	9.52
花生油	7.15	辣椒粉	16.67	淡酱油	7.15
猪油	2.38	砂糖	3.87	味精	0.48
辣椒酱	15.67	A-K 糖	0.05	苯甲酸钠	0.05

表 9-50 沙茶酱配方之二 %

原辅料名	配比	原辅料名	配比	原辅料名	配比
扁干鱼	18.0	味精	1.5	蒜粉	0.2
虾米	10.0	I+G	0.02	色拉油	适量
辣椒粉	5.0	葱粉	2.5	黄酒	适量
辣油	10.0	胡椒粉	0.2		

2. 制作方法

配方一的工艺操作过程：在夹层蒸汽锅内加入约相当于花生酱用量的水，煮沸后先加入鯕油及酱油，同时开动搅拌器，待煮沸后加入辛辣原料，再次煮沸后依次加入各种配料，最后加入苯甲酸钠作为防腐剂；待充分搅拌均匀及煮沸，锅内呈红褐色调厚状，并产生香甜味时，立即停止加热，出锅后趁热装瓶封口。

配方二的工艺操作过程：虾米用黄酒浸泡 30 min 以上，去除腥臭味，然后沥干进行油炸，扁干鱼和虾米油炸温度控制在 160℃左右，2～3 min，以炸至金黄色口感酥脆为度；选好色泽鲜红的辣椒制辣油为佳，辣油色泽要求呈明亮的棕红色，1 kg 辣椒加 20 kg 油，将物料进行粉碎，要求在 50 目以上的细度；将所有原料混合搅拌均匀，将酱料进行加热，温度保持在 85℃时间为 20 min，即可冷却包装，此工序的目的除杀菌外，还可使物料相互间充分渗透、熟化。

3. 质量标准

沙茶酱色泽呈棕红色，鲜艳有光泽，具有浓郁香气及脂香，无其他异味。滋味鲜美可口，略带辣味、海鲜味，后味绵长。体态均匀稠厚，无离析现象。沙茶酱含全氮>0.9%，氨基酸氮>

0.3%,氯化钠>8%,总糖>3%,总酸>1%。

(三)香菇蒜蓉酱

香菇蒜蓉酱滋味独特,辣味柔和,无大蒜臭味,可以用作捞面、方便面、火锅等的调料,还可做面包、大饼、馒头等的佐餐品。便于携带、食用方便,具有大蒜和香菇所有的保健功能。

1.配方(表9-51)

表9-51 香菇蒜蓉酱配方 %

原辅料名	配比	原辅料名	配比	原辅料名	配比
鲜大蒜	9.0	生姜	0.6	淡色酱油	1.0
鲜香菇	45.0	食盐	5.0	味精	0.6
麦芽糖	6.0	柠檬酸	0.5	CMC-Na	0.2
砂糖	4.0	红曲色素	0.1	水	28.0

2.制作方法

选择新鲜香菇,用清水洗净,放入含2%食盐的沸水中,煮2~3 min,捞出备用。剔除霉烂、虫害、空瘪的蒜,切除根蒂、根须,用去皮剂或去皮机将蒜皮去掉,冲洗干净,在沸水中煮2 min,捞出备用。选用新鲜、肥嫩、纤维细、无黑斑、不瘟不烂的鲜姜作为加工原料。洗净泥沙,刮去姜皮,备用。提前几个小时,将耐酸CMC-Na用20~30倍的冷水浸泡分散备用。按配料将香菇、大蒜、姜放入果蔬破碎机中破碎,边混合边破碎成泥状。将配方中的其他原料加入到菜泥中,搅拌混合均匀。配方中的水一部分用于泡胶,破碎时加入一部分,其余用于溶化糖、盐、着色剂。将调配好的浆液加入到胶体磨中,进行微细化处理,将酱料装入瓶中或袋中,在沸水中杀菌15 min。若在灌装前将酱体加热至90℃起热杀菌,灌装后不必杀菌。

3.质量标准

香菇蒜蓉酱色泽为酱红色,均匀一致;具有香菇和大蒜特有滋味,辣味柔和,微有甜味,酱体细腻,呈黏稠状,分散好,无沉淀分层。酱料含水50%~60%,pH 4.0~4.5,氯化钠>6%。要求大肠菌<30个/100 g,致病菌不得检出,As含量<0.5 mg/kg,Pb含量<0.1 mg/kg。

4.注意事项

大蒜预煮的目的在于溶化蒜中酶的活性,使大蒜脱臭,但大蒜脱臭不可能完全彻底,为保证成品风味,可加入适量的胡椒粉,加以掩盖其不良风味。

香菇与大蒜的比例以5∶1或6∶1为好。高于此比例,辛辣味浓重,且杀菌后易产生大蒜臭味;低于此比例,风味平淡,口感不好。

配方中的柠檬酸可用酿造醋代替,同时可在配方中加少量香辛料。

(四)芥末酱

芥末酱在国外有源远流长的生产历史,在我国近几年无论在生产还是在应用方面均得到了迅速的发展,市场需求量迅速增大,因此,芥末酱的生产和销售具有广阔的市场前景。芥末酱味辛、性温，具有良好的益气化痰、温中开目、发汗散寒、通络止痛的功效。其强烈的刺激性气味能引起人们的食欲，是夏季凉拌菜的适宜调料，可给人以清爽的感受。此外，芥末酱具有很强的杀菌能力和去腥除腻的功能，是生吃海鲜必不可少的调味佳品。

1. 配方(表 9-52)

表 9-52　芥末酱配方　%

原辅料名	配方 1	配方 2	配方 3	配方 4
芥末粉	26.3	25.0	25.0	28.0
白醋	2.6	8.0	8.0	6.0
白胡椒粉		2.0	1.2	1.0
食盐	1.3～2.6	3.0	3.0	3.0
味精	0.8			0.5
柠檬酸	2.6	0.4	0.4	0.5
异 VC		0.2	0.2	0.2
白糖		3.0	1.5	
山梨醇			1.0	5.0
植物油		4.0	4.0	4.0
多聚磷酸钠		0.4	0.2	0.2
CMC-Na	0.4～0.8	0.8	0.8	0.8
水	64.3～66	51.6	50.0	50.8

2. 制作方法

国内产的芥末子有黑、黄和白 3 种，生产中常用黄色芥末籽，黄色芥末子由于产地不同，又分浅黄色、大粒和深黄色、小粒两种。最好选用陕西产的浅黄色、大粒的芥末子。原料经组合式筛选机风选后，依逆流原理用水冲洗。将芥末在 37℃的水中浸泡 30 h，其目的是为了使分布在芥末籽细胞原体中的葡萄糖苷酶(芥子酶)激活，以使种皮中的硫代葡萄糖苷在水解时充分水解。用磨碎机将芥末籽磨碎，同时加入冰屑，使粉碎温度控制在 10℃左右以防止酶失活。粉碎粒度控制在 60～80 目。用白醋将芥末糊 pH 调至 5～6，放入夹层锅中，上盖密封，开启蒸汽，使锅内糊状物升温至 80℃左右，在此温度下保温 2～3 h。也有的厂家在 37℃下保温 4～6 h。将增稠剂 CMC 预先溶开，浸泡数小时备用。将其余原料混合均匀后，再与水解好的芥末糊混合，再加入增稠剂，搅拌均匀。将混合均匀的芥末酱过胶体磨，使其均匀微细化。调配均质好的芥末酱按规格要求进行包装封口，以 70～80℃、30 min 灭菌消毒，冷却后即为成品。

3. 质量标准

成品体态均匀、黄色、黏稠，具有强烈的刺激性辛辣味，无苦味及其他异味。

4. 注意事项

必须严格控制发制条件，在发制或水解过程中最好在密封条件下进行，防止辛辣味挥发。

制作软管式芥末膏与芥末酱的工艺稍有不同，具体做法是将原料混合后，再加入酸味剂和40℃的温水，和预先泡好的胶类物质调配好后装入PE软管中，立即封口。在60℃水浴中发制4～6 h，然后再杀菌。在芥末酱中调入适量色素，可以得到鲜绿色的芥末酱，为了提高其防腐效果可加入0.1%的山梨酸钾。

(五)南宁老友粉酱

南宁老友粉是广西南宁一种很具地方特色的名吃，以其酸辣味突出，香味浓郁、醇厚而著称。将老友粉调味料精制加工成一种风味独特的复合调味酱，既可用作方便面、方便河粉的调味酱料，也可用作佐餐、凉拌菜肴的调味佳品。

1. 配方(表9-53)

表9-53　南宁老友粉酱配方 %

原辅料名	配比	原辅料名	配比	原辅料名	配比
酸笋	20.0	植物油	24.0	I+G	0.2
酸辣椒	5.0	辣椒粉	2.5	酱油	3.5
豆豉	5.0	胡椒粉	1.0	食盐	20.0
瘦肉	5.0	蔗糖	2.5	乳酸	2.5
大蒜	2.0	味精	2.5	老陈醋	4.3

2. 制作方法

将酸笋、酸辣椒、豆豉、瘦肉、大蒜按比例混合，破碎成糊，再和辣椒、蔗糖混合均匀备用。将植物油加热至150～160℃，加入酸笋等糊状物，油炸5～10 min，然后依次加入食盐、酱、鲜味剂、胡椒粉等辅料搅拌均匀，冷却至80℃以下，再加入乳酸、陈醋混合均匀，即可按包装要求趁热包装、封口。

(六)风味螺蛳肉酱

螺蛳为田螺、石螺等螺类的通称。它是一类栖息于湖泊、池塘、水田和缓流小溪中的腹足纲动物，广泛分布在我国南北各地，繁殖速度极快，产量很大。螺蛳不但味道鲜美，具有浓郁的香味，而且营养丰富，具有美容、健胃、清热、明目、通便、解毒、生津止渴等保健功能。目前螺蛳的主要食用方法是经烹调小吃，深受人们的喜爱。利用螺蛳肉、复合香辛料、食用油、榨菜、酸笋等原料精制加工出一种味道鲜美、营养丰富、风味浓郁且独特的螺蛳肉酱，可广泛用作速食面、速食河粉等速食食品的调味料，也可以作火锅和家庭佐餐的调味料。

1. 配方(表9-54)

表9-54　风味螺蛳肉酱配方 %

原辅料名	配比	原辅料名	配比	原辅料名	配比
螺蛳肉酱	45.0	味精	1.0	酸笋	8.0
食用油	15.0	I+G	0.02	复合香辛料	2.48
食盐	18.0	榨菜	10.0	酵母精	0.5

2. 制作方法

取无污染水域的田螺或者石螺为原料，先用清水洗去表面污物，再放入含0.5%～1.0%食盐的水中饿养1～2 d。在饿养过程中，每隔3～5 h翻搅1次，随时挑出浮起的死螺，等螺吐尽腹中的污物后，再清洗。最后人工用钳子夹去螺尾。在夹层锅中加入符合国家二级以上的食用油标准的食用油300～500 g，待食用油加热至120～150℃后，加入紫苏叶50～100 g、酸笋100～250 g和食盐300～600 g，翻炒均匀，然后加入螺30 kg，一起翻炒5～10 min，加入米酒300～500 mL，再翻炒20～30 min，得熟螺。待熟螺冷却后，人工挑出螺肉，再将螺肉倒入搅肉机搅成肉粒或者放入斩拌机斩成1～3 mm的肉粒。将各种香辛料去杂除尘干燥后，粉碎至60～80目，然后按比例搅拌混合均匀，装袋备用。榨菜、酸笋等原料经清洗后，粉碎成菜泥状。将食用油加热至150～160℃再加入菜泥、螺肉，酱炒制5～10 min，然后加食盐、味精等辅料搅拌均匀，在90～95℃保温15～20 min，按要求趁热分装即可，保质期可达到6个月以上。

三、蛋黄酱和色拉酱

蛋黄酱和色拉酱是一类有特色的西式调味料。蛋黄酱和拌色拉用的色拉酱属半固体形态，它是由植物油、鸡蛋、盐、糖、香料、醋和乳化增稠剂等调制成的酸性高脂肪乳状液（见表9-55）。蛋黄酱和色拉酱一般按油脂和蛋黄的使用量来区分；蛋黄酱油脂最低75%，蛋黄6%以上；色拉酱油脂最低50%，蛋黄3.5%以上（表9-55）。

表9-55 蛋黄酱和色拉酱常用的原料

种类	名称
植物油	棉籽油、玉米胚芽油、大豆油、葵花籽油、橄榄油、菜籽油
食醋	白醋、冰醋酸、果酸、米醋、调味醋
蛋品	鲜蛋、冰蛋黄、蛋黄粉
调味料	食盐、味精、砂糖、琥珀酸钠、呈味核苷酸
香辛料	胡椒、辣椒、姜、蒜、洋葱、柠檬油、芹菜籽油、肉豆蔻油、牛至、罗勒、龙蒿、洋苏叶、迷迭香等
乳化剂	卵磷脂、单甘油脂肪酸酯、蔗糖脂肪酸脂
增稠剂	黄原胶、瓜尔豆胶、刺槐豆胶、明胶藻酸丙二醇酯、变性淀粉、果胶
防腐剂	山梨酸钾、苯甲酸钠

蛋黄酱是一种风味独特、营养丰富的调味品，其脂肪相和水相的比例与人造奶油相似。蛋黄酱是一种水包油型（O/W）乳状液，从而区别于人造奶油。一般蛋黄酱中的含水量为10%～20%，色拉酱中的含水量为20%～35%，色拉调料含水量较高，具有较低的凝固点，所以必须使用植物油，否则晶体析出会导致乳状液破乳，而影响产品的质量。大豆油、棉籽油和葵花籽油特别适合于制造蛋黄酱类。

在国外，这类商品即使名称相同，形态却不一定一样，品种很多且富于变化。乳状液的外观以乳白色者居多，也有些使用了红辣椒和番茄酱等原料，因而外观为橙红色。风味比较典型的是法式色拉酱和意大利型沙拉酱。法式色拉酱所用香料比较简单，使用的香辛料以胡椒、洋葱、大蒜、芥末等为主要刺激味，为了得到清爽感，所用醋的种类和配比是非常重要的。意大利型色拉酱能闻到蒜的气味以及洋苏叶、牛至、迷迭香和甘牛至等芳草香气。另外，一些色拉酱还加入调味汁、稀奶油、浓缩果汁及各种调味料、香料。此外，脂肪含量为50%的色拉酱和类似色拉酱的产品必须加入增调剂。

蛋黄酱生产中起主要稳定作用的物质为乳化剂。主要用蛋黄作为乳化剂，其中起乳化作用的物质是卵磷脂。卵磷脂以一种空间完整的保护膜包围油滴，保护膜具有弹性，直到还没到破裂的程度都是可变形的。除用蛋黄作为乳化剂外，柠檬酸甘油单酸酯、柠檬酸甘油二酸酯、乳酸甘油单酸酯、乳酸甘油二酸酯与卵磷脂复配使用，也能使脂肪细微地分布，并可改善蛋黄酱类产品的黏稠度和稳定性。选用的乳化剂和增稠剂必须是耐酸的，乳化剂不可全部代替蛋黄，其用量为原料总量的0.5%左右。

生产色拉酱和蛋黄酱的工艺可采用交替法、间歇法或连续法，使两相混合乳化，形成水包油型乳状液。用交替法生产时，先将乳化剂分散于一部分水中，然后交替地加入少部分油、剩余部分的水和醋；最后，把得到的初级乳状液进行均质。用连续生产方法时，先把水与乳化剂混合均匀，然后在剧烈的搅拌下逐渐地将油乳化到混合物中。连续生产是在真空乳化机中进行，一边抽真空，一边进油和酱，一边搅拌乳化。均质设备为胶体磨或均质机，使用均质机时，均质压力不能太高，一般为8～10 MPa。

色拉酱在许多国家均有生产，特别在欧美、日本等国家，色拉酱已深入至每个家庭，成为日常生活中不可缺少的调味品。目前国外色拉酱品种较多，有些产品中还加入醋渍蔬菜，如酸黄瓜、醋渍洋葱等，制成适于油炸海产品的沙司。另外，日本有酱油风味和芝麻香味的蛋黄酱，有的国家还研制生产出耐热性和耐冷凉性的蛋黄酱和色拉酱。随着世界上需求低热量食品人数的增加，无油型和低油型色拉酱也相继在市场上出现。在我国，色拉酱的消费主要集中在大中城市，其产品主要依赖进口，近年也有一些厂家在开始生产和销售色拉酱系列产品。

(一)生产过程

植物油选择无色、无味的色拉油。鸡蛋选择新鲜的。香辛料要选质量上乘、纯正的。鲜鸡蛋先用清水洗净，用消毒水浸泡5 min，捞出控干，打蛋去壳。将食用胶用20～30倍水提前浸泡、溶胀。将全部原料分别称量后，将少量的原辅料用水溶化，除植物油、醋以外，全部倒入搅拌机中，开启搅拌，使其充分混合，呈均匀的混合液。边搅拌边徐徐加入植物油，加油速度宜慢不宜快，当油加至2/3时，将醋慢慢加入，再将剩余油加入，直至搅成黏稠的酱状。为了得到粗细均匀的蛋黄酱，应用胶体磨进行匀质，胶体磨转速控制在3 600 r/min左右。将匀质后的蛋黄酱装于洗净烘干的玻璃瓶或铝箔塑料袋中，封口，即为成品。

(二)配方

蛋黄酱、色拉酱配方详见表9-56至表9-61。

表 9-56　蛋黄酱配方之一　%

原辅料	配比	原辅料	配比	原辅料	配比
大豆色拉油	75.0	砂糖	3.0	白胡椒粉	0.1
白醋	10.0	食盐	1.9	味精	0.4
蛋黄	9.0	芥末粉	0.4	复合香辛料	0.2

表 9-57　蛋黄酱配方之二　%

原辅料	配比	原辅料	配比	原辅料	配比
色拉油	70.0	食盐	1.5	红辣椒粉	1.0
白醋	12.5	芥末粉	0.3	复合香辛料	0.5
蛋黄	7.0	白胡椒	0.2	味精	0.5
砂糖	2.0	洋葱汁	4.0	柠檬酸钠	0.5

表 9-58　色拉酱配方之一　%

原辅料	配比	原辅料	配比	原辅料	配比
色拉油	45.0	食盐	2.0	山梨酸钾	0.05
白醋	12.0	胡椒粉	0.2	复合抗氧化剂	0.02
鸡蛋	10.0	海藻酸钠	0.2	味精	0.4
砂糖	10.0	藻酸丙二醇酯	0.2	水	19.93

表 9-59　色拉酱配方之二　%

原辅料	配比	原辅料	配比	原辅料	配比
色拉油	45.0	砂糖	5.0	黄原胶	0.5
食醋	25.0	味精	0.2	抗氧化剂	0.03
食盐	4.0	复合香辛料	0.3	水	19.97

表 9-60　色拉酱配方之三　%

原辅料	配比	原辅料	配比	原辅料	配比
大豆色拉油	50.0	番茄酱	1.5	海鲜调味剂	0.5
白醋	12.0	洋葱粉	1.2	辣椒油	0.2
蛋黄	5.0	大蒜粉	0.4	BHT	0.02
砂糖	9.5	芥末粉	0.8	山梨酸钾	0.08
食盐	3.0	胡椒粉	0.3	水	15.5

表 9-61 乳酪低脂色拉酱配方 %

原辅料	配比	原辅料	配比	原辅料	配比
大豆色拉油	30.5	红辣椒	1.0	黄原胶	2.5
白醋	7.7	洋葱粉	1.0	藻酸丙二醇酯	0.4
高果糖浆	25.0	大蒜粉	0.5	山梨酸钾	0.05
干酪	11.6	甜菜粉	0.5	BHA	0.02
番茄酱	8.0	柠檬汁	1.5	EDTA	0.03
水	7.7	食盐	2.0		

(三)注意事项

制作蛋黄酱时如果直接用从冷库中取出的冰鲜蛋,则蛋黄中卵磷脂不能发挥良好的乳化作用。一般以 16～18℃条件下贮存的蛋品较好,如温度超过 30℃,蛋黄粒子硬结,会降低蛋黄酱质量。由于蛋黄酱生产一般不能杀菌,所以在制作过程中应注意生产车间设备、用具的卫生,进行严格的清洗、杀菌。蛋黄酱的制作应使用新鲜蛋黄。蛋黄不仅为形成蛋黄酱的水包油型(O/W)乳浊液所不可缺少,对蛋黄酱颜色也起着重要作用。因此,蛋黄加入量不能低于 2.7%,全蛋液不低于 6%。

常用的香辛料有芥末、胡椒等。芥末既可以改善产品的风味,又可以与蛋黄结合产生很强的乳化效果,使用时应将其研磨成粉末,粉越细乳化效果越好。为了增加产品稠度,可酌情添加适量的胶,如黄原胶、瓜尔豆胶、刺槐豆胶、果胶和明胶等。

凡油溶性的乳化剂、抗氧化剂,如单甘油脂肪酸酯,先用少部分油加热溶解,待完全溶开后,冷却至室温,再加入搅拌锅中。

任务五 复合调味汁的制作

复合调味汁是以鲜、甜、酸、辣、咸、香及各种香辛料之间合理配合、精制加工而成的一类风味型复合调味料,应用多种调味料合理组合,口感醇厚,味美天然,而且调味功能和品种多样化,使用方便,可大大简化调味饭菜的手续,节约调理时间,使家务劳动社会化,因而受到广大消费者的欢迎。这类新型调味品在我国经过近 10 多年的发展,品种、数量和市场占有率均得到了迅速的发展,产品档次、质量得到了显著的提高,预期今后在我国调味品市场具有广阔的发展前景。

复合调味汁的生产所用原辅材料差异较大,有效成分提取方法也各不相同,因此,其生产过程也有所差异。一般生产过程都要经过有效成分提取、过滤、调配、稳定化处理、灭菌、灌装、封口、检验、装箱等工序。本节重点介绍几类常用复合调味汁的配方及其生产过程。

一、复合烧烤汁

“烧烤汁”是以多种天然香辛料的浸提液为基料，添加多种辅料调配加工而成的，含有多种成分，除食盐以外，还含有多种氨基酸、糖类、有机酸及复杂的香辛料成分。从味型上看以咸为主，甜、鲜、香、味为辅，能增加和改善菜肴的口味，还能增添或改变菜肴色泽。另外，还可以去除肉类中的腥臭等异味，增添浓郁的芳香味，刺激人们的食欲。

(一)配方

复合烧烤汁配方详见表9-62、表9-63。

表9-62 复合烧烤汁配方之一

%

原辅料	配比	原辅料	配比	原辅料	配比
鲜姜	2.0	八角	0.4	山柰	0.2
鲜葱	2.0	小茴	0.2	丁香	0.1
鲜蒜	0.5	桂皮	0.8	水	93.4
花椒	0.2	肉豆蔻	0.2		

表9-63 复合烧烤汁配方之二

%

原辅料	配比	原辅料	配比	原辅料	配比
香辛料浸取液	57.0	食盐	11.5	酱色	0.6
酱油	12.0	砂糖	6.0	味精	0.6
料酒	6.0	糖蜜	6.0	增稠剂	0.3

(二)制作方法

香辛料应形体完整，无污染，无霉变。清洗去除杂质，并适当粉碎，以便浸提。香辛料按配比重量称取，混合、放入浸提罐加热，采用浸煮法提取，条件为50℃左右浸4～5 h，再煮沸20～30 min。浸提液通过滤网过滤，滤渣进行第二、第三次提取过滤，滤液合并。称取各种辅料，用水溶解，过滤去杂质，和基料混合，搅拌均匀。在灭菌锅内常压灭菌，温度90～95℃，5～10 min。趁热装瓶，封盖，冷却，检验合格即可装箱。

(三)质量标准

汁液色泽棕褐色或黑褐色，有光泽；滋味鲜美，咸甜适品，味醇厚，柔和味长。不得有苦、酸、涩等异味；液体允许有少量沉淀物，无霉花浮膜。细菌总数＜5×10^4个/mL，大肠菌群＜30个/100 mL，致病菌不得检出。

二、蚝油、虾油

(一)蚝油

蚝油不是油脂,而是用加工蚝豉时煮蚝豉剩下的汤,经过过滤浓缩,调配加工而成,是粤菜传统调味料之一。蚝油的生产和应用经过近几十年的发展,无论在生产技术、产量,还是在产品应用方面均得到了迅速的发展。不但在广州、福建等地食用较为普遍,而且在港澳台地区及东南亚国家也极为畅销,在国际上也享有一定声誉。蚝油具有天然的蚝风味,味道鲜美,气味芬芳,营养丰富,色泽红亮鲜艳,适于烹制各种肉类、蔬菜,调拌各种面食,也可直接佐餐食用。

1. 配方(表 9-64)

表 9-64　蚝油生产配方　%

原辅料	配方 1	配方 2	配方 3
水解液	15.0		10.0～15.0
砂糖	20.0～25.0	4.0～6.0	5.0～10.0
食盐	7.0～10.0	10.0～12.0	7.0～9.0
味精	0.3～0.5	1.2～1.5	1.0～1.5
I+G	0.025～0.05		0.05～0.1
黄酒	1.0		
白醋	0.5		0.5～1.0
变性淀粉	1.0～3.0	5.0～6.0	4.5～5.0
增稠稳定剂	0.2～0.5		0.15～0.3
酱油	5.0		10.0～15.0
酱色		0.25～0.5	0.5～1.0
蚝油香精	0.005～0.01		0.05～0.1
虾味香精			0.01～0.05
防腐剂	0.1	0.1	0.1
水	3.35	47.8～55.55	9.85～37.14
浓缩蚝汁	5.0	25.0	1.0
浓缩毛蚶汁	1.0		3.0
调味液	25.0～30.0		20.0～25.0

2. 制作方法

将鲜活牡蛎用热水热烫,使其两壳张开去壳然后集中牡蛎肉清洗附着在肉上的泥沙、黏液、碎壳;再将清洗干净的牡蛎肉绞碎或磨碎。将绞碎的牡蛎称重,放入夹层锅中煮沸,保持微沸状态 2.5～3 h,用 60～80 目筛网过滤,过滤后的牡蛎再加 5 倍的水继续煮沸 1.5～2 h,再过滤,将两次煮汁合并,然后在煮汁中加入汁重 0.5%～1% 的活性炭,70～80℃ 保温 20～30 min,去除腥味,过滤,去掉活性炭,再进行浓缩,将脱腥后的煮汁用夹层锅真空浓缩,锅浓缩至水分含量低于65%，即为浓缩蚝汁。

为利于保存，防止腐败变质，加入浓缩汁重15%左右的食盐，备用。使用时用水稀释按配方调配。煮汁后称重，加入肉重0.5倍的水，0.6倍的20%食用盐酸，在水解罐中100℃下回流水解8～12 h。水解后在40℃左右用碳酸钠中和至pH 5左右，过滤，滤液即为水解液。在水解液中加入0.5%～1%的活性炭，煮沸，70～80℃保温15～20 min，过滤即得到精制水解液。

将八角、姜、桂皮等香辛料放入水中，加热煮沸1.5～2 h，过滤。将浓缩汁、水解液、砂糖、食盐、增鲜剂、增稠剂等分别按配方称重混合搅拌，加热至沸，最后加入黄酒，白醋、味精、香精，搅拌均匀。

用胶体磨将调配好的蚝油进行均质处理，使蚝油内颗粒变小，分布均匀。将均质后的酥油加热至85～90℃，保持20～30 min，达到灭菌的目的。灭菌后的蚝油装入预先经过清洗、消毒、干燥的玻璃瓶内，压盖封口，贴标，即为成品。

3. 质量标准

黏稠状，不得有苦涩味或不良气味，色泽为红褐色或棕褐色。

4. 注意事项

增稠剂溶解较困难，调配时可先用少量水或调味液溶化再加入。变性淀粉先用水调匀，高温液化后再加入。该产品可分两段生产，即沿海地区可专门生产浓缩纯蚝汁，供内地各厂生产蚝油，各调配厂可根据当地的口味、消费水平，选择配方进行调配。

(二)虾油

虾油是用新鲜虾为原料，经发酵提取的汁液，是我国沿海各地城乡食用的一种味美价廉的调味品。生产工艺简介如下：

虾油加工季节为每年清明前1个月。加工时将经济价值较低的各种小杂鱼洗净，除去沙泥杂物，而虾类则应在起网前利用虾网在海水里淘洗，除去泥沙，然后倒入箩筐内运回加工。

酿制虾油的容器，采用缸口较宽、肚大底小的一种陶缸。缸排放于露天场地，以便阳光曝晒发酵。缸面用竹制衬有竹叶或塑料薄膜的防雨罩。将清理好的原料倒入缸内，一般每缸容量为75～100 g，约占缸容积的60%。经日晒夜露两天后，开始搅动，每天早晚各1次，3～5 d后缸面有红沫时，即可加盐搅拌。每天早晚搅动时，各加盐0.5～1 kg。经过15 d的缸内腌渍，缸内不见虾体上浮或很少上浮时，继续每天早晚搅动1次，用盐量可减少5%，1个月以后只要早上搅动，加盐少许。直至按规定的用盐量用完为止。整个腌渍过程的用盐量为原料量的16%～20%。

虾油的酿造过程，主要是靠阳光曝晒，同时早晚搅动，经日晒夜露，搅动时间愈长，次数愈多，晒热度愈足，腥味愈少，质量愈好。如遇雨天，随缸需加盖。经过以上过程，缸内成为呈浓黑色酱液，上面浮一层清油时，发酵即告结束。

经过晒制发酵后的虾酱液，过了伏天至初秋，即可开始炼油。可用勺子撇起缸面的浮油，再以5%～6%的食盐溶解成盐溶液冲进缸内。用量为原料量减去第一次撇起浮油量。加入盐水后，再搅动3～4次，以便缸内虾油滤进篓内，再用勺子逐渐舀起，直至舀完缸内虾油为止。随后将前后舀出的虾油混合拌匀，便成生虾油。

将生虾油置于锅内烧煮，撇去锅上浮面泡沫，沉淀后即为成品虾油，此时继续放置露天曝晒，上面加弧形的缸盖，使能通风。成品浓度以20°Bé为宜，不合标准时，在烧煮中应加适量的食盐；若超过浓度，可加开水拌稀。

三、海鲜调味汁

(一)海鲜汁

海鲜汁是一种类似蚝油的调味品，其生产过程与蚝油生产相似，是用海带等海产品经科学方法处理、调配而成。味道以鲜为主，甜度适中，浓稠，香气淡雅。它迎合了广大消费者对食品色香味和健康的要求，适合烹调各种美味佳肴，是一种较为理想的调味品。

1. 配方(表9-65)

表9-65　海鲜汁配方　%

原辅料	配比	原辅料	配比	原辅料	配比
淡菜提取汁	15.0～20.0	食盐	6.0～8.0	黄酒	1.0～1.5
淡菜水解液	10.0～15.0	味精	1.0～1.5	食醋	0.5～1.0
海带调味汁	38.0～42.0	淀粉	1.0～2.0	苯甲酸钠	0.1
砂糖	20.0	增稠剂	0.3～0.5		

2. 制作方法

淡菜干漂洗2～3次，加水浸泡1 h，换水以去掉不良气味，加入原料重8倍的水，95～100℃抽提2～3 h，用120目纱布过滤，滤液重为原料的3倍左右，加入滤液重10%的食盐，即为淡菜提取汁。

将煮汁后的淡菜用绞肉机绞碎、称重，加入淡菜重0.5倍的水，0.6倍的20%盐酸溶液，在盐酸水解罐中回流水解10～12 h，冷却40℃左右用碳酸钠中和至pH 6.4左右，过滤，滤液即为淡菜水解液。

将海带称重，倒入蒸锅蒸30～40 min，拿出清洗干净，称重、切碎，放入打浆机中加入蒸后海带重6倍的水，打浆(筛网直径0.6 mm)。将浆液放入夹层锅中，加碳酸钠调pH 8～8.5，微沸2 h。经120目纱布过滤，用白醋中和pH至6.5～7.0，再加入适量黄油，及提取液重10%食盐，5%的酱油，搅拌均匀，即为海带调味汁。

3. 质量指标

具有明显的海鲜味，不得有苦涩味或不良气味。色泽为红褐色或棕褐色。体态为黏稠状，不得有沉淀和分层现象。

(二)虾味汁

虾味汁是一种滋味鲜美的调味品,色泽呈肉红色,体态黏稠,虾味浓郁,是加工虾仁的下脚料综合利用的产物。由虾头、虾皮经煮汁、配解、调配而成,是一种大众喜爱的烹调用品。

1. 配方(表 9-66)

表 9-66 虾味汁配方 %

原辅料	配比	原辅料	配比	原辅料	配比
虾头提取液	44.0～45.0	超鲜味精	0.3～0.5	黄酒	0.7～0.75
虾头酶解液	29.0～30.0	变性淀粉	1.2～1.6	防腐剂	0.08～0.1
砂糖	7.5～11.0	增稠剂	0.4～0.5	虾味香精	0.05～0.1
食盐	14.5～15.0	白醋	0.3～0.4		

2. 制作方法

虾头、虾皮称重加 2.5 倍的水,破碎,倒入夹层锅中煮沸 1.5～2 h,用 120 目筛网过滤,滤液即为虾头提取液。虾头煮汁后的油渣加入 2 倍的水,用食用盐酸调 pH 至 7 左右,加入复合蛋白酶,在 50～55℃下水解 3～4 h,然后加热至沸,使酶失活,用 120 目筛过滤,滤液即为虾头水解液。将虾头提取液、虾头水解液、砂糖、食盐、变性淀粉、增稠剂按配方质量称重,混合搅拌均匀,加热至沸,稍冷却后加入味精、虾味香精、防腐剂、白醋、黄酒,搅拌均匀即可。

四、五香调味汁

(一)五香汁

五香汁属冷菜汁,是制作卤味的汤汁,最适合烧煮牛、羊肉及鸡、鸭等,其浓郁的五香味,可以除去牛、羊肉的腥膻味。

1. 配方(表 9-67)

表 9-67 五香汁配方 %

原辅料	配比	原辅料	配比	原辅料	配比
酱油	7.0	鲜葱	1.5	茴香	0.2
砂糖	2.0	鲜姜	1.5	桂皮	0.1
食盐	4.0	花椒	0.2	鸡骨架	35.0
料酒	1.5	八角	0.2	水	47.0

2. 操作过程

将鸡骨架放入锅内,加入适量水,烧开后撇去浮沫。将花椒、大料、茴香、桂皮一起倒入鸡汤内,约煮 10 min 后,再加入食盐、料酒、砂糖、葱、姜,用文火煮沸 2 h。停火后将鸡骨架捞出,再将汤过滤,最后加入酱油、糖等,灭菌后灌装。

3. 质量标准

成品色泽酱红，无沉淀，无分层，味道醇香。

4. 注意事项

鸡骨架汤中的白沫及油都要撇去。五香汁可反复使用，在每次酱完食品后要把汁内浮油撇净。要酱制鸡、鸭、猪肉或牛肉等，必须先将其放入开水中煮透，捞出撇去血沫，煮或油炸至七八成熟后，再放入卤汁肉烧开，撇去浮沫，小火煮烂，捞出晾凉，酱制鸡鸭还应抹上香油，以免皮干裂。

(二)五香鱼汁

五香鱼汁是四川美食家们独创的特殊风味，甜、酸、辣、咸各味俱全，在美味的菜肴中即便没有颜色，也能散发出浓郁的鱼香味。

1. 配方(表 9-68)

表 9-68 五香鱼汁配方 %

原辅料	配比	原辅料	配比	原辅料	配比
酱油	15.0	鲜姜	10.0	米醋	10.0
砂糖	20.0	鲜蒜	10.0	黄酒	10.0
鲜葱	10.0	泡辣椒	13.0	味精	2.0

2. 操作过程

将酱与砂糖一起搅拌均匀，加热溶解。加入预处理好的葱、姜、蒜和泡辣椒，搅拌均匀，加热至沸，冷却至 90～95℃加入米醋、黄酒、味精等配料。为了防止分层，可再加入适量预先溶解分散好的耐酸 CMC 或黄原胶。然后过胶体磨，在 80～85℃保温灭菌，趁热包装即为成品。

3. 质量标准

成品酱红色、均匀，无沉淀，有亮度，口感甜、酸、咸、辣协调，具有浓郁的色香味。

4. 注意事项

泡辣椒是五香色汁中最重要的香辛料，没有它就不能形成鱼香味。根据当地的口味，可适当调整其他调味料的比例。加热配制鱼香汁时，沸腾即可，否则挥发性风味物质损失大。

必备知识

一、复合调味品的呈味原料

复合调味品是由各种作用不同的调味基料以科学方法合理组合、调配、制作而成的调味产品。其味感的构成包括口感、感官、嗅感 3 个方面，是调味品中各要素的物理、化学反应的综合结果，同时也是人的生理器官及心理对味觉反应的综合结果。仅有高档次的生产原料，不一定能调配出高档次的产品。要想达到理想的味觉效果，必须在先进的调味理论指导下，选择适宜的原料，采用合理的配比。生产复合调味品的原料很多，功能各异，现简单介绍常用的基本调味原料及作用。

1. 咸味料

主要为 NaCl 等，盐是“味中之王”，是良好味感的基础，是许多风味型复合调味料的主体，约占有效成分的 45%～70%，而且在液体和酱状调味料中起到抑制微生物生长的作用，对这类调味料的贮存性起着重要作用。

2. 鲜味料

主要包括味精、呈味核苷酸(IMP、GMP)、酵母抽提物、动植物水解蛋白、琥珀酸钠等。鲜味料是复合调味料中的关键原料，对调味料的味感、增鲜和掩盖异味、提高产品的自然风味具有重要的作用。

3. 甜味料

主要为各种天然糖类，起呈味作用，使味感圆满。不同地区和民族对甜度有不同的要求，因此，使用时应根据具体情况作相应调整。

4. 酸味料

主要为食醋、乳酸、柠檬酸、苹果酸等有机酸。其主要作用是调整味感、协调各种味感，此外酸味料在食品调味中还可起到增进食欲、帮助消化等作用；在液体和酱状调味料中起到调整 pH 和防腐保鲜的作用。

5. 香辛料

常用的调味香辛料有 20 多种，品种繁多，各种香辛料有其不同的呈味特性、不同的作用和不同的适用性。如以增进食欲为主的有生姜、辣椒、花椒、胡椒等，以脱臭为主的有大蒜、葱类等，以芳香为主的有八角、肉桂、丁香等。制作不同品种的调味料，在使用香辛料时也有所不同，如鸡肉类应采用有脱臭效果的香辛料和增进食欲的香辛料；牛肉、猪肉适合使用各种脱臭、芳香、增进食欲效果的香辛料。

6. 香精料

包括各种肉类香精，如牛肉香精、猪肉香精、鸡肉香精以及海鲜类香精；蔬菜类香精，如番茄香精、葱油香精等。香精有粉状、膏状、油质、水质等形态。有从天然物料萃取、提炼而成的，也有的是通过美拉德反应而成或通过各种单体香料复合而成。香精含有某种特定风味的呈味物质，具有浓厚的天然味道，能够产生诱人的主体香，是许多复合调味料的关键性成分之一。

7. 着色剂

常用的有焦糖色素、辣椒红素、类胡萝卜素、红曲色素等。主要作用是提高调味料的感官效果，增强味的真实感，提高食欲等。

8. 油脂

主要包括各种动物油脂、植物油脂、调味油等。其主要作用是溶解脂溶性的风味物质，使味道更加浓厚、可口，而且香味持久，同时增强食品色泽，在感官上具有增加食欲的独特效果。

9.海鲜料

常用的有各种肉类、水产品和蔬菜类等，具有丰富的天然味道，协同香辛料、香精产生诱人的主体香味，增强复合调味品风味的真实性和营养性。

10.脱水料

常用的脱水料有脱水肉类、海产品和蔬菜，具有天然的色、香、味，增强复合调味品的真实感和亲切感。

11.其他填充料

品种较多，常用的有糊精、淀粉、苏打等，其性能和作用主要是协同主要物料产生良好的味感。如适量添加麦芽糊精，可使汤稠度增加；适量添加苏打粉可降低汤料中的酸度值，使汤味更可口；适量添加抗氧化剂可保持油质的纯正气味，防止酸败。

二、复合调味品的调配

(一)复合调味品的调配原理

酸、甜、苦、辣、咸、鲜、涩是根据人的味神经所起的反应提出的7种基本味。基本味又称本味，是指单纯的一种味道，没有其他味道。基本味是构成复合味的基础，复合味一般由两种以上的基本味构成。人们对食品风味的识别基于食品中呈味成分的含量及状态和对呈味成分的平均感受力与识别力。呈味成分只有在合适的状态下，才能与口腔中的味蕾进行化学结合，即被味蕾所感受。当呈味成分含量低于致味阈值时，人们感受不到味别的存在；当高于味觉钝化值时，人们感觉不到呈味成分含量的变化。在致味阈值与味觉钝化值之间，食品风味的味感强度正比于呈味成分含量。致味阈值与味感钝化值之间是有效的调味区间。

在复合调味品生产中，所用的原料既有呈现本味的调料，如咸味剂、鲜味剂、甜味剂等；又有呈现复合味的调料，如酵母精、动植物水解蛋白、动植物提取物等。每种原料都有自己的调味特点和致味阈值，只有掌握了它们的特性，才能在复合调配中运用自如。

复合调味的原理，就是把各种调味原料依照其不同的性能和作用进行配比，通过加工工艺复合到一起，达到所要求的口味。由于每种原料的调味性能不同，因而各类原料在调味中的地位也不同。复合调味品的配制以咸味剂为中心，以鲜味剂和天然风味提取物为基本原料，以香辛料、甜味剂、酸味剂和填充料为辅料，经过适当的调香调色而制成。各种味感成分之间相互作用的结果，是复合调味品口味的决定因素；味感成分的相互作用关系，是复合调味的理论基础。其基本调味原理有以下几个方面的内容。

1.调味料的味感

调味料的味感包括口味、口感、气味、色泽等方面。味感是对味道的一种感觉，是人体各器官产生生理反应的一种综合效果，味道的好坏受到盐分、酸度、甜度、鲜度、香味、色泽等诸多因素的影响，因此，在制作和评价调味料时，必须充分考虑以上因素。

2. 调味料中基本原料的味阈

味阈即味的界限范围，配制调料前应了解调料基本原料中呈味物质的味阈，即人们所能感觉到呈味物质存在的最低浓度值，见表 9-69。

表 9-69　调味料主要基本原料的味阈

味道	呈味物质	味阈
甜味	砂糖	0.5
咸味	食盐	0.2
鲜味	味精	0.03

3. 味的相乘、掩盖作用

调味料中的各种原料在调味中具有相乘、掩盖的作用关系。

(1)味的相乘作用。同时使用两种以上的呈味物质，比单独使用一种呈味物质的味大大增强，如味精和 I＋G 有很好的相乘作用。相乘作用可使原料用量减少，降低使用成本。

这种增强现象还会由于其他因素的存在而被更进一步强化。例如，当有琥珀酸、柠檬酸、天冬氨酸钠等加入上述助鲜体系时，还可进一步产生增强效应，但用量不宜过多，一般用量为琥珀酸 0.01%～0.05%，柠檬酸 0.2%～0.3%，天冬氨酸钠 0.1%～0.5%。此外，适量的苦味也能增强食品的独特滋味。可提供苦味的食品有苦瓜、茶叶、咖啡、可可、啤酒花等。

(2)味的掩盖作用。一种味的感觉常会被另一种味的感觉所掩盖而产生味觉的掩盖现象。例如，味精可掩盖苦味而使苦味减弱，味精还可缓和咸味、酸味，使风味趋于和谐，肌苷酸可掩盖铁腥味及鱼腥味；花椒、肉桂等香辛料也具有掩盖异味的作用。酸味(含食醋 3%以上)可掩盖咸味。甜味可掩盖咸味，例如，2%食盐含量的食品中，加入 6%砂糖可掩盖咸味。在配制调味品时运用掩盖作用，必须区别两种不同类型的情况：一种是有益的，例如，香辛料、助鲜剂的应用；另一种是无益的，例如，以糖掩盖盐。误将“掩盖”视为“相抵”，在口味上虽然有相抵的作用，但是被“相抵”的物质依然存在。以糖掩盐虽然是客观上存在的一种味觉现象，但应用上并不可取。掩盖咸味则不但增加成本，且风味也有所不同；而且对消费者可能产生有害的影响，因为有的消费者由于健康原因忌盐、忌糖，在这一掩盖措施下，就不得不既多食糖，又多食盐，而产生不利于保健的后果。生产中必须重视技术管理，防止并及时发现错误操作，进而采取正确的措施予以处理。

4. 醇厚感对味觉的作用

醇厚感并非指黏稠度增加，而是味觉的醇厚感。黏稠度增加属于物理现象，而味的醇厚感则涉及味的本身的化学现象。例如，单纯用味精作调味品，虽有鲜味但总有单薄的味感，但如与呈味核苷酸合用，则不仅倍增鲜味，并且产生了一种较为醇厚的味觉。又如酵母抽提物中除含核苷酸鲜味成分外，还含有较多的肽类化合物及芳香类物质，本来已可口的食品中，再加入酵母抽提物，则由此所产生的味感均衡作用就促进了诸味协调，从而形成醇厚感及留有良好的厚味，致使食品获得提升品质的效应，所以酵母抽提物是常用的风味醇厚促进剂。天冬氨酸钠也有一定的醇厚促进作用，可使肉香浓厚而爽口。

5. pH 对味觉的作用

任何食品都有一个反映酸碱性的 pH。呈味效果最佳的 pH 为 6～7(特别是对鲜味)，作为本性食品的 pH 常在 5 以下。用味精作主要助鲜剂的食品或调味品，pH 不应小于 3，因为 pH 小于 3 时，味精会离解为谷氨酸，致使鲜味下降。

6. 增香对调味品的作用

增香本来只能提供香味，并不提供舌感之味，但由于条件反射，能促进食欲，食用时易于产生愉快的感受。增香有两个必须遵循的法则：一是增香所增之香味应与被增香之调味品相和谐；二是被增香之调味品本身具有正常的质量。增香措施主要有 3 类：①原料本身由于正确的加工方法而产生食品固有的香味；②有针对性地使用各类香精香料；③合理选用香辛料。

(二)复合调味品的调配思路

选择合适的不同风味的原料和确定最佳用量，是决定复合调味品风味好坏的关键，常用的原辅材料的选用及其用量见表 9-70。

表 9-70 常用的原辅材料的选用及其用量

种类	主要调味原料	汤汁中适口用量/%
咸味料	食盐等	0.8～1.2
甜味料	砂糖等	0.2～0.5
鲜味料	味精	0.2～0.5
	I+G	0.05～0.1
香辛料	辣椒、花椒、胡椒等	0.004～0.05
油脂	牛油、鸡油、调味油	0.05～0.2
着色料	焦糖色素等	0.05～0.2
香精	肉类香料等	0.05～0.2
其他	麦芽糊精等	适量

在设计配方时，应根据所设定的产品，运用调味理论知识，进行复合调配。调配工作包括以下几方面：①掌握原料的性质与产品风味的关系，加工方法对原料成分和风味的影响；②考虑味道之间的相互关系；③应考虑既要有独特风味，又要讲究复合味，色、香、味要协调，原料成本符合要求；④确定原料的比例时，先决定食盐的量，再决定鲜味剂的量。其他呈味成分的配比，则依据资料和个人的调味经验；有时产品风味不能立即体现出来，应间隔数日再次品尝，若感觉风味已成熟，则确定为产品的最终风味。

拓展知识

其他特色调味汁

(一)凉拌汁

凉拌菜的品种繁多,清凉爽口,往往是宴席、便餐小吃的第一道菜,供人们饮酒时食用。凉拌汁的种类很多,每种都有它独特的口味,凉拌汁可突出凉菜应有的风味。

1. 配方(表 9-71)

表 9-71 凉拌汁配方

%

原辅料	熟菜型凉拌汁	肉制品凉拌汁	复合型凉拌汁
精盐	10.0	8.0	20.0
砂糖	4.0	7.0	10.0
白醋	1.0	8.0	2.0
味精	1.0		1.0
麻油			25.0
芝麻酱	55.0	6.0	5.0
酱油	10.0	18.0	5.0
辣椒油	4.5	16.0	10.0
蒜泥		14.0	5.0
花椒		3.0	
鲜葱		5.0	2.5
乳化稳定剂	1.0	5.0	2.5
芥末酱	5.0	2.5	4.0
水	8.5	7.5	8.0

2. 制作方法

将生姜、大蒜、葱等新鲜原料清洗、去皮、打浆处理备用;花椒经除杂、干燥打粉备用。乳化稳定剂先用部分水润湿备用。将水、芝麻酱、酱油、砂糖、香辛料放入蒸汽夹层锅中,搅拌均匀分散,边加热边加入乳化稳定剂,搅拌加热至沸,冷却至 90~95℃加入香辣油、芥末酱、醋等原料,过胶体磨均一化处理,然后在 80~85℃保温 15~20 min 趁热包装即为成品。

(二)怪味汁

怪味汁适合浇拌煮熟的鸡肉、猪肉等肉制品,也可以拌面、拌脆嫩的蔬菜,风味独特,有咸、甜、辣、麻、酸、鲜、香味等。各味俱全,因此被称为怪味。

1.配方(表9-72)

表9-72 怪味汁配方 %

原辅料	配比	原辅料	配比	原辅料	配比
酱油	20.0	味精	1.0	姜粉	2.0
芝麻酱	8.0	香油	12.0	花椒粉	0.5
米醋	8.0	辣椒油	10.0	蒜泥	8.0
砂糖	10.0	葱末	6.0	水	14.5

2.制作方法

将水和芝麻酱、酱油在蒸汽夹层锅中边加热边搅拌分散,然后加入砂糖、香辛料搅拌均匀,加热至沸,冷却至90～95℃,加入醋、味精、香油、辣油混合均匀,在80～85℃保温15～20 min,趁热包装即为成品。

(三)叉烧汁

叉烧汁属烤肉用佐料,主要以砂糖、酱油、白酒等为原料,经煮沸、调配而成。酱肉放入叉烧汁中,腌1 d,放入烤炉,烤20 min,再用旺火把汁爆浓,浇在肉上即可。其味道甜咸醇香,风味独特。

1.配方(表9-73)

表9-73 叉烧汁配方 %

原辅料	配比	原辅料	配比	原辅料	配比
酱油	12.9	芝麻酱	5.0	麻油	1.0
砂糖	8.0	甜面酱	3.0	味精	0.1
白酒	10.0	食盐	60.0		

2.操作过程

将酱油、麻酱、面酱一同放入蒸汽夹层锅中,搅拌均匀,再加入食盐、砂糖、边加热边搅拌至沸,冷却至90～95℃再加入其他配料,搅拌均匀,趁热包装。

(四)红糟调味汁

红糟是由红曲和糯米配制红酒后的副产物,配合香辛料调制加工而成,色泽淡红,糟香浓郁,用于腌制鸡、鸭、鱼、肉等肉制品,别具风味。各地制作红糟在配方上有较大差异,下面对其基本配方和制作过程作简单介绍。

1.配方(表9-74)

表9-74 红糟调味汁配方 %

原辅料	配比	原辅料	配比	原辅料	配比
红糖	30.0	绍兴黄酒	30.0	酵母精	0.5
砂糖	10.0	大曲黄酒	14.0	五香粉	0.5
食盐	12.0	味精	1.5	CMC-Na	1.5

2. 制作方法

将红糟搅碎放入45 kg左右的水中煮沸，冷却后过滤备用。用砂糖分散CMC-Na放入30～35 kg水中搅拌加热溶解备用。将红糟汁、CMC-Na溶液和其他调味料一起调配均匀，过胶体磨均一化处理，包装，再经巴氏消毒，冷却后即得成品。

（五）糖醋汁

糖醋汁是热菜中最常用的一种调味汁，各地制法差异较大，主要利用糖、醋、番茄、山楂及香辛料调配加工而成，成品色泽明亮，口味酸甜浓厚，是一种风味独特的调味汁。

1. 配方（表9-75）

表9-75　糖醋汁配方

%

原辅料	配比	原辅料	配比	原辅料	配比
砂糖	31.0	番茄糊	11.0	食盐	1.0
白醋	11.5	山楂片	4.5	水	37.0
酱油	3.8	红辣椒粉	0.2		

2. 操作过程

将山楂片、辣椒粉一起放入水中搅拌，加热至沸，保温15～20 min，趁热过滤。在滤液中加入番茄糊、砂糖、食盐、酱油、白醋等原料，边加热边搅拌，直至微沸，停止加热，稍冷后趁热包装。

问题探究

依据所学的知识，自己设计几种复合调味品？

项目小结

复合调味品是指在科学的调味理论指导下，将各种基础调味品按照一定比例进行调配制作，从而得到的满足不同调味需要的调味品。复合调味品可分为粉、块、酱、汁状几类。复合调味品中的呈味成分多、口感复杂，各种呈味成分的性能特点及其之间的配合比例，决定了复合调味品的调味效果。

我国市场上已经出现了复合调味盐、方便型汤料、炖肉料、拌馅料、菜肴专用调料等多种复合调味品。随着我国调味品工业的技术进步，复合调味品将成为调味品工业的研究重点，将逐渐占据调味品市场的主导地位。

习题

1. 复合调味品生产中使用的原料有哪些？
2. 在设计复合调味品配方时，应该考虑哪些因素？
3. 简述固体汤料生产的一般工艺。
4. 列表说出几种典型复合调味品的配方。

附录A 实 训

实训一 醋酸菌的分离纯化

一、实训目的

了解醋酸菌菌落特征,掌握醋酸菌的分离纯化技术。

二、实训原理

从醋醪中分离醋酸菌,一般选用含有碳酸钙曲汁琼脂培养基,进行稀释法或划线法,由于醋酸菌在生长过程能产生醋酸将碳酸钙溶解,菌落周围的培养基变为透明。菌落周围透明圈的大小,因菌而异。

三、实训器材

(1)器材。粉碎机、铝锅、100 mL 和 250 mL 三角瓶、灭菌培养皿和烧杯。

(2)菌种。醋酸菌、酵母菌、麦曲。

(3)碳酸钙曲汁。曲汁 100 mL、$CaCO_3$ 1 g、95 乙醇 3～4 mL(灭菌后加入)、琼脂 2 g、pH 自然。

(4)豆芽汁培养基。黄豆芽 200 g、蔗糖(或葡萄糖)20 g、水 1 000 mL。将马铃薯去皮切成小块,锅中加水 800～1 000 mL,煮沸 0.5 h,用双层纱布过滤,取滤液加琼脂和蔗糖,并加水补足 1 000 mL。pH 自然。

(5)残次水果、麦麸、谷糠、食盐。

四、实训步骤

1. 醋醪的制备

(1)残次水果处理。将残次水果先摘果柄、去腐料部分,清洗干净,用筛孔 1.5 mm 粉碎机破碎，后将渣汁煮熟成糊状，倒入烧杯中。

(2)酒精发酵。待渣汁冷却至30℃时，接入麦曲(1.6%)和酒母液(6%)，于培养箱30℃培养5～6 h。这时逐渐有大量气泡冒出，12～15 h后气泡逐渐减少，此时水果中各种成分发酵分解，并有少量酒精产生。

(3)醋酸发酵。每烧杯中加入麦麸(50%)、谷糠(5%)及培养的醋母液10%～20%，使醋醪含水54%～58%，保温发酵。温度不超过40℃，醋酸发酵4～6 d，基本结束制成醋醪。

2. 醋酸菌的分离

(1)曲汁30 mL加于100 mL三角瓶中灭菌。冷却后，用无菌吸管加入1 mL酒精。然后接入新鲜醋醪少许。25～30℃培养1周。

(2)用碳酸钙曲汁琼脂培养基，将培养一周的醋酸菌，采用稀释法或画线法接种于平板中，醋酸菌为小菌落，因生酸使碳酸钙溶解，菌落周围的培养基变为透明，但要注意碳酸钙与培养基要摇匀，方可倒平板，否则碳酸钙沉于底部，故生长在表面的菌落，也可能无透明圈出现。

(3)将豆芽汁装三角瓶，每瓶30 mL，灭菌后加入酒精1.5 mL，将上述分离出的不同的菌落分别移植于瓶内。25～30℃培养，不时观察各菌生长情况。用显微镜检查细胞形状(用苯酚复红液染色)。

(4)将单菌落移至曲汁琼脂斜面，保存菌种。

五、实训报告

记录醋酸菌的分离纯化过程。

六、思考题

1. 分离过程需要注意哪些?

2. 都可以用哪些材料分离醋酸菌?

实训二 固态发酵醋制备

一、实训目的

了解固态发酵醋的生产过程，掌握固态发酵工艺条件，熟悉固态发酵的工艺操作规程，以及成品醋的质量要求。通过固态发酵的生产操作，加深对食醋生产理论知识的理解以及对食醋质量的认识，为系统掌握各种食醋制造技术，控制食醋质量奠定坚实的基础。

二、实训原理

固态发酵法制醋通常采用淀粉质原料，原料则首先需要糖化和酒精发酵，然后再接入醋酸菌种进行醋酸发酵。由于发酵醅中常配有较多的疏松剂，呈蓬松的固态，是一个由固、液、气三相构成的适合于多种微生物生长繁殖的环境，这种发酵体系中复杂的微生物，使生产出来的食醋香气浓郁、口味醇厚、色泽优良。

三、实训器材

(1)材料。碎米(或薯干)、酒母液、粗谷糠、醋酸菌液体种子、细谷糠、食盐、麸曲(黑曲霉Uv-11麸曲或甘薯曲霉As3.324麸曲)、水等。

(2)仪器与设备。粉碎机、蒸料锅、拌料台、缸、温度计、天平、pH计、风机、浸泡池、淋醋池、盐水罐(池)等。

四、实训步骤

细谷糠、水 ↓（加入"拌和、浸润"）；麸曲、酒母 ↓（加入"糖化及酒精发酵"）；粗谷糠、醋酸菌 ↓（加入"醋酸发酵"）

原料 → 拌和、浸润 → 蒸料 → 冷却 → 糖化及酒精发酵 → 醋酸发酵 → 加盐后熟 → 成熟酱醅 → 淋醋 → 澄清 → 加热灭菌 → 检验 → 包装 → 成品

1. 原料处理

碎米(或薯干)粉碎，粗粒状、细粒状各占一半；细糠与米粉(或薯干粉)拌和均匀；第一次加水并浸润，边翻边加，用手握之成团，指缝中有水而不滴出为含水量适当；常压蒸1 h，再焖1 h；熟料出锅后过筛、冷却。

2. 糖化及酒精发酵

(1)糖化及酒精发酵操作。

①熟料降温至40℃左右，洒水，翻一次后摊平，将细碎的麸曲匀布料面，将酵母液搅匀撒布其上。

②拌匀后装缸，入缸醅温24～25℃，醅温升至38℃时，倒醅(注意不超过40℃)。

③5～8 h，醅温又升至38～39℃，再倒醅，以后醅温正常维持在38～40℃之间。

④48 h后醅温渐降，每天倒1次；5 d后降至33～35℃，糖化及酒化结束。

(2)酒醅质量要求。

酒精发酵结束后的酒醅有轻微的酒气，酒精含量6%～8%，尝有甜味。

3. 醋酸发酵

(1)醋酸发酵操作。粗糠、醋酸菌种子液拌和均匀，再与发酵成熟的酒醅拌和入缸发酵；第2～3天起醅温上升，控制在39～40℃之间；每天倒醅1次；12 d左右，醅温降至38℃时，加盐

拌匀,结束醋酸发酵。

(2)成熟醋醅质量要求。成熟醋醅有较强的醋酸气,连续两次检验醋酸含量没有增长,酒精含量甚微。

4. 淋醋与后加工

(1)将成熟酱醅松散,平整,均匀的装入浸出池,醅层厚度 30～40 cm;原池浸出法根据发酵醅厚决定浸泡时醅层厚度。

(2)抽提液(二醋、三醋)加入时,在抽提液的出口处,加一分散装置,以减少冲力,保持醅面的平整,防止将醋醅冲成糊状,破坏醅层疏密的均匀性。

(3)浸泡淋醋次数为 3 次。放醋时应掌握放头醋、二醋速度较慢、放三醋速度较快。浸提过程中,醋醅不宜露出液面。

(4)头醋的浸泡时间为 20～24 h,二醋 10～16 h,三醋的浸泡时间可更短些。淋醋结束,清除浸出池内醋渣,并清洗干净。

(5)若需要煎醋时,煎醋温度 85～90℃,维持 30～40 min。

(6)调整食醋达到质量标准(GB 18187—2000《酿造食醋国家标准》中"固态发酵醋质量标准")。

五、主要设备(淋醋池)操作

(1)醋醅发酵成熟后,由抓酱机将醋醅移至淋醋池,松散铺在池内假底上。

(2)加入二醋,浸泡 20～24 h;醋醅飘起后,慢慢开启淋醋阀门,开始淋醋。

(3)淋醋结束,头醋送去配制加工,头渣加三醋或水泡出二醋,二渣再加水泡出三醋。

(4)最后的残渣,由抓酱机抓出,残余部分需人工清理干净。

六、实训报告

实训三 液态发酵醋制备

一、实训目的

了解自吸式发酵罐液态发酵法制醋的生产流程,掌握液态深层发酵工艺条件,熟悉自吸式发酵罐液态制醋的工艺操作规程,以及成品醋的质量要求。

二、实训原理

自吸式发酵罐液态发酵制醋采用淀粉质物质制成的酒醪或酒液为原料，不使用辅料，接入醋酸菌种子，借强大的压缩空气或自吸空气的气流进行充分搅拌，使气液面积尽量加大，进行酒精的全面氧化以生成醋酸。

三、实训器材

(1)材料：发酵成熟的酒醪、醋酸菌液体种子、食盐、水等。

(2)设备与工具：自吸式发酵罐、温度计、板框过滤机、pH 计、不锈钢桶等。

四、实训步骤

醋酸菌种
↓
酒精发酵成熟醪 → 过滤 → 醋酸发酵 → 过滤 → 灭菌 → 配制成品

1. 原料要求

(1)本实训选用发酵成熟的酒醪作为自吸式发酵罐醋酸发酵的原料。

(2)生产用水应符合 GB 5749—2005《生活用水卫生标准》之规定。

(3)食盐应符合 GB 5461—2000《食用盐》之规定。

(4)食品添加剂应符合 GB 2760—1996《食品添加剂使用卫生标准》。

2. 酒醪处理

(1)酒醪质量要求。过滤后的酒醪澄清，酒精度在 6%～7%。

(2)酒醪处理。发酵成熟的酒醪通过板框过滤机过滤。操作步骤如下：①清洗过滤器；②通入发酵成熟的酒醪过滤；③反清洗过滤器；④调整过滤后的酒液至质量要求。

3. 醋酸发酵

(1)成熟醋醪质量要求。成熟的醋酸发酵醪总酸(以醋酸计)含量在 6 g/100 mL 以上，酒精含量(以容量计)在 0.3%左右。

(2)醋酸发酵。

①清水洗刷干净自吸式发酵罐空罐，并进行必要的检查。

②打开进气阀，向罐内通入蒸汽在 150 kPa 下灭菌 30 min；注意进料管、接种管、取样管、底部尾管都要严格灭菌。

③打开进料阀，将过滤后的酒醪输入发酵罐，装填量为发酵罐容积的 70%。

注意：装料时，当料液刚装到淹没自吸式发酵罐转子时，则启动转子让其自然通风搅拌。

④装完料后，打开接种管，接入醋酸菌种子液，接种量为料液体积的 10%。

⑤保持品温在 32～35℃进行醋酸发酵，并注意通风控制。

通风量控制：发酵前期 24 h 内，通风量控制在通入空气体积与发酵醪体积之比为 0.07∶1，24 h 后至发酵结束升至 0.1∶1。

⑥取样检验：前期每隔 2 h 取样化验醋酸 1 次，发酵 24 h 产酸在 1.5%～2.2%，后期每隔 1 h 取样化验醋酸 1 次。当发酵醪中的酒精含量（以容量计）降至 0.3%左右或总酸不再上升即为发酵成熟。

4. 后加工

(1)成熟醋液质量要求。GB 18187—2000《酿造食醋国家标准》中“液态发酵醋质量标准”。

(2)后加工操作。

①发酵结束取出成熟醋醪，过滤得澄清醋液。

②醋液于不锈钢桶贮存 2～3 个月以改善质量。

③将生醋加热至 85～90℃，并加入 0.1%的苯甲酸钠和米色，调整食醋达到质量标准。

五、实训报告

实训四 传统麸醋制备

一、实训目的

了解传统麸醋的生产过程，掌握发酵工艺条件，熟悉发酵的工艺操作规程，以及成品醋的质量要求。

二、实训原理

传统麸醋以麸皮为主要原料，采用糖化、酒化、醋化同池发酵，其生产操作分为制醋母（酒母）、制醅、发酵和淋醋等环节，发酵中通过 9 次翻醅调节空气与控制发酵温度。

三、实训器材

(1)材料。麸皮、药曲粉、大米、食盐、水、米色等。

(2)设备、工具。浸米池、粉碎机、蒸料锅、拌料台、缸、发酵池、温度计、pH 计、淋醋池、盐水罐（池）等。

四、实训步骤

药曲粉　　醋母、麸皮

↓　　　　↓

大米 → 浸泡、沥干 → 蒸熟 → 入缸发酵 → 入池发酵 → 保温发酵、翻醅 → 成熟酱醅 → 淋醋 → 加热灭菌 → 冷却澄清 → 包装→ 成品

1.原料要求

(1)麸皮应符合 GB 2715—1981 之规定。

(2)生产用水应符合 GB 5749—2005《生活用水卫生标准》之规定。

(3)食盐应符合 GB 5461—2000《食用盐》之规定。

(4)食品添加剂应符合 GB 2760—1996《食品添加剂使用卫生标准》。

2.醋母(酒母)制备

(1)醋母质量要求:醋母(酒母)中饭粒完全崩解,醪呈烂浆状,有淡淡的酒味。

(2)醋母(酒母)制备操作。

①清洗浸米池、蒸料锅、缸。

②大米 30 kg 入浸米池浸泡,水位高出米面 10 cm 左右,至无硬心、指捏米粒能成粉状。

③将浸泡的大米滤干,入蒸料锅蒸熟至无白心。

④将蒸熟的大米出甑盛于缸中,加温凉水拌和成粥,加水的量为大米量的 3 倍左右。

⑤调节米粥品温至 38～43℃,撒入米量 1%的药曲粉,并搅匀。

⑥在缸上盖上草帘保温发酵,时间 2～3 d,中途时搅拌 1 次。

3.制醅入池

(1)醅质量要求。醅均匀、无结块,无干麸,含水量 50%左右。

(2)制醅操作。

①入池前清洁发酵池。

②将麸皮 750 kg 卸入发酵池,注意发酵池的一段留下 1/5 左右不装料,以备发酵翻醅留下一定空间。

③将醋母(酒母)液流加至于发酵池麸皮中。

④人工翻拌,是麸皮与醋母(酒母)液达到均匀、无结块、无干麸,含水量达 50%左右(水分不足可适当加水,一般制醋母和制醅总加水量为麸皮的 2 倍左右)。

⑤盖上草帘自然发酵。

4.发酵翻醅

(1)成熟醋醅质量要求。成熟醋醅黑褐色,油光铮亮,连续两次检验醋酸含量没有增长,酒精含量甚微。

(2)发酵翻醅操作。

①料醅入池品温会自然逐渐上升,观察品温的上升状况。

②3 d左右达到40～48℃,继续观察到温度开始下降时,开始第一次翻醅,方法是将醅分为3～5层,用铁锹层层翻开敲碎,重新堆积。

③翻醅后再盖草帘,继续发酵。每间隔3～4 d,品温升到40～45℃,保持一段时间开始降温时就翻醅,翻醅后即升温。

④如此反复翻醅9～10次,维持发酵温度在40～45℃之间。

⑤最后一次翻醅后堆积升温只能35～38℃,预示醅已成熟,即可淋醋。

5. 淋醋与后加工

(1)食醋的质量标准。SB/T 10304—1999《麸醋质量标准》。

(2)淋醋与后加工操作。

①清洁浸淋池。

②将成熟酱醅松散,平整,均匀的装入浸出池,醅层厚度30～40 cm。原池浸出法根据发酵醅厚决定浸泡时醅层厚度。

③抽提液(二醋、三醋)加入时,在抽提液的出口处,加一分散装置,以减少冲力,保持醅面的平整,防止将醋醅冲成糊状,破坏醅层疏密的均匀性。

④浸泡淋醋次数为3次。放醋时应掌握放头醋、二醋速度较慢、放三醋速度较快。浸提过程中,醋醅不宜露出液面。

⑤头醋的浸泡时间为20～24 h,二醋10～16 h,三醋的浸泡时间可更短些。

⑥淋醋结束,清除浸出池内醋渣,并清洗干净。

⑦淋出的醋之液移入大瓮锅煮沸10 min,添加米色,起锅装存。

⑧醋汁冷却、沉降后装瓶即得成品。

五、实训报告

实训五 食醋的酿造工艺

一、实训目的

了解食醋酿造的基本原理及食醋酿造的主要工艺,掌握简易酿醋的技术要求及关键控制点。

二、实验原理

食醋是利用微生物细胞内各种酶类，在制作过程中进行一系列的生化作用。若以淀粉为原料酿醋，要经过淀粉的糖化，酒精发酵和醋酸发酵三个生化过程；以糖类为原料酿醋，需经过酒精和醋酸发酵；而以酒为原料，只需进行醋酸发酵的生化过程。醋酸发酵是由醋酸杆菌以酒精作为基质，主要按下式进行酒精氧化而产生醋酸。

$$CH_3CH_2OH + O_2 \longrightarrow CH_3COOH + H_2O + 118.0\ kcal$$

食醋的酿造方法有固态发酵和液态发酵两大类。

本实验主要研究的是麸曲醋的工艺，这也是目前生产上常用的方法。

三、实训器材

1. 菌种

甘薯曲霉、醋酸菌、酵母菌。

2. 培养基

醋酸菌斜面培养基：葡萄糖 100.0 g；酵母膏 10.0 g；$CaCO_3$ 20.0 g；琼脂 15～20 g；蒸馏水 1 000 mL；调节 pH6.8

3. 主要原料

麦麸、谷糠、食盐。

4. 器材

培养箱、电炉、粉碎机、曲盘、发酵缸、接种针等。

四、实训步骤

1. 种曲的制备

(1)麸曲制备。

试管菌种培养→三角瓶扩大培养→麸曲生产

(30℃，3～4 d)　(28～30℃，3～4 d)

(2)酒母制备。

试管菌种→小三角瓶培养→大三角瓶培养→罐培养→酒母

(24 h)　(18～20 h)　(10～12 h)

(3)醋酸菌培养。

试管菌种→小三角瓶培养→大缸固态培养

2.醋的酿造

(1)原料的配比(质量份)。

碎米	100	细谷糠	175
蒸料前加水	275	蒸料后加水	125
麸曲	5～10	酒母	40
粗谷糠	50	醋母	50
食盐	3.75～7.5		

(2)原料处理。原料去杂,粉碎,与细谷糠拌匀,按量加水,使原料充分吸水。上笼,蒸料 1 h,焖料 1 h,出锅,粉碎,降温至 30～40℃,第二次加入冷水拌匀,摊开放凉。

(3)淀粉糖化与酒化。按量接入麸曲与酒母,翻拌均匀入缸。室温下培养,当品温生至 36～38℃,倒醅,再次升温到 38℃,进行第二次倒醅,发酵 5～6 d 后,品温降至 33℃,说明糖化和酒化过程结束。

(4)发酵。酒化结束后,按量加入清蒸后的粗谷糠和醋母混拌均匀。发酵时品温在 2～3 d 后升高,控温在 40℃左右。每天倒缸 1～2 次,经过 12～15 d 后品温下降至 36℃以下,醋酸含量达 7%～7.5%时,发酵结束。

(5)加盐后熟。为了抑制醋酸菌生长消耗醋酸,按比例加入 1.5%～2%的食盐。

(6)淋醋。加水常温浸泡醋醅 20～24 h,开淋,前后淋 3 次。

(7)陈酿。将制好的醋液室温放置 1 月或者数月,可提高醋的品质、风味、色泽。

(8)灭菌。采用巴氏灭菌方法。

五、实训报告

记录食醋酿造过程中的变化过程。

六、思考题

1.酿醋中的主要微生物及其作用是什么?

2.食醋酿造应注意的问题是什么?

实训六 酱油用曲制备

一、实训目的

了解酱油用曲制造过程,掌握酱油用曲制造工艺条件,熟悉酱油用曲制造工艺操作规程,以及成品曲的质量要求。通过酱油用曲的生产操作,加深对制曲理论知识的理解以及对酱油质量的认识,为全面掌握酱油用曲制造技术,控制曲的质量奠定坚实的基础。

二、实训原理

米曲霉蛋白酶活力高,淀粉分解能力强,是在长期生产实践中,被国内许多酱油生产企业采用的酱油制曲菌种。酱油生产原料的最主要成分是蛋白质,因此,常常采用豆粕、面粉与麸皮等为制曲原料。原料中丰富的蛋白质保证了成品曲中含有较高的蛋白酶活力。米曲霉经试管、三角瓶、木盒(帘子)、通风曲池等几个环节的扩大培养制成曲。培养过程中,原料逐步接近生产实际,工艺条件从有利于菌种生长繁殖逐步向有利于蛋白酶大量积累转变。

三、实训器材

(1)材料。米曲霉、水、豆粕、面粉、麸皮、琼脂、硫酸镁、硫酸铵、磷酸氢二钾等。

(2)仪器与设备。温度计、培养箱、灭菌锅、试管、三角瓶、天平、pH 计、冰箱、原料混合池、木盒、曲池、粉碎机、蒸煮锅、风机等。

四、实训步骤

豆粕 → 粉碎　米曲霉斜面菌种 → 三角瓶种曲 → 木盒或帘子种曲
↓ (粉碎 → 混合)　↓ (木盒或帘子种曲 → 接种)
麸皮、面粉 → 混合 → 加水、润水 → 蒸料 → 冷散 → 入室 → 接种 → 堆积 → 通风培养 → 成曲

(一)试管菌种

1.工艺要求

米曲霉经过 3 d 的培养,斜面表面长满密密的黄绿色孢子,菌丝健壮,孢子茂密,均匀。

2.操作方法

(1)豆粕或豆饼加水后,边煮边搅用小火煮沸 1 h,再用纱布过滤制成豆汁。

(2)豆汁与各种辅料混合并调整 pH 后,最后加入琼脂,按工艺规定杀菌后,冷却制成斜面,检验无菌后备用。

(3)在无菌室中，拔除原菌管与新制斜面试管的棉塞，经酒精灯灼烧试管口后，将接种环在酒精灯火焰上灼烧，伸入原菌管，靠管壁稍稍冷却后，挑起一环菌丝，迅速转入新斜面中，轻轻在表面划线均匀涂布，取出接种环，再次灼烧试管口后，塞上棉塞。

(4)将已接种的试管，放入恒温箱，调整温度30℃，培养3 d，斜面长满孢子以后取出备用。如不马上使用，应放入4℃冰箱中保藏。长期保藏的菌种，每3～4个月移植1次。

(二)三角瓶种曲培养

1.工艺及质量要求

(1)孢子发育肥壮、整齐、稠密布满培养基，顶囊肥大，米曲霉呈鲜艳的黄绿色，黑曲霉呈黑褐色。

(2)成曲孢子数(干基)：沪酿3.042米曲霉，90亿个/g；AS3.350黑曲霉，105亿个/g。

(3)培养基采用以下两个配方中的任意一个。

①麸皮80 g，面粉20 g，水80～90 mL。

②麸皮85 g，豆粕(或豆饼)粉15 g，水95 mL。

(4)接种后，在30℃的培养箱中培养68～72 h。

2.操作步骤

(1)配料与混合。将上述原料混合均匀，并用筛子将粗粒筛去。

(2)装瓶。一般采用容量为250 mL或300 mL的三角瓶。将瓶先塞好棉花塞，以150～160℃干热灭菌，然后将料装入，料层厚度以1 cm左右为宜。

(3)灭菌。蒸汽加压灭菌，0.1 MPa，维持30 min，灭菌后趁热把曲料摇瓶。

(4)接种。在无菌条件下，接入试管原菌。

(5)培养。摇匀后置于30℃恒温箱内，18 h左右，三角瓶内曲料已稍发白结饼，摇瓶1次，将结块摇碎，继续置于30℃恒温箱内培养，再经4 h左右，有发白结饼，再摇瓶1次。

经过2 d培养后，把三角瓶轻轻的倒置过来(也可不倒置)，继续培养1 d，全部长满黄绿色孢子，即可使用。若需放置较长时间，则应置于阴凉处，或置于冰箱中备用。

(三)种曲培养

1.工艺及质量要求

(1)种曲外观。孢子旺盛，米曲霉呈新鲜黄绿色，黑曲霉呈新鲜黑褐色，有各种曲特殊香气，无夹心、无根霉或青霉等其他异色。

(2)孢子数。孢子数应在60亿个/g(干基计)以上。

(3)细菌数。不超过10^7个/g。

(4)发芽率。要求达到90%以上。

(5)接种温度夏季为38℃左右，冬季42℃左右，接种量0.5%。

(6)培养室室温28～30℃；品温最高36～38℃，培养65～70 h。

2.操作步骤

(1)原料配比(两个配方中的任意一个)。

①麸皮 80 g,面粉 20 g,水占原料 70%。

②麸皮 85 g,豆粕 15 g,水占原料 90%。

(2)原料处理方法。

①浸泡　豆粕加水浸泡,水温 85℃以上,浸泡时间 30 min 以上,搅拌要均匀一致,然后加入麸皮拌匀,入蒸料锅。

②灭菌　加压蒸料,保持 0.1 MPa 蒸 30 min,蒸料出锅黄褐色,柔软无浮水,出锅后过筛使之迅速冷却,要求熟料水分为 52%～55%。

(3)接种。

接种时先将三角瓶外壁用 75%酒精擦拭,拔去棉塞后,用灭菌的竹筷将纯种去除,置于少量冷却的曲料上,拌匀。

(4)装盒入室培养。

①堆积培养　将曲料摊平于盘中央,每盘装料(干料计)0.5 kg,然后将曲盘竖直堆叠放于木架上。品温应为 30～31℃,保持室温 29～31℃,经 6 h 左右,品温逐渐上升。

②搓曲、保湿、降温　继续培养 6 h,上层品温达 36℃左右。曲料表面生长出呈微白色菌丝,并开始结块。此时用双手将曲料搓碎、摊平,使曲料松散,然后盘上盖灭菌湿草帘或麻袋片一个,以利于保湿、降温。

③翻曲　搓曲 6～7 h,品温又升至 36℃左右,曲料全部长满白色菌丝,结块良好,即进行翻曲,用竹筷将曲料划成 2 cm 的碎块,使靠近盘底的曲料翻起,利于通风降温,使菌丝孢子生长均匀。划曲后仍盖好湿草帘并倒盘。

④洒水、保湿、保温　划曲后,保持室内温度,降低室温使品温保持在 34～36℃,相对湿度为 100%。

⑤通风、排潮　自盖草帘后 48 h 左右,将草帘去掉,开天窗排潮,保持室温(30±1)℃,品温 35～36℃,至种曲成熟为止。

自装盘入室至种曲成熟,整个培养时间共计 72 h。

(5)种曲质量检验。

(四)曲的培养

1.制曲工艺要求

(1)制曲原料中,豆粕∶麸皮=(6～10)∶(4～1),只要控制好,高蛋白原料也可使米曲霉生长正常。

(2)接种温度 40℃左右,接种量 0.3%～0.5%。

(3)培养室室温 30～32℃;米曲霉孢子发芽期 6～8 h,品温 30～34℃;培养中期(菌丝生长期),连续通风,品温 34～35℃,培养 10～14 h;培养后期(蛋白酶大量生成即孢子着生期)连接通风,品温 25～30℃,培养至总时数 24～30 h,酶的数量达到最高点,出曲。

2. 操作步骤

(1)原料处理方法。同种曲。

(2)接种。种曲先用少量灭菌过的干麸皮拌匀后再掺入灭菌后曲料中。

(3)培养。

①曲料装池厚度一般为 30 cm,堆积疏松及平整。通风调节温度至 32℃左右。

②曲料上、中、下层各插温度计 1 支。静置培养 6 h 左右,此时料层开始升温到 37℃左右时即应开机通风,以后间断通风维持曲料品温为 35℃左右。

③接种 12～14 h 以后,品温上升迅速,菌丝生长曲抖结块,品温有超过 35℃的趋势,此时进行第一次翻曲。翻曲后保持温度 34～35℃,继续培养 4～6 h 后,根据品温上升情况进行第二次翻曲。

④二次翻曲后继续连续通风培养,品温以维持 30～32℃为宜。如曲料出现裂纹收缩,则可用压曲或铲曲的方法将裂缝消除。

⑤培养 20 h 左右米曲霉开始着生孢子,蛋白酶活力大幅度上升,培养至 30 h 左右即可出曲。

五、实训报告

实训七 低盐固态发酵法酱油制备

一、实训目的

了解酱油固态低盐发酵生产过程,掌握低盐发酵工艺条件,熟悉固态低盐发酵的工艺操作规程,以及成品酱油的质量要求。通过固态低盐发酵的生产操作,加深对酱油生产理论知识的理解以及对酱油质量的认识,为系统掌握各种酱油制造技术,控制酱油质量奠定坚实的基础。

二、实训原理

低盐固态发酵法分前期水解阶段和后期发酵阶段。前期较低的食盐浓度利于蛋白酶发挥作用,控制发酵水解温度在 42～45℃,维持 12～15 d,蛋白酶水解大部分蛋白质成氨基酸和其他低分子蛋白水解物,淀粉则在蛋粉酶的作用下水解成糖。后期加入浓盐水成为稀醪发酵,鲁氏发酵、球拟酵母、嗜盐片球菌和乳酸菌共同作用，逐渐产生酱油香气。

三、实训器材

(1)材料。种曲、水、脱脂大豆、麸皮、食盐等。

(2)仪器与设备。温度计、天平、pH 计、密度计、通风曲池、风机、发酵池、浸泡池、盐水罐(池)等。

四、实训步骤

种曲（↓接种）　热盐水（↓成曲）

麸皮、脱脂大豆 → 粉碎 → 润水 → 蒸料 → 冷散 → 接种 → 制曲 → 成曲 → 发酵 → 成熟酱醅 → 浸淋 → 生酱油 → 加热灭菌 → 配兑 → 澄清 → 成品

↑（浸淋）

上批二淋油

1.原料处理

(1)熟料质量要求。呈淡黄褐色，有香味及弹性，无硬心及浮水，不黏，无其他不良气味。

(2)水分。46%～50%。

(3)消化率。80%以上。

(4)原料处理操作。

①脱脂大豆的破碎　脱脂大豆破碎程度，以粗细均匀为宜。要求颗粒直径 2～3 mm，2 mm 以下的粉末量不超过 20%。

②润水　脱脂大豆与麸皮混合蒸料时，脱脂大豆应先从 80℃左右热水进行浸润适当时间后，再混入麸皮，拌匀，蒸料。

③蒸料　上汽后保持蒸汽压力 0.15～0.25 MPa，蒸料温度 125～130℃保压时 5 min，然后冷却到 40～45℃。

2.制曲操作

曲层厚度 25～30 cm，曲料应保持松散，厚度一致，制曲过程中应控制品温 28～32℃，最高不得超过 35℃，室温 28～30℃，曲室相对湿度在 90%以上，制曲时间 24 h 以上。在制曲过程中应进行 2～3 次翻曲。

3.发酵

(1)盐水与酱醅要求。

①盐水要求　盐水浓度 12～13°Bé；盐水的温度：夏季 40～50℃，冬季 50～55℃；盐水应当清澈无浊、不含杂物、无异味，pH 在 7 左右。

②拌曲盐水量　成曲拌盐水量使酱醅水分为 50%～53%(移池法)，55%～58%(原池

浸法)。

(2)酱醅质量要求。外观红褐色,有光泽不发乌;柔软,松散,不黏;有酱香,味鲜美;酸度适中,无苦、涩等异味。

(3)酱醅发酵工艺。

①食盐加水溶解,澄清后使用,一般在100kg水中加1.5kg盐得到的盐水浓度为1°Bé。

②拌曲时首先将成曲由绞龙推进,在推进的过程中打开盐水阀门使成曲与盐水充分拌匀,不能有过湿、过干现象。

③开始拌成曲用盐水或略少些,使醅疏松,然后慢慢增加,以免底部水分过大,不利于后期的淋油。

④在酱醅表面加盖封面盐或用塑料膜(无毒)封盖酱醅表面,防止酱醅表层,影响酱醅质量。

⑤发酵前期,控制发酵温度在40~45℃,15 d左右;后期在33℃左右的低温,酵母菌和乳酸菌代谢,使酱油风味充分形成。整个发酵周期25~30 d。

⑥发酵过程中品温由专人定时测定,做好记录,严格掌握;发酵初期酱醅缓和,夏季注意超温,冬季加强车间保温措施保证品温。

⑦移池发酵时移池1~2次,第一次在第9~10天,第二次在第16~18天。

4.浸出与后加工

(1)固态低盐发酵酱油的质量标准。

(2)浸出与后加工操作。

①将成熟酱醅松散,平整,均匀的装入浸出池,醅层厚度30~40 cm;原池浸出法根据发酵醅厚决定浸泡时醅层厚度。

②抽提液(二油、三油)加入时,在抽提液的出口处,加一分散装置,以减少冲力,保持醅面的平整,防止将酱醅冲成糊状,破坏醅层疏密的均匀性。

③抽提次数定为3次。放油时应掌握放头油、二油速度较慢、放三油速度较快。抽提过程中,酱醅不宜露出液面。

④抽提液的浸泡温度为80~90℃;头油的浸泡时间不应少于6 h(原池淋油适当延长),二油不应少于4 h,三油的浸泡时间不应少于2 h。

⑤淋油结束,清除浸出池内酱渣,并清洗干净。

⑥生酱油加热灭菌温度视方法不同而异。间歇式加热65~70℃维持30 min;连续式加热热交换器的出口温度控制在85℃。

⑦将头油及二油按酱油质量标准进行配兑。

⑧将经灭菌及配兑合格的酱油成品静置澄清7 d以上的时间。

(3)主要设备操作规程。

①制醅机　检查制醅机各个部分,接通电源;制醅机旋转后,均匀加入曲和盐水;不断观察

出来醅的情况，及时将配好的醅送入发酵间；工作完成后，关闭电源，关好盐水管，清扫干净制醅机。

②淋油池　酱醅发酵成熟后，由抓酱机将酱醅移至淋油池，松散铺在池内假底上；加入95℃左右的二油，浸泡数个小时；酱醅飘起后，慢慢开启淋油阀门，开始淋油；淋油结束，头油送去配制加工；头渣加三油或水泡出二油，二渣再加水泡出三油；最后的残渣，由抓酱机抓出，残余部分需人工清理干净。

③抓酱机　每天上岗前，认真检查设备各个部件，传动部分定期加油保养；进行抓醅作业时，先张开抓斗，依靠抓斗自重沉入醅中，然后收合进行抓醅；操作时起着要稳，留意周围环境、设备和人员，确保安全；工作完毕，冲洗抓斗，不要将水淋到电器元件上，以免造成事故；下班时，关闭发酵车间动力总闸。

五、实训报告

实训八　固稀分酿发酵法酱油制备

一、实训目的

了解酱油固稀分酿发酵生产过程，掌握低盐发酵工艺条件，熟悉固稀分酿发酵的工艺操作规程，以及成品酱油的质量要求。通过酱油固稀分酿发酵的生产操作，加深对酱油生产理论知识的理解以及对酱油质量的认识，为系统掌握各种酱油制造技术，控制酱油质量奠定坚实的基础。

二、实训原理

分酿法是指把蛋白质原料和淀粉质原料分开制醪发酵。豆粕曲（或豆饼曲）先用高温低盐固态制醅，在较高温度（45～50℃）条件下，使蛋白酶和淀粉充分发挥作用，因而水解迅速，酱味十足，上色也快，然后再加第二次盐水使成豆粕酱醪；麦曲则先用低盐固态中温（38～40℃）发酵，再加盐水做稀醪发酵；另外将一部分淀粉原料制成糖化醪。最后三者混合，再进行28～32℃的低温发酵，使乳酸菌与酵母菌协同作用，产生酒精和有机酸，并在低温条件下形成酯类等香气物质。

固稀发酵法把发酵过程分为两个阶段，即固体发酵阶段和稀态发酵阶段。固体发酵阶段进行较高温度的分解作用,以便在短时间内获得较多的分解物;稀态发酵阶段进行的是酒精发酵,并经过成熟作用,以便得到色泽较深,质量较好的产品。

三、实训器材

(1)材料。种曲、水、脱脂大豆、小麦、麸皮、食盐等。

(2)仪器与设备。温度计、天平、pH 计、密度计、通风曲池、轧碎机、空压机、发酵池、浸泡池、盐水罐(池)。

四、实训步骤

(一)豆饼(或豆粕)醪制备流程

麸皮(20%)↓ 种曲↓

豆饼或豆粕(80%)→ 轧碎 → 加水 → 混合 → 蒸料 → 冷却接种 → 制曲 → 成曲 → 拌盐水 → 固体发酵 → 加盐水 → 稀发酵 → 豆饼醪(或豆粕醪)

(二)小麦醪制备

麸皮(20%)↓ 种曲↓

小麦(80%)→ 炒焙 → 轧碎 → 拌水 → 混合 → 接种 → 制麦曲 → 成曲 → 拌盐水 → 固体发酵 → 加盐水 → 稀发酵 → 小麦醪

(三)糖化醪制备流程

α-淀粉酶↓ 麸皮(或糖化酶)↓

碎米 → 浸泡 → 磨浆 → 调浆 → 液化 → 糖化 → 糖化醪

(四)混合发酵

(3 份豆饼醪 + 1 份小麦醪 + 1/2 份糖化醪)→ 混合→低温发酵→成熟酱醪

(五)原料处理

参照“低盐固态发酵法酱油制备”。

(六)制曲操作

(1)焙炒破碎小麦质量标准:水分小于 10%,焙炒后为淡茶色,破碎后具有独特的香气。破碎粒度:1～3 mm,允许有 35%通过 32 目筛的粉末。

(2)将小麦在 170℃下进行焙炒,焙炒小麦经冷却后用机械破碎成粉。

(3)将蒸熟的脱脂大豆与焙炒破碎的小麦混合均匀,冷却到 40℃以下,接入种曲。种曲用量0.2%～0.3%，混合均匀后移入曲池制曲。

其余参照“固态低盐发酵酱油的原料要求”。

(七)发酵操作

1.盐水与酱醅要求

(1)盐水浓度12～14°Bé；盐水温度夏季45～50℃，冬季50～55℃。盐水应当清澈无浊、不含杂物、无异味，pH在7左右；拌曲盐水量的控制要求为盐水与成曲原料比例为1∶1。

(2)成熟酱醅要求。

①感官要求　具有酱醪特有之酱香，酯香，酱醪滤液呈红褐色、澄清、透明、鲜味浓、后味长，无其他异味。

②理化要求　酱醪滤液21～22°Bé；酱醪滤液无盐固型物不低于18 g/100 mL；酱醪滤液食盐不低于16 g/100 mL；pH不低于4.8。

2.酱醅发酵工艺规程。

(1)将盐水均匀加入到成曲中，迅速搅拌均匀；在酱醅表面加盖封面盐。

(2)酱醅保温发酵10～14 d，品温保持在40～42℃，不得超过45℃。

(3)固态发酵结束，加入18°Bé、35～37℃的二次盐水(成曲原料的1.5倍)，进行保稀发酵。保持品温35～37℃发酵时间15～20 d。

(4)稀发酵阶段采用压缩空气对酱醪起发，表面有醪盖形成后，改为2～3 d搅拌1次，搅拌至醪盖消失后停止搅拌，如发酵旺盛时，应增加搅拌次数。

(5)保温稀发酵结束后的酱醪用泵输送至常温发酵罐，在品温28～30℃下进行常温稀发酵30～100 d。在常温稀发酵阶段一般每周搅拌1～2次。

(八)压滤与后加工

1.分酿固稀发酵酱质量标准(详见附录A)。

2.操作方法

(1)压滤。成熟酱醪用泵输送至压机(板框压滤机、水压机、油压机等)进行压滤。压滤分离出的生酱油，全部流入沉淀罐(池)，沉淀7 d。

(2)加热灭菌。生酱油65～70℃维持30 min。连续式加温，热交换器出口温度应控制在85℃。加温后的酱油再经过热交换器冷却，一般控制冷却到60℃后再输送至沉淀罐进行自然沉淀7 d。其余参照低盐酱油部分。

3.稀醪发酵罐的基本操作规程

(1)检查并清洗稀料发酵罐，打开进料阀接通电源。

(2)打开配料罐阀门，泵送稀料入发酵罐，送毕，关闭电源。

(3)发酵期间定期测定罐温，观测发酵液状态。温度高于工艺要求时，适当打开冷却水阀进行冷却。

(4)发酵结束，打开排醪阀，醪液送入下一个工段。

五、实训报告

实训九 酱油中氨基氮含量的测定

一、实训目的

掌握酱油中氨基氮含量测定的两种常用的方法，分别pH计法和双指示剂甲醛法。

二、实训原理

(1)pH计法原理。氨基酸是酱油中的重要成分之一，是由原料中的蛋白质水解产生的，它同时具有氨基和羧基两种活性。酱油颜色比较深，我们一般采用甲醛、酸度计法，就是加入甲醛，使氨基的碱性被掩蔽，呈现羧基酸性，再以氢氧化钠滴定。

(2)双指示剂甲醛法原理。氨基酸具有酸、碱两重性质，因为氨基酸含有—COOH基显示酸性，又含有—NH_2基显示碱性。由于这两个基的相互作用，使氨基酸成为中性的内盐。当加入甲醛溶液时，—NH_2与甲醛结合，其碱性消失，破坏内盐的存在，就可用碱来滴定—COOH基，以间接方法测定氨基酸的量。

三、实训器材

1. pH计法

(1)器材。锥形瓶、容量瓶、移液管、碱式滴定管、烧杯、量筒、酸度计。

(2)试剂。甲醛溶液(37%～40%)、NaOH标准溶液(0.050 00 mol/L)、标准缓冲溶液(pH=6.86、pH=9.18)、酚酞指示剂、酱油。

2. 双指示计甲醛法

试剂：20%中性甲醛溶液，0.1%酚酞、95%乙醇溶液、0.1%中性红、50%乙醇溶液、0.1 mol/L NaOH标准溶液。以酚酞为指示剂，用0.1 mol/L NaOH溶液滴定呈淡蓝色。

四、实训步骤

1. pH计法

(1)pH计的预热及校准。先开机预热30 min，用标准缓冲溶液(pH=6.86、pH=9.18)

标定备用。

(2)碱液的配制。称取 2.0 g NaOH 溶解于 1 000 mL 蒸馏水中，备用。

(3)碱液的标定。碱液的标定称取 0.4～0.6 g 于 105～110℃烘至恒量的基准邻苯二甲酸氢钾，精确至 0.000 1 g。溶于 50 mL 不含二氧化碳的水中，加入 2 滴酚酞指示剂溶液，以新制备的 NaOH 标准溶液滴定至溶液呈微红色为其终点。

(4)样品的滴定。吸取酱油样品 12.5 mL 置于 250 mL 容量瓶中，加水至刻度，混匀后吸取 20.0 mL，置于 250 mL 烧杯中，加水 60 mL，插入玻璃电极和甘汞电极，开动磁力搅拌器，用 NaOH 标准滴定溶液滴定至酸度计指示 pH＝8.2。并记入体积数。

再加入 10.0 mL 甲醛溶液，混匀。再用 NaOH 标准滴定溶液滴定至酸度计指示 pH＝9.2，计下消耗 NaOH 标准滴定溶液的毫升数。

(5)数据处理。

$$X=\frac{(V_2-V_1)\times c\times 0.014}{V_3\times 12.5/250}$$

X——样品中氨基态氮的含量，g/100 mL；

V_1——测定用试样稀释液加入甲醛后消耗 NaOH 标准滴定溶液体积，mL；

V_2——试剂空白试验加入甲醛后消耗 NaOH 标准滴定溶液体积，mL；

V_3——试样稀释液取用量，mL；

c——NaOH 标准滴定溶液的浓度，mol/L；

0.014——与 1.00mL NaOH 标准滴定溶液相当的氮的质量，g。

2. 双指示剂甲醛法

(1)移取氨基酸 20～30 mg 的样品溶液 2 份，分别置于 250 mL 锥形瓶中，加水 50 mL。

(2)其中一份加 3 滴中性红指示剂，用 0.1 mol/L NaOH 溶液滴定至琥珀色为终点。另一份加入中性甲醛 10 mL 及 3 滴百里酚酞指示剂，摇匀，静置 1 min，(此时蓝色应消失)。

(3)再用 0.05 mol/L NaOH 溶液滴定至淡蓝色。记录两次滴定所消耗的碱液毫升数。

(4)数据处理：氨基酸态氮＝$(V_1-V_2)\times c\times 0.014\times 100/W$

c——NaOH 标准溶液摩尔浓度，mol/L；

V_1——测定样品消耗 NaOH 标准溶液的体积，mL；

V_2——测定空白消耗 NaOH 标准溶液的体积，mL；

W——样品溶液相当样品的质量，g；

0.014——与 1.00mL NaOH 标准滴定溶液相当的氮的质量，g。

五、实训报告

计算两种测定方法的结果，比较其差异性。

六、思考题

简述测定酱油中氨基态氮的意义。

实训十 酱油的生产工艺

一、实训目的

了解酱油的制作过程，掌握酱油生产的基本原理以及实验室酱油制作方法。

二、实训原理

酱油的酿造，主要是借助微生物的作用，将原料中的淀粉及其他多糖等物质水解为寡聚糖，并进行酒精发酵，生成醇、醛、酯、酚等物质，从而形成酱油特有的滋味和香味。

三、实验器材

(1)材料。黄豆、麸皮、可溶性淀粉、$MgSO_4 \cdot 7H_2O$、KH_2PO_4、$(NH_4)_2SO_4$、2.5%琼脂、米曲霉斜面菌种。

(2)仪器。试管、塑料袋、三角瓶、铝饭盒、量筒、温度计、天平、波美计、高压锅、分装器等。

四、实训步骤

1.菌种的扩大培养

(1)菌种的活化。

菌种斜面培养基：豆饼 100 g，每 100 mL 培养基中含 0.1% KH_2PO_4，0.05% $MgSO_4 \cdot 7H_2O$，0.05% $(NH_4)_2SO_4$，2.5%琼脂，2%可溶性淀粉。

(2)种曲的制备。

种曲培养基：麦麸：豆饼粉：水＝4：3：6，原料按比例混匀后装入容器，灭菌备用。

2.制曲

(1)原料的配比。豆饼粉 60%，麸皮 40%，水 90%～95%。

(2)原料的处理。按比例称取原料混合均匀，用水静止浸润 30 min，然后分装于容器内，高压锅 121℃，灭菌 30 min，迅速冷却，平铺于曲盘中。

(3)接种培养。原料冷却到 30℃左右接入菌种，接种量为 0.3%，拌匀，置于 30℃恒温培养箱中培养，培养 1～2 d，在此期间，进行 2～3 次翻曲。表面生成黄绿色或者浅黑色孢子，同时有曲香味，视为培养结束，曲制成。

3. 制醅发酵

(1)配制 12～13°Bé 盐水。称取食盐 13～15g，溶于 100 mL 水中，即可制得所需的盐水，加热至 55～60℃备用。

(2)制醅。将成曲中加入上述的热盐水，加入量为 45%，搅拌均匀，装入容器中备用。

(3)发酵。恒温水浴箱中保温发酵，38℃培养 7 d，42℃培养 5～7d。

4. 淋油

将成熟的酱醅中加入原料 500%的沸水，60～70℃水浴，浸出 15 h 左右，此时放出即为头油；再加入 500%的沸水，60～70℃水浴，浸出 4 h 左右，即为二油。

5. 成品配制

将产品加热到 70～80℃，30 min，然后可以根据各自口味加入增色剂、甜味料、助鲜剂等。

6. 成品检验

(1)感官检验。

色泽：采用比色法

状态：摇匀后对光，鉴定其体态

香气：边摇动，嗅其气味

滋味：用舌尖涂布满口，鉴别其滋味

(2)理化检验。

氨基氮测定：双指示剂甲醛法

食盐测定：硝酸银法

总酸测定：氢氧化钠滴定法

全氮测定：凯氏定氮法

(3)微生物检验。

菌落总数的测定：平板计数法

大肠杆菌测定：乳糖管发酵法

五、实训报告

总结酱油生产的工艺条件。

六、思考题

1. 酱油酿造过程中，微生物起到了什么样的作用？

2. 制曲过程中需要注意的事项是什么？

3. 酱油的检测指标有哪些？

实训十一 毛霉的分离和豆腐乳的制备

一、实训目的

通过实训，学会毛霉分离培养的方法和腐乳的制备方法，巩固接种操作，学会腐乳的毛霉培养和后期发酵的操作、管理技术。

二、实训原理

用自然培养法培养毛霉，并利用逐级扩大培养的方式制得毛霉菌作为腐乳制备的菌种。豆腐坯上接种毛霉，经过繁殖培养，分泌蛋白酶、淀粉酶等霉系，在经过长时间的发酵，与发酵配料中的成分协同作用，形成了腐乳特有的香味。

三、实训器材与试剂

(1)材料。豆腐、麦芽糖、蛋白胨、琼脂、盐酸、麸皮、辣椒粉、花椒粉、五香粉。

(2)仪器。塑料托盘、熟料小支架、纱布、菜刀、案板、恒温箱、接种箱、高压灭菌锅、试管、冰箱、三角瓶、玻璃瓶。

四、实训步骤

1.自然培养法培养毛霉

先将所有用具(塑料托盘、熟料小支架、纱布、菜刀、案板)蒸煮消毒，再将纱布晾干。托盘内放入支架，支架上再放入两层纱布。将豆腐(北豆腐一盒，北豆腐含水较低，易培养出毛霉)切成 4.1 cm×4.1 cm×1.6 cm 的块，整齐平铺在纱布上，每块之间间隔 1 cm。上面再盖上一个托盘。最后将其放到 15～18℃的环境中培养。2～3 d 后便可见有的豆腐块长出毛霉菌丝，有的豆腐块长出许多杂菌。将长有杂菌的豆腐块挑取出来，消毒灭菌后扔掉，长毛霉的豆腐块留着备用。

2.纯种培养毛霉

(1)斜面试管培养基。麦芽糖(饴糖)15 g，蛋白胨 1.5 g，琼脂 2 g，加入水 100 mL 溶解，用 0.1 mol/L 盐酸或 10％NaOH 调至 pH 为 6。分装入试管，包扎，以 0.1 MPa(121℃)灭菌 30 min，取出摆成斜面，空白培养(28～30℃，48～72 h)。

(2)接种毛霉。在无菌操作台上，将第一步中培养出来的豆腐块上的毛霉用点接法接种到斜面培养基上，28～30℃条件下培养 48～72 h，便可见长出的毛霉。待其生长充分后放入冰箱的冷藏室(4～6℃)中保存备用。

3.扩大培养

(1)制备三角瓶菌种培养基。麸皮 50 g,蛋白胨 0.5 g,水 50 mL,将蛋白胨溶于水中,然后与麸皮搅匀,装入三角瓶中,250 mL 三角瓶装 25 g 培养料,封口包扎。

(2)灭菌。高压灭菌,0.1 MPa 灭菌 20～30 min。灭菌种趁热摇散,冷却。

(3)接种。在超净工作台上将试管菌种一小块介入三角瓶菌种培养基上。在 25～28℃环境中培养,2～3 d 后瓶内长满菌丝并产生大量孢子。此菌种留着备用。

(4)孢子悬浮液制备。每个三角瓶中加入冷开水 200 mL,用消毒过的玻璃棒将菌丝打碎,充分摇匀,用纱布过滤,滤渣再加 200 mL 冷开水洗涤一次,过滤,两次滤液混合,制成孢子悬浮液。

4.制备豆腐乳

(1)制豆腐坯。方法见实训步骤 1。

(2)人工接种培养。用喷洒壶喷洒接种,是豆腐坯的五面均匀喷洒到悬液。也可用豆腐坯浸沾菌液,浸后立即取出,防止水分浸入坯内增大含水量,影响毛霉生长。

将接种后的豆腐坯放在 15～18℃环境中培养,2～3 d 后即可见豆腐块上长满了白色的毛霉。

5.腌坯及后期发酵

当菌丝开始变成淡黄色,并有大量灰褐色孢子形成时,可揭开盖子,放到窗边通风处,停止其发霉,促进毛霉产生蛋白酶,8 h 后腌制。方法:先将相互依连的菌丝分开,然后用手抹倒,使其包住豆腐坯,再将其放入玻璃瓶中腌制,采用分层加盐法腌制,用盐量分层加大,最后撒一层盖面盐。腌坯要求 NaCl 含量在 12%～14%,腌坯后 3～4 d。要压坯,即再加入食盐水,高过坯面 1 cm,腌制时间 3～4 d。腌坯结束后,打开瓶盖,用以消毒的吸管吸出所有盐水,用纱布盖住瓶口放置过夜,使盐坯干燥收缩。

后期发酵是利用豆腐坯上生长的毛霉以及配料中各种微生物的作用,使腐乳成熟,形成色、香、味的过程。腐乳汤料的配制,我们选用小辣方,学生还可自行选择。最后装入瓶内,瓶盖边缘用宽胶带围粘两圈密封。瓶上贴标签,注明日期。

五、实训报告

把实训的过程写成实训报告。

六、思考与练习

如何使腐乳坯的毛霉生长均匀一致?

实训十二 克东腐乳制备

一、实训目的

通过克东腐乳的生产实训，了解发酵豆制品的生产原理，掌握发酵豆制品的生产方法，提高发酵豆制品生产工艺操作规程的熟练程度。

二、实训原理

克东腐乳系细菌类型发酵，有别于毛霉类型发酵，其产品特点是色泽鲜艳，质地细腻而柔软，味道鲜美而绵长，具有特殊的芳香气味。细菌型生产腐乳的特点是利用纯细菌接种在腐乳坯上，让其生长繁殖，并产生大量的酶。操作方法：将豆腐经 48 h 腌制，使盐分达 6.5%，再接入嗜盐小球菌发酵。不能赋予腐乳坯一个好的形体，所以在装坛前需加热烘干至含水量 45%左右，方可进入下道工序。该产品成形较差，但口味鲜美，为其他产品所不及。

三、实训器材

(1)材料及使用量。白酒 2.1 kg，良姜 8.8 g，白芷 8.8 g，砂仁 4.9 g，白蔻 3.9 g，公丁香 8.8 g，紫蔻 3.9 g，肉蔻 3.9 g，母丁香 0.88 g，贡桂 1.2 g，管木 1.2 g，山柰 7.8 g，陈皮 1.2 g，甘草 3.9 g，食盐 3.2 g，面粉 1.3 kg，红曲 0.28 kg。

(2)设备与用具。瓦罐或有盖玻璃瓶、保温容器、小刀、摇床、250 mL 三角瓶、超净台及接种设备、灭菌锅。

四、实训步骤

大豆 → 豆浆与豆坯制作 → 豆坯蒸、腌 → 前发酵 → 装缸 → 后发酵

1.原料选择

主料选用优质大豆，饱满无虫蛀，平均千粒重 170～200 g 以上。

2.豆浆与豆坯制作

(1)浸泡大豆。可根据季节和大豆品种调整水温，冬季 15℃左右，浸泡时间近 24 h，大豆浸泡后重量增加 2.2～2.3 倍。

(2)磨浆。磨豆腐浆要保证粉碎细度和均匀度，取 1 000 mL 豆汁，用 70 目铜网过滤

10 min。加水量应是大豆的10倍。

(3)煮浆。煮浆温度要达到100℃,并保持5～10 min。点浆温度必须达到95℃以上。

(4)点浆、养花。点浆温度(80±2)℃,pH 5.5～6.5,凝结剂浓度(如用盐卤,一般要12～15°Bé);点浆后静置5～10 min。点浆较嫩时,养花时间相对应延长一些。

注意:点浆时间不宜太快,凝结剂要缓缓加入,做到细水长流,通常每桶熟浆点浆时间约需3～5 min,黄浆水应澄清不浑浊。

(5)制坯、划坯。点浆完毕,待豆腐脑组织全部下沉后,即可上箱压榨(动作要快,操作均匀)。豆腐坯水分一般控制在70%～75%。将豆腐坯摆正,按品种规格划块。

注意:制坯过程要注意工具清洁,防止积垢产酸。

3.豆坯的蒸、腌与前发酵

(1)蒸坯。豆腐坯先蒸20 min,要蒸透,表面无水珠,有弹性。蒸后将白坯立起冷却到30℃以下再进行腌制。

(2)腌坯。腌坯时,摆一层豆腐块,均匀撒一次盐;24 h后,将豆坯上下倒一次,每层再撒少量盐,腌48 h,使其含盐量为6.5%～7%。腌后用温水洗净浮盐及杂质。

(3)前发酵。腌坯后,将豆坯串空摆在盘子里(排紧),然后喷洒菌液,接种后的豆坯放置的温度28～30℃的发酵室内培养,使其品温在36～38℃,发酵3～4 d后,坯上的菌呈黄色后倒垛1次,发酵7～8 d豆坯呈红黄色,菌衣厚而质密即为成熟。

菌液制法:将发酵好的豆腐坯上的菌膜刮下,用凉水稀释过滤而成。

4.装缸与后发酵

(1)入缸(坛)。将红黄色的豆胚于50～60℃进行干燥12 h。

将辅料按比例配成汤料加入缸内。装缸时,加一层汤料装一层坯子,装上层要装紧,坯子间隙为1 cm,装完后,坯子距缸口9～12 cm。

(2)后发酵。将缸放在装缸室内,坯子在缸内浸泡12 h,然后再进入后发酵库内,垫平缸,再加两遍汤子,其深度为5 cm,然后用纸封严,决不可透气。

后发酵温度要保护在28～30℃。装满库后经50～60 d,要上下倒1次,再经30 d即可成熟食用。

五、实训报告

实训十三 桂林腐乳制备

一、实训目的

通过桂林腐乳的生产实训，了解发酵豆制品的生产原理，掌握发酵豆制品的生产方法，提高发酵豆制品生产工艺操作规程的熟练程度。

二、实训原理

第一，桂林腐乳选料考究，非优质黄豆、辣椒、天然香料不能做出纯正的桂林腐乳。第二，制坯方法及去除坯中水分均具有传统特点。第三，前期发酵的毛霉生长最佳时段非亲自操作过不能掌握。第四，用于浸泡腐乳的米酒度数及制取方式对腐乳的风味影响甚大。第五，制坯所用水质及香料的配比更是起到关键的作用。桂林腐乳需窖藏 40～90 d 才能熟透，且不用防腐剂。

三、实训器材

(1)材料及使用量。5 kg 黄豆，0.8～0.9 kg 食盐，1 kg 酒精含量为 50%的白酒，0.18 mg 辣椒油。白酒使用前用自来水调为酒精含量 19%～20%后备用。

(2)设备与用具。温度计、pH 计、筛子、点浆壶、金属丝刀、磨浆机、甩浆机、煮浆桶、压榨箱。

四、实训步骤

大豆 → 浸泡 → 磨浆→ 前成型 → 制坯 → 培菌 → 腌坯→ 装坛发酵 →成品

1. 选料

浸渍前先除杂，要求原料豆饱满无虫蛀，大小均匀。

2. 豆浆与豆坯制作(同实训十二克东腐乳制备)

3. 培菌

制坯结束后，将白豆乳坯放入屉摆好，屉上加盖湿布(保湿、透气)，移入发酵室。发酵室温度控制在 25℃左右，湿度应达 80%～90%。

在静止培养期每隔 2 h 换一次空气，用较小的风通入屉内，通风时间以空气从屉底部上升至顶部为宜，时间不要过长。屉内温度保持在 27℃较好，40 h 后基本成熟。

4.腌坯

(1)腌坯时间。冬季腌12～15 d,春秋季腌10～12 d,夏季腌7～8 d。

(2)用盐量。

①红方　春秋季每万块用盐60 kg,冬季用盐57.5 kg,夏季用盐65.2～65 kg。

②青方　每万块用盐47.5～50 kg。

5.装坛发酵

腌坯后,腌坯入坛,封口时要严密防止漏气,水泥浆封口也不可过薄。

(1)小红方、槽方及小块形腐乳发酵成熟期一般在4个月以上。

(2)特大块腐乳发酵成熟期一般在8个月以上。

(3)青方发酵成熟期一般在1～2个月。

(4)小白方水分少、含盐量低,一般在20 d以上就能酥软成熟。

五、实训报告

实训十四　新法豆豉制备

一、实训目的

了解新法豆豉无盐发酵制醅的生产过程,掌握发酵工艺条件,熟悉发酵的工艺操作规程,通过发酵制醅的生产操作,加深对豆豉生产理论知识的理解及认识,为系统掌握各种豆豉制作技术、控制豆豉质量奠定坚实的基础。

二、实训原理

一般豆豉发酵制醅中均加入一定量的食盐,起到了防止腐败和调味的作用,但由于醅中大量的食盐存在抑制了酶的活力,致使发酵缓慢,成熟周期延长。新法豆豉采用无盐制醅发酵,摆脱了食盐对酶活力的抑制作用,发酵周期可以缩短到3～4 d,同时利用豆豉曲产生的呼吸热和分解热可以达到防止发酵醅腐败的温度。

三、实训器材

(1)材料。米曲霉豆豉曲、食盐、白酒等。

(2)设备与工具。保温发酵罐、塑料薄膜、拌料池、温度计、秤等。

四、实训步骤

温水 → 洗曲；热水 → 洒水；食盐 → 拌料

豆豉曲 → 洗曲 → 洒水 → 入发酵罐 → 发酵 → 出醅 → 拌料 → 静置 → 成品

1.原料要求

(1)豆豉曲。米曲霉豆豉曲，颗粒松散完整，酵香浓郁，表面密布菌丝和黄绿色孢子。

(2)生产用水应符合 GB 5749—2005《生活用水卫生标准》之规定。

(3)食盐。应符合 GB 5461—2000《食用盐》之规定。

(4)食品添加剂。应符合 GB 2760—2006《食品添加剂使用卫生标准》。

2.豆豉曲制备

购买或自己培养好米曲霉豆豉曲。米曲霉豆豉曲的制作(采用沪酿 3.042 米曲霉菌种制曲)：

(1)拌料接种。熟大豆冷却至 35℃，与大豆量 5%的面粉、0.3%3.042 种曲拌和(面粉先与种曲混合均匀)。

(2)入室。将接种拌和好的大豆面粉球化颗粒装入竹簸箕中或竹匾中，厚度约 5 cm，入曲室培养，保持室温 25℃，湿度 90%以上。

(3)制曲管理。入室 22 h 左右可见白色菌丝布满豆粒，曲料结块；待品温上升至 35℃左右，进行第一次翻曲，使品温保持在 25～35℃，再次品温上升至 35℃进行二次翻曲；72 h 左右豆粒表面布满菌丝和黄绿色孢子即可出曲。也可采用厚层通风制曲。

3.豆豉发酵

(1)制曲结束，豆豉曲用温水迅速洗去豆粒表面的菌丝和孢子，沥干入拌料池中。

(2)在拌料池中洒入 65℃左右的热水至豆曲含水量为 45%左右，立即投入保温发酵罐中。发酵罐上盖塑料薄膜后加盖面盐，保持品温在 55～60℃发酵。

(3)56～72 h 后，豆豉从发酵罐中取出，移入拌料池中。在拌料池中加入 18%的食盐，在拌料池中将豆豉和食盐拌匀，然后装罐或其他容器内。

(4)拌好食盐的豆豉在罐内静置数日，待食盐充分溶化均匀即可。

五、实训报告

实训十五 豆酱制备

一、实训目的

了解曲法制豆酱的固态低盐发酵生产过程，掌握制曲和低盐发酵工艺条件，熟悉制曲和固态低盐发酵的工艺操作规程，以及成品豆酱的质量要求。通过制曲及固态低盐发酵的生产操作，加深对豆酱生产理论知识的理解以及对豆酱质量的认识，为系统掌握各种豆酱制作技术、控制豆酱质量奠定坚实的基础。

二、实训原理

曲法制豆酱主要包括原料处理、制曲和发酵3个生产阶段。原料处理主要是将大豆浸泡和蒸煮，使蛋白质适度变性，淀粉糊化，有利于制曲和发酵；制曲是在大豆上接种霉菌种曲或曲精并培养，产生蛋白酶和淀粉酶等各种酶系，并使蛋白质水解为多肽、氨基酸，淀粉水解为糖类，从而为发酵创造条件；发酵是在添加盐水的状况下，让霉菌的生长基本停止，而酶继续作用，自然参与的酵母菌和细菌开始大量繁殖并进行一系列生化过程，从而形成豆酱特殊的风味。

三、实训器材

(1)材料。黄豆、种曲、面粉、食盐等。

(2)仪器与设备。浸泡池、盐水罐(池)、通风曲池、蒸煮锅、风机、发酵池、炒锅、温度计、秤、翻酱机等。

四、实训步骤

种曲、面粉 ↓

黄豆 → 浸泡 → 蒸熟 → 冷却 → 混合接种 → 培养黄豆曲 → 入发酵容器 → 自然升温 → 第一次加盐水 → 酱醅保温发酵 → 加第二次盐水 → 翻酱 → 成品

（第一次加盐水处：↑ 盐水；加第二次盐水处：↑ 盐水）

1.原料处理

(1)泡豆质量要求。豆粒皮面无皱纹、豆内无硬心、指捏易压成两瓣;重量为原豆重量的2.1～2.15倍。

(2)熟豆质量要求。豆粒全部蒸熟、酥软,有熟豆香,保持整粒不烂,用手捻时,可使豆皮脱落、豆瓣分开的程度。

(3)操作工艺。

①浸泡豆　夏季泡4～5 h,春秋季泡8～10 h,冬季泡15～16 h。中间换水1～2次。

②蒸豆　采用旋转蒸煮锅,蒸煮压力0.16 MPa ,保压8～10 min后立即排气脱压。

③炒面粉　面粉放入锅中以文火不断焙炒,至呈黄褐色,有香味为止。

2.制曲操作

接种品温40℃左右,曲层厚度30 cm左右,培养温度32～35℃,最高不超过40℃,制曲时间42 h左右。在制曲过程中应进行2～3次翻曲。

3.发酵

(1)盐水及酱醅要求。

①盐水要求　第一次加盐水浓度14°Bé,温度60～65℃,重量为大豆曲的90%;第二次加盐水浓度24°Bé,温度为常温,重量为大豆曲的40%;盐水应当清澈无浊、不含杂物、无异味,pH在7左右。

②酱醅要求　第一次加盐水后酱醅温度达到45℃左右,含盐量为9%～10%;成熟酱醅红褐色或棕褐色、有光泽,有酱香和酯香,无不良气味;味鲜醇厚,咸甜适口,无苦、涩、焦糊及其他异味,稀稠适度,水分含量为65%。

(2)发酵操作。

①食盐加水溶解,澄清后使用,一般在100 kg水中加1.5 kg盐得到的盐水浓度为1°Bé。

②大豆曲入池后要扒平,稍稍压实,也不宜压得过紧,影响盐水的渗入。

③大豆曲入池后自然升温至40℃时第一次淋加盐水,注意淋入要尽量均匀。

④第一次淋加盐水后面层加封一层细盐(约曲料10%),盖好池盖,保温45℃进行发酵10 d,酱醅成熟。

⑤第二次加盐水(翻酱,同时溶解封面盐),保持室温再发酵4～5 d即可。

⑥发酵过程中品温由专人定时测定,做好记录,严格掌握;夏季注意超温,冬季加强保温措施保证品温。

⑦发酵期间注意防止雨水淋入。

五、主要设备操作规程

1. 旋转蒸煮锅

(1)检查并清洗蒸煮锅，接通电源，打开进料出料阀。

(2)将泡豆送入蒸煮锅内，关闭进料出料阀。

(3)排出进气管的冷凝水，蒸汽蒸料，排出锅内的冷空气后，保持压力达到规定时间。

(4)打开扬送机，蒸料期间锅身不断作 360°上下旋转。

(5)料熟后开动水力喷射器使熟大豆冷却至 40℃，打开进料出料阀出料。

2. 厚层通风曲池

(1)曲池清洗，熏蒸灭菌。

(2)打开输料器将接种后的大豆送入曲池。注意入池要做到“松、匀、平”，上、中、下各插一只温度计。

(3)制曲过程中，根据曲温及生长状况启动风机调节温度和更换新鲜空气，并注意及时翻曲。

3. 发酵池

(1)发酵池清洗并灭菌。

(2)用行车将大豆曲移入发酵池中，用喷淋管淋入盐水。

(3)根据温度变化，开闭蒸汽保温。

六、实训报告

实训十六　面酱制备

一、实训目的

了解曲法制豆面酱的发酵生产过程，掌握制曲和发酵工艺条件，熟悉制曲和发酵的工艺操作规程，以及成品面酱的质量要求。通过制曲及发酵的生产操作，加深对面酱生产理论知识的理解以及对面酱质量的认识，为系统掌握各种面酱制作技术、控制面酱质量奠定坚实的基础。

二、实训原理

曲法制面酱主要包括原料处理、制曲和发酵 3 个生产阶段。原料处理主要是将面粉蒸煮，使蛋白质适度变性，淀粉糊化，有利于制曲和发酵；制曲是在面块上接种霉菌种曲或曲精并培养，产生蛋白酶和淀粉酶等各种酶系，并使蛋白质水解为多肽、氨基酸，淀粉水解为糖类，从而为发酵创造条件；发酵是在添加盐水的状况下，让霉菌的生长基本停止，而酶继续作用，自然参与的酵母菌和细菌开始大量繁殖并进行一系列生化过程，从而形成面酱特殊的风味。

三、实训器材

(1)材料。面粉、种曲、食盐等。

(2)仪器与设备。盐水罐(池)、通风曲池、蒸煮锅、风机、发酵池、温度计、秤、翻酱机等。

四、实训步骤

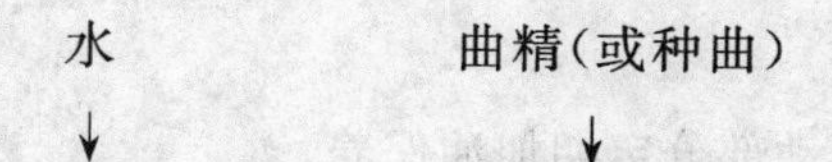

面粉 → 拌和 → 蒸熟 → 冷却、接种 → 厚层通风制曲 → 面糕曲 → 入发酵容器 →
升温 → 酱醪保温发酵 → 成熟酱醪 → 磨细过筛 → 灭菌 → 成品
↑
热盐水

1. 原料处理

(1)熟面块质量要求。熟面块呈玉色，咀嚼不粘牙齿，稍带甜味，面块约为长 3.0 cm，宽 1.0～1.5 cm。

(2)原料处理操作。面粉 100 份倒入连续蒸料机顶部进料斗内，加水 28%～30%于拌和机内充分拌和，然后开启蒸料机的蒸汽阀蒸料，蒸熟面块通过绞龙由鼓风机降温吹出，由落熟料器落下。

2. 制曲操作

接种品温 40℃左右，曲层厚度 30 cm 左右，室温 28～32℃，料温最高不超过 36℃，制曲时间 36～48 h。在制曲过程中应进行 2～3 次翻曲。

3. 发酵

(1)盐水及酱醅要求。

盐水要求：盐水浓度 14°Bé，温度 60～65℃，重量为面粉的 90%；盐水应当清澈无浊、不含杂物、无异味，pH 在 7 左右。

酱醅要求：第一次加盐水后酱醅温度达到 45℃左右，含盐量为 9%～10%；成熟酱醪红褐色或棕褐色、有光泽，有酱香和酯香，无不良气味，味鲜醇厚，甜咸适口，无酸、苦、焦煳及其他异味；黏稠适度，无杂质。

(2)发酵操作。

①食盐加水溶解，澄清后使用，一般在 100 kg 水中加 1.5 kg 盐得到的盐水浓度为 1°Bé。

②面糕曲入池后表面扒平。自然升温至40℃时徐徐从表层及四周注入盐水,最后把表层稍加压实。

③加盖,保温53～55℃发酵约10 d,酱醪成熟,发酵过程中一天搅拌一次。

④发酵过程中品温由专人定时测定,做好记录,严格掌握;夏季注意超温,冬季加强保温措施保证品温。

4.磨细、灭菌防腐操作

螺旋出酱机磨细,并过50目左右的筛。灭菌器内直接通入蒸汽,将面酱加热到65～70℃,维持15～20 min,同时添加0.1%的苯甲酸钠,搅拌均匀。

五、主要设备操作规程

面糕连续蒸料机

(1)每天上岗前,认真检查设备各个部件,传动部分定期加油保养。

(2)将面粉倒入拌和机内,加水充分拌和。

(3)开启蒸汽管道的排液阀,使蒸汽总管中的冷凝水排尽。

(4)开启蒸料机的进汽阀门,将拌和机拌匀之碎面块经进料斗送入蒸料机。

(5)蒸料机桶身中积有1/2高的碎面块时,开动转底盘,刨刀转动,将面糕刨削下来。

(6)打开出料槽,刨下的热面糕被刮入,通过绞龙由鼓风机降温吹出,经落熟料器落下熟料,进入下道工序。

六、实训报告

实训十七 味精的生产

一、实训目的

通过本次实践,使学生懂得味精的生产原理及生产工艺。

二、实训原理

1.应用紫外线诱变筛选耐高糖谷氨酸高产菌株原理

谷氨酸产生菌是生物素缺陷型菌株,耐高糖菌种的选育对发酵工艺上提高发酵培养基初糖浓度具有积极意义。菌种通过紫外线诱变处理后，利用含有茚三酮的高糖选择性平板培养，耐高糖、产酸的菌株不但能够在平板上长成菌落，而且菌落周围呈现红色。因此，根据平板上菌落生长情况可以得到耐高糖产酸的突变株，再经过摇瓶初筛、复筛可获得耐高糖、高产的突变株。

2. 酶解法（双酶法）制备葡萄糖原理

用淀粉酶和糖化酶将淀粉水解成葡萄糖，第一步是液化过程，利用α-淀粉酶将淀粉液化，转化为糊精及低聚糖，使淀粉的可溶性增加。第二步是糖化，利用糖化酶将糊精或低聚糖进一步水解，生产葡萄糖。

3. 谷氨酸生产菌扩大培养原理

种子扩大培养的目的就是为了每次发酵罐的投料生产提供数量足够的、活力旺盛的种子。由于本交初衷的发酵罐容积只有10 L，故采用一级扩大培养流程，如下所示：

保藏斜面→生产斜面培养→1 000 mL三角瓶培养→10 L发酵罐发酵

4. 谷氨酸发酸控制原理（见必备知识一、谷氨酸发酵机制及工艺控制）。

5. 等电点法提取谷氨酸原理（见必备知识二、味精的提取及精制）。

三、实训器材

(1)菌种。

(2)酶。耐高温α-淀粉酶、糖化酶。

(3)斜面培养基。细菌营养琼脂培养基。

(4)诱变筛选培养基。

①选择性固体培养基　以细菌营养琼脂培养基为基础，加入140～220 g/L的葡萄糖（可分为140 g/L、180 g/L以及220 g/L 3个浓度）、30 μg/L的生物素、2 mg/L的$FeSO_4$、2 mg/L的$MnSO_4$和8 g/L的茚三酮，调节pH 7.2，121℃灭菌20 min。

②增殖培养基　葡萄糖25 g/L，牛肉膏5 g/L，尿素5 g/L，KH_2PO_4 2 g/L，$MgSO_4 \cdot 7H_2O$ 0.6 g/L，生物素40 μg/L，$FeSO_4$和$MnSO_4$各2 mg/L，调节pH7.0，121℃灭菌20 min。

③摇瓶种子培养基　葡萄糖25 g/L，尿素6 g/L，玉米浆35 g/L，KH_2PO_4 2 g/L，$MgSO_4 \cdot 7H_2O$ 0.6 g/L，$FeSO_4$和$MnSO_4$各2 mg/L，调节pH7.0，121℃灭菌20 min。

④摇瓶发酵培养基　葡萄糖220 g/L，尿素6 g/L，玉米浆35 g/L，NaH_2PO_4 1.7 g/L，KCl 1.2 g/L，$MgSO_4 \cdot 7H_2O$ 0.8 g/L，糖蜜10 g/L，$FeSO_4$和$MnSO_4$各2 mg/L，调节pH 7.0，121℃灭菌20 min。

(5)一级种子培养基。与摇瓶种子培养基相同。

(6)发酵培养基

①基础培养基　水解糖 900 g,85%的 H_3PO_4 5.0 g;KCl 8.3 g;$MgSO_4 \cdot 7H_2O$ 5.8 g;玉米浆 30 g;消泡剂 0.4 kg;配料定容 4.2 L,121℃灭菌 20 min,由于直接加热的蒸汽冷凝,灭菌后体积大约 4.6L。

②流加葡萄糖溶液　本次实训所得的葡萄糖液中加葡萄糖粉,使最终浓度为 500 g/L,准备 2.0 L,健壮到流回瓶中,121℃灭菌 20 min,备用。

③碱液　氨水

④消泡剂　消泡剂与水按 1∶1 的比例配制成 100 mL,121℃灭菌 10 min,备用。

(7)器皿。10 L 全自动发酵罐、恒温振荡培养箱、恒温培养箱、恒温水浴锅、高压灭菌锅、紫外诱变箱、磁力搅拌器、离心机、显微镜、血细胞计数板、还原糖测定装置、电子天平、培养皿、吸管、涂布棒、试管、三角瓶、玻璃珠、烧杯等。

四、实训步骤

1.应用此外线诱变筛选耐高糖谷氨酸高产菌株

(1)菌悬液制备。用接种环取一环经斜面活化的菌接于 50 mL/500 mL 三角瓶的增殖培养基中,置于振荡培养箱,32℃、96 r/min 培养 8 h。取培养液于 3 500 r/min 离心 20 min,弃去上清液,用无菌生理盐水离心洗涤菌体两次,然后,在装有玻璃珠的无菌三角瓶中,以适量无菌生理盐水与菌体混合,充分振荡,制成悬液,用显微镜直接计数,调节菌体浓度的 108 个/mL。

(2)诱变处理。预热紫外灯、加菌悬液、紫外线照射。

①预热紫外灯　诱变箱的紫外灯为 15 W,照射距离为 30 cm,照射前开启紫外灯预热 20 min,使紫外线强度稳定。

②加菌悬液　取 5 套装有磁力搅拌棒的无菌培养皿(ϕ90 mm),分别标记 40 s、60 s、80 s、100 s、120 s,并在每个培养皿中加入上述菌悬液 10 mL。

③紫外线照射　将上述培养皿置于磁力搅拌器上,开启开关使菌悬液旋转,打开皿盖,分别照射 40 s、60 s、80 s、100 s、120 s。照射后,盖上皿盖,取出放在红灯下。

(3)稀释菌液及涂布选择性平板。将未经照射的菌悬液和上述照射的菌悬液用生理盐水以 10 倍稀释法进行稀释,一般稀释成 10^{-1}～10^{-6},分别取 10^{-4}、10^{-5}、10^{-6}的菌液各 0.1 mL 涂布不同葡萄糖浓度的平板。对于每个稀释度以及每个葡萄浓度选择性培养基,重复 3 个平板(用无菌涂布棒涂布均匀,并于每个平板背面标明处理时间、稀释度以及平板培养基的葡萄糖浓度)。

(4)培养。将涂布好的平板用黑纸包好,倒置,于 32℃培养 48 h。

(5)菌落计数、计算致死率以及绘制致死率曲线。将培养好的平板取出进行细菌菌落计数。根据葡萄糖浓度为 140 g/L 的平板上菌落数,计算出此外线处理的致死率,计算公式如下:

$$致死率=\frac{对照每毫升菌液中活菌数-处理后每毫升菌液中活菌数}{对照每毫升菌液中活菌数}\times 100\%$$

以诱变时间为横坐标、致死率为纵坐标绘制致死率曲线。

(6)观察诱变效应及选取菌落。目前，一般倾向于选择致死率为70%～80%的平板，再从中挑选有菌落且葡萄糖浓度最高的平板。观察菌落周围颜色，选取30个左右红色较深、菌落直径较大的菌落，移接到斜面上于32℃培养24 h，作为摇瓶初筛、复筛使用。

(7)摇瓶产酸筛选。包括初筛和复筛。

①初筛　对照斜面及上述挑取菌株的斜面培养好后，分别用接种环取1环接于装有50 mL摇瓶发酵培养基的500 mL三角瓶中，1个菌株接1瓶。置于振荡培养床，32℃、96 r/min培养36 h。培养过程中，在无菌操作条件下，定时检测pH，当pH降至6.8～7.0时，加入适量无菌尿素溶液(以少量多次为原则进行添加)。发酵结束，检测发酵液中谷氨酸含量(参照谷氨酸测定方法)，确定产酸较高的5株菌株，作为复筛使用。

②复筛　取培养好的对照斜面及上述初筛5株菌株的斜面，分别用接种环取1环接于装有20 mL摇瓶种子培养基的250 mL三角瓶中，1个菌株接1瓶，置于振荡培养床32℃、96 r/min培养10 h。然后，以5%的接种量，将种子培养液接于装有47.5 mL摇瓶发酵培养基的500 mL三角瓶中，1个菌株接3瓶。培养过程中，参照谷氨酸生产工艺，采用变速调温进行控制培养条件，并定时检测pH，当pH降低至6.8～7.0时，加入适量无菌尿素溶液。发酵结束，检测发酵液中谷氨酸含量，筛选出产酸最高的1株菌株，作为本次初衷的生产菌株。

2.双酶法淀粉制备葡萄糖

本次实训中，发酵基础培养基以及流加葡萄糖都需要用葡萄糖液来配制，因此，采用双酶法制备葡萄糖前要根据葡萄糖液用量来估算玉米淀粉的用量。

(1)调浆。称取一定量的淀粉，加入自来水调节至18°Bé，加入相当淀粉含量0.3%的$CaCl_2$作为淀粉酶的保护剂，调节pH为6.2，按10 U/g淀粉加入2.0×10^4 U/mL的耐高温酶，混合均匀。

(2)液化。将淀粉乳置于电炉上升温到100℃并保温30 min左右，保温过程需不断搅拌，至碘液检验显色为棕红色；接着，将淀粉乳置于灭菌锅内升温至130℃，保温20 min，再迅速降温至110℃并再保温20 min，然后取出淀粉乳再次置于电炉上，控制温度为90～95℃，并按2 u/g淀粉加入中温淀粉酶，保温30 min后即可完成液化。

(3)糖化。将液化液降温至60℃并调节pH至4.5，按照120 u/g淀粉的量加入糖化酶，置于恒温箱内恒温60℃糖化16 h左右，糖化过程每隔几个小时用玻璃棒进行搅拌均匀，并定时取样检测葡萄糖含量，葡萄糖含量不再上升时即糖化完毕，升温至100℃，保温5 min进行灭酶，灭酶后冷却至55℃左右过滤，得到澄清液置于4℃保存。

3. 谷氨酸生产菌的扩大培养

配制 450 mL 一级种子培养基，其中 400 mL 培养基平均分装于 2 个 1 000 mL 三角瓶中，50 mL 培养基装于 250 mL 三角瓶中，用纱布、牛皮纸包扎好，121℃灭菌 20 min，冷却至室温。经灭菌的 50 mL 培养基用于检测吸光度，并用 581 测定培养基灭菌后的 OD_{650}。将上述选育的斜面菌种接种于这两个 1 000 mL 三角瓶中，每瓶接 1 环，然后置于恒温振荡培养箱中，96 r/min、恒温 32℃培养 8～9 h，当 pH 下降至 7.0 时即培养结束。于无菌操作条件下取样，革兰氏染色后用显微镜观察菌体形态，检测种子培养液残糖浓度，并用 581 测定培养基灭菌后的 OD_{650}。

4. 谷氨酸发酵生产

(1)接种。配制 4.2 L 发酵基础培养基加入 10 L 发酵罐内，121℃灭菌 20 min，冷却至 32℃，通过流加氨水调节 pH 至 7.0，然后将上述培养所得的一级种子全部接入。

(2)温度控制。通过自动调节夹套的冷却水进水量达到控制目的，谷氨酸产生菌的最适生长温度一般为 30～32℃，产生谷氨酸的发酵最适温度一般为 34～37℃。

(3)pH 控制。通过自动流加氨水达到控制目的，谷氨酸产生菌最适生长 pH 为 6.8～8.0。

(4)溶解氧控制。通过调节通气量以及搅拌转速达到控制目的，谷氨酸发酵前期(0～12 h)主要是菌体生产阶段，对氧的需要量比谷氨酸生成期要低，特别是在发酵 0～5 h 内的适应期对氧的需要量更低，所以在发酵初期更应降低通气量。在长菌阶段，如果通气量过大，而生物素缺乏，会抑制菌体生长，表现出耗糖慢、pH 高、长菌不快的现象；在发酵阶段需要大量供氧，如通气量不足，往往表现出 pH 低，耗糖快，长菌不产谷氨酸，而积累乳酸和琥珀酸。如果这时通气量过大，也不利于谷氨酸的积累。

(5)流回葡萄糖液的控制。由于发酵罐容积较小，发酵从 8 h 开始，每隔 4 h 取样检测残糖浓度，当残糖浓度降低至 30 g/L 左右时开始连续流回葡萄糖溶液，并维持残糖浓度 30 g/L 左右，发酵 28 h 左右停止流回糖液，一般在发酵 32～34 h 残糖浓度降低至 4 g/L 以下，可结束发酵。

(6)泡沫的控制。采用自动流加消泡剂控制泡沫。

(7)发酵周期。在本次实训中，应根据谷氨酸生产菌的耗糖、产酸等方面情况而实。正常控制下，发酵周期一般为 32～34 h。

(8)最终发酵体积。正常情况下，如果全部流加的糖液能够被利用，最终发酵体积应为 7.5～7.8 L。

5. 等电点法提取谷氨酸

(1)育晶前的加酸操作。利用发酵罐作为提取用的等电点罐，调节转速为 32～36 r/min，用冷却水将发酵醪降温至 28℃左右，然后用蠕动泵加入盐酸调节 pH。调节过程中，温度降低，一般在起晶点时控制温度在 23～25℃。

(2)投晶种与育晶。实训中发酵醪的谷氨酸含量一般为 80～130 g/L，在 23～25℃、pH

4.4～5.0时，发酵液中的谷氨酸可达到过饱和状态，会有晶核析出。当pH下降至5.0之后，盐酸的加入流量应控制较小，并仔细观察晶核形成情况，一旦观察到有晶核出现，立即停止加酸，停止继续降温，搅拌育晶2 h。

(3)育晶后继续加酸操作。继续缓慢加酸，一直将pH调节至3.2，并逐渐降低温度至15℃左右，此阶段耗时4～6 h。

(4)等电点搅拌育晶。当pH达到等电点时，停止加酸，继续用冷却水降低温度至8℃左右，搅拌育晶8 h左右。

(5)离心分离与干燥。用空气加压将发酵罐内谷氨酸固液混合物料放出，置于大容量低速离心机4 500 r/min分离20 min，弃去上清液，可得湿的谷氨酸晶体。将湿的谷氨酸晶体置于烘箱，控制温度为60℃进行干燥2 h左右，可得干的谷氨酸晶体。

6.中和脱色谷氨酸与碳酸钠中和制成谷氨酸钠，才具有强力鲜味

中和温度为60～65℃，中和液的浓度为22°Bé，pH为6.9～7.0。106 g的碳酸钠可中和294 g的谷氨酸。中和完毕后，需将中和液脱色。先用谷氨酸将中和液调回至pH6.3，加热至60℃，使谷氨酸钠充分溶解，加入粉末活性炭进行脱色，搅拌30 min后，即可让其自然沉淀或进行过滤。

7.浓缩结晶

将脱色液放入真空浓缩锅内，真空度保持在7 980 Pa以上，温度控制在60℃以下。当锅内液体浓度达到32°Bé时，即开搅拌机，关掉蒸汽，用真空吸入晶种，进行起晶，然后将所得晶液在离心机内进行离心分离。

8.干燥过筛

将结晶味精于80℃干燥箱中干燥，然后过8目、12目、20目、30目的筛，其中12目、20目、30目的可作为成品99°味精。大片的可打碎成粉拌入食盐，作为粉状味精。过细的作为小结晶味精或当晶种用。

五、实训报告

总结味精生产的工艺条件。

六、思考题

1.简述等电点提取谷氨酸的操作要点及优点。

2.简述谷氨酸发酵生产的工艺。

实训十八 四川泡菜的制作

一、实训目的

通过实验观察泡菜发酵过程中的变化,了解泡菜发酵的工艺过程。

二、实训原理

泡菜与盐水密闭在容器中,主要进行乳酸发酵产生乳酸。

三、实训器材与试剂

大白菜、萝卜、胡萝卜、甘蓝、芹菜、豇豆(又名豆角、长豆角、角豆、带豆等)、菜豆(又名四季豆)、扁豆、刀豆(芸豆、玉豆等)、宝塔菜(又名草石蚕、螺丝菜、地梨、地环等)、青辣椒等蔬菜、食盐、黄酒或烧酒、花椒、姜、尖红辣椒、泡菜坛、菜刀。

四、实训步骤

(一)操作步骤

1. 原料处理

根据蔬菜上市季节和食者爱好,选择鲜嫩清脆的蔬菜,为了使泡菜的风味更好,可适当选择和调配蔬菜原料的种类,最好多用几种蔬菜。菠菜、油菜等,菜叶又薄又软,且不宜于生吃;大葱、洋葱等产品会给其他蔬菜的风味以不良影响;大头菜等肉质粗老的菜,泡制后不清脆。这些蔬菜都不宜采用。

新鲜蔬菜经过充分洗涤后,除去质地粗老、有病虫害的部分。萝卜、胡萝卜、洋葱、莴笋和黄瓜等蔬菜,切成厚约 0.5 cm、长约 5 cm 的薄片或细条。莴笋在切成薄片或细条以前,还应先削去表皮;大白菜、甘蓝、扁豆、青辣椒、菜豆等,切成碎块或长条;豇豆、芹菜等,切成 5 cm 长的段;小青辣椒、宝塔菜、藠头等,可以整个、整头进行泡制;鲜大辣椒,须用竹针扎 4～6 个眼。处理好的菜放在簸箩内,置于通风的地方,晾去洗菜时附在菜上的水,并把菜的表皮晾到略显萎蔫的程度,这样需 2～3 h。如果附在菜面的水晾不干,泡菜上的水就容易生霉而变质。

2. 菜卤的配置

制作泡菜时,首先要把盐水准备妥当。盐水的配方是每 100 kg 水,加食盐 8 kg。配制的盐水必须煮沸,杀死水中的杂菌,不致引起蔬菜腐败变黄。然后冷却澄清,取用上清液。热水泡菜,容易变质,切勿采用。盐水冷却后,注入泡菜坛内。盐水必须合乎标准,盐量较多,乳酸菌的活动受到抑制，不易酸化；盐量较少，则泡出的菜就会太酸，甚至导致蔬菜败坏。为了增强泡菜的脆性，可以在食盐水中加入少量的钙盐，如氯化钙等，按0.5‰的比例加入。

为了增进泡菜的品质和风味，再把各种辅料装入坛内。使用辅料多少，没有严格的规定，在种类上、数量上，都可以根据食者口味随意调配。一般的配方是每100 kg盐水中可加花椒50 g，尖红辣椒3 kg，黄酒或(烧酒)3 kg，姜3 kg。老的生姜要切成厚度3～4 mm的薄片，幼稚的姜可不必切碎，或切的较大一些。还可也加入香辛料，各种香辛料最好先磨成粉并用布包好，置于坛内一同浸泡。

3.入坛泡制

泡菜坛子在使用前洗涤干净，沥干后将准备好的原料装入坛内，同时可以将香辛料包放入，装满坛内空间的3/4左右，用竹片或其他工具将菜压住，以免原料浮于盐水之上。装好后将配置好的盐水注入坛内，使盐水将菜淹没。在水槽中加入冷却的开水或者盐水，扣上扣碗，将坛子置于阴凉处。

4.发酵

根据坛内微生物变化情况和乳酸生成情况可分为初期发酵、中期发酵和后期发酵三个阶段。

(1)初期发酵。新鲜原料浸泡于盐水中，原料中的可溶性营养物质扩散至盐水中，同时食盐也渗透到原料组织中去。这个时期耐盐性较弱的微生物和耐盐性较强的微生物同时活动，除乳酸菌外还有酵母和其他细菌如大肠杆菌等，占优势的是大肠杆菌群。大肠杆菌群将糖类转化为乳酸、琥珀酸、乙醇、二氧化碳等，在初期发酵会有大量的气体产生并不断从坛内经水槽逸出。初期生成的乳酸含量不高，一般在0.4%左右。

(2)中期发酵。在初期发酵阶段由于乳酸积累，大肠杆菌等对酸性环境敏感的微生物因不适应环境而死亡。占优势的微生物为正型乳酸菌群，将糖转化为乳酸，不产生气体，因此，在中期发酵时气体数量减少。由于大量的乳酸生成，大肠杆菌、腐败细菌及丁酸细菌等均不能生存，但乳酸菌和酵母菌仍可以活动。

(3)后期发酵。在此期间只有耐酸性较强的乳酸菌能继续活动，乳酸的积累量可达到1%以上，但乳酸积累达到1.2%时，所有的乳酸菌也逐渐停止活动。

中期发酵阶段的泡菜品质最佳，其乳酸含量在0.6%左右时风味最好。

5.再制作

制成的泡菜吃完以后，留在泡菜坛内的菜卤由于存在着大量的乳酸菌，只要菜卤表面没有霉膜或腐败变质，就可以继续用来制作泡菜。蔬菜在这种菜卤内，发酵期限可以较第一次缩短，一般蔬菜泡2～3 d就可以吃(而且，菜卤用的次数越多，泡出的菜就越醇厚鲜香)。每次再制作时，要把已经泡成的菜捞净，再把新鲜蔬菜进行选择、整理和晾晒后，装入坛中。每次泡新菜，应适当补加一些盐和其他铺料。

制成后的泡菜的感官指标：具有新鲜蔬菜固有的色泽，香气浓郁、组织细嫩、质地清脆，稍有甜味和鲜味。理化指标:食盐2%～4%;总酸0.4%～0.8%。

(二)注意事项

(1)泡菜不能长期贮藏,因此,不宜大量制作,要根据消费需要,勤泡少泡,随吃随泡。即使只有3～5d的贮藏,最好也要在泡菜发酵期满的时候,立即把菜坛移到温度低的地方或冷藏室中。同时,应做到随吃随取,已经取出的菜不能再泡在坛里。

(2)为了缩短发酵周期,以利乳酸的生长繁殖,最初配制的盐水中可按用水量加2%的食醋,作为底酸。

(3)制作泡菜或从坛内取泡菜时,必须严格注意清洁,防止油脂类物质进入。如果有油脂类物质进入坛中,泡菜易被腐败性细菌分解而且泡菜变臭。如果坛未装满或为隔绝空气则易生霉花,霉花是泡菜中主要有害微生物,能消耗乳酸而且引起腐败菌的生长。挽救的方法是注入少许烧酒和鲜姜片,即有防治的效果,使泡菜仍可使用。每次揭盖取菜时要防止水槽内的水滴入坛内。可以在水槽内加入15%～20%的食盐水,泡菜坛槽内的水应随时添加,并定期换洗。

五、实训报告

根据实训过程完成实训报告。

实训十九 北方酸菜制备

一、实训目的

通过生产实训要求学生能够独立完成酸菜制作的操作,并能对教材中给出的操作方法进行调整和改进,使之更加完善合理,并分析酸菜制作过程的科学原理及影响酸菜品质的条件。

二、实训原理

酸白菜属于泡菜类蔬菜腌制食品,主要流行于我国和东亚。酸菜多选用韧性较好的多叶蔬菜作为原料加工制作,常见的有大白菜、芥菜、雪里蕻、包菜等;因原料的不同有各种不同的品种,各品种的口感差异较大。酸菜脱水或晾干之后称为“酸菜干”。酸菜和咸菜的制作很相似,酸菜含亚硝酸盐较高,吃以前应充分洗净浸泡,不宜长期大量食用。

三、实训器材

(1)材料。白菜 5 kg,食盐(或不加食盐)250 g,清水适量。

(2)工具。陶土缸、水锅、陶土盆、菜刀、菜板、笊篱。

四、实训步骤

原料选择 → 整理 → 热烫 → 装缸 → 发酵 → 成品

1.原料选择

选择菜叶鲜嫩,菜帮洁白,包心基本结实,无病虫害的大白菜为原料。一般选用半成心的中、小棵鲜白菜为宜。

2.原料整理

将白菜剥除老帮、黄叶,削去菜根,用清水洗净,控干附着的水分。1 kg 以下的小棵白菜可整棵使用,重量超过 1 kg 的大棵白菜可用不锈钢刀从根部劈成两瓣,每棵重量超过 2 kg 的大白菜,纵向切成 4 瓣。

3.热烫

将整理好的白菜,逐棵放入沸水中热烫 2～3 min,烫至白菜帮变得柔软呈半透明状、乳白色时捞出,立即放入冷水中进行冷却至常温,然后控干水分。

4.装缸

将热烫后的白菜,码一层白菜撒一层食盐,层层码入干净的缸中。码菜时要注意菜根与菜梢颠倒码放,码齐装紧,最上层盖一层白菜帮,压上石块。然后倒入清水,以淹没菜根 10 cm 左右为度。

5.发酵

装好缸后,在 15℃条件下发酵 20～30 d 即为成品。

6.成品标准

菜帮呈乳白色,菜叶为黄绿色,质地柔嫩,味酸、无腐烂变质。

7.注意事项

(1)腌制白菜的缸要清洗干净,以后取菜时也不要让污物进入缸中,以延长保存时间。

(2)在腌制酸菜时,如在菜缸内放入少量明矾,则渍出的酸菜会更加清脆,风味更佳。

(3)用沸水烫白菜时,时间不可过长,白菜不可过熟,否则腌制时易软烂。

五、实训报告

实训二十　扬州酱菜制备

一、实训目的

通过生产实训要求学生能够独立完成酱菜制作的操作，掌握扬州酱腌菜的加工原料、辅料、生产工具、加工原理，熟悉各种辅料在酱腌菜加工中的用途。

二、实训原理

酱菜是以新鲜的蔬菜，经食盐腌渍成咸菜坯，用压榨或清水浸泡撒盐的方法，将咸菜坯中的多余的盐水(盐分)拔出，使咸菜坯的盐度降低。然后再用不同的酱(如黄酱、甜面酱等)或酱油进行酱制，使酱中的糖分、氨基酸、芳香气等进入到咸菜坯中，成为味道鲜美、营养丰富的酱菜。

三、实训器材

(1)材料。萝卜 100 kg，酱油 30 kg，食盐 7 kg，甜酱 30 kg。

(2)工具。缸，缸盆，竹席，布袋。

四、实训步骤

原料选择 → 腌渍 → 晾晒 → 浸烫 → 装坛→ 酱制→ 成品

1. 原料选择

鲜萝卜头需先进行分级，选择近圆球形，皮白，无辣味或少辣味，个头整齐的小萝卜头 100 kg。每 1 kg 有 50～60 个，直径为 4 cm 左右，并要求萝卜头皮薄、个圆、实心，剔除有虫斑、空心、黑疤的萝卜。

2. 腌渍

将 100 kg 选好的小萝卜分级、洗涤、控干水分后，用 7 kg 食盐腌渍 48 h。腌制期间，倒缸 1 次，共翻 4 次。腌渍后的小萝卜出缸，滤干卤水。经过腌渍的小萝卜表面略呈现皱纹，个头明显缩小，有弹性，呈玉白色。将滤出的卤加盐保存备用。

3. 晾晒

将腌制好的萝卜头置阳光下晒制，料层不宜过厚，每 100 kg 腌坯约占 8 m^2 的晒帘，经 5～6 个太阳日，以萝卜头起皱皮，手捏无核时为度。使其含水量降至能够贮藏，表面皮皱缩成不规则的密纹状态。

4.浸烫

将腌渍后保留下的卤配成12°Bé的盐水，上火烧沸，在停火降温为80～85℃，浸烫干萝卜头，以除其咸涩味和辛辣味，并保持萝卜的脆度，也便于贮存，将烫过的咸萝卜头隔日捞起，晒干表皮水分后，即可装坛贮存。

5.装坛

每50 kg萝卜头用750 g细盐拌透后装坛压紧，用棍捣实，坛口塞紧稻草，堆放在室内阴凉处，避免阳光直晒，咸坯出品率为35%左右。

6.酱制

(1)初酱。取坛内咸坯，剪去残存根蒂和泥须，剔除次品、细根、空心、脱皮、不脆、有霉斑的萝卜头，然后浸入30 kg淡酱油内2～3 h(按季节适当延长或缩短)，取出后拔盐去咸。接着装进布袋内，装袋不宜过紧。

待控干卤汁后立即进行初酱，初酱时间一般4 d左右；起缸沥去酱汁再进行复酱。

(2)复酱。复酱用新鲜稀甜酱，菜坯与稀甜酱用量比为1∶1，复酱时间夏季7 d，春秋季10 d，冬季14 d左右即可成熟。初酱、复酱期间每天翻袋2次。

7. 成品标准

有酱香气及萝卜头的自然香气，咸甜适口，味鲜、无酸味及其他异味，呈黄褐色有光泽，质地脆嫩。

8. 注意事项

酱渍时应注意及时翻动。装坛要装满压实。

五、实训报告

实训二十一　复合烧烤汁制备

一、实训目的

通过实训达到学生能够独立完成复合烧烤汁制作的操作，熟悉复合烧烤汁制作的工艺，进而提高学生对复合调味品生产技术操作的熟练。

二、实训器材

(1)材料。鲜姜20 g，鲜葱20 g，鲜蒜5 g，花椒2 g，八角4 g，小茴2 g，桂皮8 g，肉豆蔻

2 g,山柰 2 g,丁香 1 g,酱油 120 g,料酒 60 g,食盐 115 g,砂糖 60 g,糖蜜 60 g,酱色 6 g,味精 6 g,增稠剂 3 g,清水足量。

(2)工具。粉碎机、锅、纱布、灭菌锅、菜刀等。

三、产品说明与工艺流程

1.产品说明

复合烧烤汁从味型上看以咸为主,甜、鲜、香、味为辅,能增加和改善菜肴的口味,还能增添或改变菜肴色泽。另外,还可以去除肉类中的腥臭等异味,增添浓郁的芳香味,刺激人们的食欲。

2.工艺流程

原料选择 → 混合浸煮 → 调味 → 搅匀→ 灭菌→成品

四、实训步骤

1.原料选择

香辛料应形体完整,无污染,无霉变。清洗去除杂质,并适当粉碎,以便浸提。

2.混合浸煮

各种香辛料混合加入锅内,加入 1 L 清水,采用浸煮法提取,50℃左右浸 4～5 h,再煮沸 20～30 min。浸提液通过纱布过滤,得到香辛料浸取液,约 1 L。

3.调味

将称好的各种辅料,去杂质,加入 570 mL 香辛料浸取液混合,搅拌均匀,过滤除去不溶解物。

4.灭菌

在灭菌锅内常压灭菌,温度 90～95℃,5～10 min,即得成品。

5. 成品标准

汁液色泽棕褐色或黑褐色,有光泽;滋味鲜美,咸甜适品,味醇厚,柔和味长。不得有苦、酸、涩等异味;液体允许有少量沉淀物,无霉花浮膜。

五、实训报告

实训二十二　复合辣椒酱制备

一、实训目的

通过实训达到学生能够独立完成复合辣椒酱制作的操作，熟悉复合辣椒酱制作的工艺和注意事项，进而提高学生对复合调味品生产技术操作的熟练。

二、实训器材

(1)材料。红辣椒 2.5 kg，大蒜 500 g，黄酱 500 g，白醋 500 g，砂糖 500 g，食盐 600 g，鸡精 250 g，清水适量。

(2)工具。锅、水锅、菜刀、菜板、剪刀。

三、产品说明与工艺流程

1. 产品说明

复合辣酱具有色泽鲜艳风味香醇、保质期长的优点，作为一种开胃食品特别受费者喜好。

2. 工艺流程

原料选择 → 切碎 → 熬制 → 调味 → 搅匀→ 成品

四、实训步骤

1. 原料选择

选用不霉烂、无病虫害、成熟度好、颜色红、辣味浓的鲜辣椒做原料，剪去柄蒂，去掉杂质。

2. 切碎

沥干辣椒和大蒜表面的水分，然后用剁椒机剁碎(用菜刀切碎)。

3. 熬制

将剁碎的红辣椒、白糖、黄酱、醋放一起熬 2～5 min，使各个组分混合均匀，成为糊状。

4. 调味与搅匀

按配方将食盐、蒜、味精一并放入，搅拌均匀，即为成品。

5. 成品标准

质地细腻，稀稠适度，有辣椒风味和营养价值，符合食品酱质量、卫生标准。

6. 注意事项

将辣椒和蒜洗干净，一定要晾干水分，每次取食辣椒酱的器具，也不能沾有水或者油，否则遇到水或油的辣椒酱会降低保存期限。

五、实训报告

附录B 调味品检验

第一部分 原料检验

一、水分测定(GB/T 5009.3—2003)

(一)直接干燥法

【原理】

食品或原料中的水分一般是指在100℃左右直接干燥的情况下,所失去物质的总量。直接干燥法适用于在95～105℃下,不含或含其他挥发性物质甚微的食品或原料。

【试剂】

(1)6 mol/L盐酸。量取100 mL浓盐酸,加水稀释至200 mL。

(2)6 mol/L氢氧化钠溶液。称取24 g氢氧化钠,加水稀释至100 mL。

(3)海砂。取用水洗去泥土的海砂或河沙,先用6 mol/L盐酸煮沸0.5 h,用水洗至中性,再用6 mol/L氧氢化钠溶煮沸0.5 h,用水洗至中性,经105℃干燥备用。

【仪器】

(1)扇形铝制或玻璃制称量瓶。内径60～70 mm,高35 mm以下。

(2)电热恒温干燥箱。

【分析步骤】

1.固体试样

取洁净铝制或玻璃制的扁形称量瓶,置于95～105℃干燥箱中,瓶盖斜支于瓶边,加热0.5～1.0 h,取出盖好,置于干燥器内冷却0.5 h,称量,并重复干燥至恒重。称取2.00～10.00 g切碎或磨细的试样,放入称量瓶中,试样厚度约为5 mm。加盖,精密称量后,置于95～105℃干燥箱中,瓶盖斜支于瓶边,加热2～4 h,盖好取出,置于干燥器内冷却0.5 h,称量。然后再放入 95～105℃干燥箱中干燥 1 h 左右，取出，置于干燥器内冷却 0.5 h 后再称量，至前后两次质量差不超过 2 mg，即为恒重。

2.半固体或液体试样

取洁净的蒸发皿，内加 10.0 g 海砂及一根小玻璃棒，置于 95～105℃干燥箱中，干燥 0.5～1.0 h 后取出，置于干燥器内冷却 0.5 h 后称量，并重复干燥至恒重。然后精密称取 5～10 g 试样，置于蒸发皿中，用玻璃棒搅匀放在沸水浴上蒸干，并随时搅拌，擦去皿底部水滴，置于 95～105℃干燥箱中干燥 4 h 后盖好取出，置于干燥器内冷却 0.5 h 后称量。以下按 1 自"然后再放入 95～105℃干燥箱中干燥 1 h 左右……"起依法操作。

【结果计算】

$$X=\frac{M_1-M_2}{M_1-M_3}\times 100\%$$

式中：

X——试样中的水分的含量，%；

M_1——称量瓶（或蒸发皿加海砂、玻璃棒）和试样的质量，g；

M_2——称量瓶（或蒸发皿加海砂、玻璃棒）和试样干燥后质量，g；

M_3——称量瓶（或蒸发皿加海砂、玻璃棒）的质量，g。

(二)减压干燥法

【原理】

食品或原料中的水分指在一定的温度及压力下失去物质的总量，干燥温度适用于 50～60℃。

【仪器】真空干燥箱，其他同"直接干燥法"。

【分析步骤】

按直接干燥法要求称取样品，放入真空干燥箱内，将干燥箱连接水泵，抽出干燥箱内空气至所需压力（一般为 40～53 MPa），并同时加热至所需温度（50～60℃）。关闭通水泵或真空泵上的活塞，停止抽气，使干燥箱内保持一定的温度和压力，经一定时间后，打开活塞，使空气经干燥装置缓缓通入至干燥箱内，待压力恢复正常后再打开。取出称量瓶，放入干燥器中 0.5 h 后称量，并重复以上操作至恒量。计算同直接干燥法。

【结果计算】

同"直接干燥法"。

二、粗蛋白质测定(GB/T 5009.5—2003)

【原理】

食品或原料中的蛋白质组成及其性质复杂，测定中，通常用总氮量表示，蛋白质是含氮物质的主要形式，每一蛋白质都有其恒定的含氮量，用实验方法求得某样品中的含氮量后，通过一定的换算系数(一般原料粗蛋白换算系数为6.25),即可计算该样品的蛋白质含量。

凯氏定氮法:食品经加硫酸消化使蛋白质分解,其中氮素与硫酸化合成硫酸铵。然后加碱蒸馏使氨游离,用硼酸液吸收后,再用盐酸或硫酸滴定根据盐酸消耗量,再乘以一定的数值即为蛋白含量。

【试剂】

(1)硫酸钾。

(2)硫酸铜。

(3)硫酸。

(4)2%硼酸溶液。

(5)40%氢氧化钠溶液。

(6)混合指示剂。把溶解于95%乙醇的0.1%溴甲酚绿溶液10 mL和溶于95%乙醇的0.1%甲基红溶液2 mL混合而成。

(7)0.01 mol/L盐酸标准溶液或0.01 mol/L硫酸标准溶液

【仪器】

(1)凯氏微量定氮仪一套。

(2)100 mL或50 mL定氮瓶1只。

(3)150 mL三角瓶3只。

(4)50 mL、10 mL、100 mL量筒各1只。

(5)10 mL吸量管1只。

(6)酸式滴定管1支。

(7)100 mL容量瓶1只。

(8)小漏斗1只。

【分析步骤】

1.样品处理

精密称取0.2~2.0 g固体样品或2~5 g半固体样品或吸取10~20 mL液体样品(相当氮30~40 mg),移入干燥的100 mL或500 mL定氮瓶中,加入0.2 g硫酸铜,3 g硫酸钾及20 mL硫酸,稍摇匀后于瓶口放一小漏斗,将瓶以45°角斜支于有小孔的石棉网上,小火加热,待内容物全部炭化,泡沫完全停止后,加强火力,并保持瓶内液体微沸,至液体呈蓝绿色澄清透明后,再继续加热0.5 h。取下放冷,小心加20 mL水,放冷后,移入100 mL容量瓶中,并用少量水洗定氮瓶,洗液并入容量瓶中,再加水至刻度,混匀备用。取与处理样品相同量的硫酸铜、硫酸钾、硫酸铵同一方法做试剂空白试验。

2.装好定氮装置,于水蒸气发生器内装水约2/3处加甲基红指示剂数滴及数毫升硫酸,以保持水呈酸性,加入数粒玻璃珠以防暴沸,用调压器控制,加热煮沸水蒸气发生瓶内的水。

3.将接收瓶内加入10 mL 2%硼酸溶液及混合指示剂1滴,并使冷凝管的下端插入液面下，吸取 10.0 mL 样品消化液由小玻璃杯流入反应室，并以 10 mL 水洗涤小烧杯使流入反应室内，塞紧小玻璃杯的棒状玻璃塞。将 10 mL 40%氢氧化钠溶液倒入小玻璃杯，提起玻璃塞使其缓慢流入反应室，立即将玻璃盖塞紧，并加水于小玻璃杯以防漏气。夹紧螺旋夹，开始蒸馏，蒸气通入反应室使氨通过冷凝管而进入接收瓶内，蒸馏 5 min。移动接收瓶，使冷凝管下端离开液皿，再蒸馏 1 min，然后用少量水冲洗冷凝管下端外部。取下接收瓶，以 0.01 mol/L 硫酸或 0.01 mol/L 盐酸标准溶液定至灰色或蓝紫色为终点。同时吸取 10.0 mL 试剂空白消化液按 3 操作。

【结果计算】

$$X=\frac{(V_1-V_2)\times c\times 0.014}{M\times(10/100)}\times F\times 100\%$$

式中：

X——样品中蛋白质的含量，%；

V_1——样品消耗硫酸或盐酸标准液的体积，mL；

V_2——试剂空白消耗硫酸或盐酸标准溶液的体积，mL；

c——硫酸或盐酸标准溶液的摩尔浓度；

0.014——1 mol/L 硫酸或盐酸标准溶液 1 mL 相当于氮克数；

M——样品的质量(体积)，g(mL)；

F——氮换算为蛋白质的系数(取 6.25)。

【注意事项】

(1)样品应是均匀的，固体样品应预先研细混匀。

(2)样品放入定氮瓶内时，不要黏附颈上，万一黏附可用少量水冲下，以免被检样消化不完全，结果偏低。

(3)在整个消化过程中，不要用强火，保持和缓的沸腾，使火力集中在凯氏瓶底部，以免附在壁上的蛋白质在无硫酸存在的情况下使氮有损失。

(4)如硫酸缺少，过多的硫酸钾会引起氨的损失，这样会形成硫酸氢钾，而不与氨作用，因此当硫酸过多的被消耗或样品中脂肪含量过高时，要增加硫酸的量。

(5)加入硫酸钾的作用为增加溶液的沸点，硫酸铜为催化剂，硫酸铜在蒸馏时作碱性反应的指示剂。

(6)混合指示剂在碱性溶液中呈绿色，在中性溶液中呈灰色，在酸性溶液中呈红色。如果没有溴甲酚绿，可单独使用 0.1%甲基红乙醇溶液。

(7)氨是否完全蒸馏出来，可用 pH 试纸试馏出液是否为碱性。

(8)以硼酸为氨的吸收液，可省去标定碱液的操作，且硼酸的体积要求并不严格，亦可免去用移液管，操作比较简便。

(9)向蒸馏瓶中加入浓碱时，往往出现褐色沉淀物，这是由于分解促进碱与加入的硫酸铜反应，生成氢氧化铜，经加热后又分解生成氧化铜的沉淀。有时铜离子与氨作用，生成深蓝色的结合$[Cu(NH_3)_4]^{2+}$。

三、粗脂肪的测定(GB/T 5009.6—2003)

【原理】

食品或原料试样用无水乙醚或石油醚等溶剂抽提后，蒸去溶剂所得的物质，即为粗脂肪，因为除脂肪外，还含有色素及挥发油、蜡、树脂等物。抽提法所测得的脂肪为游离脂肪。

【试剂】

(1)无水乙醚或石油醚。

(2)海砂。取用水洗去泥的海砂或河沙，先用盐酸(1∶1)煮沸 0.5 h，用水洗至中性，再用氢氧化钠溶液(240 g/L)煮沸 0.5 h，用水洗至中性，经 100℃±5℃干燥备用。

【仪器】

索氏提取器

【分析步骤】

1.试样处理

固体试样：谷物或干燥制品用粉碎机粉碎过 40 目筛，称取 2.00～5.00 g(可用测定水分后的试样)，必要时拌以海砂，全部移入滤纸筒内。

液体样品：称取 5.00～10.00 g，置于蒸发皿中，加入 20 g 海砂与沸水浴上蒸干后，再经(100±5)℃干燥，研细，全部移入滤纸筒内。蒸发皿及附有试样的玻璃棒，均用沾有乙醚的脱脂棉擦净，并将棉花放入滤纸筒内。

2.抽提

将滤纸筒放入脂肪抽提器的抽提筒内，连接已干燥至恒重的接受瓶，由抽提器冷凝管上端加入无水乙醚或石油醚至瓶内体积的 2/3 处，于水浴上加热，使无水乙醚或石油醚不断回流(6～8 次/h)，一般抽提 6～12 h。

3.称量

取下接收瓶，回收乙醚或石油醚，待接收瓶内乙醚剩 1～2 mL 时，在水浴上蒸干，再经(100±5)℃干燥 2 h，放入干燥器内冷却 0.5 h 后称量。重复以上操作至恒重。

【结果计算】

$$粗脂肪含量(g/100\ g)=\frac{M_1-M_0}{M_2}\times 100\%$$

式中：

M_1——接收瓶和粗脂肪的质量，g；

M_0——接收瓶的质量，g；

M_2——试样的质量，g。

四、粗淀粉的测定(GB/T 5009.9—2003)

(一)酶水解法

【原理】

食品或原料样品经除去脂肪及可溶性糖类后,其中淀粉用淀粉酶水解成双糖,再用盐酸将双糖水解成单糖,最后按还原糖测定,并折算成淀粉。

【试剂】

(1)0.5%淀粉酶溶液。称取淀粉酶 0.5 g,加 100 mL 水溶解,数滴甲苯或三氯甲烷,防止长霉,贮于冰箱中。

(2)碘溶液。称取 3.6 g 碘化钾溶于 20 mL 水中,加入 1.3 g 碘,溶解后加水稀释至 100 mL。

(3)乙醚。

(4)85%乙醇。

(5)6 mol/L 盐酸。量取 50 mL 盐酸加水稀释至 100 mL。

(6)甲基红指示液。0.1%乙醇溶液。

(7)20%氢氧化钠溶液。

(8)碱性酒石酸铜甲液。称取 34.639 g 硫酸铜($CuSO_4 \cdot 5H_2O$)。加适量水溶解,加 0.5 mL 硫酸,再加水稀释至 500 mL,用精制石棉过滤。

(9)碱性酒石酸铜乙液。称取 173 g 酒石酸钾钠与 50 g 氢氧化钠,加适量水溶解,并稀释至 500 mL,用精制石棉过滤,贮存于橡胶塞玻璃瓶内。

(10)0.100 0 mol/L 高锰酸钾标准溶液。

(11)硫酸铁溶液。称取 50 g 硫酸铁,加入 200 mL 水溶解后,加入 100 mL 硫酸,冷后加水稀释至 1 000 mL。

【分析步骤】

1. 样品处理

称取 2~5 g 样品,置于放有折叠滤纸的漏斗内,先用 50 mL 乙醚分 5 次洗除脂肪,再用约 100 mL 85%乙醇洗去可溶性糖类,将残留物移入 250 mL 烧杯内,并用 50 mL 水洗滤纸及漏斗,洗液并入烧杯内,将烧杯置沸水浴上加热 15 min,使淀粉糊化,放冷至 60℃以下,加 20 mL 淀粉酶溶液,在 55~60℃保温 1 h,并时时搅拌。

然后取 1 滴此液加 1 滴溶液,应不显现蓝色,若显蓝色,再加热糊化并加 20 mL 淀粉酶溶液,继续保温,直至加碘不显蓝色为止。加热至沸,冷后移入 250 mL 容量瓶中,并加水至刻度,混匀,过滤,弃去初滤液。取 50 mL 滤液,置于 250 mL 锥形瓶中,并加水至刻度,沸水浴中回流 1 h,冷后加 2 滴甲基红指示液,用 20%氢氧化钠溶液中和至中性,溶液转入 100 mL 容量瓶中,洗涤锥形瓶,洗液并转入 100 mL 容量瓶中,加水至刻度,混匀备用。

2.测定

吸取 50 mL 处理后的样品溶液，于 400 mL 烧杯内，加入 25 mL 碱性酒石酸铜甲液及 25 mL 乙液，于烧杯上盖一表面皿，加热，控制，在 4 min 内沸腾，再准确煮沸 2 min，趁热用铺好石棉的古氏坩埚或垂融坩埚抽滤，并用 60℃热水洗涤烧杯及沉淀，至洗液不呈碱性为止。将古氏坩埚或垂融坩埚放回原 400 mL 烧杯中，加 25 mL 硫酸铁溶液及 25 mL 水，用玻璃棒搅拌使氧化亚铜完全溶解，以 0.100 0 mol/L 高锰酸钾标准溶液滴定至微红色为终点。

同时量取 50 mL 水及与样品处理时相同量的淀粉酶溶液，按同一方法做试剂空白实验。

【结果计算】

$$X_1 = \frac{(A_1 - A_2) \times 0.9}{M_1 \times (50/250) \times (V_1/100) \times 1\,000} \times 100\%$$

式中：

X_1——样品中淀粉的含量，%；

A_1——测定用样品中还原糖的含量，mg；

A_2——试剂空白中还原糖的含量，mg；

0.9——还原糖(以葡萄糖计)换算成淀粉的换算系数；

M_1——称取样品质量，g；

V_1——测定用样品处理液的体积，mL。

(二)酸水解法

【原理】

食品或原料样品经除去脂肪及可溶性糖类后，其中淀粉用酸水解成具有还原性的单糖，然后按还原糖测定，并折算成淀粉。

【试剂】

(1)乙醚。

(2)85%乙醇溶液。

(3)6 mol/L 盐酸溶液。

(4)40%氢氧化钠溶液。

(5)10%氢氧化钠溶液。

(6)甲基红指示液：0.2%乙醇溶液。

(7)精密 pH 试纸。

(8)20%乙酸铅溶液。

(9)10%硫酸钠溶液。

(10)乙醚。

(11)碱性酒石酸铜甲液(同“酶水解法”)。

(12)碱性酒石酸铜乙液(同“酶水解法”)。

(13)硫酸铁(同“酶水解法”)。

(14)0.100 0 mol/L 高锰酸钾标液。

【仪器】

(1)水浴锅。

(2)高速组织捣碎机 1 200 r/ min。

(3)皂化装置并附 250 mL 锥形瓶。

【分析步骤】

1. 样品处理

称取 2.0～5.0 g 磨碎过 40 目筛的样品,置于放有慢速滤纸的漏斗中,用 30 mL 乙醚分 3 次洗去样品中的脂肪,弃去乙醚。再用 150 mL 85%乙醇溶液分数次洗涤残渣,除去可溶性糖类物质。并滤干乙醇溶液,以 100 mL 水洗涤漏斗中残渣并转移至 250 mL 锥形瓶中,加入 30 mL 6 mol/L 盐酸,接好冷凝管,置沸水浴中回流 2 h。回流完毕后,立即置流水中冷却。

待样品水解液冷却后,加入 2 滴甲基红指示液,先以 40%氢氧化钠溶液调至黄色,再以 6 mol/L 盐酸校正至水解液刚变红色为宜。若水解液颜色较深,可用精密 pH 试纸测试,使样品水解液的 pH 约为 7。然后加 20 mL 20%乙酸铅溶液,摇匀,放置 10 min。再加 20 mL 10%硫酸钠溶液,以除去过多的铅。摇匀后将全部溶液及残渣转入 500 mL 容量瓶中,用水洗涤锥形瓶,洗液合并于容量瓶中,加水稀释至刻度。过滤,弃去初滤液 20 mL,滤液供测定用。

2. 测定

吸取 50 mL 处理后的样品溶液,于 400 mL 烧杯内,加 25 mL 碱性酒石酸铜甲液及 25 mL 乙液。于烧杯上盖一表面皿加热,控制在 4 min 沸腾再准确煮沸 2 min,趁热用铺好石棉的古氏坩埚或垂融坩埚抽滤,并用 60℃热水洗涤烧杯及沉淀,至洗液不呈碱性为止。将古氏坩埚或垂融坩埚放回原 400 mL 烧杯中,加 25 mL 硫酸铁溶液及 25 mL 水,用玻棒搅拌使氧化铜完全溶解,以 0.100 0 mol/L 高锰酸钾标液滴定至微红色为终点。

同时吸取 50 mL 水,加与测样品时相同量的碱性酒石酸铜甲乙液、硫酸铁溶液及水,按同一方法做试剂空白试验。

【结果计算】

$$X_2=\frac{(A_3-A_4)\times 0.9}{M_2\times V_2/(50\times 100)}\times 100\%$$

式中:

X_2——样品中淀粉含量,%;

A_3——测定用样品中水解液中还原糖含量,mg;

A_4——试剂空白中还原糖的含量,mg;

M_2——样品质量,mg;

V_2——测定用样品水解液体积,mL;

500——样品液总体积,mL;

0.9——还原糖折算成淀粉的换算系数。

五、粗纤维素的测定(GB/T 5009.10—2003)

【原理】

在硫酸作用下,食品或原料样品中的糖、淀粉、果胶质和半纤维素经水解除去后,再用碱处理,除去蛋白质及脂肪酸,遗留的残渣为粗纤维如其中含有不溶于酸碱的杂质,可灰化后除去。

【试剂】

(1)1.25%硫酸。

(2)1.25%氢氧化钾溶液。

(3)石棉。加5%氢氧化钠溶液浸泡石棉,在水浴上回流8 h以上再用热水充分洗涤。然后用20%盐酸在沸水浴上回流8 h,再用热水充分洗涤,干燥。在600~700℃中灼烧后,加水使成混悬物,贮存于玻塞瓶中。

【分析步骤】

(1)称取20~30 g捣碎的样品(或5.0 g干样品),移入500 mL锥形瓶中,加入200 mL煮沸的1.25%硫酸,加热使微沸,保持体积恒定,维持30 min,每隔5 min摇动锥形瓶一次,以充分混合瓶内的物质。

(2)取下锥形瓶,立即用亚麻布过滤后,用沸水洗涤至洗液不呈酸性。

(3)再用200 mL煮沸的1.25%氢氧化钾溶液,将亚麻布上的存留物洗入原锥形瓶内加热微沸30 min后,取下锥形瓶,立即以亚麻布过滤,以沸水洗涤2~3次后,移入已干燥称量的G_2垂融坩埚或同型号的垂融漏斗中,抽滤,用热水充分洗涤后,抽干。再依次用乙醇和乙醚洗涤一次.将坩埚和内容物在105℃烘箱中烘干后称量,重复操作,直至恒重。

如样品中含有较多的不溶性杂质,则可将样品移入石棉坩埚,烘干称量后,再移入550℃高温炉中灰化,使含碳的物质全部灰化,置于干燥器内,冷却至室温称量,所损失的量即为粗纤维量。

【结果计算】

$$X=\frac{G}{M}\times 100\%$$

式中:

X——样品中含粗纤维的含量,%;

G——残余物的质量(或经高温炉损失的质量),g;

M——样品的质量,g。

六、灰分测定(GB/T 5009.4—2003)

【原理】

食品或食品原料经灼烧后所残留的无机物质称为灰分,灰分采用灼烧重量法测定。

【仪器】

高温炉

【操作方法】

(1)取适宜的瓷坩埚置高温炉中,在600℃下灼烧0.5 h,冷至200℃以下后取出,放入干燥器中冷至室温,精密称量,并重复灼烧至恒量。

(2)加入2~3 g固体样品或5~10 g液体样品后,精密称量。

(3)液体样品须先在沸水浴上蒸干,固体或蒸干后的样品,先以小火加热使样品充分炭化至无烟,然后置高温炉中,在550~600℃灼烧至无炭粒,即灰化完全。冷至200℃以下后取出放入干燥器中冷却至室温,称量。重复灼烧至前后两次称量相差不超过0.5 mg为恒量。

【计算结果】

$$X=\frac{M_1-M_2}{M_3-M_2}\times 100\%$$

式中:

X——样品中灰分的含量,%;

M_1——坩埚和灰分的质量,g;

M_2——坩埚的质量,g;

M_3——坩埚和样品的质量,g。

第二部分　半成品、成品检验

一、还原糖的测定(GB/T 5009.7—2003)

(本方为“直接滴定法”,法适用于酱油半成品、酱油成品、食醋半成品、食醋成品、酱类半成品、酱类成品还原糖的测定。)

【原理】

经稀释的样品液在加热条件下,以次甲基蓝作指示剂,滴定标定过的碱性酒石酸铜溶液(用还原糖标准溶液标定酒石酸铜溶液),根据样品液消耗体积计算还原糖含量。

【试剂】

(1)费林氏甲液。称取分析纯硫酸铜($CuSO_4 \cdot 5H_2O$)15 g及四甲基蓝(次甲基蓝)0.05 g,用蒸馏水溶解,定容至1 000 mL。

(2)费林氏乙液。称取分析纯酒石酸钾钠50 g,分析纯氢氧化钠54 g及分析纯亚铁氰化钾4 g,用蒸馏水溶解,定容至1 000 mL。

(3)0.1%葡萄糖标准溶液。精确称取在105℃烘2~3 h至恒重的分析纯无水葡萄糖1.000 g,放入100 mL烧杯中,用蒸馏水溶解,定容至1 000 mL,为防染菌,可加5 mL浓盐酸后再定容。

【分析步骤】

1.样品处理及吸取

精确吸取样品10 mL(或精确称取10.0 g已研磨均匀的样品,加蒸馏水50 mL洗涤。),用蒸馏水稀释定容至100 mL,摇匀吸取稀释液1 mL进行测定。稀释度及吸取量根据含糖量可予增减。

2.空白滴定

精确吸取费林甲、乙液各5 mL放入150 mL锥形瓶中,加蒸馏水10 mL。再用滴定管加入0.1%葡萄糖标准液9 mL。摇匀在电炉(或煤气灯)上加热,使其在2 min内沸腾,沸腾30 s后,匀速滴入0.1%葡萄糖标准液至蓝色消失即为终点。记录沸腾前后共耗用葡萄糖液毫升数(A)。

3.预备滴定

精确吸取费林甲、乙液各5 mL,放入150 mL锥形瓶中,加蒸馏水10 mL,再加1 mL10%样品稀释液。根据样品含糖量的高低(估计数),可用糖液滴定管先加入一定量的0.1%葡萄糖液(空白滴定耗用葡萄糖液一般在10 mL以上),摇匀加热,沸腾30 s后,匀速滴入0.1%葡萄糖液,至蓝色消失即为终点,记下沸腾前后共耗用0.1%葡萄糖标准液毫升数,作正式滴定时参考用。

4.正式滴定

精确吸取费林甲、乙液各5 mL,放入150 mL锥形瓶内,加蒸馏水10 mL及1 mL10%样品稀释液,再用糖液滴定管加入比预备滴定耗用量少0.5 mL左右的0.1%葡萄糖标准液,摇匀后加热,使其在1~2 min内沸腾,沸腾30 s后匀速滴入0.1%葡萄糖标准液至蓝色消失即为终点,记下沸腾前后共耗用0.1%葡萄糖标准液的毫升数。

做平行测定,两次相差不得超过0.1 mL。

【结果计算】

$$还原糖(以葡萄糖计,g/100\ mL 或 g)=\frac{(A-B)\times C}{W}\times 100\%$$

式中：

A——空白滴定耗用0.1%葡萄糖标准液数，mL；

B——正式滴定耗用0.1%葡萄糖标准液数，mL；

C——1 mL 0.1%葡萄糖标准液含葡萄糖的量（即0.001 g）；

W——吸取样液相当样品量，mL或g。

【注意事项】

(1)每批试样测试前必须做空白滴定，二次平行测定误差不得超过0.1 mL。

(2)空白滴定、预备滴定及正式滴定操作条件应保持一致。滴定速度应以每秒1～2滴为宜。热源要稳定，在正式滴定时，待试样沸腾后，标准糖液的滴定量必须控制在0.5～1 mL之内，否则要重做。整个滴定过程必须始终保持沸腾状态。

(3)凡样品含糖量在6%以上时，应适当增加稀释倍数，否则会加大误差。

(4)酿造酱油在制品常含有非糖还原物质，所以本法测定结果略为偏高。

二、氨基酸态氮的测定(GB/T 5009.39—2003)

本方法为“甲醛值法”，适用于酱油半成品、酱油成品、酱类半成品、酱类成品、食醋成品、腐乳成品等氨基酸态氮的测定。

【原理】

利用氨基酸的两性作用，加入甲醛以固定氨基酸的碱基，使羧基显示酸性，用氢氧化钠标准溶液滴定后定量，以酸度计测定终点。

【试剂】

(1)甲醛(36%)应不含有聚合物。

(2)氢氧化钠标准溶液 $c(NaOH)=0.10$ mol/L。

(3)氢氧化钠标准滴定溶液 $c(NaOH)=0.050$ mol/L。

(使用时，将氢氧化钠标准溶液准确稀释1倍。)

【仪器】

(1)酸度计。

(2)磁力搅拌器。

(3)10 mL微量滴定管。

【分析步骤】

吸取5.0 mL试样(或精确称取5.0 g已研磨均匀的样品，加蒸馏水50 mL洗涤。)，置于100 mL容量瓶中，加水至刻度，均匀后吸取20.0 mL，置于200 mL烧杯中，加60 mL水，开动磁力搅拌器，用氢氧化钠标准溶液 $c(NaOH)=0.050$ mol/L滴定至酸度计指示pH 8.2，记下消耗的氢氧化钠标准溶液的毫升数，可计算总酸含量。

加入10.0 mL甲醛溶液，混匀。再用氢氧化钠标准溶液(0.050 mol/L)继续滴定至酸度计指示 pH 9.2，记下消耗的氢氧化钠标准溶液的 mL 数。

同时量取 80 mL 水，先用同氢氧化钠标准溶液（0.050 mol/L）调至 pH 8.2，再加入 10.0 mL 甲醛溶液，再用氢氧化钠标准溶液（0.050 mol/L）继续滴定至酸度计指示 pH 9.2，记下消耗的氢氧化钠标准溶液的毫升数，同时做试剂空白试验。

【结果计算】

$$\text{氨基酸态氮}(g/100\ mL\ 或\ g)=\frac{(V_1-V_2)\times c\times 0.014}{5\times V_3/100}\times 100\%$$

式中：

V_1——试样稀释液加入甲醛后消耗氢氧化钠标准滴定溶液的体积，mL；

V_2——试剂空白加入甲醛后消耗氢氧化钠标准滴定溶液的体积，mL；

V_3——试样稀释液取用量，mL；

c——氢氧化钠标准滴定溶液的浓度，mol/L；

0.014——与 1.0 mL 氢氧化钠标准溶液（c=1.0 mol/L）相当的氮质量，g。

三、总酸的测定（GB/T 5009.39—2003）

本方法适用于酱油半成品、酱油成品、食醋半成品、食醋成品总酸的测定。

【原理】

样品中含有利用多种有机酸，用氢氧化钠标准溶液滴定后定量，以酸度计测定终点，结果一乳酸表示。

【试剂】

（1）氢氧化钠标准溶液：$c(NaOH)=0.10$ mol/L。

（2）氢氧化钠标准滴定溶液：$c(NaOH)=0.050$ mol/L。

（使用时，将氢氧化钠标准溶液准确稀释 1 倍。）

【仪器】

同“氨基酸态氮的测定”。

【分析步骤】

同“氨基酸态氮的测定”，量取 80 mL 水，同时做试剂空白试验。

【结果计算】

$$\text{总酸含量}(以乳酸计，g/100\ mL\ 或\ g)=\frac{(V_1-V_2)\times c\times 0.090}{5\times V_3/100}\times 100\%$$

式中：

V_1——试样稀释液消耗氢氧化钠标准滴定溶液的体积，mL；

V_2——试剂空白消耗氢氧化钠标准滴定溶液的体积，mL；

V_3——试样稀释液取用量，mL；

c——氢氧化钠标准溶液的浓度,mol/L;

0.090——与 1.0 mL 氢氧化钠标准溶液(c=1.0 mol/L)相当的乳酸质量,g。

四、氯化钠及无盐固形物的测定(GB/T 18186—2000)

本方法适用于酱油半成品、酱油成品、酱类半成品、酱类成品、食醋成品、腐乳成品等氯化钠及无盐固形物的测定。

【原理】

利用重量法得出样品中可溶性总固形物含量,减去样品中氯化钠的含量,就是样品中可溶性无盐固形物含量。而样品中氯化钠用硝酸银标准溶液滴定,生成氯化银沉淀,待全部氯化银沉淀后,多滴加的硝酸银与铬酸钾指示剂生成铬酸银使溶液呈橘红色即为终点,由硝酸银标准滴定溶液消耗量计算氯化钠的含量。

【试剂】

(1)0.1 mol/L 硝酸银($AgNO_3$)标准滴定溶液。

①配制　称取 17.5 g 硝酸银,溶于 1 000 mL 水中,摇匀。溶液保存于棕色瓶中。

②标定　称取 0.2 g 于 500~600℃灼烧至恒重的基准氯化钠,精确至 0.000 1 g。溶于 70 mL 水中,加入 10 mL 淀粉溶液(10 g/L),用配制好的硝酸银溶液 $c(AgNO_3)$=0.1 mol/L 滴定。用 216 型银电极作指示电极,用 217 型双盐桥饱和甘汞电极作参比电极。按 GB9725 中二级微商法之规定确定终点。

③计算　按下式计算硝酸银标准滴定溶液的浓度

$$c(AgNO_3)=\frac{M}{V\times 0.058\,44}$$

式中:

$c(AgNO_3)$——硝酸银标准滴定溶液的浓度,mol/L;

M——基准氯化钠的质量,g;

V——滴定时所消耗硝酸银标准溶液的体积,mL;

0.058 44——与 1.00 mL 硝酸银标准溶液(1.000 mol/L)相当的以 g 表示的氯化钠的质量。

(2)铬酸钾溶液(50 g/L)。称取铬酸钾 5 g,用少量水溶解后定容至 100 mL。

(3)淀粉溶液指示液(10 g/L)。称取淀粉 1 g,用少量水溶解后定容至 100 mL。

【仪器】

(1)分析天平,感量 0.1 mg。

(2)电位计,精确度 2 mV(指示电极:216 型银电极,参比电极:217 型双盐桥饱和甘汞电极。);

(3)电热恒温干燥箱,(103±2)℃。

(4)称量瓶。直径25 mm。

【分析步骤】

1.样品中可溶性总固形物含量的测定

将成品或半成品的酱油(食醋)样品充分振摇后,用干滤纸滤入干燥的250 mL锥形瓶中。吸取滤液10.00 mL于100 mL容量瓶中,加水稀释至刻度,摇匀。吸取稀释液5.00 mL置于已烘至恒重的称量瓶中,移入(103±2)℃电热恒温干燥箱中,将瓶盖斜置于瓶边。4 h后,将瓶盖盖好,取出,移入干燥器内,冷却至室温(约需0.5 h),称量。再烘0.5 h,冷却,称量,直至两次称量差不超过1 mg,即为恒量。

2.样品中氯化钠含量的测定

吸取5.0 mL样品(或精确称取5.0 g已研磨均匀的样品,加蒸馏水50 mL洗涤。),置于200 mL容量瓶中,加水至刻度,摇匀。再吸取2.00 mL稀释液于250 mL锥形瓶中,加100 mL水及1 mL铬酸钾溶液(50 g/L),混匀。在白色瓷砖的背景下用0.1 mol/L硝酸银标准滴定溶液滴定至初显橘红色。同时做空白试验。

【结果计算】

1.氯化钠的含量按下式计算

$$样品中氯化钠的含量(g/100\ mL或g)=\frac{(V-V_0)\times c_1\times 0.058\,44}{2\times 5/200}\times 100\%$$

式中:

V——滴定样品稀释液时所消耗0.1 mol/L硝酸银标准溶液的体积,mL;

V_0——空白试验所消耗0.1 mol/L硝酸银标准溶液的体积,mL;

c_1——硝酸银标准滴定溶液的浓度,mol/L;

0.058 44——与1.00 mL硝酸银标准溶液(c=1.000 mol/L)相当的以g表示的氯化钠的质量。

2.样品中可溶性总固形物含量计算方式

$$X_2=\frac{M_1-M_2}{10\times 5/100}\times 100\%$$

式中:

X_2——样品中可溶性总固形物含量,g/100 mL或g;

M_2——恒重后可溶性总固形物和称量瓶的质量,g;

M_1——称量瓶的质量,g。

3.样品中可溶性无盐固形物含量计算方式为

$$X = X_2 - X_1$$

式中:

X——样品中可溶性无盐固形物含量,g/100 mL或g;

X_2——样品中可溶性总固形物含量，g/100 mL；

X_1——样品中氯化钠的含量，g/100 mL。

五、酒精的测定(GB/T 13662——2000)

本方法为“酒精计法”，适用于食醋在制品、食醋半成品酒精的测定。

【原理】

液体样品经直接加热蒸馏，馏出物用水恢复至原体积，然后用酒精计测定20℃时馏出液的酒精度。

【仪器】

(1)全玻璃蒸馏器，带500 mL蒸馏烧瓶和直形玻璃冷凝管。

(2)恒温水浴。

(3)酒精计，精度为0.1°。

(4)水银温度计，0～50℃，分度值为0.1℃。

(5)量筒，100 mL。

【分析步骤】

1.样品制备

在约20℃时，用容量瓶量取试样100 mL，全部移入500 mL蒸馏瓶中。用100 mL水分次洗涤容量瓶，洗液并入蒸馏瓶中，加数粒玻璃珠，装上冷凝管，用原100 mL容量瓶接收馏出液(外加冰浴)。加热蒸馏，为保证酒精蒸汽的冷凝，冷凝器长度应不短于40 cm，蒸馏时冷凝管出水端温度应不高于25℃。收集约95 mL馏出液，取下容量瓶，等馏出液在20℃水浴中保持约20 min，加水恢复蒸馏液至原体积100 mL，混匀，备用。

2.操作方法

将馏出液倒入洁净、干燥的100 mL量筒中，静置至馏出液中气泡消失后，将洗净擦干的酒精计缓缓沉入量筒中，静止后再轻轻按下少许，待其上升静止后，水平观测酒精计，读取酒精计与液体弯月面相切处的刻度示值，同时插入温度计记录温度，根据测得的酒精计示值和温度，查GB/T 13662中的附录A，换算成20℃时的酒精度。

第三部分 微生物、酶活力检验

一、孢子数的测定

本方法适用于米曲霉三角瓶菌种、酱油种曲孢子数的测定。

【原理】

采用血球计数板在显微镜下直接计数，这是一种常用的细胞计数方法。此法是将孢子悬浮液放在血球计数板与盖片之间的计数室中，在显微镜下进行计数。由于计数室中的容积是一定的，所以可以根据在显微镜下观察到的孢子数目来计算单位体积的孢子总数。

【试剂】95%酒精、稀硫酸(1∶10)。

【仪器】盖玻片、旋涡均匀器、血球计数板、电子天平、显微镜。

【分析步骤】

1.样品稀释

精确称取种曲 1 g(称准至 0.002 g)，倒入 250 mL 三角瓶内，加入 95%酒精 5 mL、无菌水 20 mL、稀硫酸(1∶10)10 mL，在旋涡均匀器上充分振摇，使种曲孢子分散，然后用 3 层纱布过滤，用无菌水反复冲洗，务使滤渣不含孢子，最后稀释至 500 mL。

2.制计数板

取洁净干燥的血球计数板盖上盖玻片，用无菌滴管取孢子稀释液 1 小滴，滴于盖玻片的边缘处(不宜过多)，让滴液自行渗入计数室中，注意不可有气泡产生。若有多余液滴，可用吸水纸吸干，静止 5 min，待孢子沉降。

3.观察

用低倍镜头和高倍镜头观察，由于稀释液中的孢子在血球计数板上处于不同的空间位置，要在不同的焦距下才能看到，因而计数时必须逐格调动微调螺旋，才能不使之遗漏，如孢子位于格的线上，数上线不数下线，数左线不数右线。

4.计数

使用 16×25 规格的计数板时，只计板上 4 个角上的 4 个中格(即 100 个小格)，如果使用 25×16 规格的计数板，除计 4 个角上的 4 个中格外，还需要计中央一个中格的数目(即 80 个小格)。每个样品重复观察计数不少于 2 次，然后取其平均值。

【结果计算】

1.16×25 的计数板

$$孢子数(L/g)=\frac{N}{100}\times 400\times 10\ 000\times\frac{V}{G}$$

$$=4\times 10^4\times\frac{N\times V}{G}$$

式中：

N——100 小格内孢子总数；

V——孢子稀释液体，mL；

G——覆盖品质量，g。

2.25×16的计数板

$$孢子数(L/g)=\frac{N}{80}\times 400\times 10\ 000\times\frac{V}{G}$$

$$=5\times 10^4\times\frac{N\times V}{G}$$

式中：

N——80小格内孢子总数；

V——孢子稀释液体积，mL；

G——样品质量，g。

3.结果

样品稀释至每个小格所含孢子数在10个以内较适宜，过多不易计数，应进行稀释调整。结果记入下表。

附录A 表1 孢子数的测定

计算次数	各中格孢子数	小格平均孢子数	稀释倍数	孢子数/(L/g)	平均值
第一次					
第二次					

【注意事项】

(1)称样要尽量防止孢子的飞扬。

(2)测定时，如果发现有许多孢子结集成团或成堆，说明样品稀释未能符合操作要求。因此必须重新称重、振摇、稀释。

(3)生产实践中应用时，种曲以干物质计算。因而需要同时测定种曲水分，计算时样品重量则改为绝干重量。

二、孢子发芽率测定法

本方法适用于酱油种曲孢子发芽率的测定。

【原理】

测定孢子发芽率的方法常有液体培养法和玻片培养法，方法应用液体培养法制片在显微镜下直接观察测定孢子发芽率。孢子发芽率除受孢子本身活力影响外，培养基种类、培养温度、通气状况等因素也会直接影响到测定的结果。所以测定孢子发芽率时，要求选用固定的培养基和培养条件，才能准确反映其真实活力。

【试剂】

察氏液体培养基。

【仪器】

载玻片、盖玻片、显微镜、接种环、酒精灯、恒温摇床。

【分析步骤】

1. 接种

用接种环取种曲少许接入含察氏液体培养基的三角瓶中，置于30℃下摇床。

2. 制片

用无菌滴管取上述培养液一滴于载玻片上，盖上盖玻片，注意不可产生气泡。

3. 镜检

将标本片直接放在高倍镜下观察发芽情况，标本片至少同时做2个，连续观察2次以上，取平均值，每次观察不少于100个孢子发芽情况。

【结果计算】

1. 计算

$$发芽率=\frac{A}{A+B}\times 100\%$$

式中：

A——发芽孢子数；

B——未发芽孢子数。

2. 结果

附录A 表2 孢子发芽率测定

孢子发芽数(A)	发芽和未发芽孢子数($A+B$)	发芽率/%	平均值

三、蛋白酶活力的测定

本方法为"福林法"，适用于酱油菌种、种曲、成曲蛋白酶活力的测定。

【试剂】

1. 福林试剂

于2 000 mL磨口回流装置内，加入钨酸钠($Na_2WO_4 \cdot 2H_2O$)100 g，钼酸钠($Na_2MoO_4 \cdot 2H_2O$)25，蒸馏水700 mL，85%磷酸50 mL，浓盐酸100 mL，文火回流10 h。取去冷凝器，加入硫酸锂(Li_2SO_4)50 g，蒸馏水50 mL，混匀，加入几滴液体溴，再煮沸15 min，以驱逐残溴及除去颜色，溶液应呈黄色而非绿色。若溶液仍有绿色，需要再加几滴溴液，再煮沸除去之。冷却后，定容至1 000 mL，用细菌漏斗过滤，置于棕色瓶中保存。此溶液使用时加2倍蒸馏水稀释。即成已稀释的福林试剂。

2. 0.4 mol/L碳酸钠溶液

称取无水碳酸钠(Na_2CO_3)42.4 g，定容至1 000 mL。

3. 0.4 mol/L 三氯乙酸溶液

称取三氯乙酸(CCL_3COOH)65.4 g,定容至 1 000 mL。

4. pH 7.2 磷酸盐缓冲液

称取磷酸二氢钠($NaH_2PO_4 \cdot 2H_2O$)31.2 g,定容至 1 000 mL,即成 0.2 mol 溶液(A 液)。称取磷酸氢二钠($Na_2HPO_4 \cdot 12H_2O$)71.63 g,定容至 1 000 mL,即成 0.2 mol 溶液(B 液)。取 A 液 28 mL 和 B 液 72 mL,再用蒸馏水稀释 1 倍,即成 0.1 mol pH 7.2 的磷酸盐缓冲液。

5. 2%酪蛋白溶液

准确称取干酪素 2 g,称准至 0.002 g,加入 0.1 mol/L 氢氧化钠 10 mL,在水浴中加热使溶解(必要时用小火加热煮沸),然后用 pH 7.2 磷酸盐缓冲液定容至 100 mL 即成。配制后应及时使用或放入冰箱内保存,否则极易繁殖细菌引起变质。

6. 100 μg/mL 酪氨酸溶液

精确称取在 105℃烘箱中烘至恒重的酪氨酸 0.100 0 g,逐步加入 6 mL 1 mol/L 盐酸使溶解,用 0.2 mol/L 盐酸定容至 100 mL,其浓度为 1 000 μg/mL,再吸取此液 10 mL,以 0.2 mol/L 盐酸定容至 100 mL,即配成 100 μg/mL 的酪氨酸溶液。此溶液配成后也应及时使用或放入冰箱内保存,以免繁殖细菌而变质。

【仪器】

(1)分析天平。感量 0.1 mg。

(2)581-G 型光电比色计或 72 型分光光度计。

(3)水浴锅。

(4)1 mL、2 mL、5 mL、10 mL 移液管等。

【分析步骤】

1. 标准曲线的绘制

(1)按下表(附录 A 表 3)配制各种不同浓度的酪氨酸溶液。

附录 A 表 3 配制各种不同浓度的酪氨酸溶液

试剂	管号					
	1	2	3	4	5	6
蒸馏水/mL	10	8	6	4	2	0
100 μg/mL 酪氨酸溶液/mL	0	2	4	6	8	10
酪氨酸最终浓度/(μg/mL)	0	20	40	60	80	100

(2)测定步骤。取 6 支试管编号按表 1 分别吸取不同浓度酪氨酸 1 mL,各加入 0.4 mol 碳酸钠 5 mL,再各加入已稀释的福林试剂 1 mL。摇匀置于水浴锅中。40℃保温发色 20 min 在 581-G 型光电比色计上分别测定光密度(OD)(滤色片用 65#)或用 72 型分光光度计进行测定(波长660 nm)。一般测 3 次,取平均值。将 1～6 号管所测得的光密度(OD)减去 1 号管

(蒸馏水空白试验)所测得的光密度为净 OD 数。为了清楚起见。再列出表格如下表(附录 A 表 4)。

附录 A 表 4 不同浓度的酪氨酸溶液测定步骤

试剂		管号					
		1	2	3	4	5	6
按表 1 配制各种不同浓度的酪氨酸/mL		1	1	1	1	1	1
0.4 mol/L 碳酸钠溶液/mL		5	5	5	5	5	5
福林试剂/mL		1	1	1	1	1	1
OD 值	1						
	2						
	3						
	平均						
净 OD 值							

以净 OD 值为横坐标,酪氨酸的浓度为纵坐标,绘制成标准曲线(或可求出每度 OD 所相当的酪氨酸量 K)。

2. 样品稀释液的制备。

(1)测定酶制剂。称取酶粉 0.100 g,加入 pH 7.2 磷酸盐缓冲液定容至 100 mL,吸取此液 5 mL,再用缓冲液稀释至 25 mL,即成 5 000 倍的酶粉稀释液。

(2)测定成曲酶。称取充分研细的成曲 5 g,加水 100 mL,在 40℃水浴内间断搅拌 1 h,过滤,滤液用 0.1 mol pH 7.2 磷酸盐缓冲液稀释一定倍数(估计酶活力而定)。

(3)样品测定。取 15 mm×100 mm 试管 3 支,编号 1、2、3(做 2 只也可),每管内加入样品稀释液 1 mL,置于 40℃水浴中预热 2 min,再各加入经同样预热的酪蛋白 1 mL,精确保温 10 min,时间到后,立即再各加入 0.4 mol 三氯乙酸 2 mL,以终止反应,继续置于水浴中保 20 min,使残余蛋白质沉淀后离心或过滤,然后另取 15 mm×150 mm 试管 3 支,编号 1、2、3,每管内加入滤液 1 mL,再加 0.4 mol 碳酸钠 5 mL,已稀释的福林试剂 1 mL,摇匀,40℃保温发色 20 min 后进行光密度(OD)测定。

空白试验也取试管 3 支,编号(1)、(2)、(3),测定方法同上,唯在加酪蛋白之前先加 0.4 mol 三氯乙酸 2 mL,使酶失活,再加入酪蛋白。

为了清楚起见,分别列出表格于下 (见附录 A 表 5 及表 6)。

附录A 表5 样品稀释液的测定一

试剂	管号			试剂	管号		
	1	2	3		(1)	(2)	(3)
预热酶液/mL	1	1	1	预热酶液/mL	1	1	1
预热2%酪蛋白/mL	1	1	1	0.4 mol三氯乙酸/mL	2	2	2
作用10 min(精确计时)				作用10 min(精确计时)			
0.4 mol三氯乙酸/mL	2	2	2	预热2%酪蛋白/mL	1	1	1

附录A 表6 样品稀释液的测定二

试剂	管号					
	1	2	3	(1)	(2)	(3)
滤液/mL	1	1	1	1	1	1
0.4 mol Na_2CO_3/mL	5	5	5	5	5	5
福林试剂/mL	1	1	1	1	1	1
OD值						
平均OD值						
净OD值						

注:样品的平均光密度(OD)－空白的平均光密度(OD)＝净OD值。

【结果计算】

在40℃下每分钟水解酪蛋白产生1 μg酪氨酸,定义为1个蛋白酶活力单位。

$$样品蛋白酶活力单位(干基)=\frac{A}{10}\times 4\times N\times \frac{1}{1-W}$$

式中:

A——测得样品OD值,查标准曲线得相当的酪氨酸微克数(或OD值×K);

4——4 mL反应液取出1 mL测定(即4倍);

N——酶液稀释的倍数;

10——反应10 min;

W——样品水分百分含量。

【注意事项】

以上方法用于测定中性蛋白酶(pH 7.2)。若要测定酸性蛋白酶或碱性蛋白酶,则把配制酪蛋白溶液和稀释酶液用的pH缓冲液换成相应pH缓冲液即可。

四、液化型淀粉酶活力的测定

本方法适用于酱油成曲、食醋麸曲液化型淀粉酶活力的测定。

【原理】

淀粉被液化型淀粉酶水解,切断淀粉链的α-1,4糖苷键,对碘呈蓝紫色的反应逐渐消失,呈色消失的速度，可以表示液化的程度，因而能衡量酶的活力。

【仪器】

水浴锅，温度计，25 mm×200 mm 试管，1 mL、5 mL、20 mL 刻度吸管，分析天平，100 mL、200 mL、500 mL 容量瓶。

【试剂】

(1)碘原液。称取碘 11 g，碘化钾 22 g。加蒸馏水溶液稀释至 500 mL。

(2)标准稀碘液。称取碘原液 15 mL，加碘化钾 8 g，加蒸馏水溶液后稀释至 200 mL。

(3)2%可溶性淀粉溶液。称取烘干的可溶性淀粉 2 g，先以少许的蒸馏水调匀，然后加入沸蒸馏水 80 mL 左右，继续煮 2 min，冷却，加蒸馏水稀释至 100 mL。

(4)磷酸氢二钠—柠檬酸缓冲液(pH 6)。称取磷酸氢二钠($Na_2HPO_4 \cdot 12H_2O$)45.23 g，柠檬酸($C_6H_8O_7 \cdot H_2O$)8.07 g，加蒸馏水溶液稀释至 1 000 mL。

(5)标准糊精液。称取 0.300 0 g 分析纯或化学纯糊精，悬浮于少量蒸馏水中，再倒入 400 mL 沸蒸馏水全溶后，冷却稀释至 500 mL。此溶液中，加入数毫升甲苯防腐，放入冰箱储存备用。

【分析步骤】

(1)酶液制备。精确称取经研磨混匀后的成曲 5.000 0 g，加 40℃蒸馏水 100 mL，在 40℃水浴锅中保温 1 h，用脱脂棉过滤。

(2)取 1 mL 糊精标准溶液，置于盛有 3 mL 标准稀碘液的试管中，作为比色标准管。

(3)在 25 mm×200 mm 试管中，加入 2%可溶性淀粉溶液 20 mL，pH 6 的缓冲溶液 5 mL，在 60℃水浴中平衡温度，加入 5%酶液 0.5 mL，充分摇匀，即刻计时，定时取出一滴反应液于比色板穴内，穴内先盛有比色稀碘液，当由紫色逐渐转变为橙色，与标准比色管相同即为反应终点。记录时间为液化时间 T。

【结果计算】

$$淀粉酶的活力=\frac{60\times20\times2\times N}{T\times100\times0.5}=\frac{48N}{T}$$

式中：

N——酶液的稀释倍数；

T——液化时间，min。

注：淀粉酶的活力单位为 1 g 或 1 mL 酶制剂或酶液于 60℃，在 1 h 内液化可溶性淀粉溶液的克数，以 g/mL(g)，h 表示。

【注意事项】

淀粉液应当天配制使用，不能久存；测定液化时间应控制在 2～3 min 内。

五、糖化酶活力的测定(碘量法)

本方法适用于酱油成曲、食醋麸曲糖化酶活力的测定。

【原理】

硫代硫酸钠是强还原剂，碘与其作用，生成四磺酸钠。其反应式如下：

$$RCHO + I_2 + 3NaOH \rightarrow RCOONa + 2NaI + 2H_2O$$
$$2NaS_2O_3 + I_2 \rightarrow Na_2S_4O_6 + 2NaI$$

【仪器】

1 mL、5 mL、25 mL 移液管，分析天平，水浴锅，25 mm×200 mm 试管。

【试剂】

(1)0.100 0 mol/L 硫代硫酸钠标准溶液。称取分析纯硫代硫酸钠($Na_2S_2O_3 \cdot 5H_2O$)24.82 g，碳酸钠 0.2 g，加入煮沸后冷却的 1 000 mL 蒸馏水中，配制 1 周后，以 0.100 0 mol/L 重铬酸钾标定。

(2)0.100 0 mol/L 氢氧化钠标准溶液。

(3)0.200 0 mol/L 硫酸标准溶液。量取 5.33 mL 硫酸，倒入盛有 995 mL 的蒸馏水中。

(4)0.100 0 mol/L 碘液。精确称取 12.693 g 的碘及 25 g 的碘化钾，加蒸馏水溶解后，稀释至 1 000 mL。

(5)2%可溶性淀粉溶液。称取绝干的可溶性淀粉 20.00 g，用少量蒸馏水调匀，倒入煮沸的蒸馏水中，随加随搅拌，煮沸至成半透明液，冷却，加蒸馏水稀释至 1 000 mL。

(6)0.2 mol/L 醋酸—醋酸钠缓冲溶液(pH 4.60)。精确量取 11.54 mL 冰醋酸，加蒸馏水稀释至 1 000 mL；精确称取醋酸钠($CH_8COONa \cdot 3H_2O$)27.22 g，加蒸馏水溶解后，稀释至 1 000 mL。

量取上述醋酸溶液 5.10 mL，醋酸钠溶液 4.90 mL，混合后，即为 pH 4.60。

(7)1%可溶性淀粉指示液。精确称取烘干的可溶性淀粉 1.000 g，用蒸馏水调匀，煮沸至半透明，待冷后，加蒸馏水稀释至 100 mL。

【分析步骤】

(1)酶液制备。精确量取样品 5.000 0 g 于 250 mL 锥形瓶中，加 40℃蒸馏水 100 mL，在 40℃水浴中保温 1 h，过滤，滤液备用。

(2)取试管两支，分别加入 25 mL2%可溶性淀粉溶液及 5 mL pH 4.60 缓冲液。

(3)将以上两支试管里的溶液预热至 40℃，样品管加入 2 mL 酶液，空白管中加入 2 mL 煮沸酶液，在 40℃水浴中保温(糖化)1 h(正确计时)。

(4)糖化 1 h 把试管取出，各取 5 mL 分别装入已盛有 0.100 0 mol/L 10 mL 碘液的两个碘量瓶中，并加入 0.100 0 mol/L 氢氧化钠溶液 15 mL，放暗处 15 min。

(5)氧化 15 min 后，各加入 20 mL 0.200 0 mol/L 硫酸溶液中和后，用 0.100 0 mol/L 硫代硫酸钠标准溶液滴定至黄色将消失前加 2 滴 1%淀粉指示液，在继续用 0.100 0 mol/L 硫代硫酸钠标准溶液滴定至蓝色刚好消失为止，并记下其消耗量。

【结果计算】

$$X=\frac{(V_0-V)\times c\times 9.005\times 32/5}{2\times 5/100}$$

式中：

X——糖化酶活力[以葡萄糖计，mg/(g·h)]；

V_0——空白滴定耗用硫代硫酸钠标准溶液的毫升数；

V——样品滴定耗用硫代硫酸钠标准溶液的毫升数；

c——硫代硫酸钠的摩尔浓度；

9.005——耗用 0.1 mol/L 碘液 1 mL 为 9.005 mg 葡萄糖。

参考文献

[1] 王文芹，孔玉涵．国内外发酵食品的发展现状．发酵科技通讯，2007，36(2)：55-56.

[2] 梁宝东，闰训友，张惟广．现代生物技术在食品工业中的应用．农产品加工，2005(1)：10-12.

[3] 孔庆学，李玲．生物技术与未来食品工业．天津农学院学报，2003(2)：37-40.

[4] 王春荣，王兴国等．现代生物技术与食品工业．山东食品科技，2004(7)：31-32.

[5] 李琴，杜风刚．双菌种制曲在酱油生产中的应用．中国调味品，2003(12)：36-37.

[6] 李平兰，王成涛．发酵食品安全生产与品质控制．北京：化学工业出版社，2005.

[7] 潘力．食品发酵工程．北京：化学工业出版社，2006.

[8] 何国庆．食品发酵与酿造工艺学．北京：中国农业出版社，2001.

[9] 刘慧．现代食品微生物学实验技术．北京：中国轻工业出版社，2006.

[10] 曹军卫，马辉文．微生物工程．北京：科学出版社，2002.

[11] 江汉湖．食品微生物学．北京：中国农业出版社，2002.

[12] 田洪涛．现代发酵工艺原理与技术．北京：化学工业出版社，2007.

[13] 牛天贵．食品微生物学实验技术．北京：中国农业大学出版社，2002.

[14] 张星元．发酵原理．北京：科学出版社，2005.

[15] 王传荣．发酵食品生产技术．北京：科学出版社，2006.

[16] 王博颜，金其荣．发酵有机酸生产与应用手册．北京：中国轻工业出版社，2000.

[17] 赵谋明．调味品．北京：化学工业出版社，2001.

[18] 邓毛程．氨基酸发酵生产技术．北京：中国轻工业出版社，2007.

[19] 陈宁．氨基酸工艺学．北京：中国轻工业出版社，2007.

[20] 曾寿瀛．现代乳与乳制品加工技术．北京：中国农业出版社，2002.

[21] 骆承庠．乳与乳制品工艺学．北京：中国农业出版社，2003.

[22] 董胜利．酿造调味品生产技术．北京：化学工业出版社，2003.

[23] 杜连起．风味酱类生产技术．北京：化学工业出版社，2005.

[24] 邹晓葵．发酵食品加工技术．北京：金盾出版社，2008.

[25] 杨天英．发酵调味品工艺学．北京：中国轻工业出版社，2000.

[26] 叶兴乾．果品蔬菜加工工艺学．北京：中国农业出版社，2004.

[27] 赵金海．酿造工艺(下)．北京：高等教育出版社，2002.

[28] 孙彦.生物分离工程.北京:化学工业出版社,2003.
[29] 李艳.发酵工业概论.北京:中国轻工业出版社,1999.
[30] 王福源.现代食品发酵技术.北京:中国轻工业出版社,1998.
[31] 何国庆.食品发酵与酿造工艺学.北京:中国农业出版社,2001.
[32] 上海酿造科学研究所.发酵调味品生产技术.北京:中国轻工业出版社,1999.
[33] 程丽娟.发酵食品工艺学.杨凌:西北农林科技大学出版社,2007.
[34] 张惟广,等.发酵食品工艺学.北京:中国轻工业出版社,2004.